# Axure RP 8

金乌　著

# 网站和APP原型制作从入门到精通

人 民 邮 电 出 版 社
北　京

图书在版编目（CIP）数据

Axure RP8网站和APP原型制作从入门到精通 / 金乌著. -- 北京 : 人民邮电出版社, 2016.4（2019.7重印）
ISBN 978-7-115-41593-6

Ⅰ. ①A… Ⅱ. ①金… Ⅲ. ①网页制作工具 Ⅳ. ①TP393.092

中国版本图书馆CIP数据核字(2016)第039605号

## 内 容 提 要

Axure RP8 是一款快速原型设计工具，本书深入讲解了使用 Axure 制作网站原型和 APP 原型的知识与技巧，并结合作者多年工作经验详细介绍 Axure 在工作流程中的使用方法。

本书对互联网产品经理和用户体验设计师具有指导意义，同时本书也非常适合 UI 设计类相关培训班学员及广大自学人员参考阅读。

◆ 著　　　金　乌
责任编辑　赵　轩
责任印制　张佳莹　焦志炜
◆ 人民邮电出版社出版发行　北京市丰台区成寿寺路 11 号
邮编　100164　电子邮件　315@ptpress.com.cn
网址　http://www.ptpress.com.cn
北京虎彩文化传播有限公司印刷
◆ 开本：720×960　1/16
印张：31.25
字数：458 千字　2016 年 4 月第 1 版
印数：13 901 – 14 500 册　2019 年 7 月北京第 9 次印刷

定价：89.00 元（附光盘）

读者服务热线：(010)81055410　印装质量热线：(010)81055316
反盗版热线：(010)81055315
广告经营许可证：京东工商广登字 20170147 号

# 前言

感谢所有读者对《Axure RP7 网站和 APP 原型制作从入门到精通》提出批评和改正意见。笔者将收到的反馈信息和读者们常见的问题进行归类分析后对本书的教学大纲进行了改进。

枯燥的内容会降低学习效率，而生动有趣的内容在学习过程中却可以起到事半功倍的效果。

本书在讲解枯燥的知识点的同时，结合了大量生动案例，并且在每个学习阶段都给读者提供了挑战机会。通过独立挑战，帮助读者夯实所学知识点和操作技能。除此之外，每个案例和挑战都提供视频教学，帮助读者更积极地学习，让自学过程变得更加轻松。

在编排本书目录时，笔者做了大胆尝试，使用难易结合的方式对 Axure 的工作原理和操作技巧进行全面讲解。在刚开始读本书时，读者会感到很轻松，难度逐渐提升，当遇到知识点总结与案例结合时也许会令读者感到难度跨阶段提升，甚至让读者觉得难以入手找不到头绪。遇到这种情况时，请不要沮丧，也不要停滞不前一直研究当前的问题。继续向后学习会详细讲解之前令你迷惑的知识点。这种学习方式的效率比一路平淡地学习效率更高，希望能让读者有耳目一新的感觉。

本书语言平实，适合用户体验设计师、产品经理、UI 设计师和互联网创业者等人群。书中包含诸多精彩篇章，衷心希望能够得到广大读者的厚爱。

原型制作是在正式开始视觉设计或编码之前最具成本效益的可用性跟踪手段。Axure RP8 是行业中最知名的原型设计工具之一。随着专业工具的出现，设计用户体验从未如此令人兴奋，设计原型也从未如此具有挑战性。

随着我国互联网行业的迅猛发展，互联网公司中不同职位的界定愈发清晰，对员工的专业能力需求也愈发突出，熟练使用 Axure 也成为 UX 设计师甚至产品经理的先决条件。本书通过真实的案例和场景，循序渐进地帮助你将 Axure 集成到用户体验的工作流程中。

## 什么人适合阅读本书

- 用户体验设计师、业务分析师、产品经理和其他参与用户体验项目的相关人员。
- 互联网创业者或创业团队中的成员。

本书遵循以用户为中心的设计原则，从基础知识讲起，逐渐深入并配合大量案例与视频教程，适用于对 Axure 有一些了解，同样也适用于并不知晓 Axure 这款软件的读者。

## 读者反馈

欢迎广大读者对本书做出反馈，让作者知道本书中哪些部分是您喜欢的或者哪些部分内容需要改善。如果您对本书有任何建议，请发送邮件至 yuanxingku@gmail.com。

## 案例下载

书中所讲解的案例文件都可以到论坛下载。此外，在学习本书过程中遇到任何疑问都可以到论坛中相应的板块进行讨论：http://www.yuanxingku.com。

## 勘误表

虽然笔者十分用心以确保内容的准确性，但是错误依然难以避免。如果发现书中出现了错误，非常希望您能反馈给我，请将错误详情发送至

yuanxingku@gmail.com，这样不仅能够帮助其他读者解除困惑，也可以帮助我们在下一版本中进行改善。

## 关于汉化

Axure RP 官方并没有发布中文版，不熟悉或不习惯使用英文原版 Axure 的读者可以到如下网址下载汉化包，或者百度搜索“Axure8 汉化包金乌纠正版”。本教材也是使用中文汉化版 Axure 进行讲解的。

汉化包和软件下载地址：

http://yunpan.cn/CxXJKb7a3JR94（提取码：5e09）

在此特别感谢汉化原作者 best919，他的辛勤劳动与无私奉献为 Axure 在中国的普及扫清了语言障碍。

# 目录

## 第一部分　设计过程



## 第二部分　进入 Axure 原型世界

## 第 2 章 母版详解 234



## 第 3 章 动态面板高级应用 242

# 第一部分 设计过程

# 第 1 章

# 设计过程概述

用户体验设计是在网站或 APP 界面上进行艺术和行为创作。用户体验设计师是一个多学科集于一身的职业，不仅要做一部分视觉设计师的工作，还要熟悉开发者和项目管理者的工作并与他们紧密配合，也要掌握一些心理学知识。更重要的是，还要与产品的目标受众和投资人（老板）拥有强烈的同感，要清楚投资人想要什么、用户想要什么，才能设计出被用户认可甚至称赞的产品。

由此可见，用户体验设计师要负责几种不同的任务。不过，与任何多学科的职业相同，很难找到一个集多项技能于一身的全才。一些研究人员 、心理学家、平面设计师、程序员还有运营人员正在转行成为用户体验设计师，填补日益增长的需要。这类人中的每一类都专注于某一方面的设计。无论这些独特的专注有何不同，都有一些普遍通用的规则和过程需要理解。

无论您想成为一名专业的用户体验设计师还是正想找一名这样的专业人士来帮你解决问题，本部分所讨论的原则和过程都将帮助您入门。

下面要介绍的用户体验设计可以描述为行业的标准设计过程。研究之类的基础工作应该在实际设计之前就展开行动。下文还会介绍几种行业专业人士常用的技术，并指出在设计网站和 APP 时针对特定问题的解决方案。

要应用的核心理念是：

- 用户体验设计是为了寻找视觉问题和逻辑问题的答案；
- 设计过程定义了问题需要被提起的顺序 ；
- 设计技术给你提出的问题提供解决方法 。

我希望这些经验能够帮助读者避免陷入网站和 APP 设计过程的内在陷阱。

## 1.1　设计过程

设计网站和 APP 可以说是一段令人兴奋且愉快的经历。不过，它也可能成为一段令人混乱且沮丧的经历。当我们努力简化产品复杂性的时候会遇到非常多的挑战，在简化过程中要对诸多想法进行慎重考虑和对比。比这更糟糕的是，一些同事（可能是临时的合作伙伴，也可能是团队成员）甚至会强迫我们接受他们的观点。有时候您也许完全找不到方向；有时候经过多次尝试也难以找到正确的解决方案；有时候产品的愿景是如此模糊，让我们没有线索来确定到底应该怎样设计。

面对上述情况，最好的防御措施就是一套定义良好的设计过程。这个过程并不是百分百精准的，它允许我们在创建网站和APP时包含一些混乱和困惑。保证成功的唯一可靠方法是通过合作的方式，以逻辑指导顺序解决一系列经过深思熟虑之后所定义的问题。

要部署和维护一个健康的设计过程，最关键的要素是理解我们正在做的项目需要哪些步骤。需要找出能够帮助我们找到所需信息的技术。我们还需要知道什么时候进入下一步是最恰当的。在我们评估每个新项目时，保持灵活是最重要的，要想成功，我们需要为每个新产品定制适用于它的设计过程。记录并传播我们要使用的设计过程不仅可以帮助我们设定预期效果，还能帮助我们估算出项目经理和客户所期待的交付日期。

本章包含以下内容：

- 研究在设计过程中的重要性；
- 如何制定网站或APP的结构和任务流；
- 绘制页面内容、布局和导航线框图来支持用户想要完成的任务；
- 从线框图转换到像素级模型的视觉设计指南；
- 设计完毕后，开发工程师需要什么。

## 1.2 典型的设计过程

典型的设计过程和需要付出的努力程度，见图1。

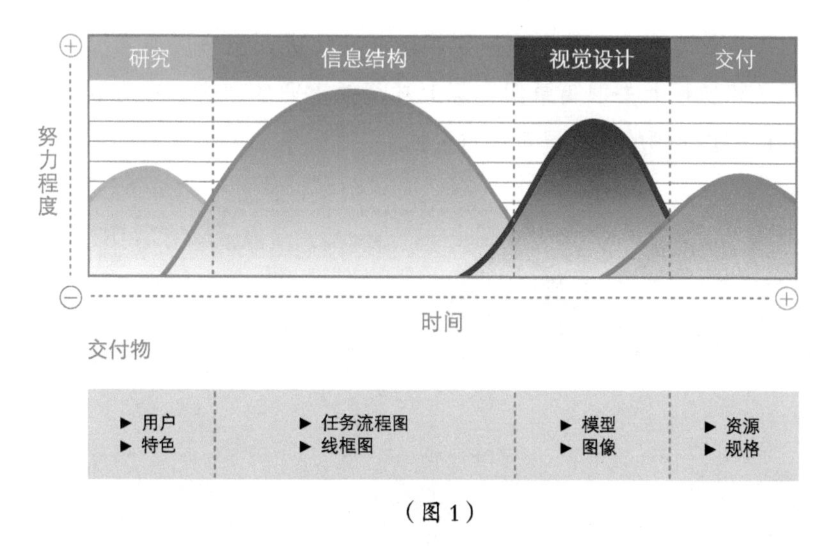


（图 1）

当然，实际的努力程度将取决于每个具体项目的复杂程度和整个团队间沟通协作的效率。不过，图 1 给我们列出了在每个不同的阶段所需的交付物都有哪些。

我们来进入细节，仔细检查每一步的设计过程。我会解释每个阶段的目标，提供一些有用的提示和常用的技术，并且描述应该在什么时候进入下一个阶段。

## 1.2.1 研究

设计的第一阶段不是设计，而是询问一系列问题（研究），见图 2。这听上去可能会令人惊讶，不过静下来思考两分钟，你会认识到设计之初本该如此。

如果要尽可能快地开始设计，总会面临压力，而压力主要来自效果。成熟的设计师、开发人员和项目管理人员都清楚研究时间是整个过程中必要的部分。事实上，这是开工的序幕。但是，当遇到以下这些情况时，即使是经验丰富的专业人员也经常忘记第一步的重要性。他们会陷入将要设计出伟大产品的激情中（市场潜力巨大，想要尽快进入市场以寻求优势），以至于忽略某些看上去很简单但实际上却至关重要的研究。在开始动工前，获得几个关键问题的答案是至关重要的。

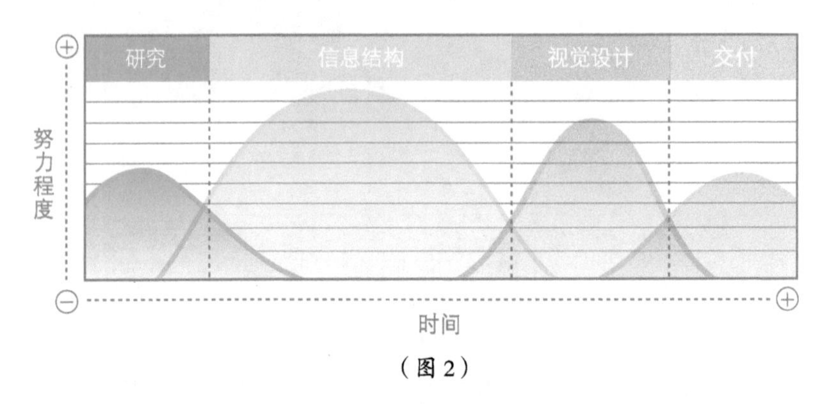


（图2）

如果是创建全新的网站或APP，问题如下。

- 谁会使用这个网站或APP？
- 用户想要完成什么任务?
- 网站或者APP的制作者（老板、投资人、客户）想用它来做什么?
- 网站或APP中要用到什么技术（指纹、声音识别、NFC近场通信等，是否有技术限制需要考虑）?
- 用户为什么选择使用你的网站或APP而不是别人的?
- 是什么内容支持用户完成目标任务或需求?

如果是重新设计现有网站或APP，找到下面问题的答案是很有价值的。

- 哪些现有功能或复杂性正在阻碍用户，或者说对用户体验产生了负面影响?
- 用户或者发行者（你）发现增强哪些附加功能（或增加新功能）对下一个版本有帮助?

要找到上述问题的答案，需要掌握一些研究方法。我们的研究工作可以采取竞争性分析的形式，通过采访预期的终端用户来确保产品具有正确的功能。

下面是一些最常用的研究技术和方法。

- 卡片分类
- 焦点小组
- 用户调研
- 投资人访谈
- 设计原则
- 创建人物角色和用户资料
- 情景调查
- 启发式教育
- 竞争分析

## 研究的重要性

研究的数量和质量也会直接影响到用户的需求，还会影响到完成设计所需要的时间。

为了描述这个问题，请参考图 3 和图 4。

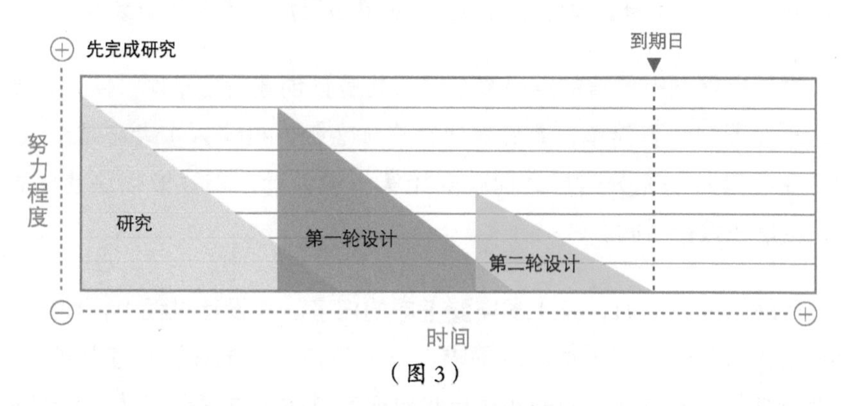


（图 3）

图 3 显示了这个过程应该是怎样工作的。在设计工作开始之前，即便没有完成所有的研究工作，也要完成绝大多数必要的研究，这意味着一个相当明确的设计周期，设计师要明确并清晰地认识到所有需要解决的问题。第一回合的设计通常都需要一些改进，这样安排便于随时对照项目时间表，随

时进行调整，让整个团队成员都感觉到项目的每个环节处于可控范围内。

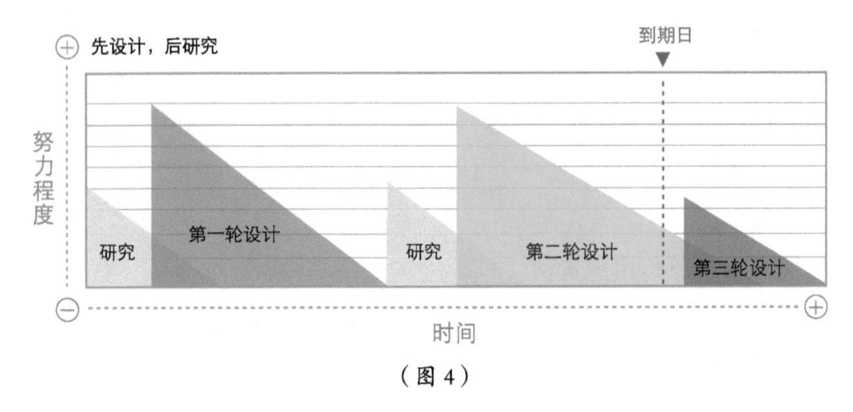


（图 4）

图 4 描述的是错误的设计过程，在设计前未进行充分研究，导致项目延期。这是我的个人经验总结，客户（投资人、老板）通常都不能一次性把功能和需求考虑周全，所以在第一个设计周期时可以进行适当的缓冲。向他们询问一些必要的问题，而且在这个环节他们通常也会给出更多细节。如果看不到第一回合（阶段）的设计，他们很难回答我们提出的问题。一旦他们看到第一阶段设计草图或者线框图，他们就会变成信息的源泉。在设计之初，有依据的步步推进是符合设计逻辑的，完全胜过空洞的想象和抽象的描述。

当通过研究得到有价值的结果很少时，就应该创建一些草图。所以，制作这些草图要快、要简单，要确保让客户（老板、投资人）参与这个过程。如果在没有获取充分信息之前就开始第一轮设计，那我们很快就会意识到，这是在浪费时间。

在设计网站或 APP 时，有太多需要考虑的内容。在设计过程中，如果客户较晚地引入某个（些）功能或需求，那么目前所有的设计可能都要作废，再重新制作。通过研究的彻底执行和对研究结果的书面化记载，我们能减少自己的一些痛苦，并在这个过程中甄别出客户与用户对产品的真实需求。然后，我们将结果呈献给客户和团队，征得他们的同意并敲定最终设计方案。确保从一开始就让每个人都参与进来，可以有效减少后期意外变动的数量。而且，当客户在后期提出修改时，他们会明白这些请求会影响到当初所敲定的预期。这样，如果要对时间表进行调整，就可以很自然且融洽地进行商讨。

■ 在敏捷环境中设计

一些设计师可能会发现，在设计较大的综合性解决方案时很难与使用敏捷开发方法的开发团队合作。敏捷是一个迭代的开发方法，试图通过减少文档数量和其他开销来加快开发团队的工作效率，这是一种与瀑布式开发相对的方法。瀑布式开发方法是指在产品投入市场前已经将大部分或全部产品设计完毕，这种方法需要大量的讨论和文档，严重减缓产品的开发过程。虽然瀑布式方法仍在使用，但它已经是昨日黄花了，因为它的效率低下、不够灵活。

较小的项目，在研究的初始阶段不会发现太多问题。然而，大型或者复杂的项目可能是一个挑战。在敏捷环境中设计，通常要求我们开个好头。在开发团队需要之前，我们就要将研究结果和设计结果交付给他们。研究越提前，我们就有更多的时间来审查和优化工作内容。

总而言之，研究的数量和质量将直接影响和关系到我们创建的解决方案的质量。仓促的设计解决方案，不研究关键细节（如市场竞争分析、目标用户和用户需求等），都意味着我们只是在猜测成功的可能性。当然，这种情况一定要往坏处想，也就是仅凭猜测设计出的产品不可能取得成功。

不管使用什么方法，在开发和设计方案中保证研究的时间是至关重要的。

## 1.2.2　信息架构

在讨论完研究阶段的大量问题后，我们过渡到设计过程中的信息架构部分，见图 5。

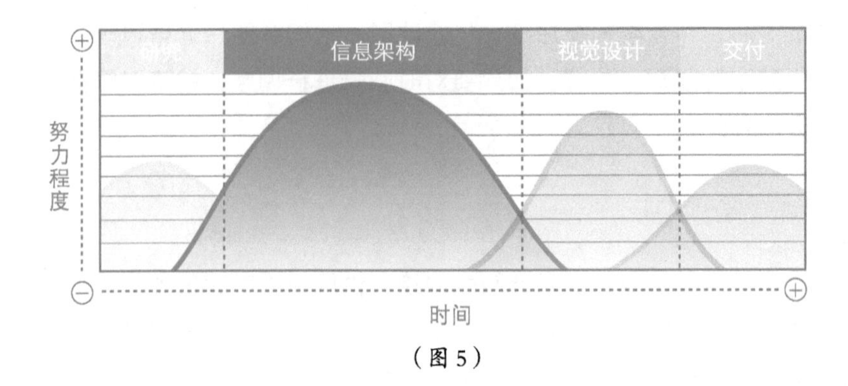


（图 5）

虽然将步骤分解成不同的阶段，当要改变焦点时，自然要对研究持续一段时间。目前还没有必要在每一步之间划清界线。根据项目的范围和复杂性，项目设计过程中的任何一个时间点都有不同的阶段。但下面列表中的第一点是例外。我们的初始研究应该旨在获得足够的信息来制定一个全面的（用户想要在网站或 APP 中想要完成的）任务图。

这个阶段的目标如下。

- 创建网站或 APP 的高级地图。
- 在每个页面上标出发现的任务。
- 定义支持每个任务所需的内容。
- 审查并测试设计。
- 完善设计方案。
- 将用户体验模式规范化、文档化。
- 介绍开发流程

这一阶段的努力致力于制定网站和 APP 的结构。项目越复杂，在进入下一步之前，研究定制页面结构和任务流就越重要。如果要创建一个简单的网站或 APP，那么对彻底调查和工作流程文档的要求就会降低很多。无论如何，这是一个好习惯，它能帮助我们将计划传达给客户和团队成员。如果我们要创建一个复杂的网站、网站 APP，或其他 APP，这绝对是至关重要的，我们要首先制定任务流和用户尝试完成任务时的交互。

我们应该考虑建立一个完整的任务流程图和产品的站点地图，这是主要问题之一。在某些必要情况下，可以根据目前已经完成的研究，单独制作这张地图。某些情况下，我们要排除噪音意见，这样有助于我们拿出建议性的解决方案。不过，我建议应该与客户 / 投资人和团队重要成员一起展开一场头脑风暴。因为重要成员们在同一个房间里共同讨论解决方案时，可以加快制定速度。

要列出常用的用户体验方法的原创者是谁是比较困难的。不过通过网络搜索可以得知，流程图最初是由 Frank GilbrethSr[1]. 发明的，并于 1921 年递交给美国机械工程师协会。Frank 是一个特别迷人的历史人物，他像虚拟世界中的用户体验设计师那样改善现实物理世界。他的图表方法已经被很多不同的行业应用和修订。第一个用于用户体验设计的标准流程图方法是由 Jesse James Garrett[2] 于 2000 年发明的。

■ 定义流程图中的形状

如果在互联网上搜索流程图形状的意义，我们会得到成千上万个结果，但是对形状和线条的定义会有所不同。采纳更深层次的视觉语言可以极大扩展我们的信息量并将其融入我们的交互图中。话虽如此，我们不必完整地采用这些图标语言。熟悉行业中的标准流程图是再好不过的（如标准建模语言 UML 这是另外一门更加专业的领域，不属于本书讲解范围），不过我们自定义对其进行修改也是可以接受的，只要能清晰容易地传达你想传递的信息即可。理解任务流创建的基本原则，可以帮助我们顺利熟悉并掌握这些图标。

下面是一些常见的流程图形状和它们的含义，见图 6。

1 维基百科：http://en.wikipedia.org/wiki/FrankBunkerGilbreth,Sr.

2 Jesse James Garrett：http://jjg.net/ia/visvocab/chinese.html

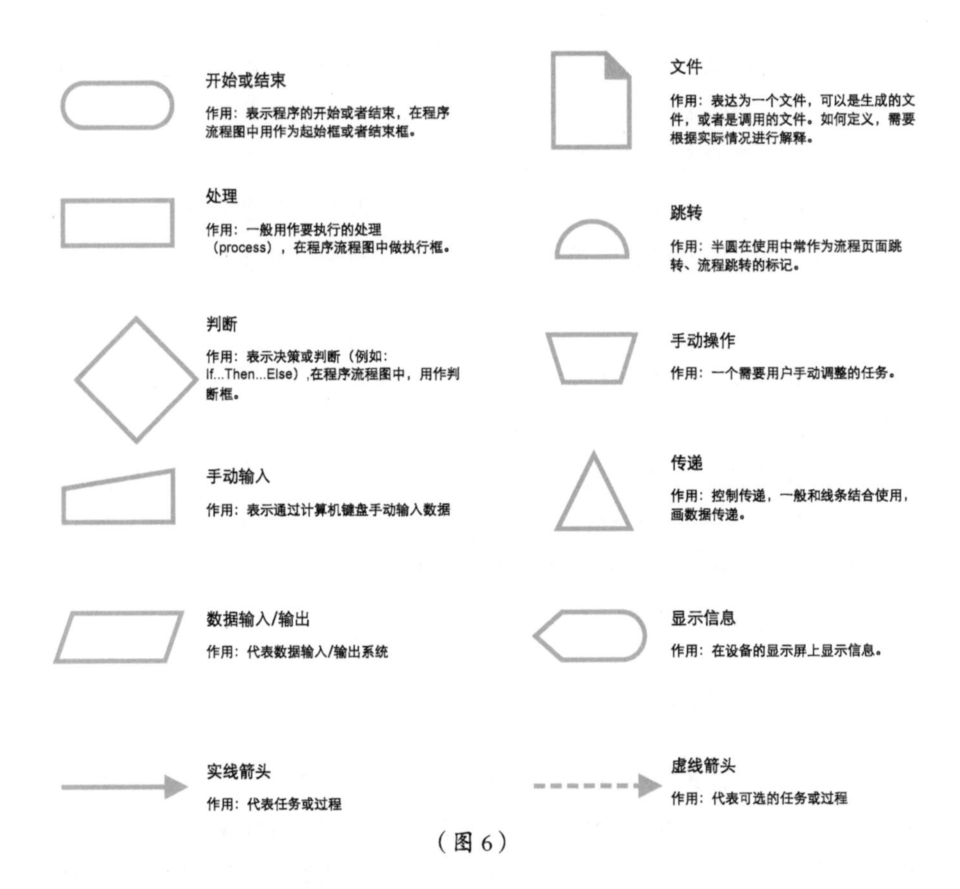


（图 6）

下面是一个简单流程图演示，见图 7。

这个流程图表达的是，当用户安装一个 APP 时的预期体验，这里的主要任务是确定用户已有账户或创建一个新账户。

从这张图中我们可以看出，每个矩形代表一个页面或任务。最开始的部分是下载并安装 APP。文档的读者只需跟着箭头指示就可以查看用户的可用选项以及他们做出决定和输入数据之后的后续步骤。

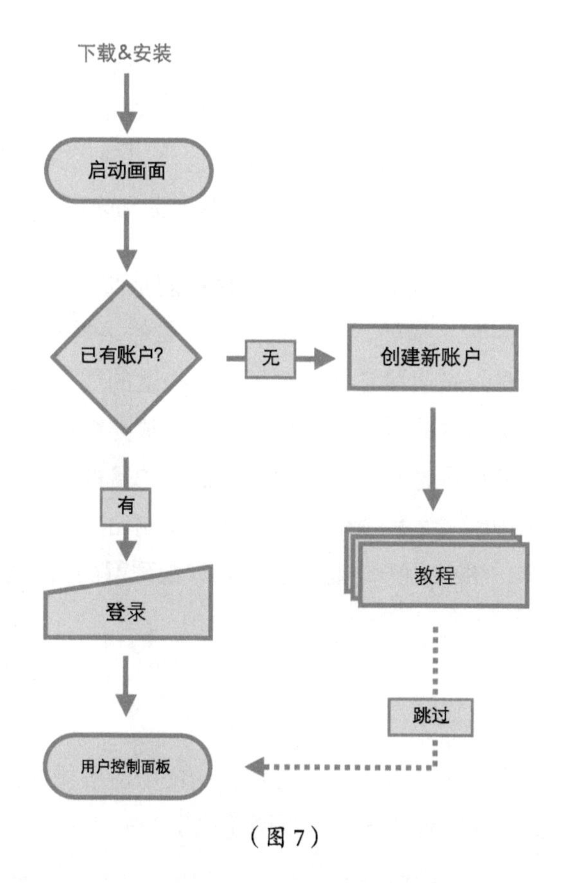


（图 7）

这里我们可以看到，当用户被要求输入一个已有账户时的体验分支。如果他们已有账户，直接输入并登录后进入用户控制面板。如果没有账户，他们会被要求创建一个新的账户，然后他们被送到该 APP 的教学页面（引导页），这里可以看到多个页面的教程，用户可以选择跳过教学直接进入用户控制面板。这里的虚线代表一种暗示作用，观看 APP 使用教学是用户的首选路径（希望用户这样做），但这一步是可选的（大多数情况下，用户体验一款全新 APP 的耐心是有限的，他们希望尽快使用 APP 来完成任务或满足他的某种需求，如果你的 APP 不能让用户得以满足的话，也许一分钟之内用户就会将你的应用卸载掉）。

这虽然只是众多经验中的一个小片段，但我们扫上一眼就能体会到它传达了多少信息。做出分支决定是非常重要的，我们提供的选择越多，地图就越复杂。如果每个问题都引出更多问题，体验的复杂性就会以指数增加。像这样添加几个分支问题的话，用户体验便难以使用文本文档解释清楚。即便能解释清楚，也要花费过多的时间和脑力劳动来阅读和理解。

曾经有一位同事（项目经理）给我一份功能规范文档（来自客户），里面的每个功能都使用文字描述，而且很详细。虽然不是一个特别长的文档，但我们花了半天时间来读懂它并试图理解它描述的过程，可惜到最后也没有完全理解他试图表达的过程。我们最终决定放弃继续研究文档，直接约见客户面谈。经过几番讨论后，我们理解了他的目的并在谈论过程中得到了一个明确的任务流。之后我们在一页纸上绘制出了他想要的任务流，砍掉了 80% 的文本，并使用一个超轻量级且容易理解的文档敲定了客户的最终需求。

### ■ 过渡到线框图

当项目的客户（投资人、老板）看过我们的任务流程图并同意这正是他们想要执行的任务，我们就该进入线框图阶段了。

线框图是产品的基本蓝图，用来描述网站或 APP 在每个页面（屏幕）上的核心功能。这些线框图会随着我们的改进越来越详细。不过，在第一个版本中我们只用到黑白的轮廓和形状来暗示导航、文本、按钮和图像等元素的位置。这些线框图应该勾勒出我们对整个产品的看法，表达出最初的产品设计理念。

下面附上一个网站主页的初稿线框图，见图 8。

如你所见，这是一张非常简单的线框图，可以看出，该页面的内容所支持的任务是：帮助用户找到他们想要的产品并了解更多信息。

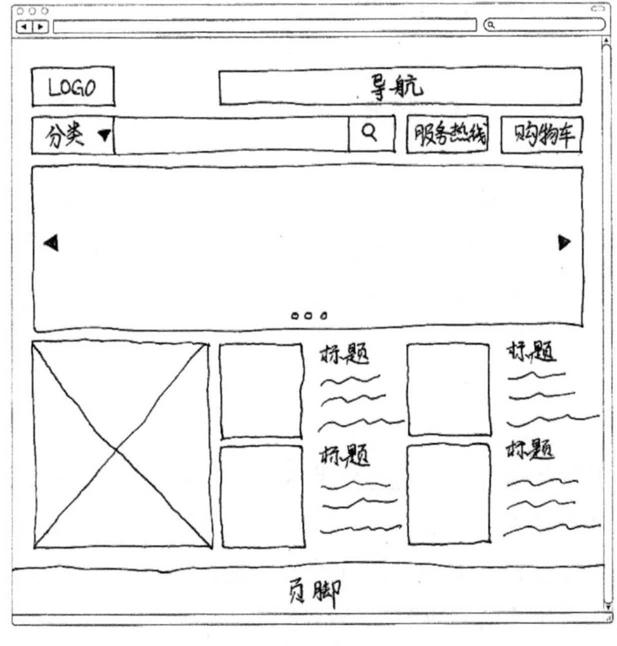


（图 8）

为了支持这项任务，我们创建了帮助用户访问不同商品的“入口”，如图中的导航和主推商品的轮播幻灯。但目前我们还不知道文本应该描述些什么，导航栏应该包含什么，还有图像应该是什么样子。所有这些还需要更多的讨论和探索，所以我们目前只使用一些占位符，继续向后推进。

如果是对已有网站或 APP 进行重新设计，这一步会变得更容易。不过，如果这是产品的第一个版本，我们不应该在一开始就考虑太多细节，这样会扰乱我们的设计步伐。只需想象一下页面中需要支持任务正常执行的内容是什么样子，然后将其落实到线框图中就可以了。

当我们对线框图逐渐增加细节进行迭代时，线框图的保真度会随之增加。随着线框图的不断完善，我们将越来越清晰地看到应该在哪里增加功能或添加新的内容。我们还需要定义最优化导航模型并对内容进行分类。

现在应该与开发团队碰面详细介绍当前项目计划的详情，包括一些特殊的技术问题或比较少见的功能需求。此时，我们应该弄明白网站的优化方案中是否包含跨平台（台式机、平板电脑、手机或其他移动设备），也就是响应式设计。现如今，这已经成为创建网站的标准方法了。也就是说，我们要考虑在不同尺寸的显示器屏幕上，页面的内容和布局应该怎样转变。不过，随着移动设备的兴起，越来越多的设计师都在追求“移动优先”的设计方法，也就是先创建一个针对移动设备进行优化的设计，然后再设计桌面优化版本。无论你追求哪种设计方法，在设计线框图阶段你都要考虑到响应式设计。不过，客户需求第一，在与客户进行详细沟通得到确认后再执行。

最近几年，有很多关于响应式设计与自适应设计孰优孰劣的话题。笔者建议广大读者不要盲目陷入无休止的争论中。牢记，目标是满足用户需求，而不是讨论哪项技术更胜一筹。在设计初期，使用自适应设计可以更高效地制作出目标效果与客户进行沟通，这可以节省大量时间和精力。

■ 可用性测试

虽然这一步经常在制作出模型之后进行，但现在是时候测试一下设计的可用性了。不管我们是使用纸原型、可交互截图还是其他方法，尽早审查我们的想法是非常重要的，这样可以帮助我们节省更多时间来修改。如果等到完整的模型制作出来或者完全开发完毕再进行测试的话，我们很难再去修改核心功能。如果一定要修改的话，很可能意味着我们要全部重新设计，这是极大的资源浪费，是项目中所有人都不希望遇到的糟糕情况。

## 1.2.3 视觉设计

当团队成员和客户（投资人、老板）对我们设计的任务流、导航和页面布局达成共识后，就该进入设计流程的视觉设计部分了，见图9。

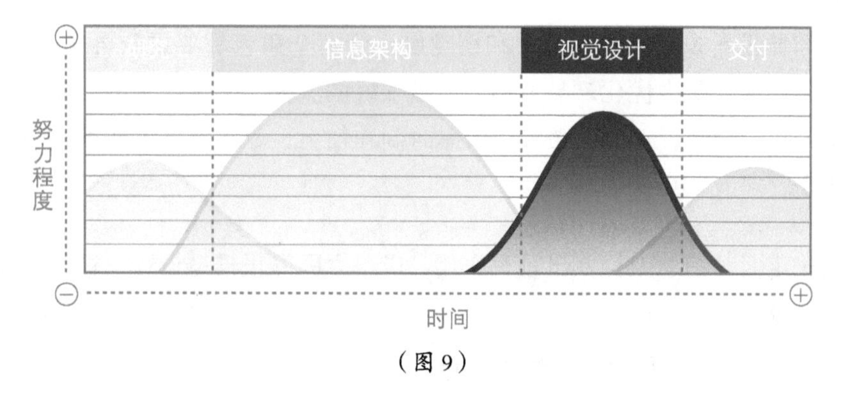


（图 9）

到这里，通常是创建模型（使用 Photoshop、Adobe Illustrator、Sketch 或其他软件），并使用 Axure 制作可交互模型的时候了。在此阶段，应该尝试制作代表终极产品的像素级模型了。所有的内容和图像应该定义好并放在合适的位置上。应该强调的是，这里所说的像素级概念是在采用响应式设计（或自适应设计）的前提下，增加网站的交互性。

## 视觉层的应用

如前所述，用户体验设计师是一个多学科的职业，一些公司发现通过招聘内容架构师可以更容易地将设计过程划分清晰。然后将内容架构师制作的文件传递给视觉设计师，让视觉设计师设计出视觉层。

当同一个设计师制作线框图和视觉设计时，他可以更容易地提高线框图的保真程度，让同一个设计师进行视觉设计也将会对产品设计进行自然延伸和优化。然而，如果这里的工作是分开的（由不同的设计师来做），建议给视觉设计师多留一点空间来探索视觉解决方案。一个较好的方法就是，不要标注线框图中的部件位置、尺寸、颜色等属性，以便让视觉设计师有足够的发挥空间。

在这个阶段更改内容是很常见的，在优化模型时会更新文本和图像。但是，在视觉设计阶段要改变功能或增加其他特性的话，会浪费大量的时间和精力。因为在创建模型时很难再退回到线框图阶段，这意味着线框图和模型都要重新设计，也就是你和视觉设计师两个角色都要重新再来一次。如果是创业团队中优化产品方案，这是很好的流程，不要嫌麻烦。但如果是个人顾问的话，这会浪费掉你太多时间和精力，你不得不重新规划项目时间表。

如果一定要对信息架构做出较大变化，应该立即停止模型设计，重新设计一组线框图并与团队成员（尤其是投资人、老板）共同探讨，并且要在争得团队全体人员的同意后，再重新制作模型。

## 1.2.4 交付

当我们将模型和内容都准备好后，就可以进入设计过程的交付阶段了，见图 10。

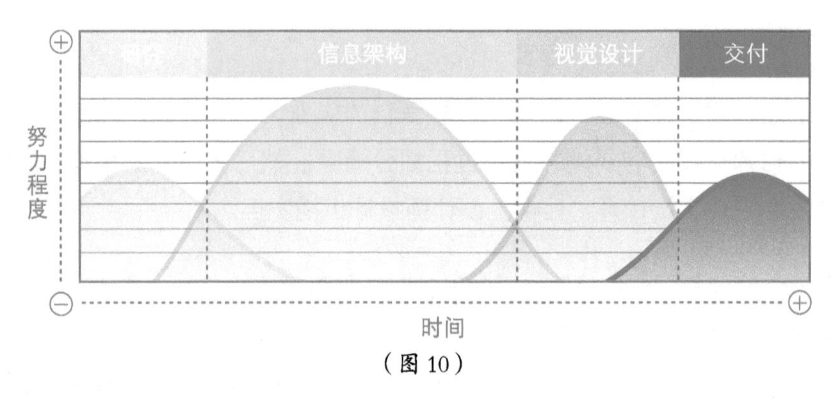


（图 10）

这个阶段基本分为三个任务。

- 优化网站或 APP 中使用的图像。
- 创建规范文档，帮助开发人员构建设计。
- 评估开发完整的工作，以确认它匹配设计。

最后一步是最困难的。开发成果和设计方案之间可能会有一些明显的视觉差异。即使我们在规范文档中注明了边距、字距、行距和其他属性，事情还是会略有不同。这是因为在 Photoshop（或其他设计工具）中，对设计的控制级别要大于在浏览器中。虽然 HTML5 和 CSS3 提供了更多的控制，但有些细节仍然达不到你在 Photoshop 等设计工具中的预期效果。

这是一个相当普遍的问题，我们可能将所有注意力都集中到最终结果上。我们应该让团队中的全体成员认识到，这是大家共同的责任，以确保最终开发出的产品与我们设计的模型尽可能保持一致。毕竟，开发人员都是按照我们提供的文档和模型工作的。有许多人对于产品细节和细微差别持有强硬的观点（在互联网浪潮中对产品细节吹毛求疵是正常现象），不过一旦产品进入开发阶段这些现象会逐渐变淡。先推出最小化可行产品投入市场，接受广大用户的反馈，然后再对产品进行调整以及细节优化。

解决这一问题的诀窍是，在设计过程的一开始就将开发人员包括在内。因为设计师与开发人员之间似乎天然存在一道屏障（尤其是当设计师完全不懂开发的情况下），毕竟开发人员“说”的是一种完全不同的语言，并且在设计过程的不同阶段才融入战斗。尽早将开发人员包含在内，是大有好处的。

此外，我们应该确保让开发人员（或开发团队代表）尽早参加项目讨论，这样便于他们决定应该使用何种技术开发项目。在讨论设计用户体验过程中想要的功能和特色时，也应该与开发人员共同商讨，便于他们获取足够的信息来确定使用何种技术。他们会提出适当的建议，比如会遇到何种限制（如消耗开发团队大量精力仅是为了华而不实的特效，而且某些特效会造成移动设备硬件性能严重消耗导致卡机情况发生），或者有哪些替代选择，便于我们及时处理（笔者建议，无论是视觉设计师、用户体验设计师、项目经理、产品经理，都应该至少熟悉一种主流编程语言，熟悉并不等于可以开发产品，但这可以帮助你更深层次地理解产品，也可以更融洽地与天才程序员们沟通协作，目标是要让项目的设计过程保持在可控范围内)。

除此之外，在后续的设计回顾中也应该包括开发人员，这将帮助他们理解为什么要做出某些重要决策，以及这些决策的重要性。在头脑风暴和设计回顾环节要包含一个开发团队负责人，这样可以帮助我们让整个团队对项目在不同阶段的认知保持同步，避免扰乱开发团队的安排。

所有这些都可以帮助防止设计和开发出现大幅改动或沟通不畅而导致的严重问题出现，让整个团队从一开始就清楚项目中任何阶段的任何变化。

## 1.3 总结

虽然每个新项目在不同阶段的细节都会有细微的变化与不同，但是这个设计过程大部分是通用的。建议你的每个项目都遵循这个流程。

开始要研究谁是产品的目标用户。询问问题，弄清最终用户和客户(投资人、老板)的目标是什么。进行头脑风暴来定义目标用户完成任务所需的功能，让他们以更加高效、直观且富有创造性的方式完成任务。

一旦我们有了这些答案，就可以对信息架构进行迭代完善了。先制定出用户通过网站或 APP 完成目标的任务流程。接下来，定义在每个页面或屏幕中支持用户完成任务所需的页面内容和布局。然后，测试设计方案，确保方案是直观并且可用的。

当产品的整体任务流程和页面内容都被文档化并通过审查之后，就可以开始视觉设计了。我们要创建所需的图形、字体、图像和其他视觉元素，用来取代线框图中的元素。完成之后，整个设计以及与之相关联的图像和照片等元素需要递交给开发人员，他们来产出最终产品。

遵循这个设计过程能够消除歧义，取而代之的是信息的顺畅流通和井井有条的秩序。这个过程可以铲除设计中的盲目猜测，为产品提供一个明确的方向。

现在，我们已经对设计过程有了较为基础的理解，下来我们来看看它的实际应用。下一章将会通过构建一个简单的电子商务网站，来详细演示设计过程在实战中的应用（模拟案例）。

# 第 2 章

# 电商网站设计过程

笔者接到了一个项目，客户（投资人）是做知名品牌运动装备的，有金融背景且业务状况良好，虽然他在天猫和京东运营着旗舰店，但是该客户出于战略考虑，想要打造独立品牌的在线商城。此外，该客户对电子商务这个专业领域并不熟悉，也没有与设计师和开发人员合作的经验。我们将与这个客户合作，帮他设计一个电子商务网站来销售他的商品。首先要给客户介绍如下详情。

- 给客户详细介绍设计过程。
- 带客户一起充分了解研究阶段，定义预期用户、功能和产品目标。
- 创建网站的完整地图来展示不同页面间的链接和访问关系。
- 创建并优化线框图来演示网站内容和产品细节是如何展示的，以及用户的购买支付流程是怎样定义的。

我们的客户想在这个网站上销售知名品牌的足球/篮球运动装备，他已经在多个城市中拥有上百家专卖店，并且组建了专业的互联网销售部门负责天猫和京东的销售业务。但是，他需要专业人员来帮助他设计独立网站。该客户在线下领域已经获得了非常大的成功，但这是他第一次创建独立的在线商城。因此，我们期望的不仅是帮他设计网站，还期望在网络营销策略上为其提供指导。

由于该客户与设计师沟通的经验极为有限，所以在设计工作开展之前与他讨论设计过程就显得极为重要了。通过让客户回答一些问题，可以帮助我们在找到现实可行的解决方案之前，得到客户头脑中的期望。

注意：每个项目几乎都会对设计过程进行细微的修改，因此笔者不会详细介绍项目过程中的每个细节。

要开始这个项目，我们首先要向客户收集信息，包括客户的项目目标是什么，以及预期客户是谁。有很多种方法可以收集这类信息，最直接的方法就是直接与客户或者客户公司内的关键负责人谈话。

# 2.1 投资人采访

第一步就是采访客户（投资人）。

我们不仅要讨论客户需要什么类型的援助，也要借此机会对客户进行恰当的“教育”，也就是详细介绍我们的设计过程。

在第一次客户采访中，他想直接告诉我想要的网站是什么样子，但又不知道该从哪儿开始（大多数客户甚至创业者都会面临这个问题，想模仿某些已知网站的某个部分，而其他一些部分是自己独有的特色）。在这个关键点上，我们一定要带他从头到尾熟悉一下我们的设计过程。我们要告诉他，在开始设计网站模型之前，要先做一些研究。

注意：现在要将讨论中出现的以及可能会出现的细节问题逐一沟通清晰，并记录在文档中。如果现在不做的话，到设计过程的中后期很可能会出现让你意想不到的问题。总之，每次采访客户都要将客户对项目的功能、特色要求以及可能遇到的技术问题沟通清晰并记录在案。虽然这里的记录会随着项目的推进进行适当修改，但这个文档中包括了客户的全部预期，这就是整个项目的核心，团队中的全体成员都要按照此预期展开工作。

大部分设计交付物在满足客户期望之前都需要经过多个版本的迭代。然而，如果我们不将每个版本详细记录到文档中，并对需求变更进行版本管理的话，客户可能会持续不断地修改需求。如果不做任何限制的话，客户会认为设计并没有完全准备好，他们会不断增加或修改功能需求，这是我们不愿看到的，因为宝贵时间在不断流失。如果我们是一次性获得报酬，而不是按小时计费，时间就是金钱。事实上，这并不矛盾，时间和金钱的条件会让客户更加严谨且谨慎地考虑自己的需求并作出决定，也会更加真诚且严肃地与我们沟通。

我们应该与客户解释清楚在设计过程中每一步的文档版本修订数量是多

少。如果客户愿意多付钱的话，我们可以考虑适当多提供一些额外的修订次数，这有助于控制客户无尽的期望，并帮助他们集中精力考虑用户核心需求和产品的核心功能。

也许我们有上百个问题需要问，但是在此阶段，我们要找到如下问题的答案。

- 目标消费者是谁。
- 你所期待的目标消费者的用户体验是怎样的。
- 是什么特色，让目标消费者在你的店里购买，而不去其他地方消费。
- 什么功能或服务可以帮助你留住消费者。

注意：在设计过程中，我们应该遵循化繁为简的设计原则。在项目的特定阶段寻求与之对应的信息类型，当前阶段是我们询问恰当的问题，然后分析我们得到的答案。

在项目过程中我会说明如何使用这些技术。不过，要将所有可能用到的技术都一一详解是不太实际的，读者在学习过程也要注意，切忌刻舟求剑。不同的客户、不同的项目，要灵活对待。

## 2.2 竞争分析

除了采访，我们还要考察市场中已经存在的类似产品。在这种情况下，我们收集类似的体育用品独立商城网站，并将其包含的功能与特性落实到文档中。获得这些数据的目的是了解目前的市场。如果我们可以定义出竞争目标，就可以通过优劣势分析为用户提供更好的综合体验与服务。

## 2.3 角色模型

研究与收集信息之后，我们要与客户一起讨论访问网站的用户类型都是哪些。我们的目标是识别主要用户的类型并将其落实于文档，这样我们就可以更好地设计出针对目标用户的产品。讨论各种用户特征之后，最终通过检查模型和相似性之后得出了三个主要的用户资料。

- 成年足球 / 篮球粉丝
- 未成年足球 / 篮球运动员（粉丝）的父母
- 成年球员

为了在设计过程中持续将注意力聚焦在目标用户想要使用的产品功能上，我们创建了三个虚拟的用户资料，也称为“角色模型”。这三个角色模型的资料就是我们的客户希望在网站上频繁购买商品的典型代表。

我们按如下信息来定义角色模型。

- 姓名
- 照片
- 年龄
- 住址
- 专长
- 人物个性描述
- 职业
- 购物重点是什么
- 对网络理解程度和网络购物经验如何

为了帮助团队在工作中牢记这些用户资料，我们给每个用户创建了资料卡，见图 1。这些资料卡可以打印出来并分享给客户和团队中的关键成员，这样就可以不断提醒我们该项目的目标用户和潜在市场是什么。

虽然我们可以通过调研所获取的资料创建非常详细的角色模型，但在目前这些资料足够了。其中包括了我们认为最重要的细节，帮助我们认清目标用户是谁。

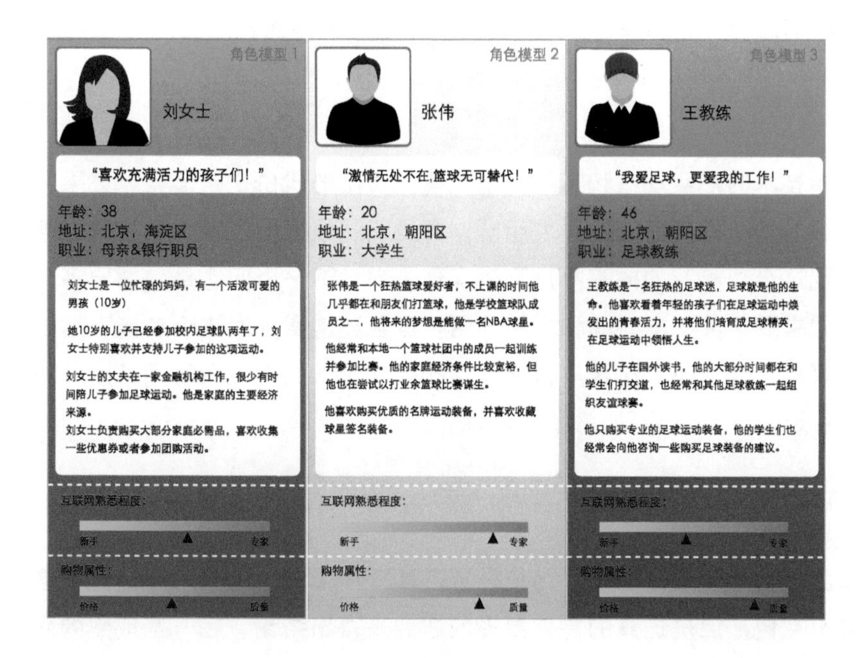


（图 1）

# 2.4　权衡并制定功能的优先级

通过对客户答案的研究、竞争分析还有对角色模型的研究，可以帮助我们创建一个主要的产品功能列表。在这一点上，我们要尝试使用“现实测试”来给这些功能定制优先级，见图 2。

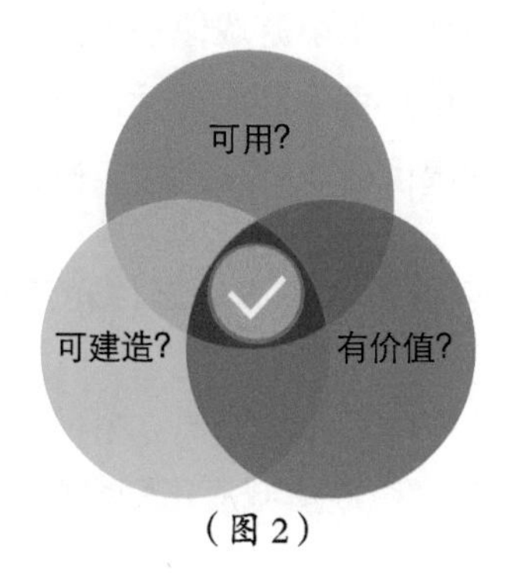


（图 2）

项目中的任何功能都要符合这三个标准才能将其落实，这些标准如下。

- 可建造?

这是指技术的可实现性和实现该功能需要付出的代价是否值得。如果我们设计该功能并将其递交给开发团队，开发团队根据他们掌握的技术是否可以实现这个功能？如果答案是可以实现，那么下一个问题是，需要多久实现？如果要花费更多时间和金钱的话，是否还值得开发这个功能？这一点要与客户充分沟通，让客户权衡该功能所需投入的资金和时间，以便做出最终决定。

- 可用?

如果我们创建了某个功能，用户是否会真正使用它？有些人可能觉得这个问题有点傻，但是这真的需要更多的研究来得出结论。在一些成熟的网站或APP中，专业人员会通过数据分析来研究不同功能的使用率，并据此优化使用率高的功能，或者砍掉使用率低的功能。也会根据前瞻性的眼光、市场调查和综合分析添加一些全新的功能，帮助用户更高效地完成任务，进一步满足用户需求，以此提升用户体验。

- 有价值?

如果我们可以开发该功能，用户也会使用它，但是它是否能够给客户和用户带来更多价值？给网站添加一个小游戏似乎没什么价值，但是如果它能够形成病毒式传播并吸引更多用户再次访问网站，那么这可能是一个有用的营销工具。然而，如果它不能提供任何投资回报，最好把它从功能表中砍掉。

通过这个测试，我们可以删除一些不能给客户和用户提供重大价值的不现实的功能。

下面的列表清晰地展示了这个在线商城应该包含哪些功能。

首页包含主要商品的广告内容和其他页面的入口。

- 商品分类
- 新商品列表
- 促销商品列表
- 热销商品列表
- 教学内容（视频）
- 关于我们页面
- 联系我们
- 登录和注册链接
- 社交平台链接

每个产品分类页面包含以下类别具体内容。

- 子分类列表
- 新商品列表
- 促销商品列表
- 热销商品列表

商品详情页包含如下内容。

- 商品图像和详情
- 商品价格和配送
- 商品评论
- 相关教学内容的链接

购物车和支付过程如下。

- 预览订单详情
- 修改订单数量
- 结账页面入口

教学内容如下。

- 内容门户
- 内容详情页

研究结果可以给我们足够的信心来决定项目的功能和方向。我们定义的目标用户是谁，并针对目标用户创建了有针对性的产品功能列表；并且核查了功能列表以确保这些功能是有价值的、可用的，以及技术上可行的。现在我们可以组织并开发这些功能，并将它们串联在一起。

# 2.5 信息架构

信息架构是对网站或 APP 中的数据和任务进行组织，以确保为用户提供一系列直观可用的界面。根据我们期望的功能列表、页面和一些关于内容的想法，我们可以继续定义怎样将这些内容组合在一起。

## 2.5.1 站点地图

首先我们创建一个站点地图，用来检查我们在研究阶段所创建的每个页面中需要支持的功能和任务。这张站点地图将帮助我们理解这些页面是如何连接在一起的，见图 3。

从图 13 中可以看出，站点地图非常简单。每个单元格代表一个独特的网页用来支持用户使用功能和完成任务。箭头表示如何从一个页面进入另一个页面。我们用不同的色彩标示出不同的页面分别代表什么类型的任务或内容。这不是必要的，但这样做可以更加容易地理解和辨别不同页面的类型。

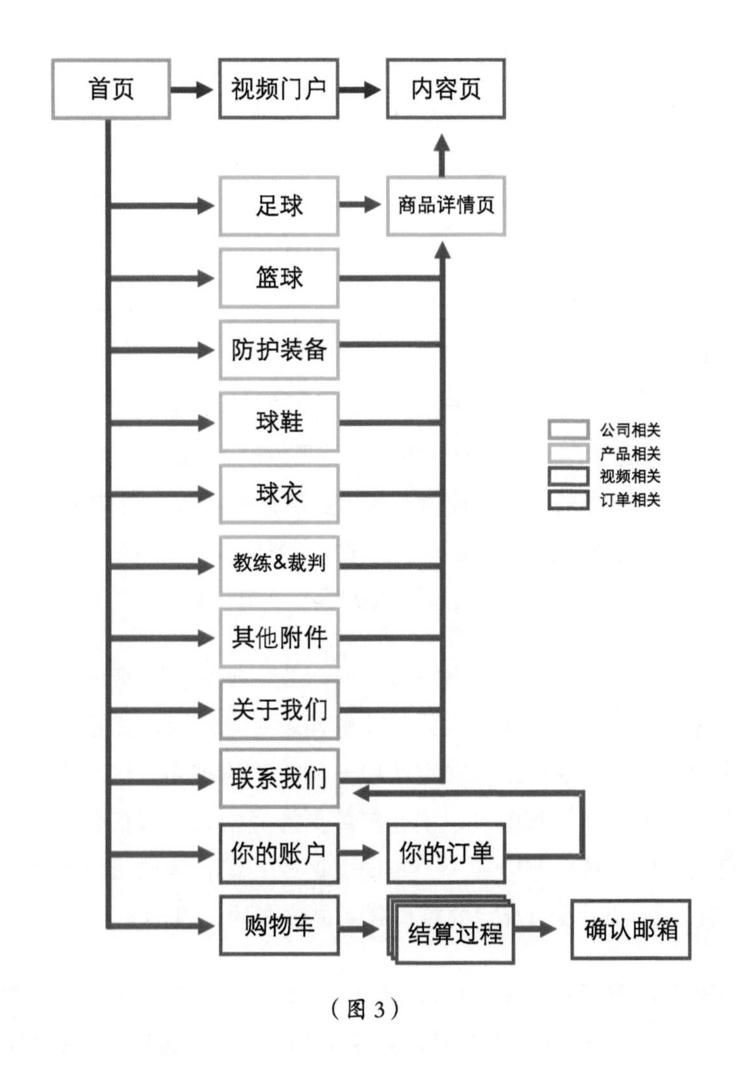


（图 3）

## 2.5.2 绘制页面和内容的线框图

现在已经定制好了网站，并且已经知道不同页面之间是如何连接的，下面我们可以来定义每个页面中的内容了。我们首先与客户一起讨论，为站点地图中的每个页面制作一些最初的草图。这些草图随着每次修订都会包含更多内容并完善更多细节和数据。

注意：绘制线框图关注文字、图像和其他信息在页面中如何显示。我们要尝试使用黑白和灰色的调色板，使用简单的线条轮廓和形状来表达页面内容的位置。这可以帮助我们专注于内容应该放在哪里，而不是图像看上去是什么样子或文字内容应该是什么。这些内容虽然也非常重要，但不是当前阶段要关注的。

### 首页

我们在会议中通过头脑风暴来检验并设计网站首页线框图中的内容和样式。客户对产品描述和广告词有一些想法，但还没有写出来。对于一些新产品和相关的营销广告词来说，这种情况是相当常见的。我们要向客户解释清楚，暂时没有详细的商品描述和营销广告词并不影响我们开始工作。事实上，我们要做的工作是，定义这些文本要放在哪里显示，它们的内容需要多长。

因为我们目前还没有掌握所有细节，所以我们把之前研究的用来支持用户完成任务的功能和内容使用大致的轮廓勾勒出来即可。在经过几轮绘制之后，我们与客户达成一致，决定使用一种简约的布局。这一步我们可以多绘制一些不同布局的草图，以便客户能更加轻松地与我们合作。不过，如果我们在头脑风暴环节中在一个布局上达成共识，我们可以大大加快这一步的进程。最终，我们选定的首页草图是这样的，见图 4。

这里的草图故意画得比较粗糙，因为我们要保持快速且顺畅的沟通，避免因为过早关注太多细节而陷入无意义的争论。此时我们只是使用这个简单的草图来检验各部分功能以及内容所摆放的位置是否合理。下一步，我们就可以使用 Axure 来制作经过检验的、更加精确且正规化的线框图了。

### 流行的线框图工具

在绘制简单的线框图阶段有很多工具可供选择，下面是一些比较知名的。

- Axure

- Microsoft Visio
- Omnigraffle（仅适用于 Mac 系统）
- Balsamiq

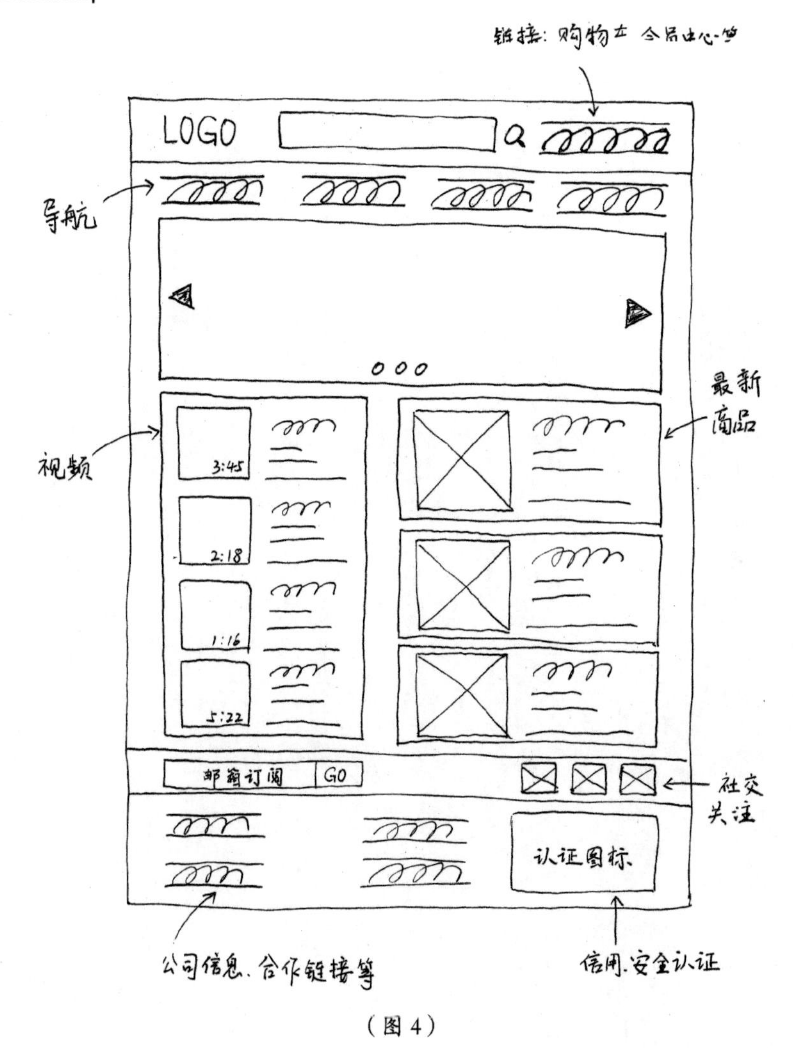


（图 4）

注意：本书所有线框图和案例均使用 Axure RP8 版本进行讲解。

## 最初的首页线框图

正如你看到的下面这张首页线框图，见图 5，与之前的草图相比，我们可以添加更多细节。这时，我们可以考虑商品广告图像和标题应该放在什么位置。

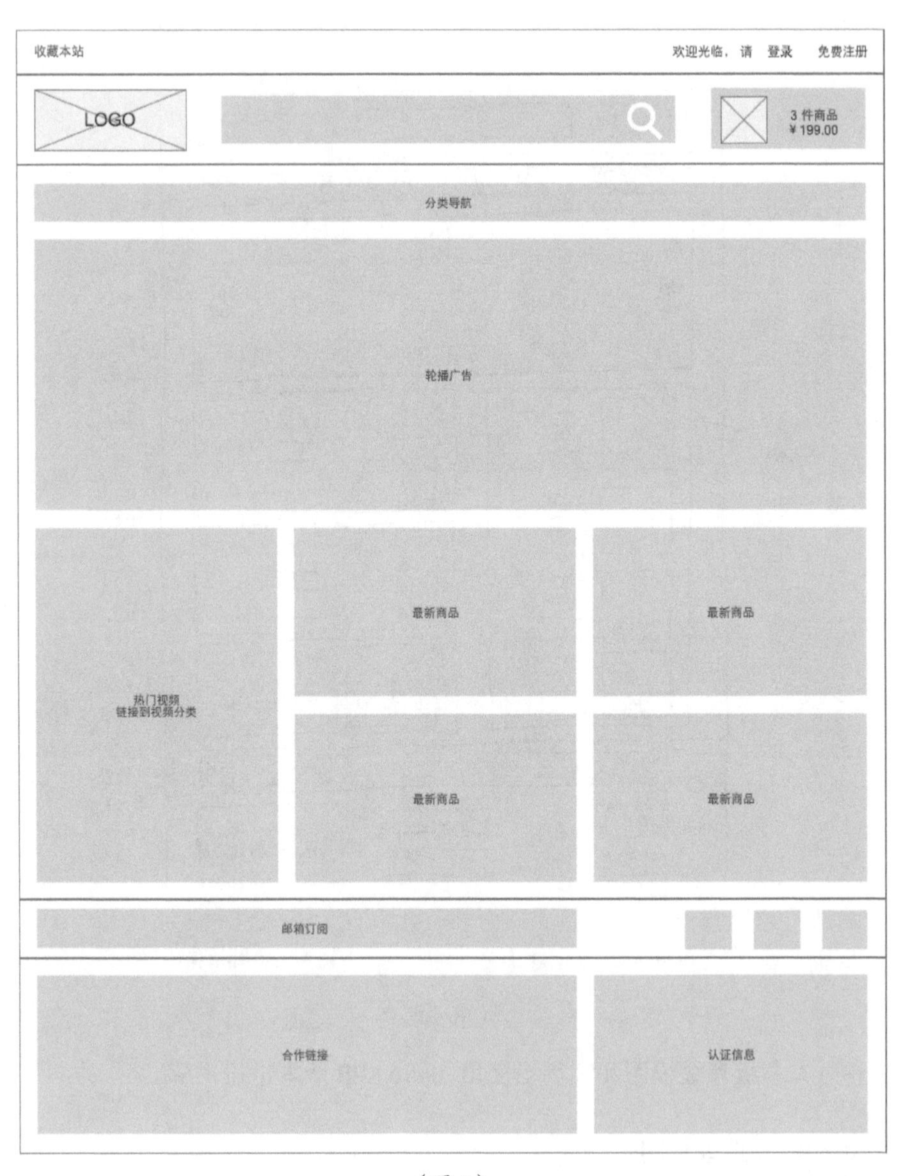


（图 5）

即便在当前阶段已经添加了这些细节，但仍然还有很多问题需要解决。我们下一阶段的任务是与客户会面讨论这些问题，并使用头脑风暴尝试找到最佳的解决方案，然后我们就要使用收集到的足够的信息来绘制另外一个更加详细的线框图。

当我们再次与客户见面并介绍了当前所面临的情况，他介绍了一个助手给我们。这名助手负责提供网站中所需要的文本内容（商品名称和广告促销文案），事实上这正是我们目前所需要的。我们与客户和新来的助手紧密合作，确保让他知道，在网页不同的位置分别需要多少什么类型的文本（比如，是商品促销文案或是商品介绍，分别需要多少文字）。整个过程有些乏味，但进展很顺利。在顺畅沟通的前提下，我们收集到了足够的信息，下一步就开始精炼另一个版本的首页线框图了。

### ■ 精炼后的首页线框图

经过之前与客户和助手的沟通，我们绘制了另一个精炼后的线框图，见图 6。可以看到，它与之前的线框图相比有了较大改变，它可以体现出更多直观且有意义的细节。

我们丰富了主导航和搜索功能，还有轮播幻灯用来放置营销信息、社交网络信息、视频库访问模块、邮件订阅和网站底部的公司信息与合作链接。客户对首页的布局设计表示认同，并急切地等待我们进入视觉设计阶段。

不过，目前首页还需要很多更加详细的文字信息，通过上图可以看到，很多地方我们还是使用文本占位符。不过这并不会影响到项目进展，随着设计过程的推进，我们随时可以将文本占位符替换成真实的内容。因为助手提供的文本内容数量长度并不是十分符合要求，所以我们可能需要调整设计来适应不同的内容。在进入视觉设计阶段之前，把这些文本内容的位置和长度确定下来是明智的选择。

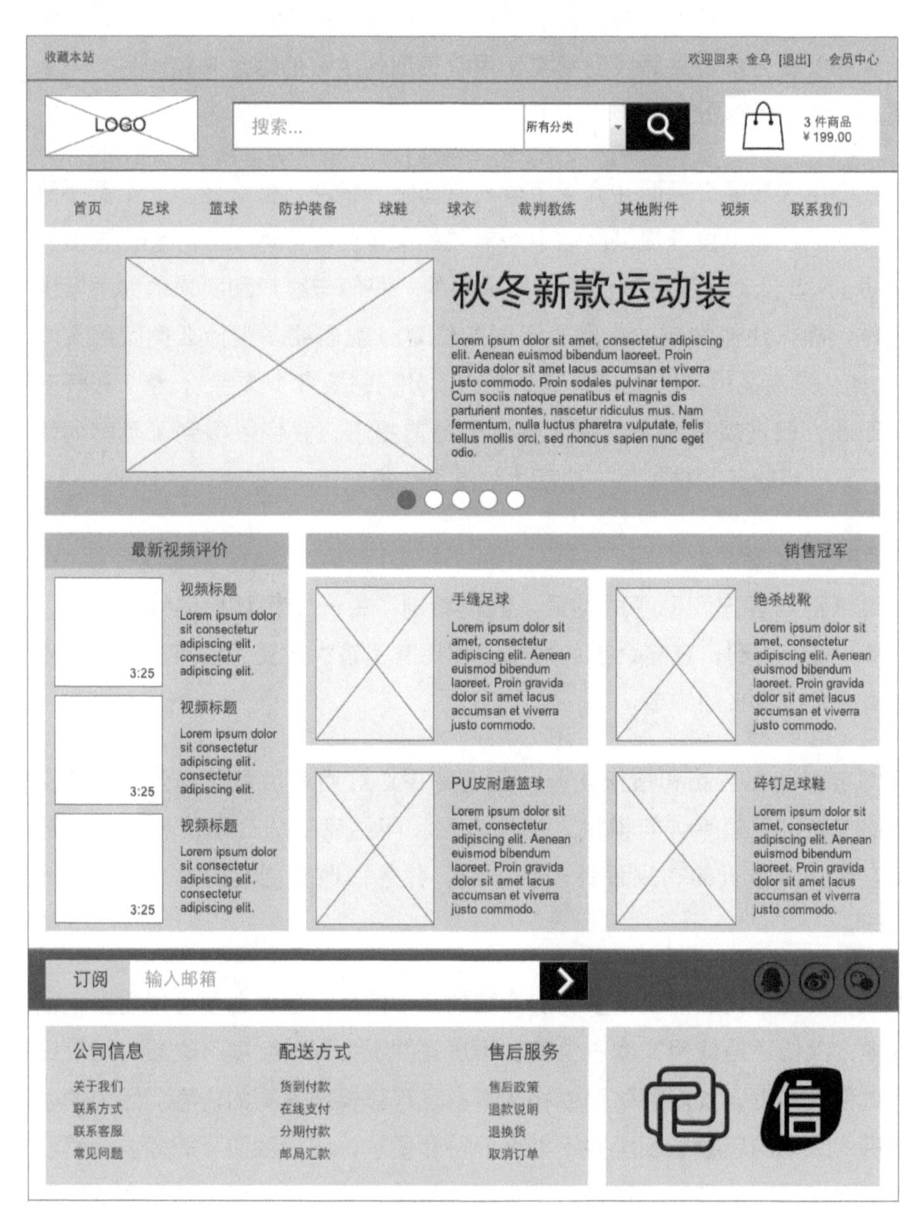

收藏本站
欢迎回来 金乌 [退出] 会员中心
LOGO
搜索...
所有分类
3 件商品
¥ 199.00
首页
足球
篮球
防护装备
球鞋
球衣
裁判教练
其他附件
视频
联系我们
秋冬新款运动装
Lorem ipsum dolor sit amet, consectetur adipiscing elit. Aenean euismod bibendum laoreet. Proin gravida dolor sit amet lacus accumsan et viverra justo commodo. Proin sodales pulvinar tempor. Cum sociis natoque penatibus et magnis dis parturient montes, nascetur ridiculus mus. Nam fermentum, nulla luctus pharetra vulputate, felis tellus mollis orci, sed rhoncus sapien nunc eget odio.
最新视频评价
视频标题
Lorem ipsum dolor sit consectetur adipiscing elit, consectetur adipiscing elit.
3:25
视频标题
Lorem ipsum dolor sit consectetur adipiscing elit, consectetur adipiscing elit.
3:25
视频标题
Lorem ipsum dolor sit consectetur adipiscing elit, consectetur adipiscing elit.
3:25
销售冠军
手缝足球
Lorem ipsum dolor sit amet, consectetur adipiscing elit. Aenean euismod bibendum laoreet. Proin gravida dolor sit amet lacus accumsan et viverra justo commodo.
绝杀战靴
Lorem ipsum dolor sit amet, consectetur adipiscing elit. Aenean euismod bibendum laoreet. Proin gravida dolor sit amet lacus accumsan et viverra justo commodo.
PU皮耐磨篮球
Lorem ipsum dolor sit amet, consectetur adipiscing elit. Aenean euismod bibendum laoreet. Proin gravida dolor sit amet lacus accumsan et viverra justo commodo.
碎钉足球鞋
Lorem ipsum dolor sit amet, consectetur adipiscing elit. Aenean euismod bibendum laoreet. Proin gravida dolor sit amet lacus accumsan et viverra justo commodo.
订阅
输入邮箱
公司信息
关于我们
联系方式
联系客服
常见问题
配送方式
货到付款
在线支付
分期付款
邮局汇款
售后服务
售后政策
退款说明
退换货
取消订单
信


（图 6）

注意：线框图中的文本占位符 Loremipsum，中文又称“乱数假文”，是指一篇常用于排版设计领域的拉丁文文章，它没有任何意义，主要目的是测试文章或文字在不同字型、版式下的视觉效果。Axure RP8 中的 Paragraph 部件默认显示的就是 Loremipsum。使用 PC 机进行设计的读者可以访问 www.lipsum.com 快速生成并使用，拥有 Mac 机的读者可以下载一个名为“LittleIpsum”的应用，非常便捷。

## 分类页面

回顾一下站点地图，我们需要定义 8 个分类页面，我们将遵循和制作首页线框图相同的过程来创建。先创建一个比较粗糙的线框图，然后在与客户和助手一起提炼分类页的细节。

不过，分类页的设计与首页有很大区别：因为有 8 个不同的分类，其中 7 个是商品分类，1 个是视频分类，我们要仔细考虑它们的工作模式。如果愿意的话，我们可以创建 7 个不同的商品分类页面布局，但这样做并没有什么价值和意义。我们决定创建统一的商品分类页面模板，将其应用到 7 个不同的分类页，这样可以对整个网站建立统一的用户体验，让用户更加轻松地穿行于不同分类中，也可以为我们节省一些工作量，降低工作难度。

下面是分类页面从最初草图到精炼后线框图的过程，见图 7、图 8 和图 9。

分类页的主要目的是显示出不同分类中的商品，经过与客户沟通后我们得知，客户销售的商品种类和数量并不多，而且十分细化。因此我们决定采用更加灵活的分类页商品显示方法。一种是列表显示（单列），这种方式的优点是一目了然，用户甚至不用进入商品详情页就可以了解商品的相关信息，并且可以更加便捷地购买或收藏。另外一种是切换到网格显示（双列）。

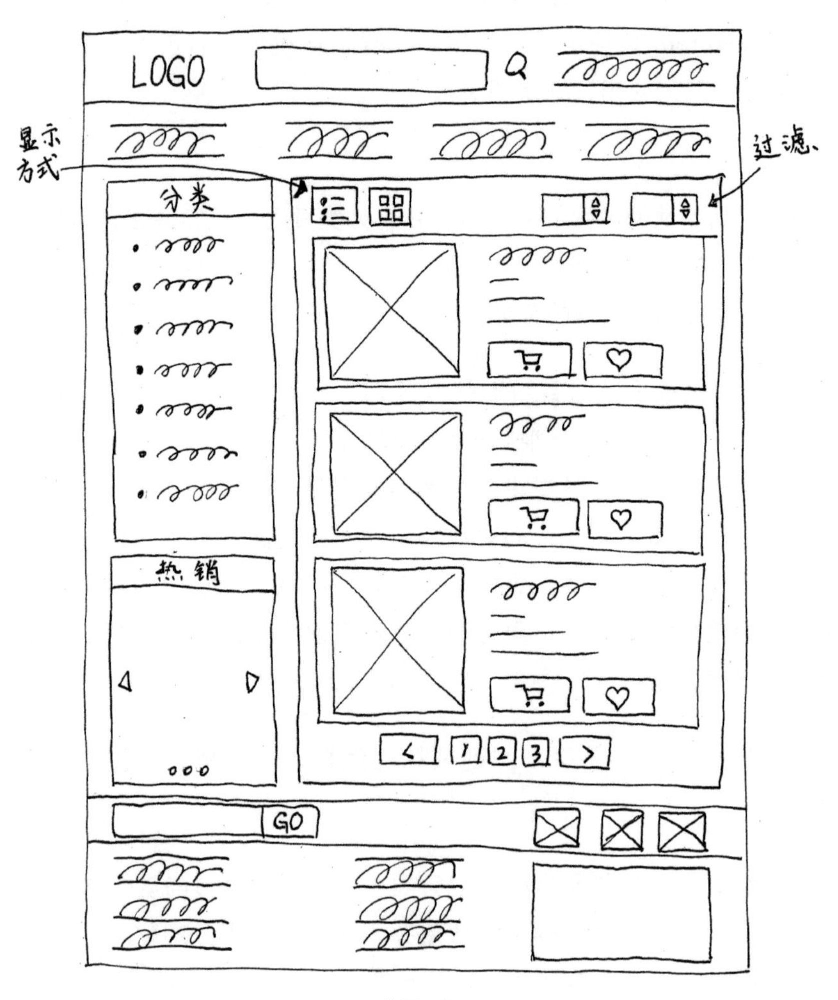


（图 7）

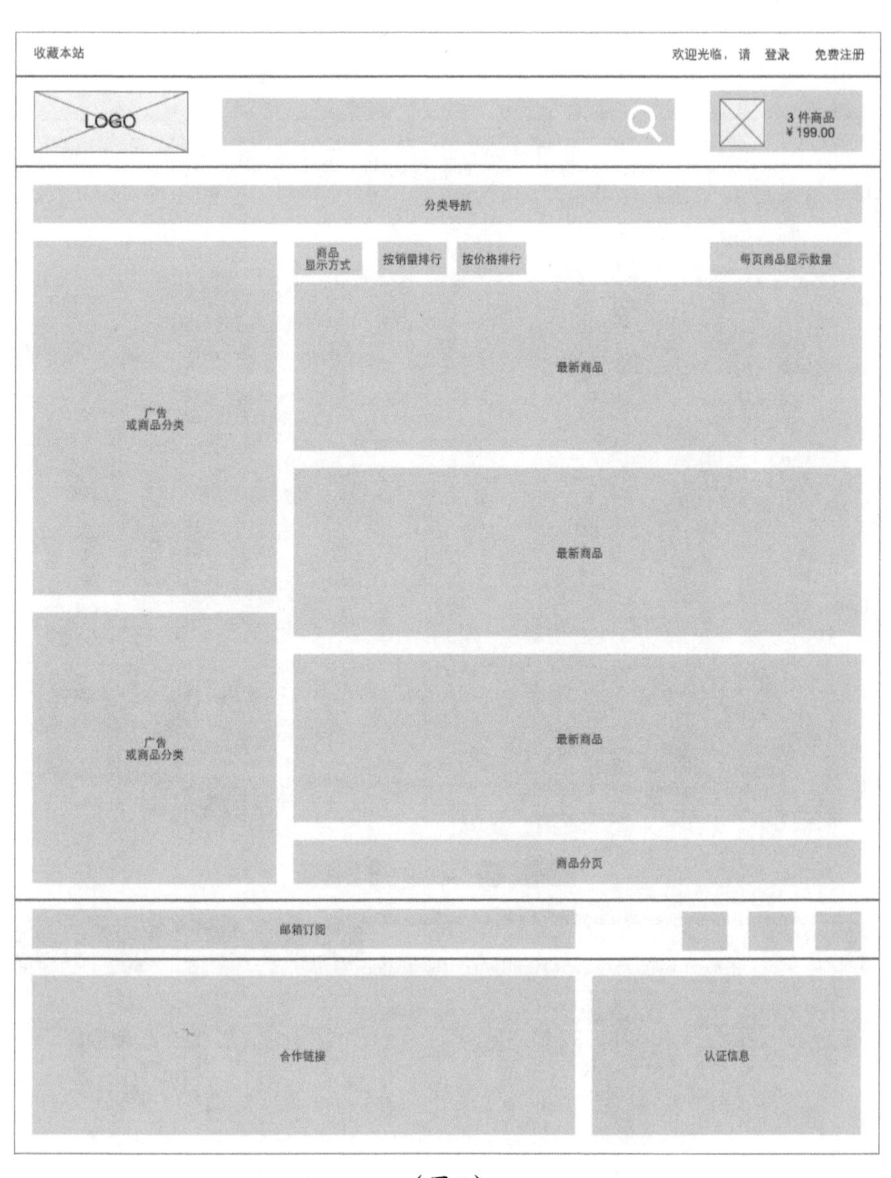
收藏本站
欢迎光临，请 登录 免费注册
LOGO
3 件商品
¥199.00
分类导航
商品
显示方式
按销量排行
按价格排行
每页商品显示数量
广告
或商品分类
最新商品
最新商品
广告
或商品分类
最新商品
商品分页
邮箱订阅
合作链接
认证信息

（图 8）

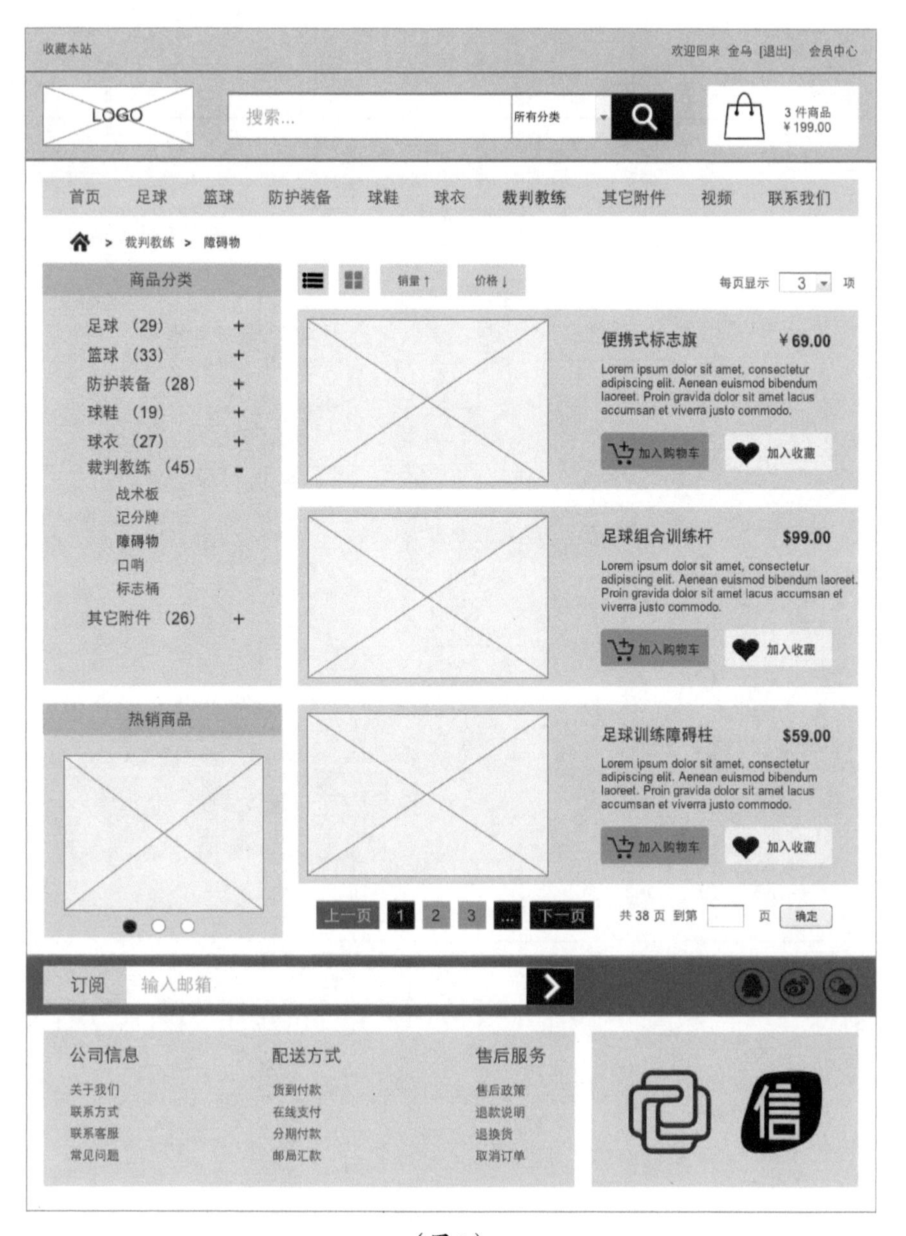
收藏本站
欢迎回来 金乌 [退出] 会员中心
LOGO
搜索...
所有分类
3 件商品
¥199.00
首页 足球 篮球 防护装备 球鞋 球衣 裁判教练 其它附件 视频 联系我们
裁判教练 > 障碍物
商品分类
销量↑ 价格↓
每页显示 3 项
足球（29）
篮球（33）
防护装备（28）
球鞋（19）
球衣（27）
裁判教练（45）
战术板
记分牌
障碍物
口哨
标志桶
其它附件（26）
便携式标志旗 ¥69.00
Lorem ipsum dolor sit amet, consectetur adipiscing elit. Aenean euismod bibendum laoreet. Proin gravida dolor sit amet lacus accumsan et viverra justo commodo.
加入购物车 加入收藏
足球组合训练杆 $99.00
Lorem ipsum dolor sit amet, consectetur adipiscing elit. Aenean euismod bibendum laoreet. Proin gravida dolor sit amet lacus accumsan et viverra justo commodo.
加入购物车 加入收藏
热销商品
足球训练障碍柱 $59.00
Lorem ipsum dolor sit amet, consectetur adipiscing elit. Aenean euismod bibendum laoreet. Proin gravida dolor sit amet lacus accumsan et viverra justo commodo.
加入购物车 加入收藏
上一页 1 2 3 ... 下一页 共 38 页 到第 页 确定
订阅 输入邮箱
公司信息
关于我们
联系方式
联系客服
常见问题
配送方式
货到付款
在线支付
分期付款
邮局汇款
售后服务
售后政策
退款说明
退换货
取消订单

（图 9）

商品类别的层级结构是我们必须考虑的另一件事情。如果客户有更多商品销售，我们可能需要给主导航添加另一层子类，也就是二级类目甚至三级类目。这样可以把一个大的商品类别分割成不同的小类别，便于管理的同时也便于用户浏览。

虽然这个分类页面的线框图可以作为模板应用于其他几个不同的商品分类页面，但我们仍然需要创建另外 6 个，用来详细描述所需的不同文本内容和图像。不过总体来讲，我们可以通过重复使用这里的页面布局节省大量的时间精力。篇幅所限，这里不再附加另外几个不同商品分类页线框图。

■ 商品详情页

商品分类页面可以将用户带到商品详情页面，在这里他们可以看到每个销售商品的细节信息，包括商品图片、标题、描述、价格、评论、评分、视频和其他信息。如果说保持商品分类页面布局的一致性很重要，那么商品详情页布局保持一致也是至关重要的，所有商品信息都将从数据库中读取并按照该页面布局生成相关内容。

和制作首页与商品分类页情况相同，通过与客户和新来的助手一起进行头脑风暴，对我们为商品详情页完善细节提供了很大帮助，下面是商品详情页从最初草图到精炼后线框图的过程，见图 10、图 11 和图 12。

■ 购物车

将商品加入到购物车，是电子商务网站非常重要的功能之一，国内外所有成功的电商网站都在“加入购物车”的功能和用户体验上做了很多文章，这也是提升用户转化率的关键一环。

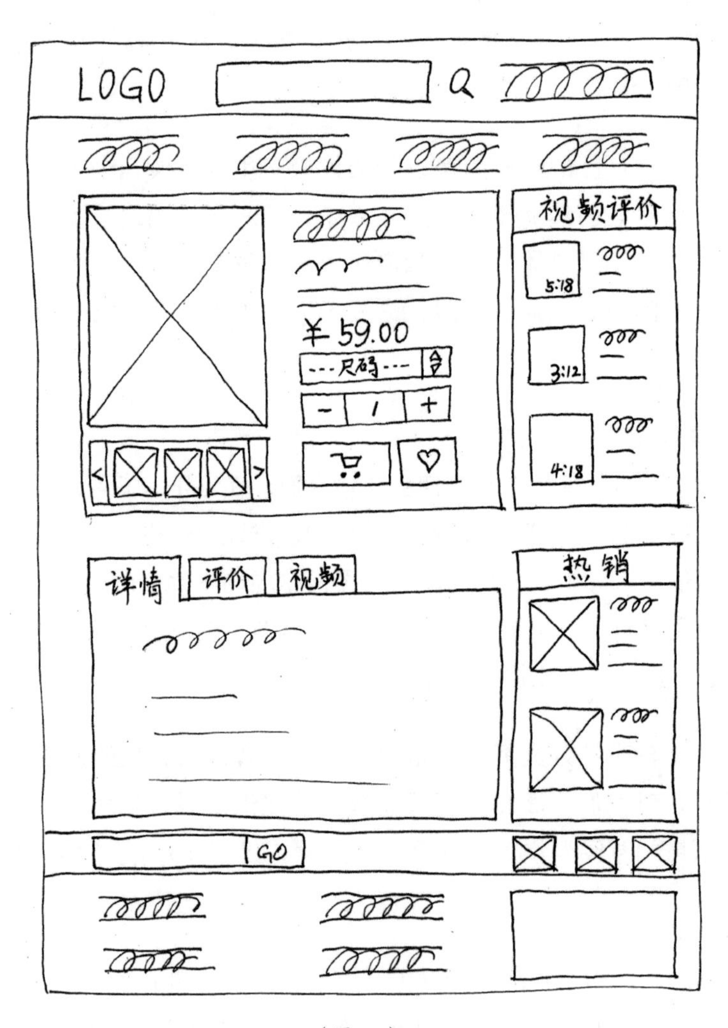


（图10）

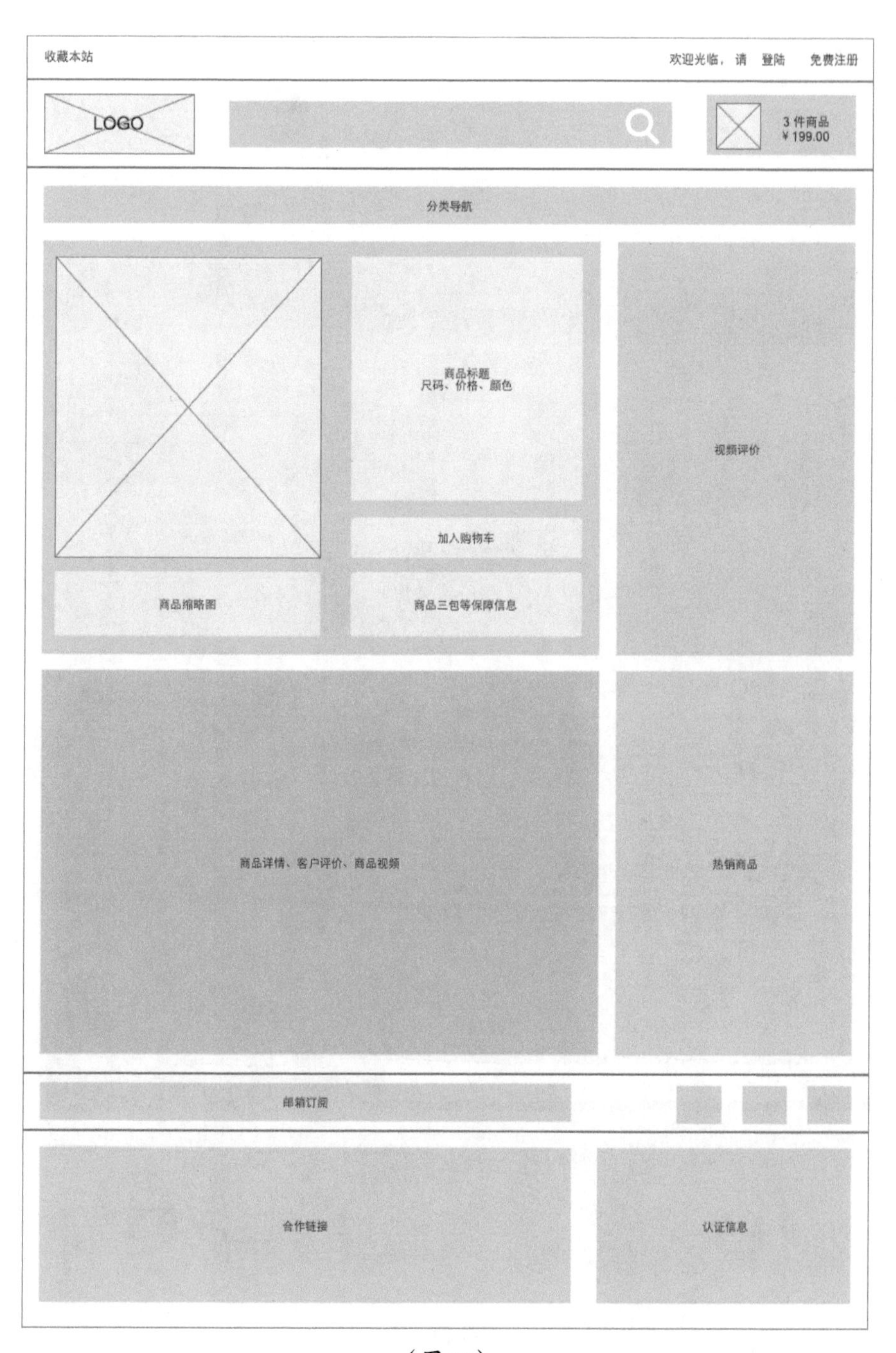
收藏本站
欢迎光临，请 登陆 免费注册
LOGO
3 件商品
¥199.00
分类导航
商品标题
尺码、价格、颜色
视频评价
加入购物车
商品缩略图
商品三包等保障信息
商品详情、客户评价、商品视频
热销商品
邮箱订阅
合作链接
认证信息

（图 11）

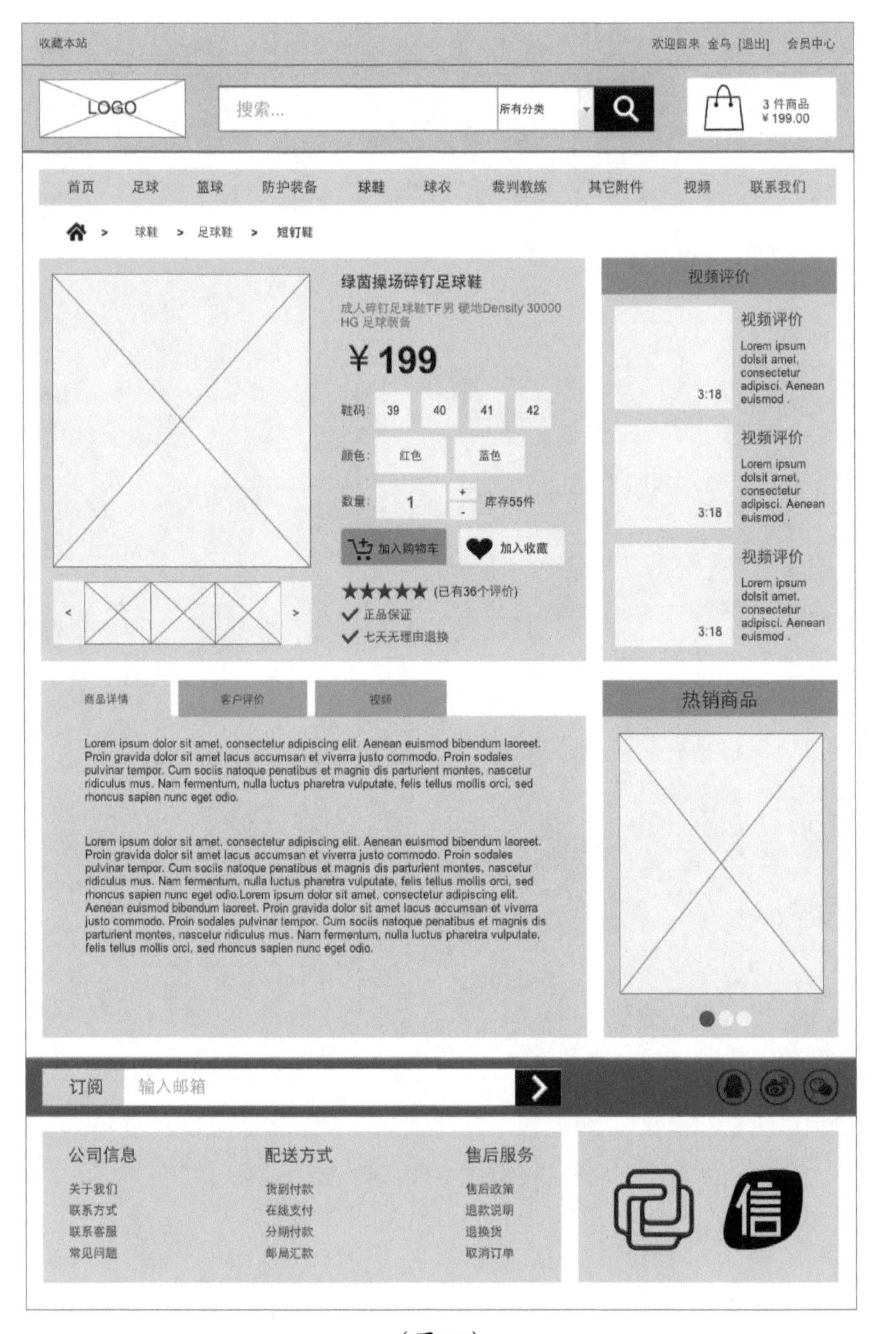
收藏本站
欢迎回来 金鸟 [退出]　会员中心
LOGO
搜索...
所有分类
3 件商品
¥199.00
首页 足球 篮球 防护装备 球鞋 球衣 裁判教练 其它附件 视频 联系我们
球鞋 > 足球鞋 > 短钉鞋
绿茵操场碎钉足球鞋
成人碎钉足球鞋TF男 硬地Density 30000 HG 足球装备
¥199
鞋码: 39 40 41 42
颜色: 红色 蓝色
数量: 1 + - 库存55件
加入购物车
加入收藏
(已有36个评价)
正品保证
七天无理由退换
视频评价
视频评价
Lorem ipsum dolsit amet, consectetur adipisci. Aenean euismod .
3:18
视频评价
Lorem ipsum dolsit amet, consectetur adipisci. Aenean euismod .
3:18
视频评价
Lorem ipsum dolsit amet, consectetur adipisci. Aenean euismod .
3:18
商品详情
客户评价
视频
Lorem ipsum dolor sit amet, consectetur adipiscing elit. Aenean euismod bibendum laoreet. Proin gravida dolor sit amet lacus accumsan et viverra justo commodo. Proin sodales pulvinar tempor. Cum sociis natoque penatibus et magnis dis parturient montes, nascetur ridiculus mus. Nam fermentum, nulla luctus pharetra vulputate, felis tellus mollis orci, sed rhoncus sapien nunc eget odio.
Lorem ipsum dolor sit amet, consectetur adipiscing elit. Aenean euismod bibendum laoreet. Proin gravida dolor sit amet lacus accumsan et viverra justo commodo. Proin sodales pulvinar tempor. Cum sociis natoque penatibus et magnis dis parturient montes, nascetur ridiculus mus. Nam fermentum, nulla luctus pharetra vulputate, felis tellus mollis orci, sed rhoncus sapien nunc eget odio.Lorem ipsum dolor sit amet, consectetur adipiscing elit. Aenean euismod bibendum laoreet. Proin gravida dolor sit amet lacus accumsan et viverra justo commodo. Proin sodales pulvinar tempor. Cum sociis natoque penatibus et magnis dis parturient montes, nascetur ridiculus mus. Nam fermentum, nulla luctus pharetra vulputate, felis tellus mollis orci, sed rhoncus sapien nunc eget odio.
热销商品
订阅
输入邮箱
公司信息
关于我们
联系方式
联系客服
常见问题
配送方式
货到付款
在线支付
分期付款
邮局汇款
售后服务
售后政策
退款说明
退换货
取消订单
信

（图 12）

下面是购物车页面从最初草图到精炼后线框图的过程，见图 13、图 14 和图 15。

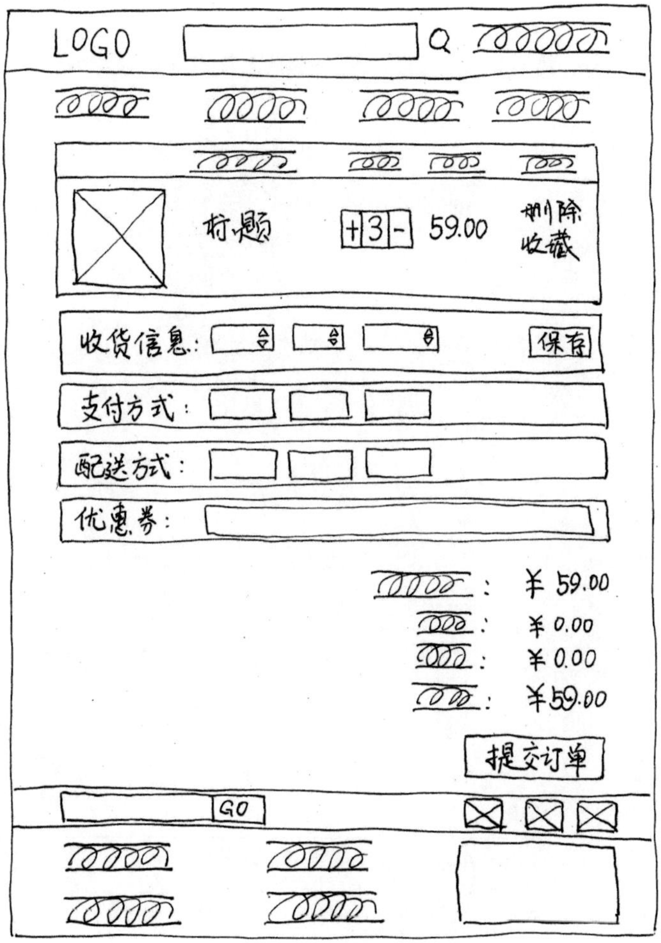

（图 13）

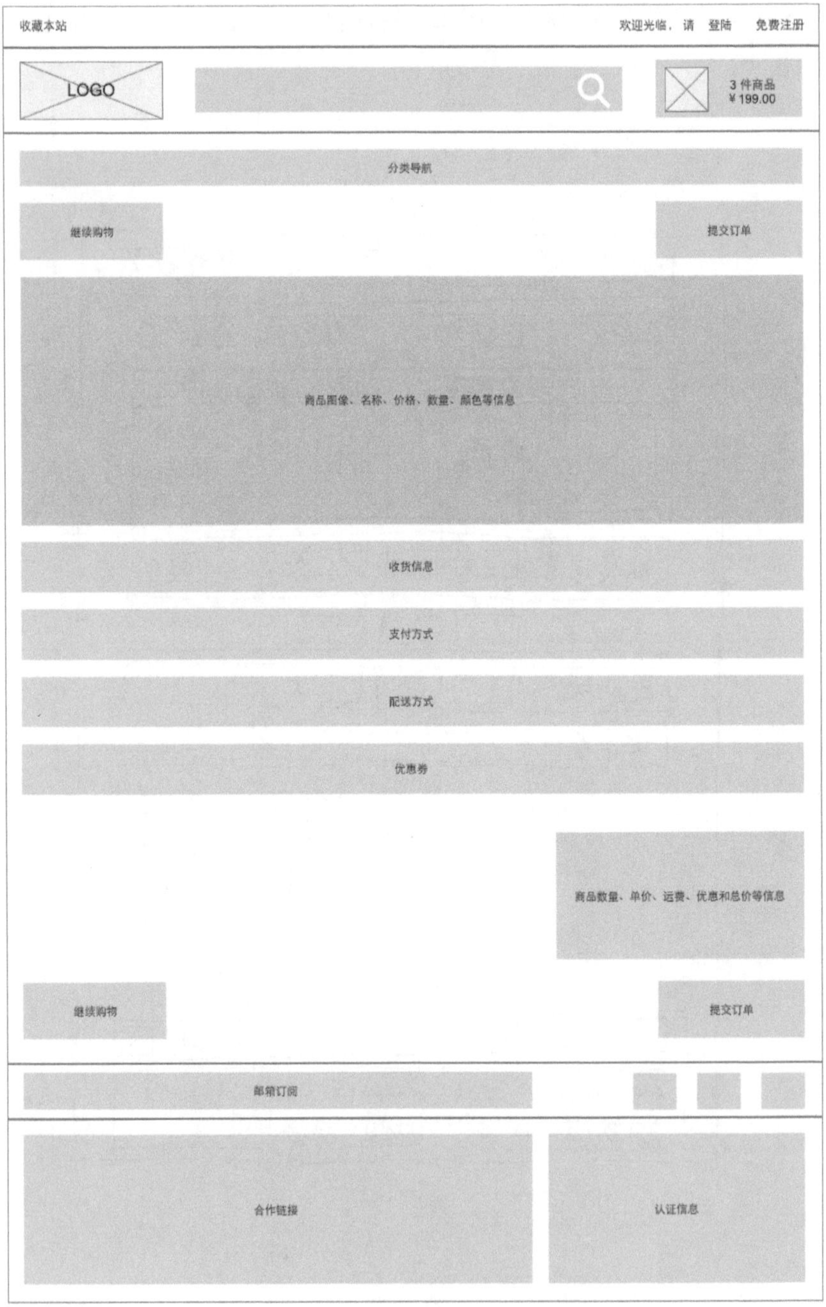

收藏本站

欢迎光临，请 登陆 免费注册

LOGO

3 件商品
¥ 199.00

分类导航

继续购物

提交订单

商品图像、名称、价格、数量、颜色等信息

收货信息

支付方式

配送方式

优惠券

商品数量、单价、运费、优惠和总价等信息

继续购物

提交订单

邮箱订阅

合作链接

认证信息

（图 14）

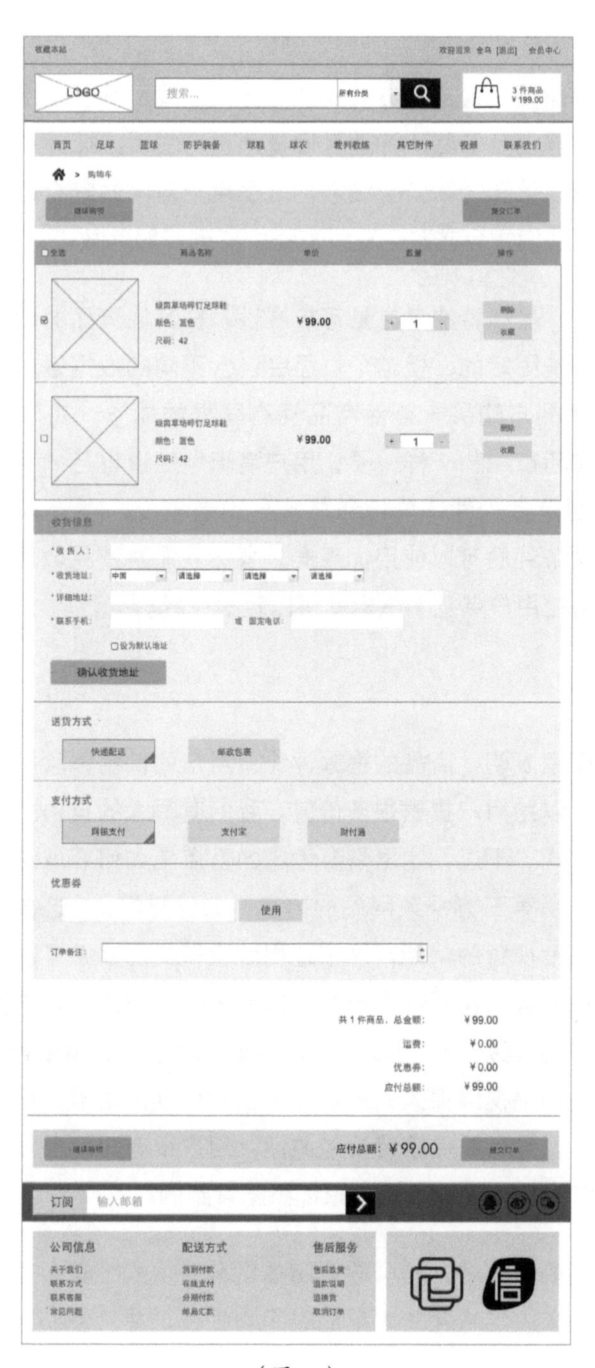
收藏本站
欢迎回来 金鸟 [退出] 会员中心
LOGO
搜索...
所有分类
3 件商品
¥199.00
首页
足球
篮球
防护装备
球鞋
球衣
裁判教练
其它附件
视频
联系我们
购物车
全选
商品名称
单价
数量
操作
绿茵草场碎钉足球鞋
颜色：蓝色
尺码：42
¥99.00
1
删除
收藏
绿茵草场碎钉足球鞋
颜色：蓝色
尺码：42
¥99.00
1
删除
收藏
收货信息
*收 货 人：
*收货地址：
中国
请选择
请选择
请选择
*详细地址：
*联系手机：
或 固定电话：
设为默认地址
确认收货地址
送货方式
快递配送
邮政包裹
支付方式
网银支付
支付宝
财付通
优惠券
使用
订单备注：
共 1 件商品，总金额：
¥99.00
运费：
¥0.00
优惠券：
¥0.00
应付总额：
¥99.00
应付总额：¥99.00
订阅
输入邮箱
公司信息
关于我们
联系方式
联系客服
常见问题
配送方式
货到付款
在线支付
分期付款
邮局汇款
售后服务
售后政策
退款说明
退换货
取消订单
信

（图 15）

■ 结账页面

在结账过程中需要包含支付方式和快递方式，我们需要使用简洁的表达方式，让用户能够一目了然、舒适且便捷地进行支付。此外还需要提供优惠功能、退换货政策和付款安全细节，减少用户对网站安全性、可靠性的担忧，只有这样他们才会在整个支付过程中感到舒服并放心地进行交易。

在这个页面上，最独特的考虑是可扩展性，在其他页面的设计中，内容的展示和控制都是固定的，但这个页面会包含不同的数据量，因此要确保用户购买一件商品与购买一百件商品拥有同样的体验，简洁高效、一目了然——就像在超市购物一样，要让用户清晰地知道自己的手推车里都有哪些商品，分别是多少件，单价和总价分别是多少，哪些商品是享受折扣的，满足什么条件后可以使用优惠券。当然，调整商品数量和删除不想要的商品也只需让用户点几下鼠标就可以轻松完成。

■ 视频页面

通过之前的研究表明，商品的视频评论、用户的使用体验视频和专家的购物指导视频可以给用户提供很多价值。我们有很大的自由空间来探索视频内容的展示方式。不过，这里需要考虑的重点是如何获取这些类型的视频内容。如果使用第三方视频网站的内容（如优酷等），这很简单；如果是给用户提供上传视频的功能，这个过程就变得更加复杂了。因为，允许用户上传自己的内容，需要开发一套完整的内容管理工具，这需要考虑删除和过滤不适当的视频、按不同类别上传视频内容、视频推荐 / 排序、视频大小限制等。如果视频很大，还可能需要断点续传功能，因为如果上传视频途中失败了，没有断点续传功能的话，用户很有可能会放弃继续上传内容，这是非常糟糕的体验，是大家都不愿看到的。

在精炼线框图的过程中，一个看似简单平常的功能经常会变成一个看上去比较过分的需求，这将耗费大量的时间和金钱，并且会偏离整个项目最初制定的目标。当这种情况发生时，我们应该及时联系客户并详细介绍当前所面临的境况。客户详细了解情况并经过利弊权衡后，做出了适当合理的取舍。

下面是视频页面从最初草图到精炼后线框图的过程，见图 16、图 17 和图 18。

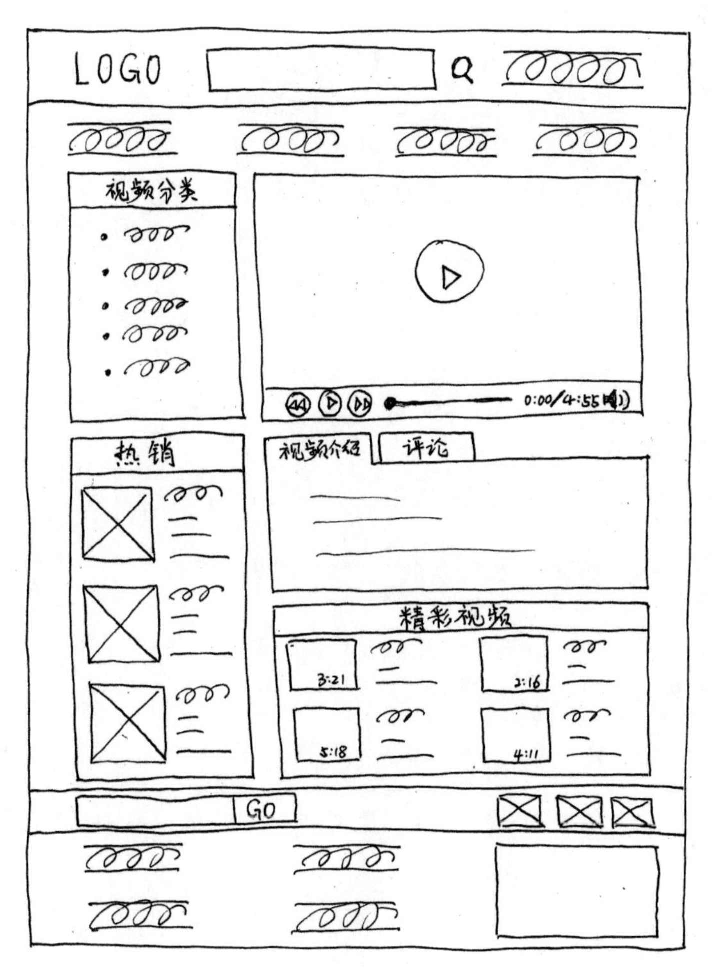


（图 16）

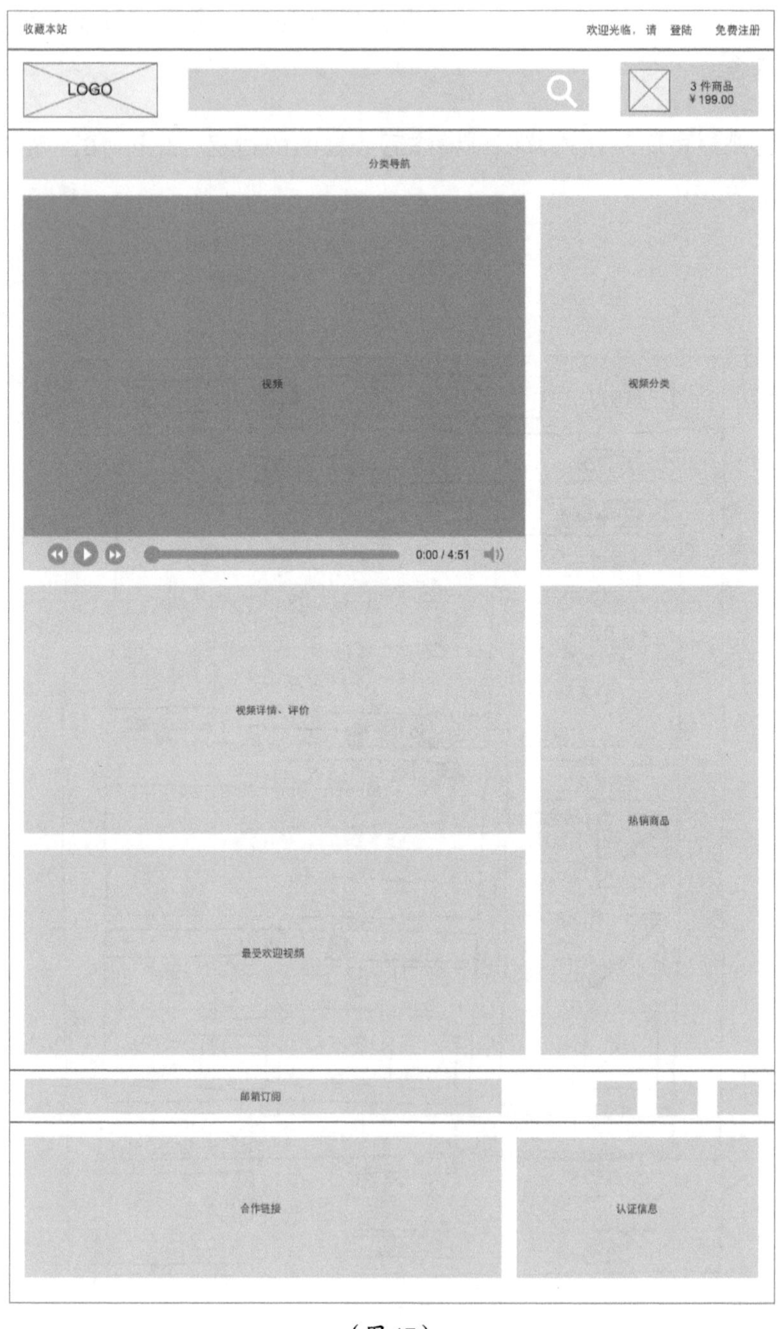
收藏本站
欢迎光临，请 登陆 免费注册
LOGO
3 件商品
¥199.00
分类导航
视频
0:00 / 4:51
视频分类
视频详情、评价
热销商品
最受欢迎视频
邮箱订阅
合作链接
认证信息

（图 17）

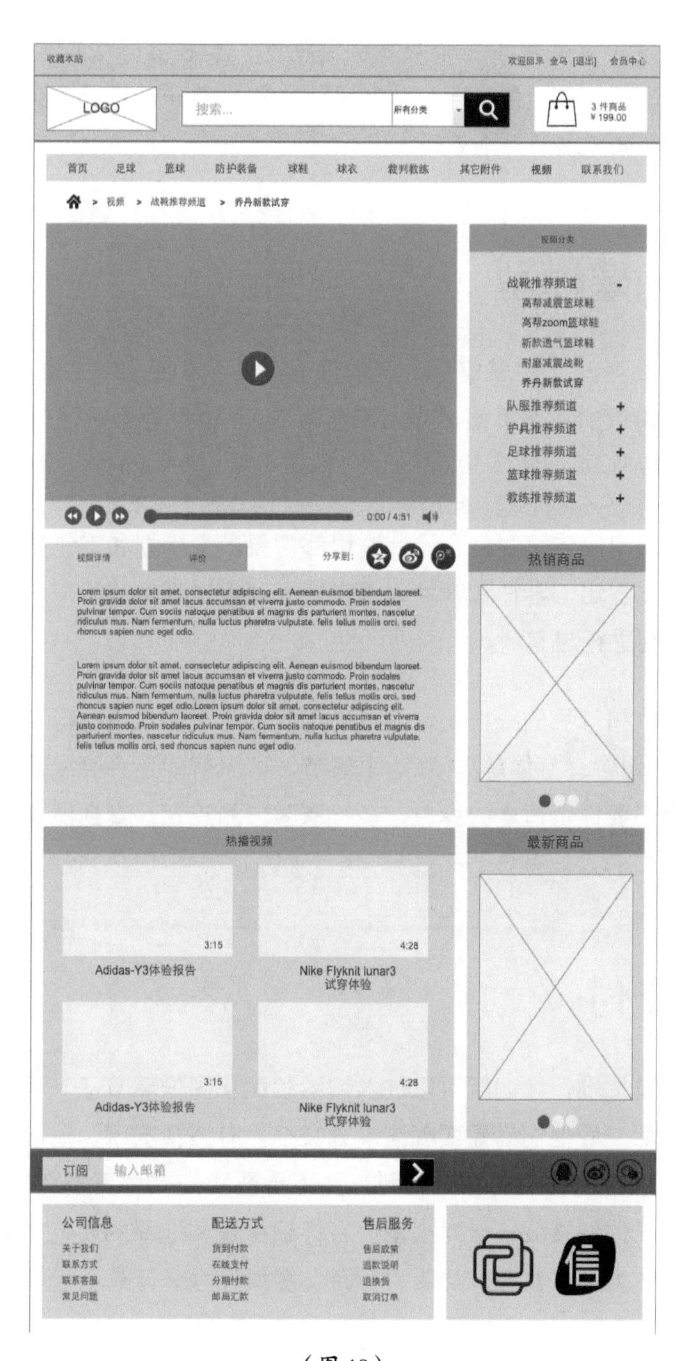
收藏本站
欢迎回来 金鸟 [退出] 会员中心
LOGO
搜索...
所有分类
3 件商品
¥ 199.00
首页
足球
篮球
防护装备
球鞋
球衣
裁判教练
其它附件
视频
联系我们
视频
战靴推荐频道
乔丹新款试穿
视频分类
战靴推荐频道
高帮减震篮球鞋
高帮zoom篮球鞋
新款透气篮球鞋
耐磨减震战靴
乔丹新款试穿
队服推荐频道
护具推荐频道
足球推荐频道
篮球推荐频道
教练推荐频道
0:00 / 4:51
视频详情
评价
分享到:
热销商品
热播视频
3:15
Adidas-Y3体验报告
4:28
Nike Flyknit lunar3
试穿体验
3:15
Adidas-Y3体验报告
4:28
Nike Flyknit lunar3
试穿体验
最新商品
订阅
输入邮箱
公司信息
关于我们
联系方式
联系客服
常见问题
配送方式
货到付款
在线支付
分期付款
邮局汇款
售后服务
售后政策
退款说明
退换货
取消订单

（图 18）

注意：虽然这里只使用了三个版本的线框图，但在实际的项目操作过程中，线框图流程可能会需要更多的迭代。在整个设计过程中，线框图设计往往是最密集和冗长的一个阶段。

## 2.6 创建模型

在与客户和助手一起完成信息内容的开发后，我们就要进入视觉设计环节，给每个单调的灰色页面“穿上彩色外衣”。这是整个设计过程中客户最为期待的环节。

现在，各位读者应该清楚整个设计过程都需要多少计划和工作量了。通过这个案例可以看出，客户和开发人员在整个项目过程中越早加入，就对整个项目的顺利进行越有利。

视觉设计师以精炼后的线框图作为指南，对每个页面页面进行了几次迭代（包括颜色、图像、字体等）。在这个环节，客户可能还会要求进行多次修改，所以我们要保留适当的弹性，多听取客户的建议，直到他满意最终的设计版本。

## 2.7 交付

模型一旦经过批准，我们就可以进入切图和优化图像环节了。我们直接与开发团队对话，看他们都需要哪些规范文档。有些情况下，他们只需要最终模型和切图并优化后的图像材料，并不需要我们交付更多文档。不过，大多数情况下他们需要一份对模型进行详细标注和注释的规范文档，如字体类型、字体大小、颜色、边距、行距、图像尺寸、背景图像等元素的详细信息。

在这一点上，我们要确保何开发团队详细解释关于交互和任务流程的每一个细节。如果不这样做的话，很可能会导致开发团队最终开发出的产品与我们的设计产生细节上的不同甚至是重大变化。

为了尽可能避免这种情况发生，在功能讨论和设计评审环节应该让开发团队中的关键成员（负责人）加入进来，以便从设计到开发的过渡环节更加顺畅，这再次印证了我们之前多次提到的方法：尽早让开发人员加入项目设计过程，这有利于整个项目的推进。

## 2.8 评审开发工作

我们在这个项目中的努力，到评审开发工作这一步就结束了。正如前面提到的，这是我们确保最终开发的产品在设计形式和功能上符合设计的最后机会。稍有懒惰这一步就可能被忽略掉，因为当开发人员完成工作并准备复核工作时，我们可能已经开始忙其他的项目了。更重要的是，开发团队并不希望在忙碌的工作收尾时有人闯进来告诉他们哪里出错了。

我们应该从一开始就与客户（投资人、老板）和开发团队讲清楚，当项目进行到当前阶段时要进行一次开发评审，与我们的最终模型进行对比，以确保这个环节的工作能够顺利进行。

## 2.9 总结

通过这个案例项目我们可以看到，网站的线框图设计过程就是从一个简单的功能列表想法开始，然后勾勒出站点地图，进一步完善至页面的某个部分显示哪些特定的内容和功能。而每个修订版本都会增加细节和设计结构。最终，将精炼后的线框图应用于视觉设计，并将最终的设计稿和图像素材提交给开发团队进行开发。这个制作过程，需要许多不同的参与者和大量的规划与协调。

至此，设计过程部分的内容介绍完毕，需要再次提醒大家的是，请将注意力集中在设计过程，而不是案例中的项目。万变不离其宗，只有掌握标准的设计过程才能以不变应万变。

# 第二部分

# 进入 Axure 原型世界

# 导读一：Axure RP8 有哪些改变

1）工作环境（图 1）

- 检查器替代了之前的交互和注释、部件属性和部件样式。
- 原来的站点地图，现在称为页面。
- 原来的部件管理器，现在成为 Outline（概要或大纲）。
- 移除了面板中的工具栏。
- Mac 和 PC 版本拥有相同的顶部工具栏。

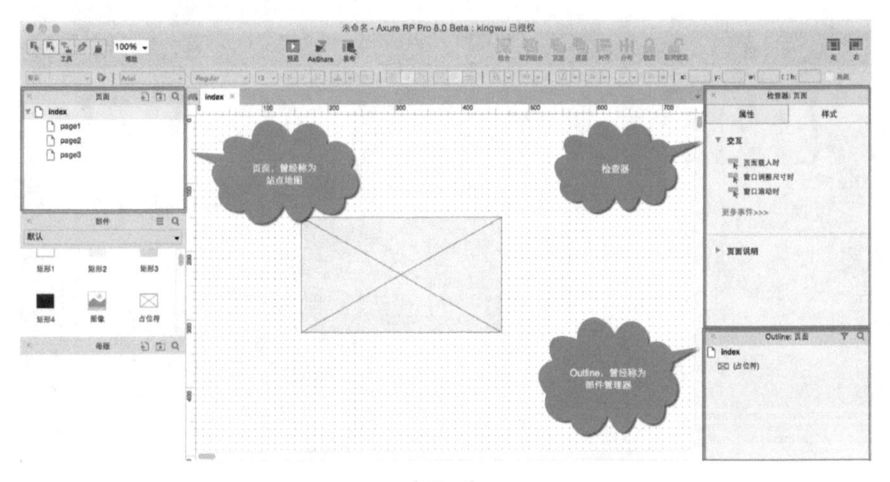


（图 1）

当设计区域中未选择任何部件时，检查器面板中显示页面属性，见图 2。当选择部件后，点击检查器右侧的小图标可以显示页面属性，见图 3。

2）默认部件库（图 4）

- 包含更多按钮和形状部件。
- 标记部件中包含全新的“快照”部件。
- 文本输入框和文本区域可以选择输入时或获取焦点时触发隐藏。

- 优化了矩形部件在原型中的渲染。

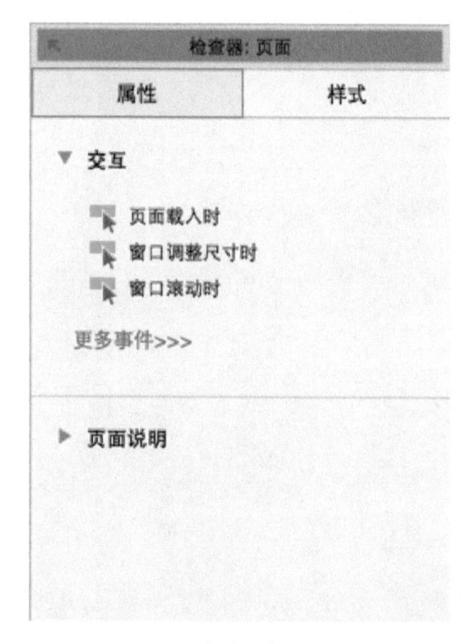


（图 2）

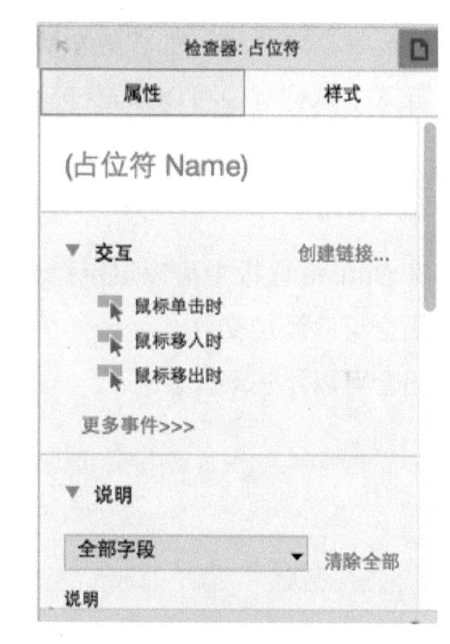


（图 3）

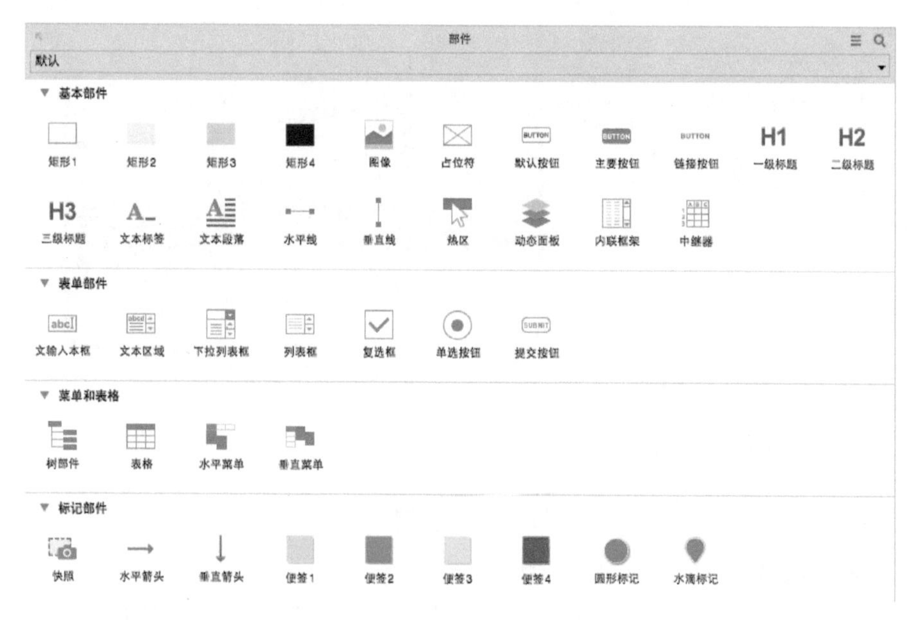


（图 4）

3）部件样式（图 5）

- 在检查器面板中添加和更新部件样式。
- 样式下拉列表中可以预览样式。

4）组合（图 6）

- 在 Outline 面板中可以显示组合。
- 组合可以添加交互。
- 组合可以添加动作。

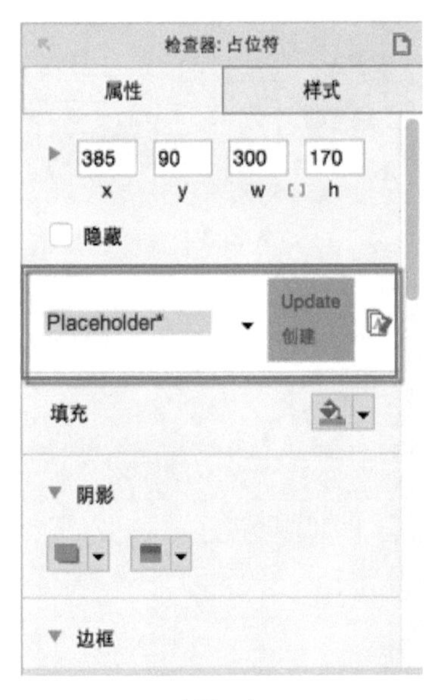


（图 5）

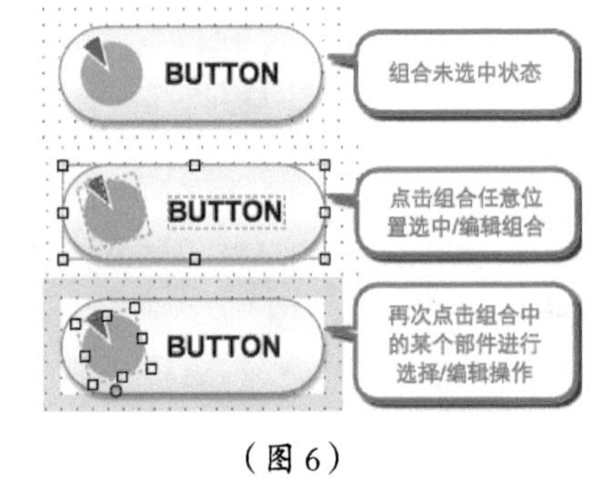


（图 6）

5）钢笔工具和自定义形状（图 7）

- 使用新增的钢笔工具可以绘制形状和图标。
- 将形状部件转换为自定义形状。
- 变形工具可以对形状进行翻转、合并图层、去除顶层、保留相交、排除相交。

6）流程图（图 8）

■ 所有的形状、图像和快照部件都添加了连接点。
■ 所有的连接点只有在选中连接线模式时，并且鼠标移动到部件范围内时才显示。
■ 连接点变大，更加易于选择。

（图 7）

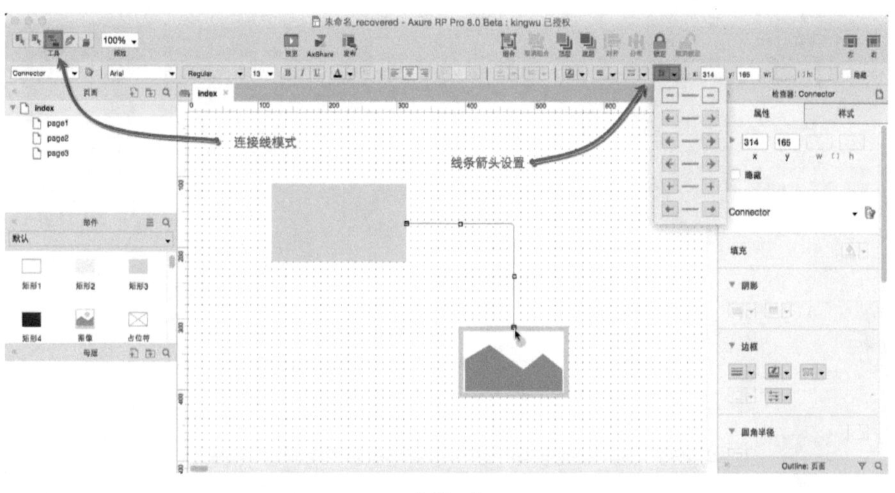


（图 8）

7）动作

■ 旋转，见图 9。
■ 形状、图像、热区和表单部件也可以使用设置尺寸动作。
■ 设置尺寸时添加了锚点选项，见图 10。
■ 设置自定义视图。
■ 触发事件（用来触发部件或页面上的事件）。
■ 移动动作添加了边界约束，见图 11。

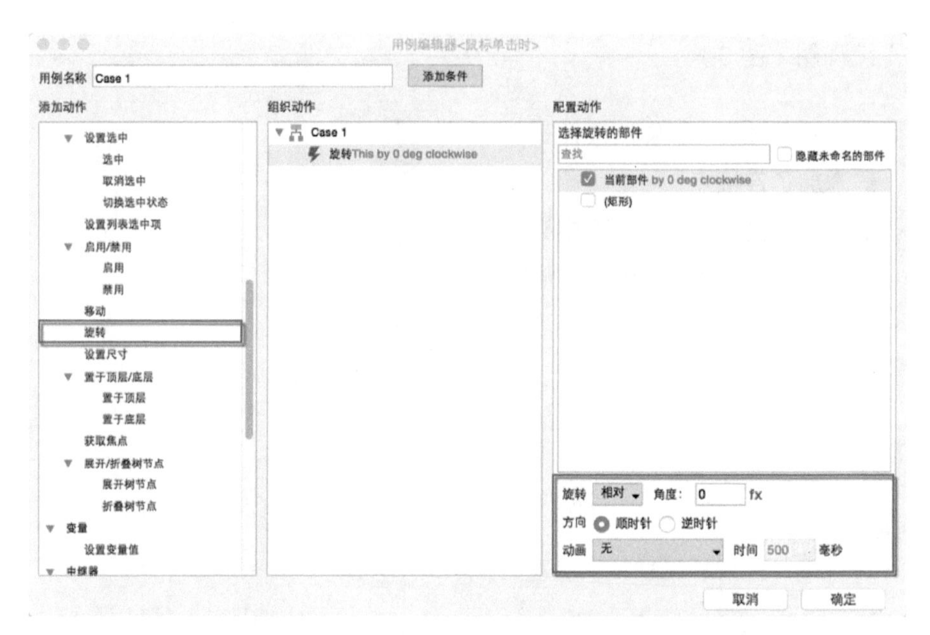
用例编辑器<鼠标单击时>
用例名称 Case 1
添加条件
添加动作
组织动作
配置动作
设置选中
选中
取消选中
切换选中状态
设置列表选中项
启用/禁用
启用
禁用
移动
旋转
设置尺寸
置于顶层/底层
置于顶层
置于底层
获取焦点
展开/折叠树节点
展开树节点
折叠树节点
变量
设置变量值
中继器
Case 1
旋转This by 0 deg clockwise
选择旋转的部件
查找
隐藏未命名的部件
当前部件 by 0 deg clockwise
(矩形)
旋转 相对 角度： 0 fx
方向 顺时针 逆时针
动画 无 时间 500 毫秒
取消
确定

（图 9）

用例编辑器<鼠标单击时>
用例名称 Case 1
添加条件
添加动作
组织动作
配置动作
设置选中
选中
取消选中
切换选中状态
设置列表选中项
启用/禁用
启用
禁用
移动
旋转
设置尺寸
置于顶层/底层
置于顶层
置于底层
获取焦点
展开/折叠树节点
展开树节点
折叠树节点
变量
设置变量值
中继器
Case 1
设置尺寸于 This to 300 x 170 anchor
选择调整尺寸的部件
查找
隐藏未命名的部件
当前部件 to 300 x 170 anchor 左上角
(矩形)
宽
高
锚点
动画
左上角
顶部
右上角
左侧
中心
右侧
左下角
底部
右下角
时间 1000 毫秒
取消
确定

（图 10）

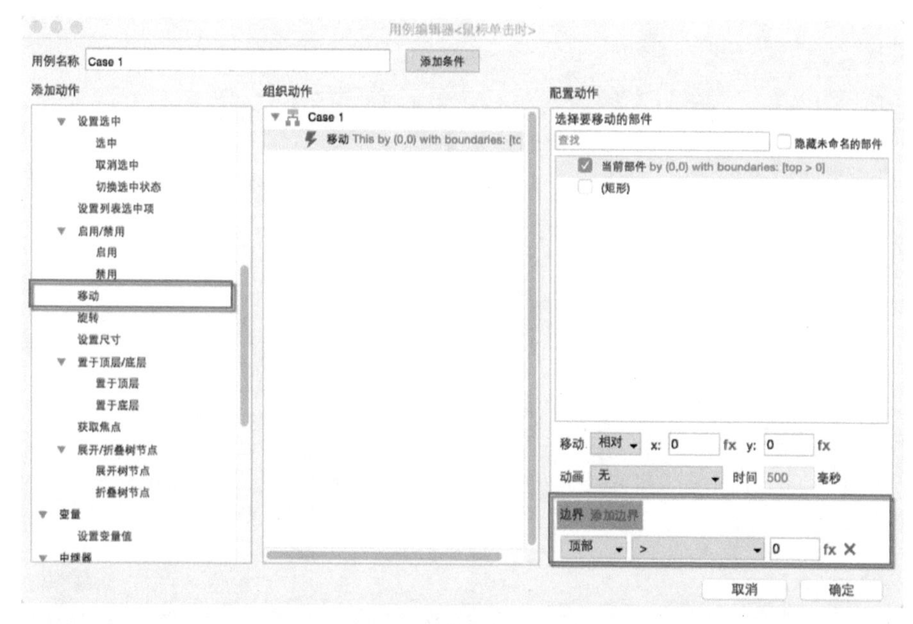


（图 11）

8）动画

- 可以在相同部件上应用同步动画。
- 旋转动画。
- 设置面板状态时新增翻转动画，见图 12。

9）新事件

- 所有部件都添加了载入时事件。
- 形状、图像、线条和热区部件添加了旋转时事件。
- 形状、图像、线条、热区、复选框、单选按钮和树部件添加了选中改变时、选中时、未选中时事件。
- 形状、图像、线条、热区、文本标签、内联框架、表单输入部件添加了调整尺寸时事件。
- 中继器部件添加了项目调整尺寸时事件。

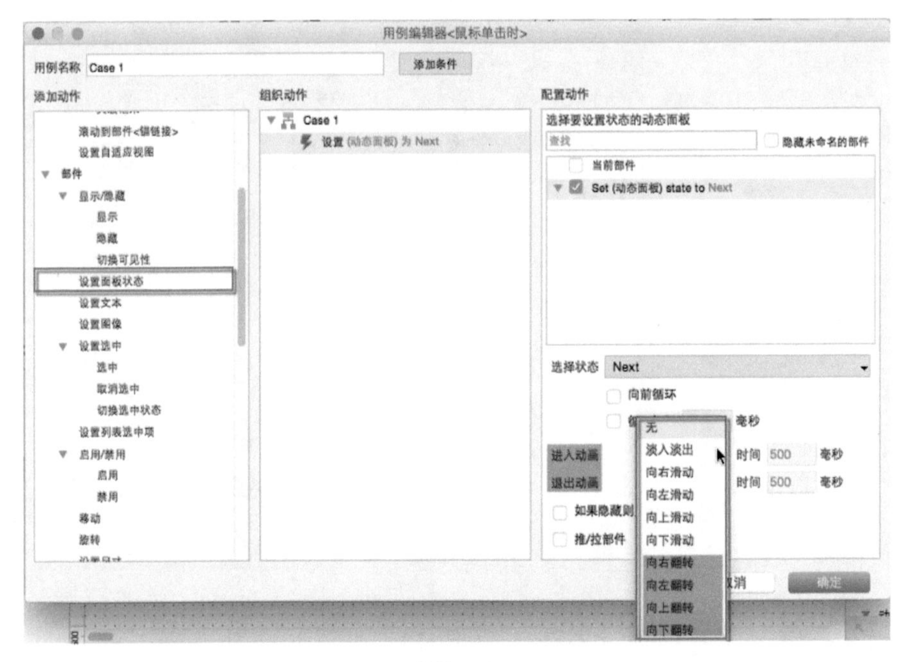


（图 12）

10）快照部件

- 快照部件可以捕捉页面或母版中的内容。
- 可以缩放和调整偏移位置。
- 可以给参照页提交动作改变快照所捕捉的内容，见图 13。

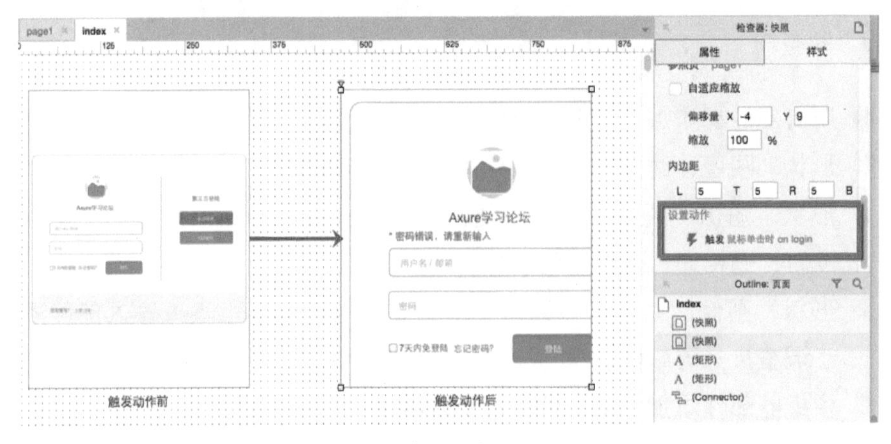


（图 13）

11）打印选项（图 14）

- 页面尺寸和设置。
- 打印辅助线。
- 多页面打印配置。
- 缩放选项。
- 页面和母版选项。

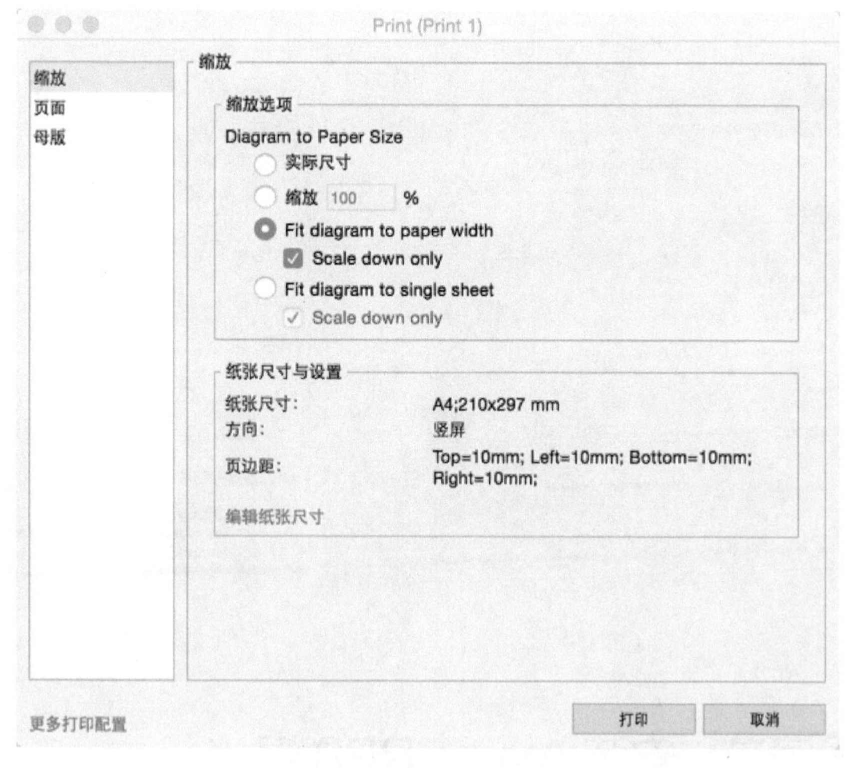


（图 14）

12）团队项目

- 团队项目可上传至 AxShare，见图 15。
- 无需签出即可编辑样式、变量和注释字段。

13）中继器

- 可以给中继器中不同项的尺寸设置自适应 HTML 内容，见图 16。
- 隐藏部件并不会影响到项的边界。
- 在原型中初始化中继器速度更快。

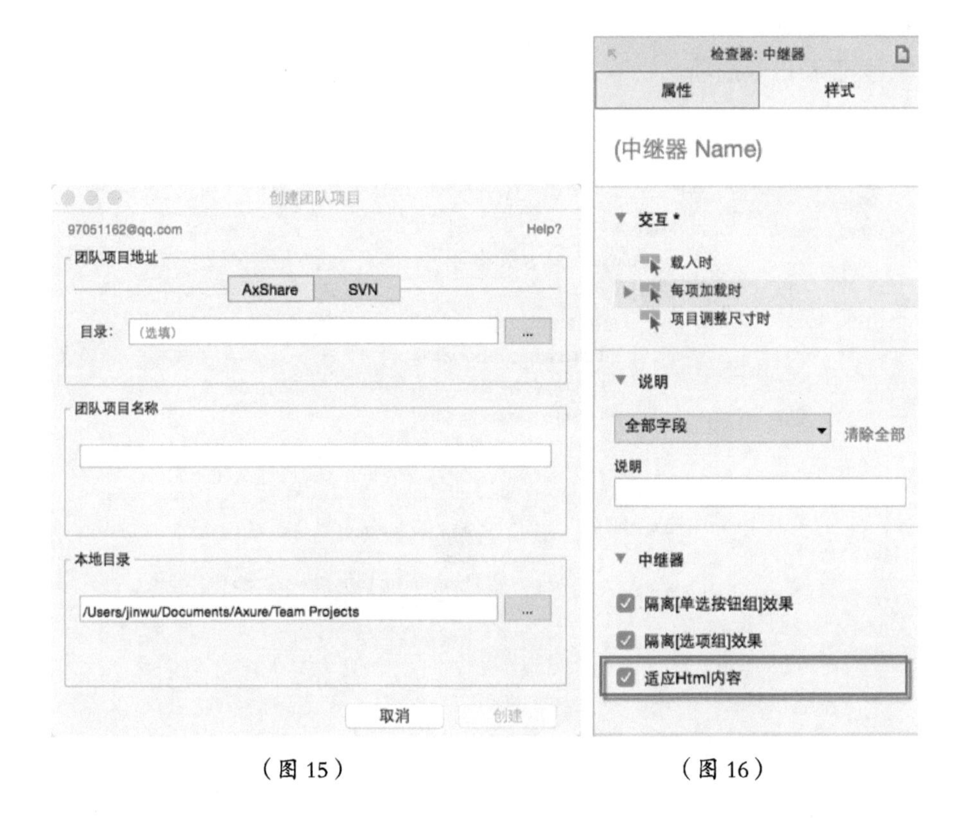


（图 15）　　（图 16）

# 导读二：安装 Axure RP8 汉化

笔者写作时，Axure RP8Beta 版本为 8.0.0.3269，Axure 官方表示计划在 2016 年第一季度末发布正式版，当前版本还存在一些已知的 Bug 尚未修复，但是这并不影响使用本书学习。

1）下载 Axure RP8

- 官方下载地址：http://www.axure.com/beta
- 网盘下载：http://pan.baidu.com/s/180CXo（密码：ti9d）

2）下载汉化包

下载地址：http://pan.baidu.com/s/1eQe6rN8（提取密码：gt78）

或者百度搜索“Axure RP8 汉化包金乌纠正版”

3）汉化

- Mac 机的汉化方法

第一步：双击 Axure 安装程序，将 Axure 图标拖放到 APP 文件夹中，见图 17。

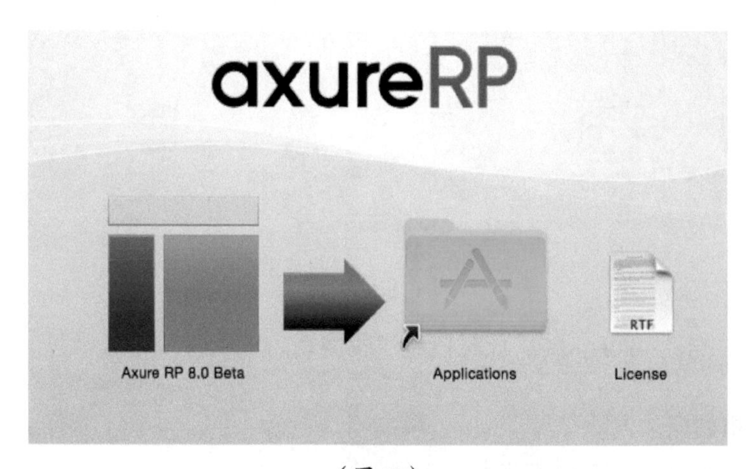


（图 17）

第二步：在 APP 中右键点击 Axure RP8 图标，在弹出的关联菜单中选择“显示包内容”，见图 18，然后选择（Contents >Resources），再将下载的汉化包解压缩后复制到 Resources 文件夹中，见图 19。

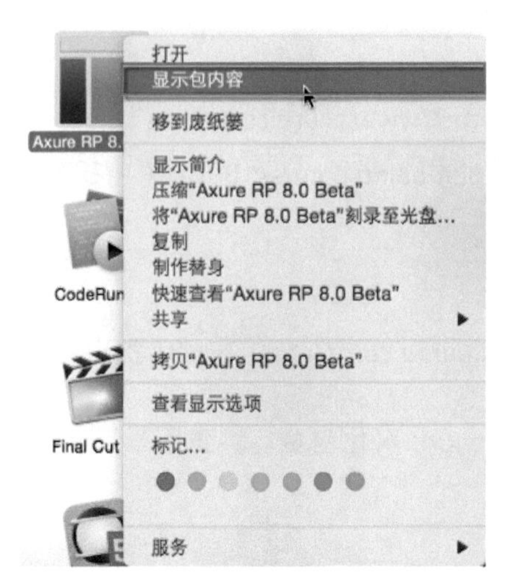


（图 18）

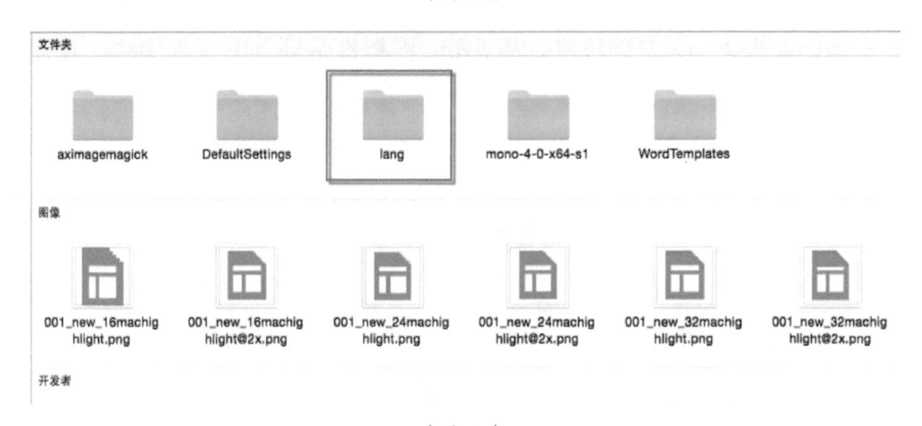


（图 19）

第三步：启动 Axure RP8，此时已经汉化成功。

■ PC 机的汉化方法

第一步：双击安装包进行安装。

第二步：安装成功后，右键点击桌面上的 Axure 快捷方式，在弹出的关联菜单中选择【属性】，在弹出的属性对话框中单击【打开文件所在的位置】，见图 20，然后将 lang 文件夹复制进去即可，见图 21。

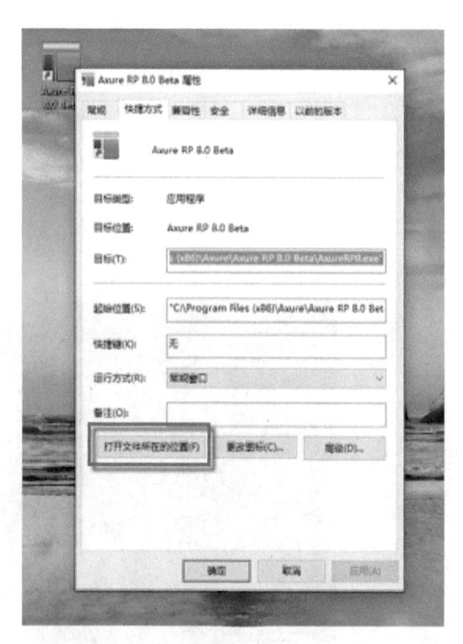


（图 20）

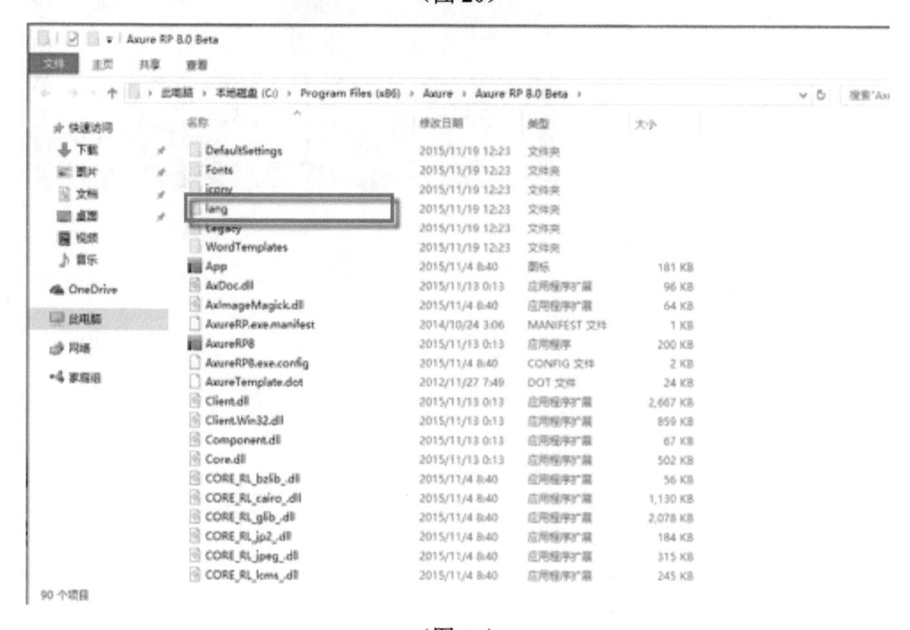


（图 21）

第三步：启动 **Axure RP8**，此时已经汉化成功。

# 第1章

# Axure基础交互

Axure RP8 相较之前的版本做出了很大的改变，无论你是刚刚接触 Axure RP8 的新人，还是曾经使用过 Axure 的其他版本，在深入学习之前都有必要花一些时间来发现它的新特性并熟悉它的功能。Axure 是一款功能强大的工具，但能否用好它取决于你的学习态度和自学的毅力。

本章将帮助你熟悉 Axure 的软件界面，并对掌握其丰富功能打下坚实的基础。Axure RP8 可适用于 Windows 系统（PC）和 OS X 系统（Mac），为了方便教学，我在书中的截图统一采用 Mac 版本进行讲解。本章内容包含以下知识点。

1.1 欢迎界面

1.2 站点地图

1.3 部件概述

1.4 交互基础

1.5 总结

## 1.1 欢迎界面

初次安装 Axure RP8 并启动之后，你首先会看到一个欢迎窗口，见图 1。在弹出的欢迎窗口中，你可以选择以下操作。

要检查是否发布了最新版本，选择菜单栏中的【帮助 > 检查更新】，见图 2。

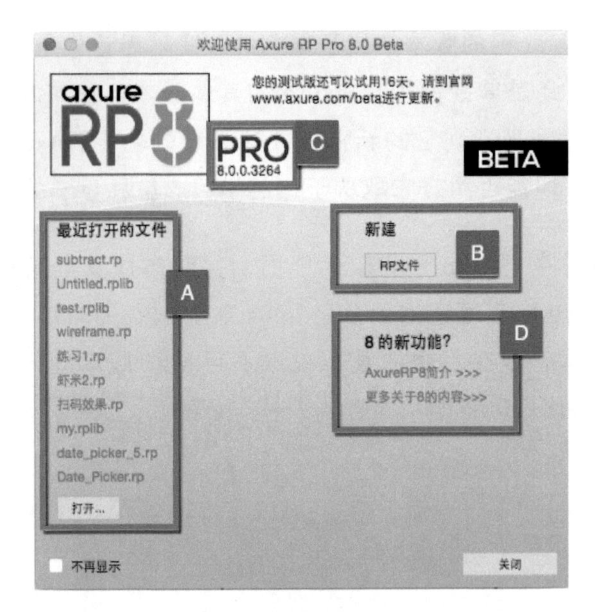


（图 1）

A：显示最近打开的项目，或者打开一个新的项目。

B：新建一个项目（.rp 后缀的文件，稍后给大家讲解 Axure 中不同后缀的文件）。

C：查看当前 Axure 的版本号。Axure RP7 版本发布后更新频率较高，每次都会修复一些已有的 Bug，所以希望大家保持更新到最新版本。

## 1.1.1 Axure 的文件格式

Axure 包含以下三种不同的文件格式。

.rp 文件：这是使用 Axure 进行原型设计时所创建的单独的文件，也是我们创建新项目时的默认格式（图 2A）。

.rplib 文件：这是自定义部件库文件。我们可以到网上下载 Axure 部件库使用，也可以自己制作自定义部件库并将其分享给其他成员使用（图 2B）。

.rpprj 文件：这是团队协作的项目文件，通常用于团队中多人协作处理同一个较为复杂的项目。不过，在你自己制作复杂的项目时也可以选择使用团队项目，因为团队项目允许你随时查看并恢复到任意的历史版本（图 2C）。

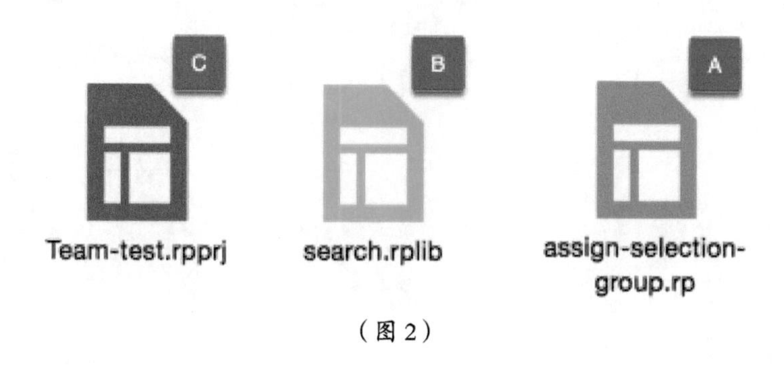


（图 2）

## 1.1.2 团队项目

团队项目可以全新创建，也可以从一个已经存在的 RP 文件创建。

在创建团队项目之前，你最好有一个 SVN 服务器或者网络驱动器，见图 3。

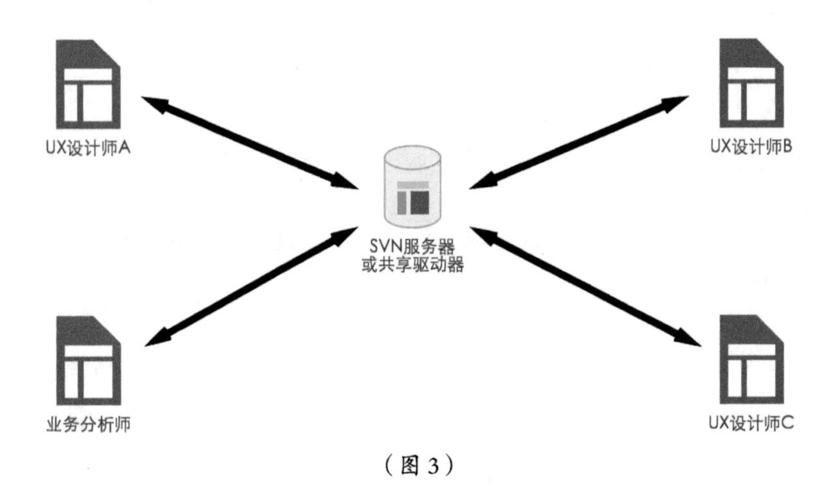


（图 3）

## 1.1.3 工作环境

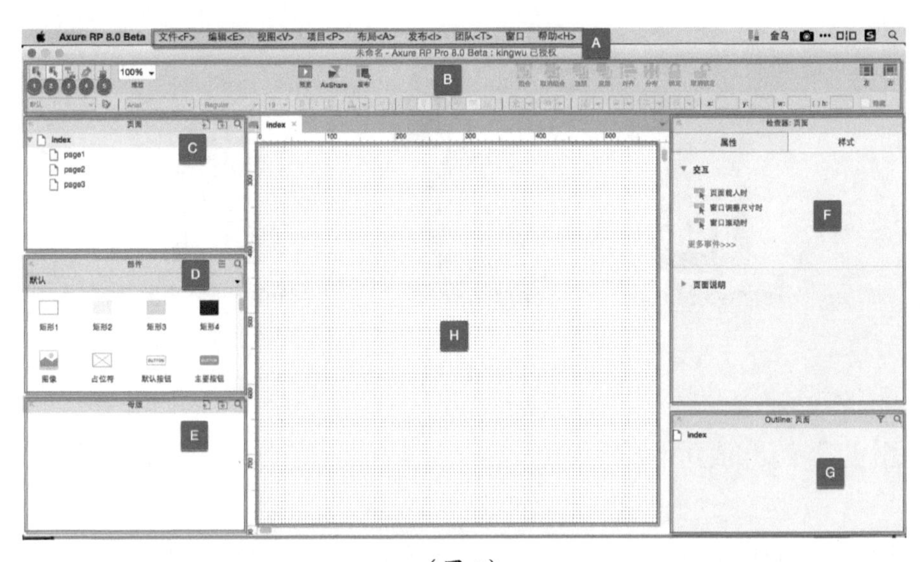


（图 4）

A：菜单栏 B：工具栏

1：随选模式 2：包含模式 3：连接线 4：钢笔工具（Axure RP8 新增功能）

5：格式刷

C：页面（站点地图面板） D：部件库面板 E：母版面板 F：部件属性和样式面板 G：概要面板 H：设计区域

## 1.1.4 自定义工作区

你可以根据自己的使用习惯对工作区域进行自定义设置。显示 / 隐藏某个面板：单击菜单栏中的【视图 > 面板】选项，在这里可以勾选或取消勾选，设置对应面板的显示和隐藏，见图 5。

分离面板：在某些情况下，我们想让设计区域变得更大些以便顺畅工作，这时可以设置左侧、右侧、底部的面板分离（弹出）。要弹出某个面板，只需单击该面板右上角的弹出按钮即可，见图 6。

但是，你无法改变这些面板的默认位置，如站点地图面板默认在左上角，你无法让它默认停靠在其他位置。

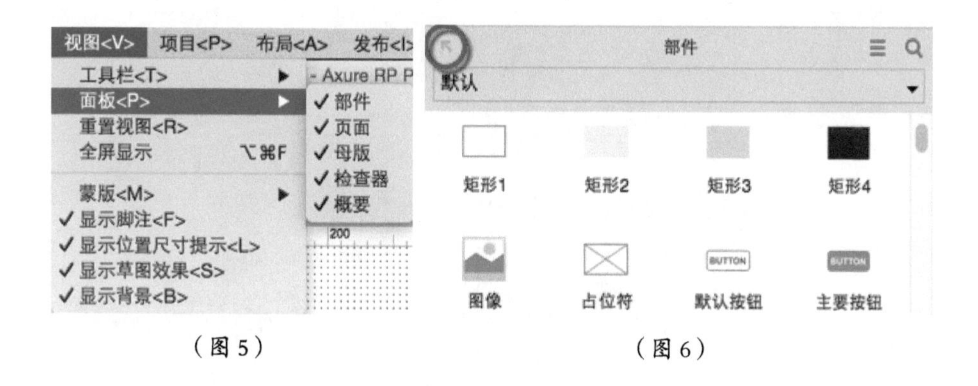


（图 5） （图 6）

# 1.2 页面（站点地图）

站点地图用来增加、删除和组织管理原型中的页面。添加页面的数量是没有限制的，但是如果你的页面非常多，强烈建议使用文件夹进行管理，见图 7 和图 8。

小提示：Axure RP8 中将【站点地图】改名为【页面】，为了讲解方便，书中仍称其为【站点地图】面板。

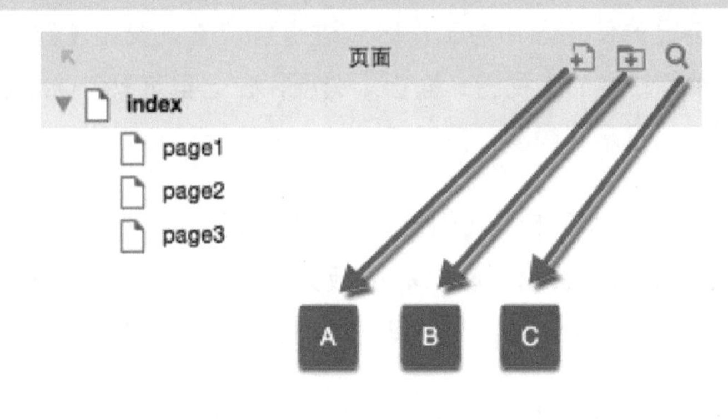


（图 7）

A：添加新页面

B：添加文件夹

C：查找页面

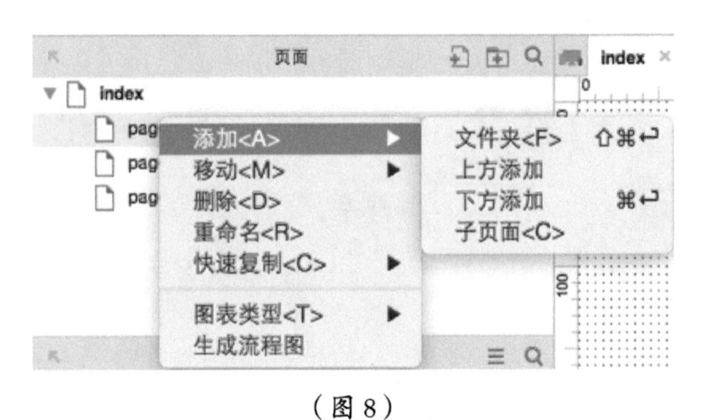


（图 8）

# 1.3 部件概述

通过部件面板，你可以使用 Axure 内建的部件库，也可以下载并导入第三方部件库，或者管理自己的自定义部件库。在默认显示的线框图部件库中包含基本部件、表单部件、菜单和表格，以及标记部件 4 个类别，关于流程图部件库稍后给大家介绍，见图 9。

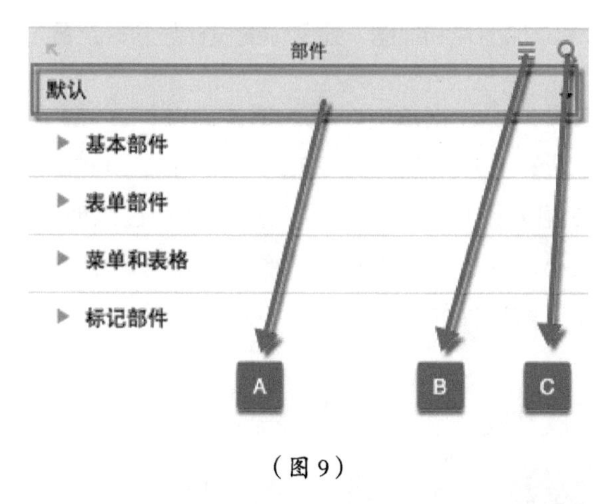


（图 9）

A：部件库下拉列表，单击选择想要使用的部件库（如流程图部件库）。
B：部件库选项按钮，可以载入已经下载的部件库，创建或编辑自定义部件库以及卸载部件库。
C：搜索部件库。

## 1.3.1 部件详解

在《Axure RP7 网站和 APP 原型设计从入门到精通》出版发行后，很多读者反馈说这一部分内容过于枯燥，看上去很像说明书。

针对这一点笔者在此需要再次强调，该部分知识是驾驭 Axure 这款工具的基础，不建立扎实的基础就无法熟练使用 Axure。事实上，这部分就是对 Axure 中内建部件的详细说明，因为这些部件分别有着不同的属性、特性和局限性，我们所创建的每一个原型都是将这些部件组合在一起建立的。

所以，笔者希望读者能够仔细阅读本章节内容，在本版书中，我会加入更多案例来描述各个部件在原型制作中的使用方法和技巧。

1. 图像（image）

图像部件可以用来添加图片和插图，显示你的设计理念、产品、照片等信息。

- 导入图像和自动大小：拖放一个图像部件到设计区域并双击导入图片。Axure 支持常见的图片格式，如 GIF、JPG、PNG 和 BMP，Axure RP8 还支持导入 SVG 格式图像文档。当导入图像尺寸过大时，会提示是否自动调整图片大小，点击【是】(Yes）将图片设置为原始大小，点击【否】，图片将设置为当前部件的大小，见图 10。

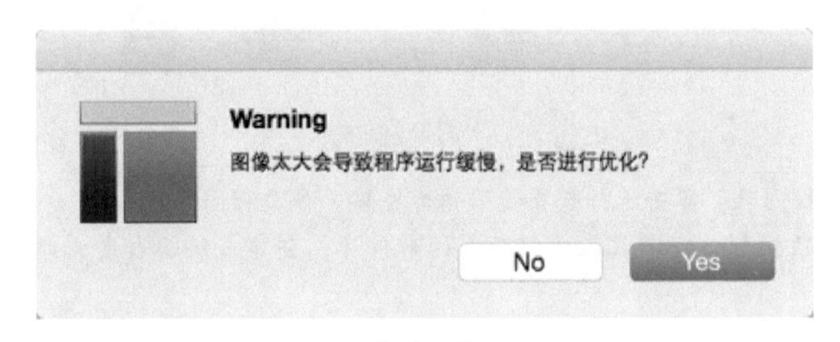


（图 10）

- 粘贴图像：图像还可以从常用的图形设计工具（如 Photoshop/Illustrator/Sketch 等）和演示工具中复制粘贴到 Axure 中。此外，当我们从 CSV 或 Excel 复制内容时，可单击右键，选择【粘贴为图像 / 表格 / 纯文本】；或者直接按 Ctrl+V/Command+V，在弹出的对话框中选择，见图 11。

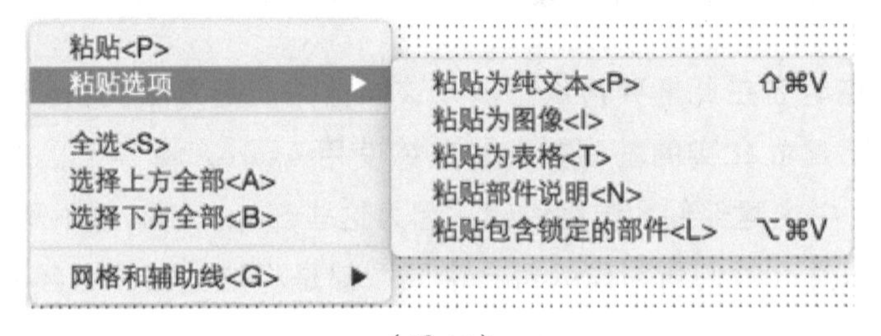


（图 11）

- 添加 & 编辑图像文字：可以给导入的图像添加编辑文字，双击导入图像后，右键单击图像然后选择【编辑文本】；还可以给添加的文字编辑样式，如颜色、大小、字体等，见图 12。

（图 12）

- 保持宽高比例缩放图像：按住 Shift 键，同时用鼠标拖动图像部件边角的小手柄，可以按比例缩放图像，见图 13；或者在工具栏右侧 / 部件样式面板中勾选【保持宽高比例】，见图 14。

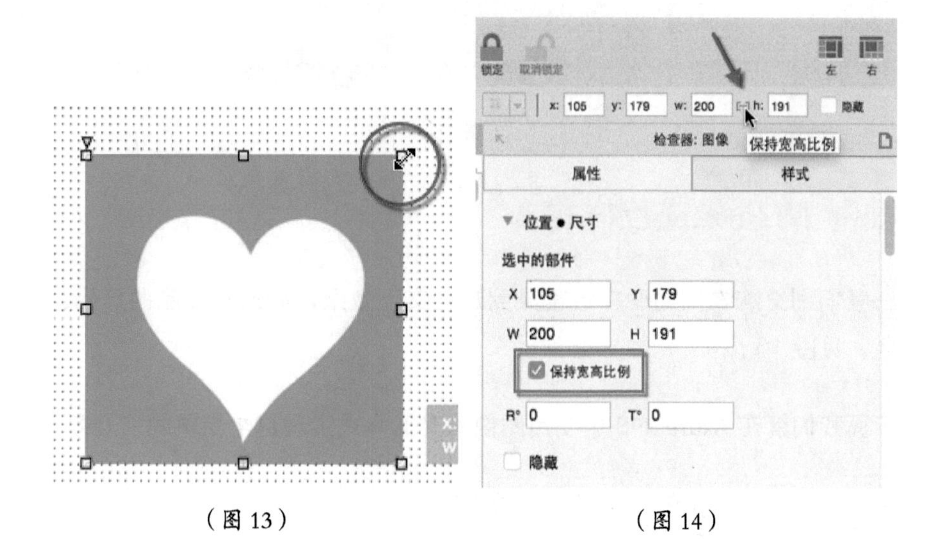


（图 13）　　（图 14）

- 图像交互样式：图像可以添加交互样式，如【鼠标悬停时】、【鼠标按下时】、【选中时】和【禁用时】。右键单击图像并选择【交互样式】，或者在部件【属性】面板中进行设置。当设置交互样式时，在对话框中勾选【预览】，可以预览交互效果。交互样式包括：【鼠标悬停时】、【左键按下时】（也就是移动端手指点击时）、【选中时】、【禁用时】4 种，见图 15。

（图 15）

## 案例 1：图像交互样式

在我们浏览购物网站时，经常见到这种交互效果，如选择商品的尺码、颜色，见图 16。

下面我们就在 Axure RP8 中使用图像的交互样式实现这个简单的交互效果。

首先，准备好三张图像素材，见图 17。

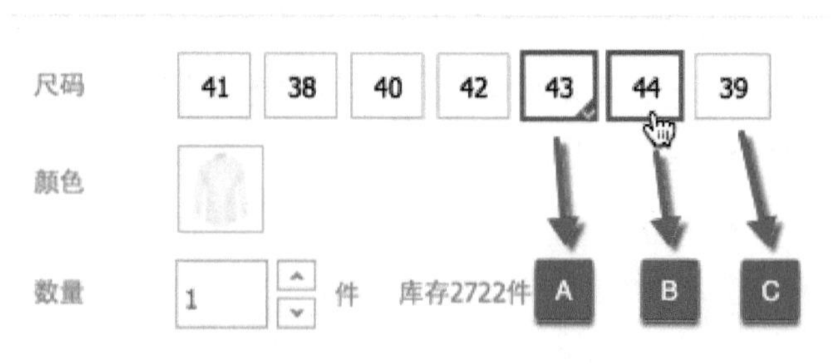


（图 16）

A：选中时
B：鼠标悬停时
C：未触发交互样式

（图 17）

第一步：将 unselected.jpg 拖入 Axure 设计区域，或者使用图像部件导入，见图 18。

（图 18）

第二步：右键单击图像，在弹出的关联菜单中选择【交互样式】，见图19。然后在弹出的【设置交互样式】对话框中选择【鼠标悬停】，勾选【图像】并导入 hover.jpg，见图 20。

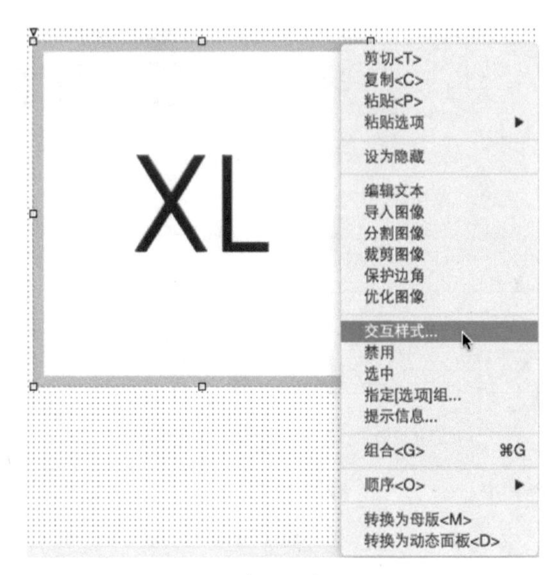


（图 19）

（图 20）

第三步：选择【选中】，勾选【图像】并导入 selected.jpg，见图 21。然后单击【确定】，关闭【设置交互样式】对话框。

（图 21）

第四步：在设计区域中选中图像部件，然后在右侧的 部件【属性】面板中双击【鼠标单击时】事件，见图 22，然后在弹出的【用例编辑器】对话框中进行配置，见图 23。

在【用例编辑器】中配置完动作后，点击【确定】按钮，关闭【用例编辑器】，此时在部件【属性】面板中可以看到刚刚配置好的用例，见图 24。

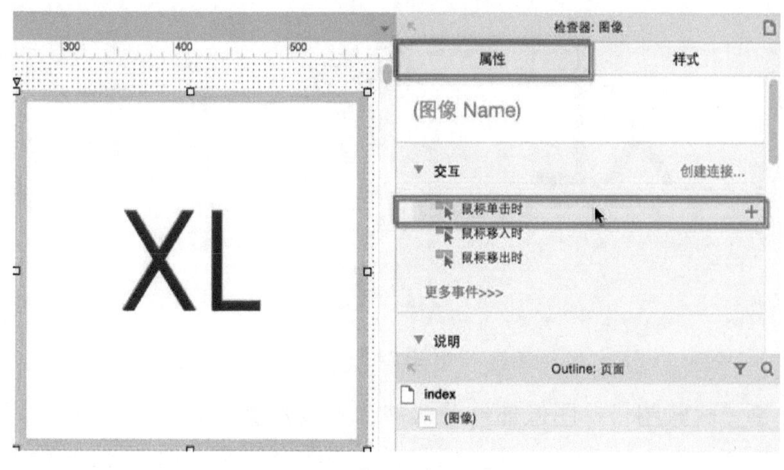


（图 22）

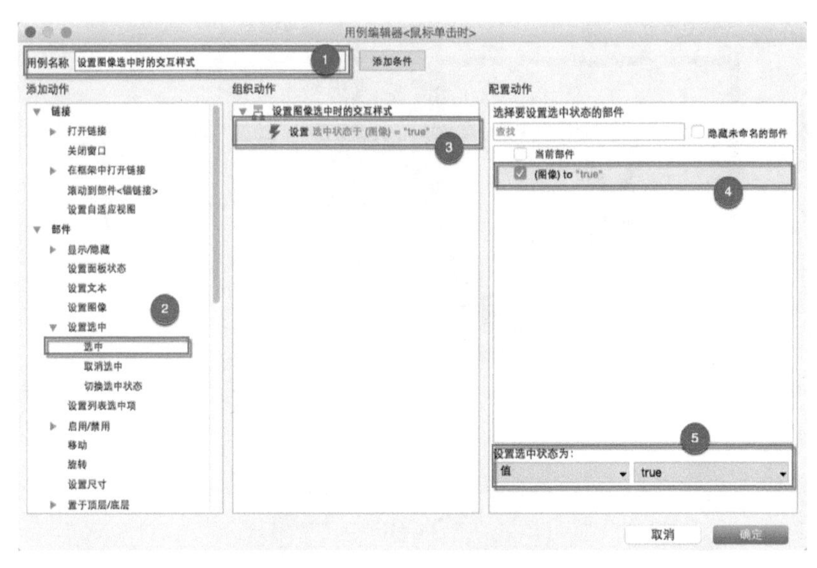


（图 23）

第五步：在顶部的工具栏中点击【预览】按钮，或者按下快捷键 PC 机 F5/Mac 机 Shift + Command + P，快速预览交互效果。

（图 24）

- 分割 / 裁剪图像：图像部件可以被水平或垂直分割，这样可以非常方便地处理导入的截图。右键单击图片，选择【分割图像】或【裁剪图像】或在部件【属性】面板中选择，见图 25。

1：输入用例名称（在学习阶段应养成给用例命名的好习惯）。
2：在左侧添加【选中】动作。
3：组织动作（有多个动作时，可以组织动作的执行顺序）。
4：在右侧的配置动作中勾选【图像部件】。
5：设置选中状态值为 true。

分割图像（Slice）：将图像分割成多个水平或垂直的部分。

裁剪图像（Crop）：设置想保留的图片区域。

- 图像边框和圆角：通过选择工具栏中的线宽和线条颜色就可以给图像添加边框。也可以通过拖动部件左上角的圆角半径控制手柄，或是进入部件的样式面板设置图像圆角，见图 26（A: 自左至右分别是图像线条颜色、线条宽度、线条样式；B: 圆角半径控制手柄）。

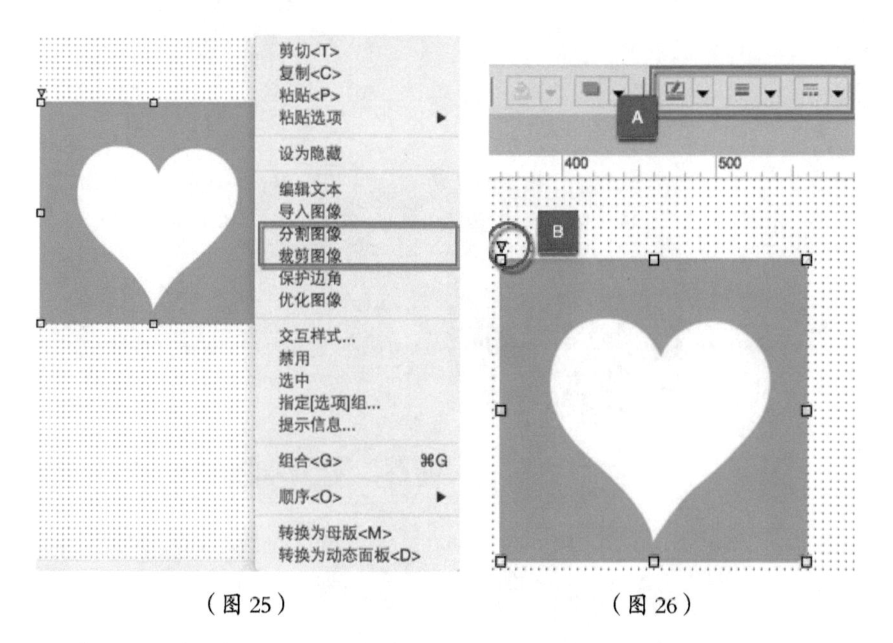


（图 25）　　（图 26）

- 图像的不透明度：导入的图像可以调整透明度，在部件样式面板中输入不透明度百分比即可，见图 27。
- 优化图像：大图像会使你的 RP 文件增大，还会影响浏览质量，使用优化图像可以在不改变图像尺寸的前提下减小图像大小，但是这有可能影响图片质量。要优化图片，右键单击图像并选择【优化图像】，见图 28。

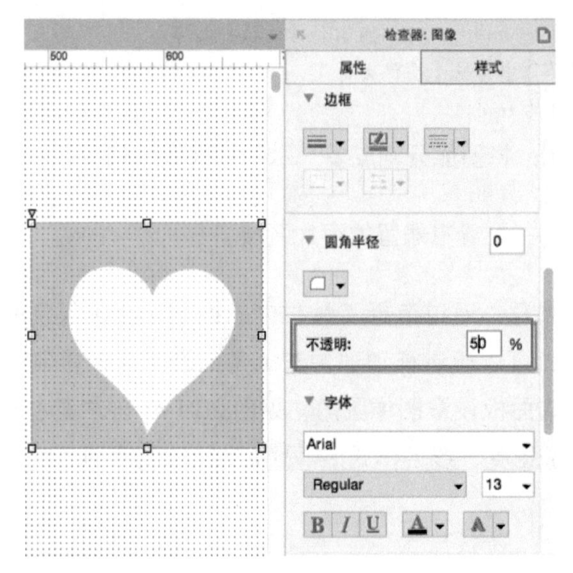


（图 27）

（图 28）

小提示：导入 GIF 动画图像时不要使用 优化图像，这样会导致图像失去动态效果。

- 保护边角：该功能类似于九宫格切图和 .9png 制作，它可以在调整图像大小时保护边角不变，见图 29。

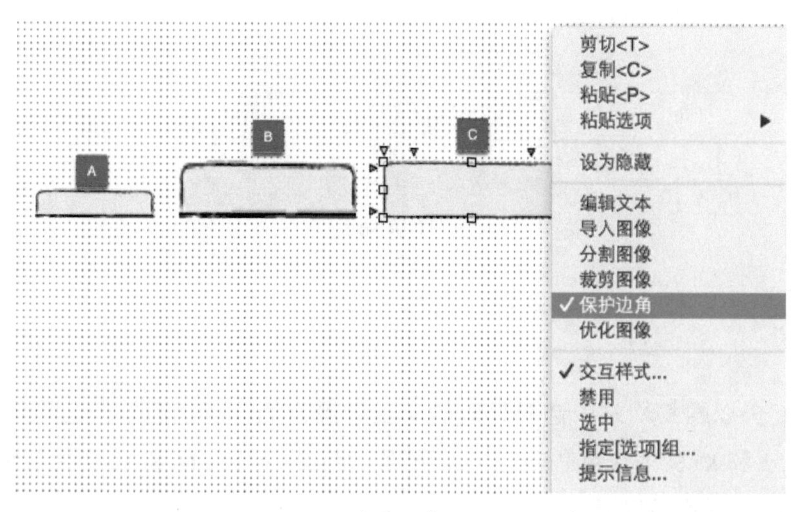


（图 29）

A：拉伸之前的图像。

B：未使用保护边角拉伸后的图像。

C：使用保护边角拉伸后的图像。

- 指定选项组：和单选按钮组相似，图像也可以被指定选择组，当选择组中的图像设置了选中时的交互样式后，点选其中一张图像，其他图像都会被设置为默认样式（未选中状态）。要将图像设置到选项组，先选择多张图像，然后单击右键选择【指定选项组】，或者在部件【属性】面板底部选择“设置选项组”，见图 30。

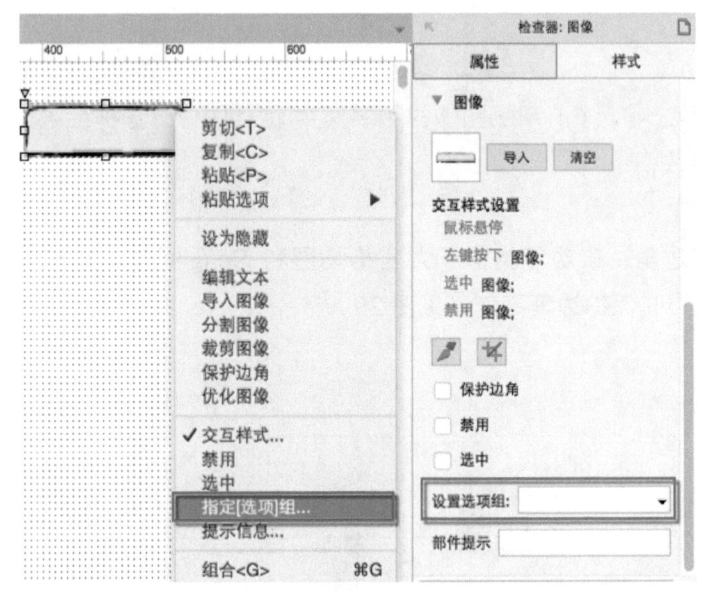


（图 30）

## 案例 2：图像选项组的交互应用

我们仍以购物网站中选择尺码的交互场景为例，当我们单击选择尺码 M 时，L 和 XL 变为灰色（未选中）。同理，点击 L 码时，M 和 XL 变为灰色（未选中），见图 31。

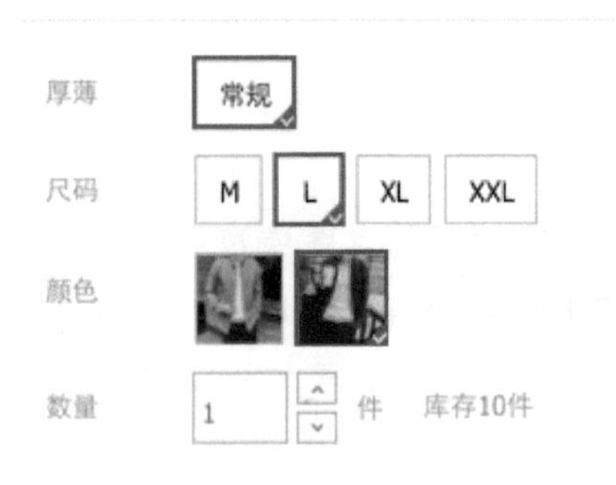


（图 31）

下面我们就在 Axure RP8 中使用给图像“指定选项组”功能来实现这个交

互效果。

首先，准备好 6 张图像素材，分别是 3 张未选中状态和 3 张选中状态的图像，见图 32。

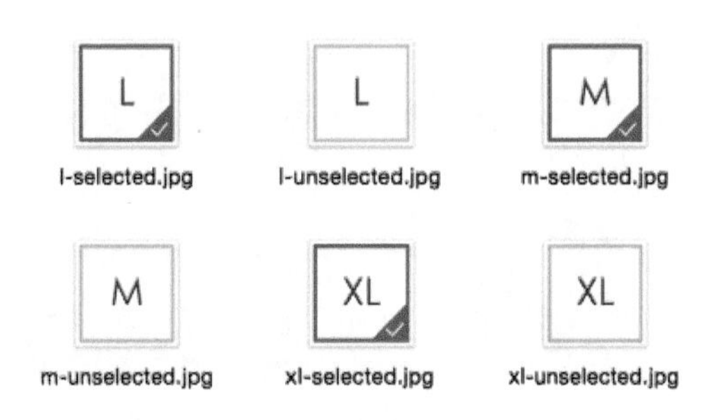


（图 32）

第一步：将 3 张未选中状态的图像导入 Axure，并在右侧的部件【属性】面板中分别给其命名为 M、L、XL，见图 33。

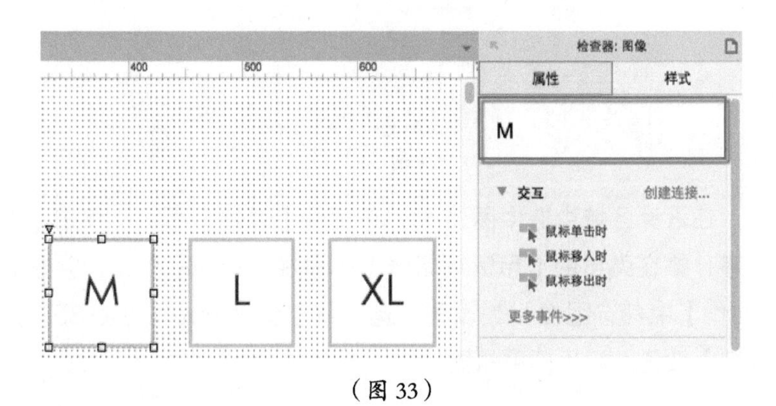


（图 33）

第二步：分别设置这三张图像的【鼠标悬停时】的交互样式，上一个小案例中详细介绍过哦。

1. 先右键单击图像。

2. 在弹出的关联菜单中选择【交互样式】。

3. 在弹出的【设置交互样式】对话框顶部选择【选中】。

4. 勾选【图像】并导入与之对应的选中时的图像。

5. 点击【确定】按钮，关闭【设置交互样式】对话框，见图 34。

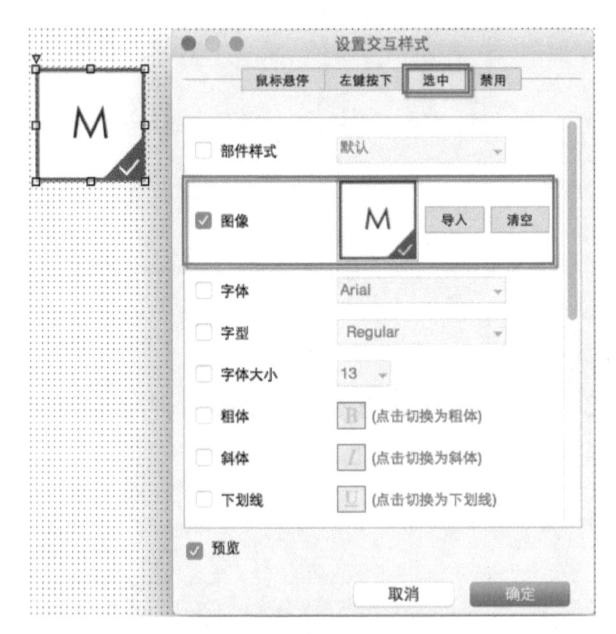


（图 34）

第三步：在设计区域中选中图像 M，在部件【属性】面板中双击【鼠标单击时】事件，在弹出的【用例编辑器】中添加【选中】动作，并在右侧的【配置动作】中勾选图像 M，设置其选中状态值为 true，见图 35，然后单击【确定】按钮关闭用例编辑器。

第四步：使用同样的方法给图像 L 和 XL 添加【鼠标点击时】事件。

第五步：在设计区域中同时选中三张图像，右键点击其中任意一张，在弹出的关联菜单中选择【指定选项组】，见图 36。然后在弹出的【设置选项组】对话框中输入组名称，见图 37，单击【确定】按钮关闭【设置选项组】

对话框。

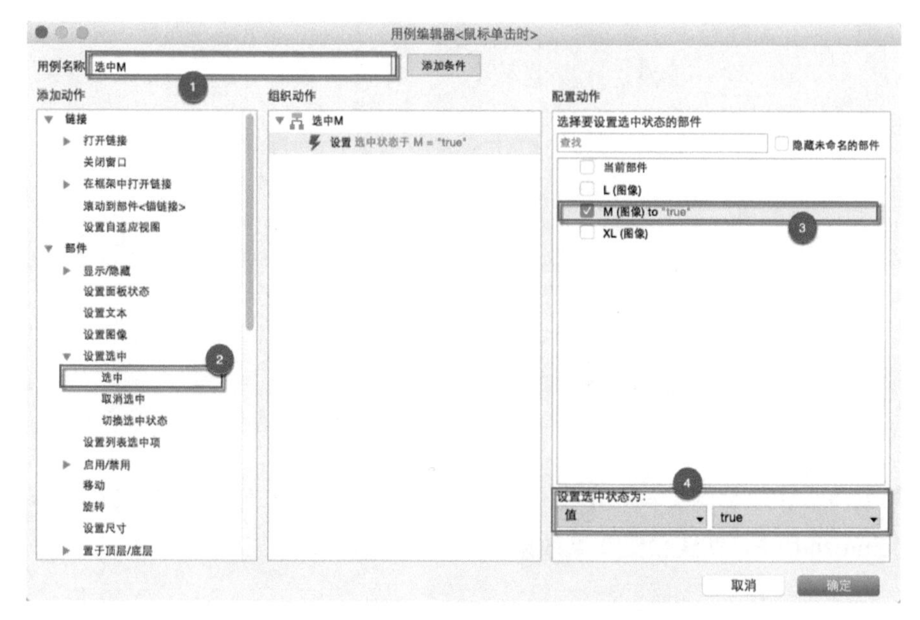
用例编辑器<鼠标单击时>
用例名称
选中M
添加条件
添加动作
组织动作
配置动作
链接
打开链接
关闭窗口
在框架中打开链接
滚动到部件<锚链接>
设置自适应视图
部件
显示/隐藏
设置面板状态
设置文本
设置图像
设置选中
选中
取消选中
切换选中状态
设置列表选中项
启用/禁用
移动
旋转
设置尺寸
置于顶层/底层
选中M
设置 选中状态于 M = "true"
选择要设置选中状态的部件
查找
隐藏未命名的部件
当前部件
L (图像)
M (图像) to "true"
XL (图像)
设置选中状态为:
值
true
取消
确定

（图 35）

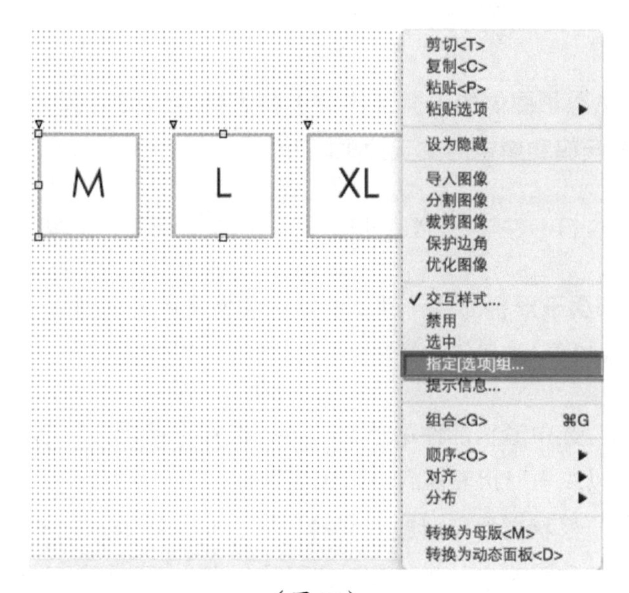
M
L
XL
剪切<T>
复制<C>
粘贴<P>
粘贴选项
设为隐藏
导入图像
分割图像
裁剪图像
保护边角
优化图像
✓交互样式...
禁用
选中
指定[选项]组...
提示信息...
组合<G>
⌘G
顺序<O>
对齐
分布
转换为母版<M>
转换为动态面板<D>

（图 36）

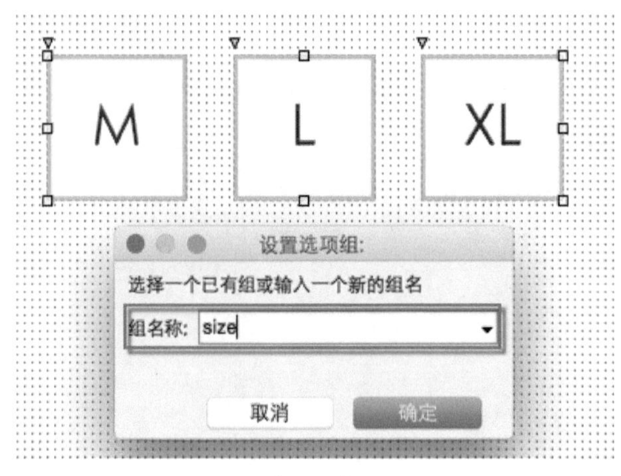


（图 37）

第五步：在顶部的工具栏中点击【预览】按钮，或者按下快捷键 F5/Shift + Command + P，快速预览交互效果。

## 挑战 1：进一步熟悉部件交互样式

现在你已经熟悉了图像的【交互样式】和【指定选项组】，你能否独立实现图 31 中的尺码和颜色的交互效果吗？

### 2. 矩形、占位符、按钮、H1、H2、H3、标题、标签、文本段落

这几个部件都属于形状部件，默认的标签和文本的样式可以在部件样式编辑器中进行编辑。

- 添加文本：选中形状部件后单击右键，选择【编辑文字】，即可添加文本；也可以双击形状部件后进行编辑添加。
- 选择形状：形状部件可以改变各种形状，包括矩形、三角形、椭圆形、标签、水滴和箭头等。要改变部件形状，先选择该部件，然后单击部件右上角灰色圆圈选择形状；或者在部件属性面板中选择形状，见图 38。

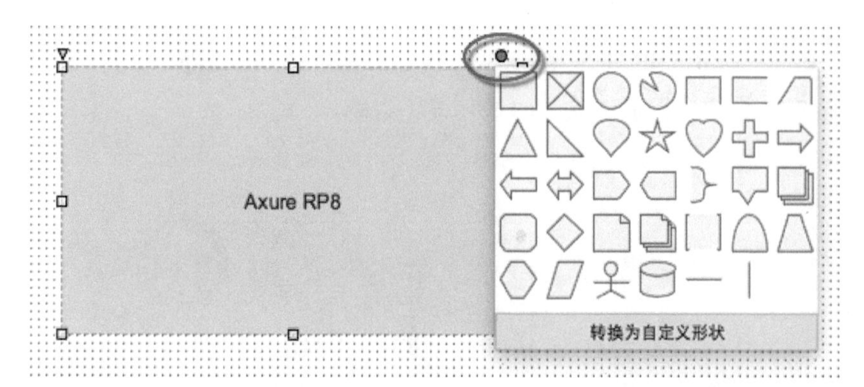


（图 38）

- 转换为自定义形状：如果提供的形状中没有你想要的，可以将形状部件转换为自定义形状，再对形状进行自定义编辑来定制自己想要的形状，见图 39。

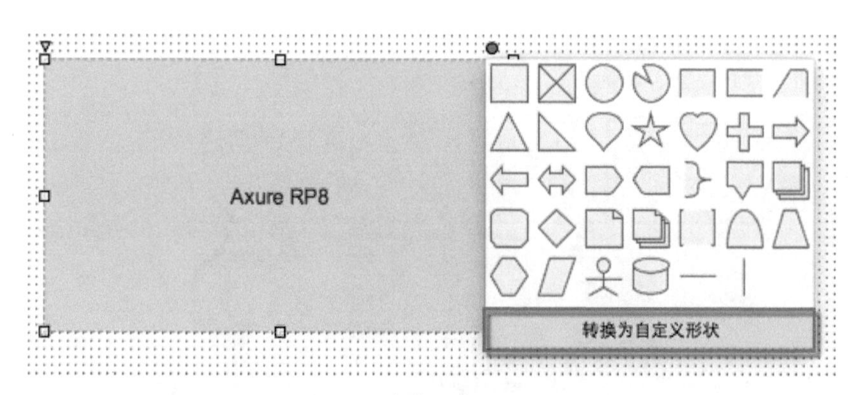


（图 39）

单击【转换为自定义形状】后，可以对该形状的锚点进行拖动改变其形状，见图 40。或者双击某个锚点，可以将连接该锚点的两条线改变为弧线进行调整，见图 41。还可以在形状边缘处增加或删除锚点，见图 42，直至定义出你想要的形状。

小提示：在 Axure RP8 中，多个形状部件之间可以进行“布尔运算”，与 Photoshop/Adobe Illustrator/Sketch 等工具中的布尔运算相同，该部分内容在介绍“钢笔工具”时进行详细讲解。

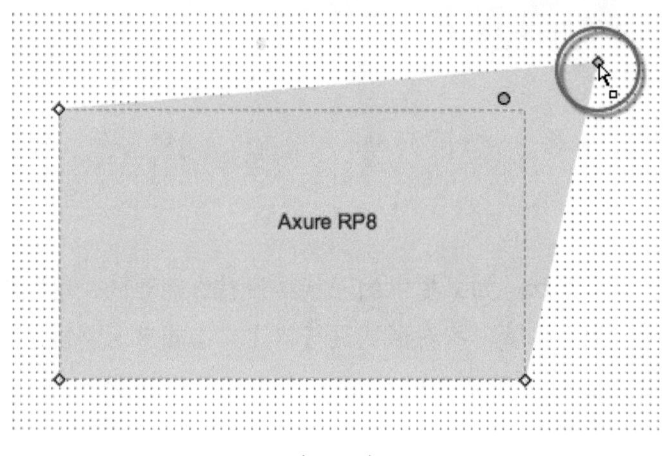


（图 40）

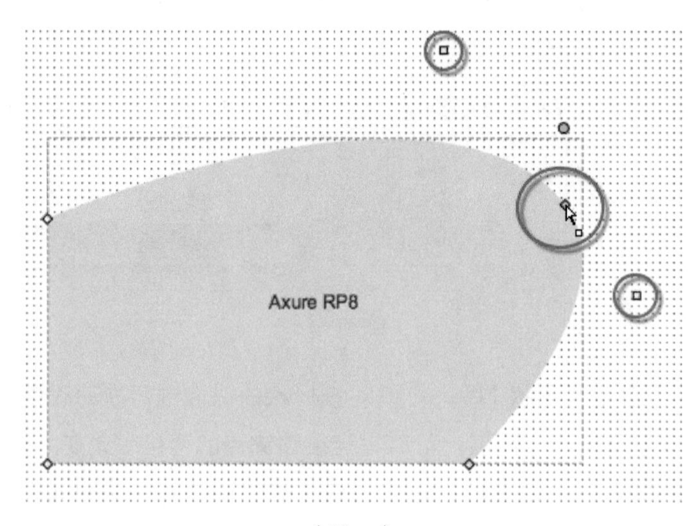


（图 41）

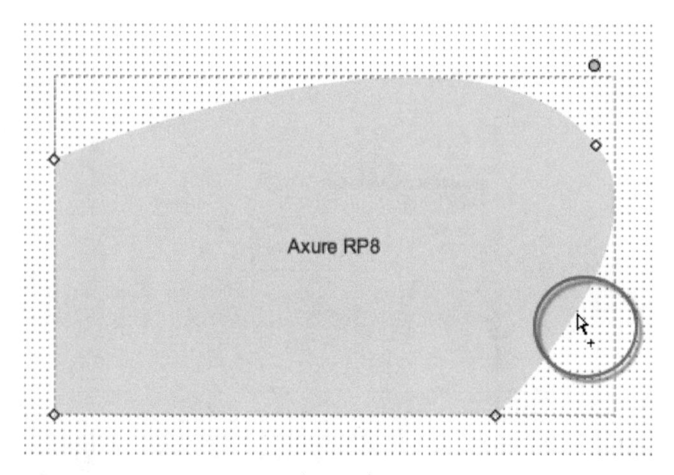


（图 42）

■ 形状部件的样式：形状部件允许使用富文本样式，包括编辑字体、字体大小、字体颜色、粗体、斜体、下划线，并改变对齐方式。你也可以改变填充颜色、线条颜色、线宽和线模式。要更改形状的样式，首先选中该形状，然后在顶部的工具栏格式中进行设置，见图 43。

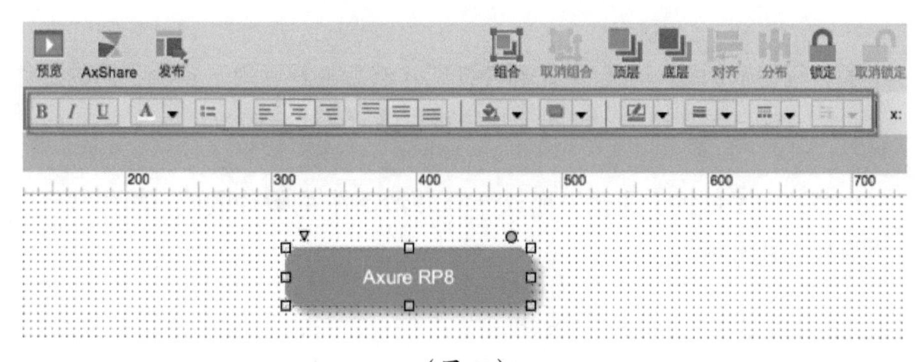


（图 43）

■ 自定义部件样式：使用【部件样式编辑器】可以集中管理部件样式，包括字体、自行、颜色、边框、阴影等。例如，创建一个蓝色按钮的样式并将其指定给多个形状按钮，然后在【部件样式管理器】中修改填充颜色，这样所有使用蓝色按钮样式的形状按钮都会更新到最新样式，见图 44。

（图 44）

在图 44 中，点击 A 和 B 都可以打开 C【部件样式编辑器】。

## 案例 3：添加一个自定义部件样式

下面，我们来创建一个自定义部件样式，然后将其运用于多个不同的部件上。修改该自定义样式，所有使用该样式的部件也会同步发生改变。

第一步：在【部件】面板中拖放一个 矩形部件 到设计区域，然后完成以下设置，见图 45。

1. 设置其尺寸为 140×40 像素。
2. 设置圆角半径为 5 像素。
3. 设置隐藏边框。
4. 设置填充颜色为 #FF0033。

5. 双击该矩形部件，输入文字 BUTTON。

6. 设置字体为 Arial，字体大小为 13 像素，设置字体颜色为 #FFFFFF。

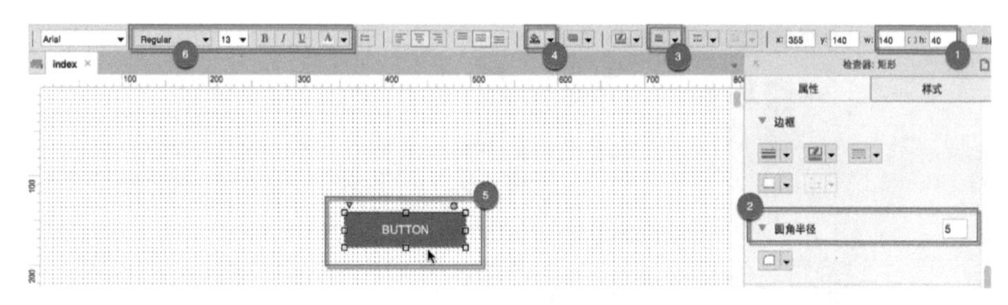


（图 45）

第二步：在【部件样式】面板中单击【创建】，见图 46，在弹出的【部件样式编辑器】中输入部件样式名称 Red Button，见图 47，单击【确定】按钮关闭【部件样式编辑器】。

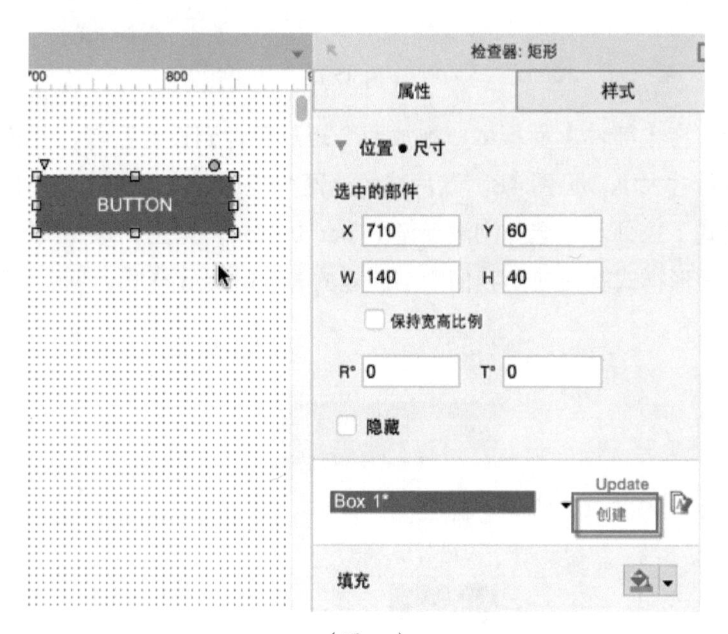


（图 46）

（图 47）

第三步：在【部件】面板中，拖放两个矩形部件到设计区域，并将其调整为任意尺寸大小，见图 48。然后选中这两个矩形，在右侧【部件样式】面板的样式下拉列表中选择刚刚新增的 Red Button，见图 49。此时，这两个新增的矩形样式就变成了我们刚刚新建的 Red Button 样式，见图 50。

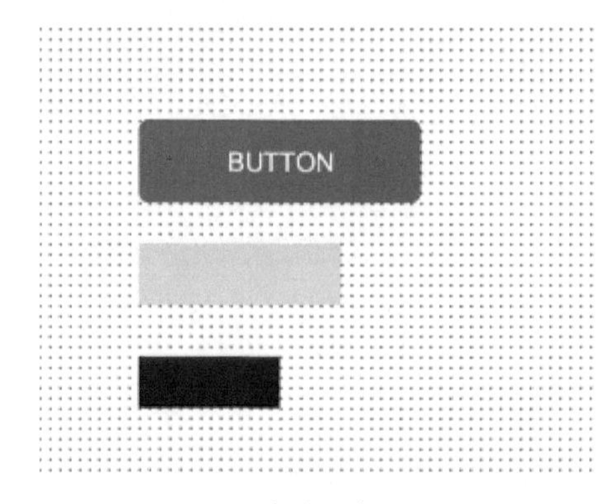


（图 48）

（图 49）

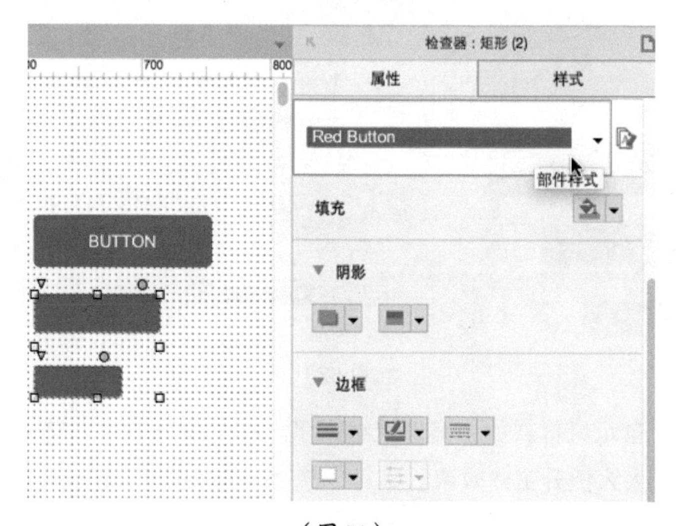


（图 50）

第四步：选中任意一个矩形，调整填充颜色为 #0066FF，然后在右侧【部件样式】面板中单击【Update】，见图 51，更新部件样式。此时，另外两个矩形部件的样式也发生了改变，见图 52。

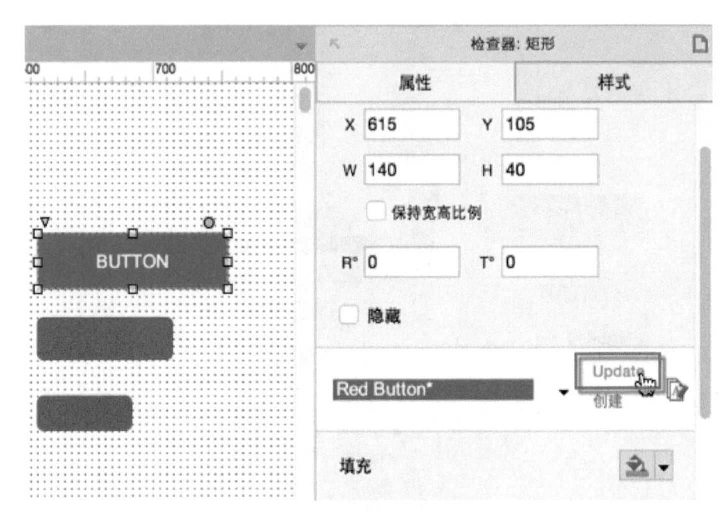


（图 51）

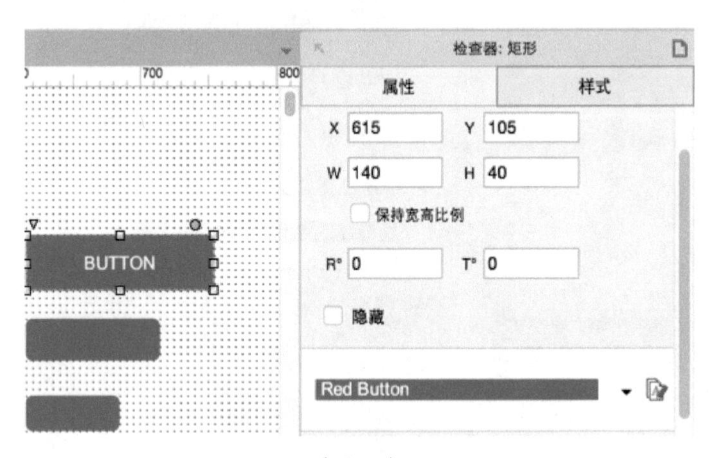


（图 52）

至此，使用自定义样式的小案例就结束了。在工作项目中，善用自定义部件样式可以大大提升工作效率。

- 设置选项组：与图像部件的【指定选项组】功能一样，此处不再赘述。
- 圆角半径：使用形状部件可以添加圆角半径。要添加圆角半径效果，选中形状按钮部件，拖动部件左上角的黄色小三角调整圆角半径，或者到【部件样式】面板中设置圆角半径，见图 53。在 Axure RP8 中，可以设置某（几）个角的圆角半径，这可以帮助我们在制作特殊按钮时变得更加轻松，见图 54。

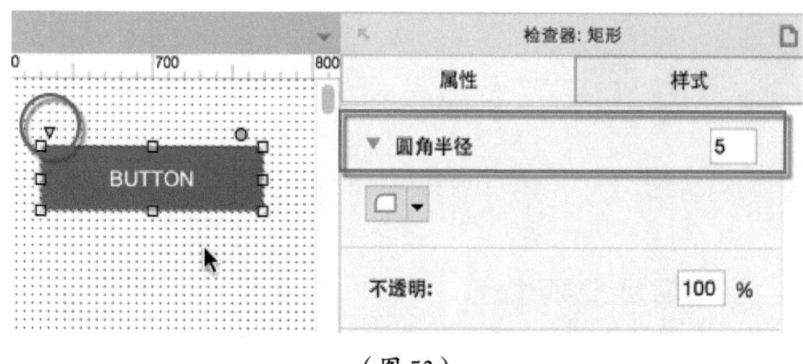


（图 53）

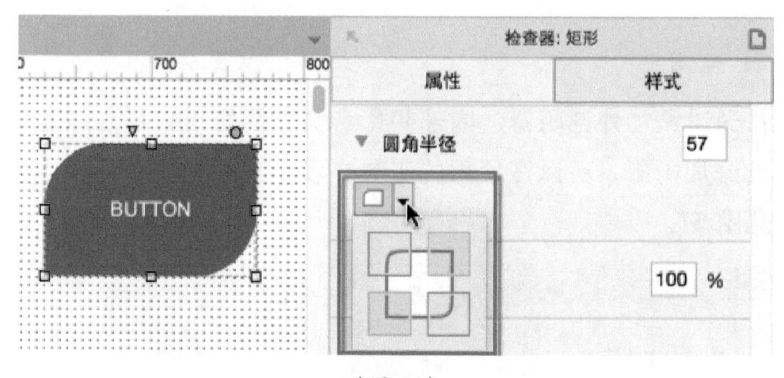


（图 54）

- 转换形状 / 文本部件为图像：若要将形状部件转换为图像且保留形状部件上已经添加的注释和交互，可以使用【转换为图像】功能。右键单击想要转换的形状按钮，选择【转换为图像】，见图 55。
- 自适应部件内容的宽和高：形状部件拥有自适应宽高属性，这是为了自适应其文字内容的宽高，取代手动指定尺寸和文字换行。设置自适应宽高的快捷操作是双击大小调整手柄。双击左右手柄会自动调整宽度，双击上下手柄自动调整高度适应其内容高度，双击左上、右上、左下、右下 4 个角会自动调整宽度和高度适应其文字内容，见图 56。

（图 55）

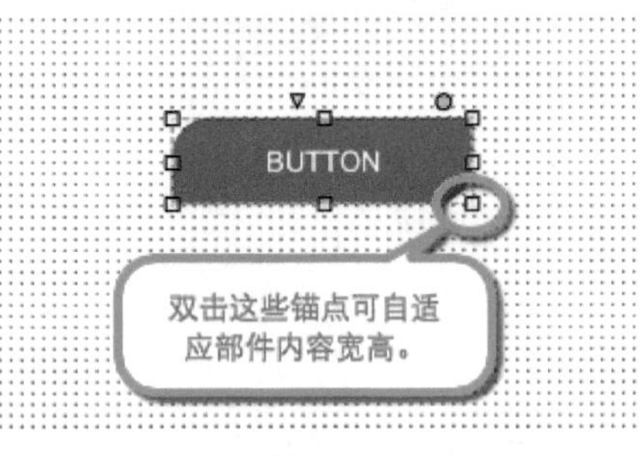


（图 56）

- 阴影：通过添加外部阴影、内部阴影和文字阴影可以增加原型的保真度。要添加阴影，可以在顶部的工具栏和【部件样式】面板中进行设置，见图 57。

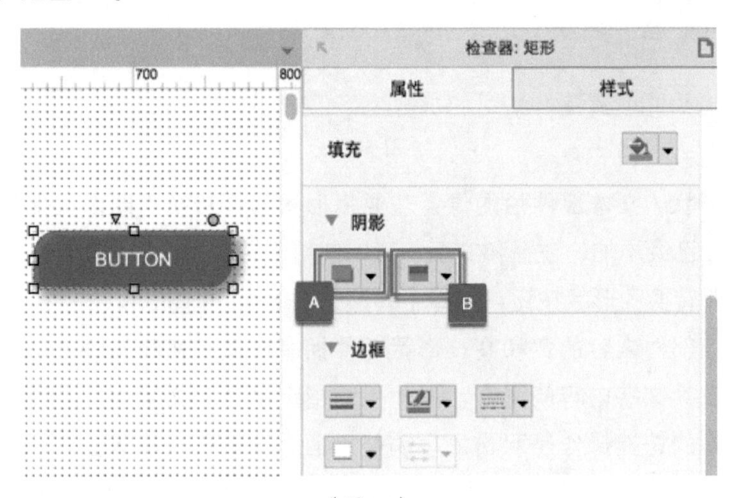


（图 57）

A：外阴影

B：内阴影

■ 文字阴影：在【部件样式】面板的【字体】栏目下，可对形状部件设置字体阴影，见图 58。

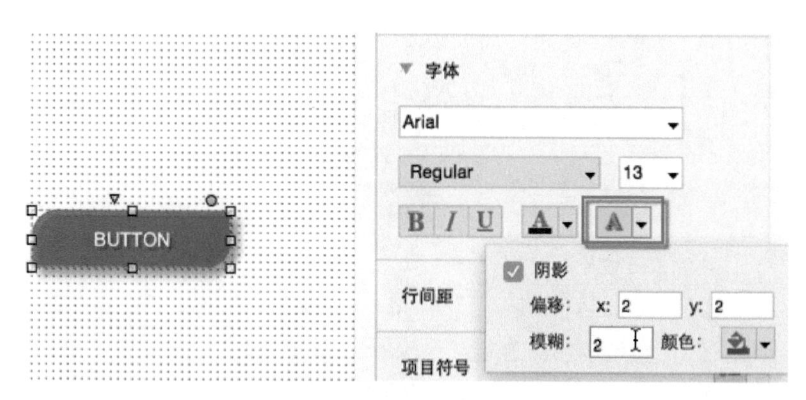


（图 58）

■ 不透明度：要设置形状部件的不透明度，在【部件样式】面板中设置【不透明】的值，如 50%（数值越小，透明度越高），见图 59。

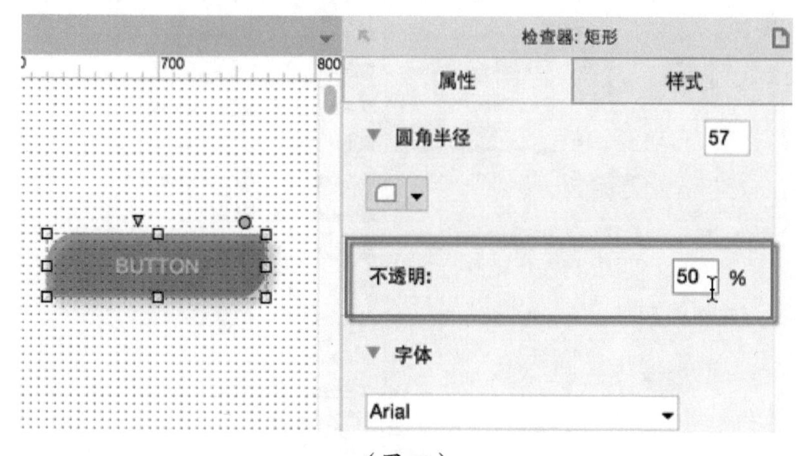


（图 59）

■ 边框：在 Axure RP8 中可以对形状部件的某条边框进行设置，选中部件后，在【部件样式】面板中的【边框】项目中进行设置，见图 60。

■ 格式刷：当复制形状部件的时候，形状部件的样式也会被一起复制。使用【格式刷】工具可以将某个部件的样式复制到其他指定部件上，见图 61。

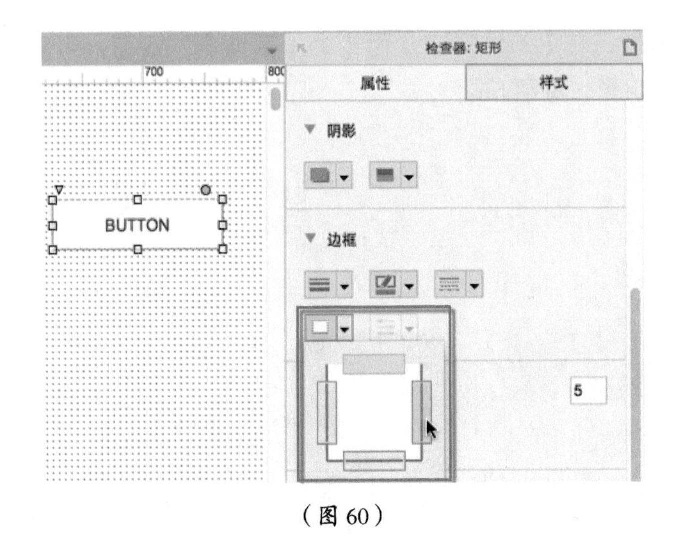


（图 60）

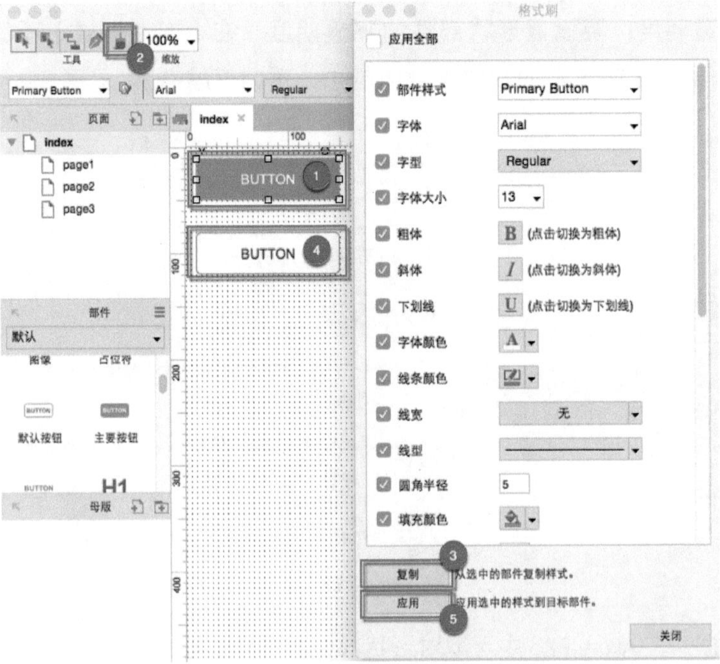

（图 61）

1：选中要复制样式的形状部件。2：在工具栏中点击【格式刷】。3：在弹出的【格式刷】对话框中单击【复制】按钮。4：选中目标形状部件。5：单击【格式刷】对话框中的【粘贴】按钮。

通过上面几个步骤就完成了部件样式的复制。

### 3. 水平线和垂直线（Horizonal & Vertical Lines）

最常见的用法是将原型中的内容分解成几个部分，比如，将页面分为 header 和 body。

- 给线条添加箭头：线条可以通过工具栏中的箭头样式转换为箭头。选中线条，在工具栏中点击箭头样式，在下拉列表中选择你想要的箭头样式，见图 62。

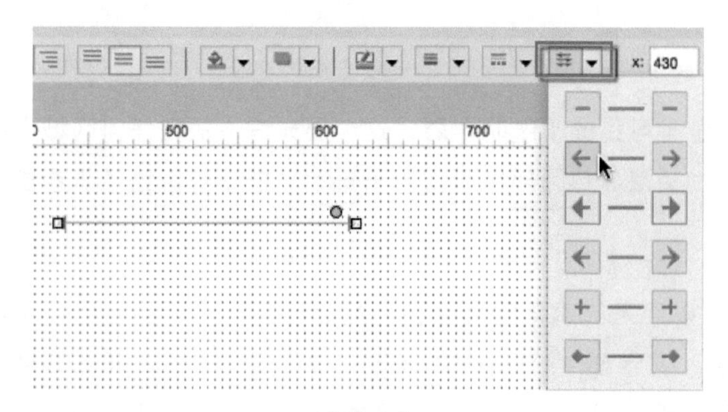


（图 62）

- 线宽、颜色和样式：线条可以添加颜色、设置宽度和添加样式，在工具栏中设置即可，见图 63。

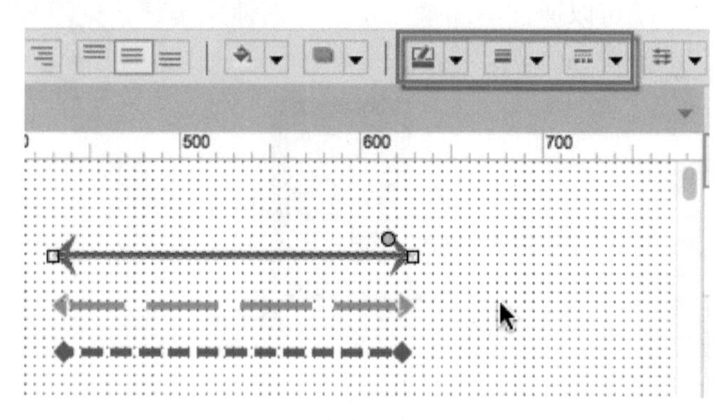


（图 63）

- 旋转箭头：要旋转线条或箭头，按住 Ctrl/Command，同时将鼠标悬停在线条末尾拖拽，或者在【部件样式】面板中设置旋转角度，见图 64。

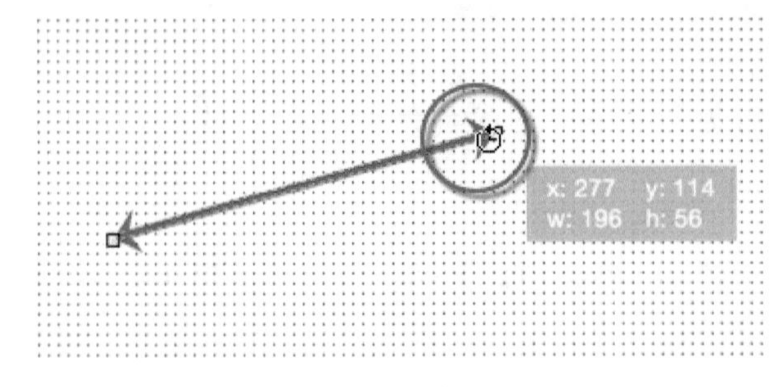


（图 64）

4. 热区

热区是一个不可见的（透明）层，这个层允许你放在任何区域上并在热区部件上添加交互。热区部件通常用于自定义按钮或者给某张图像的某个位置添加交互。

- 热区可以用来创建自定义按钮上的点击区域。比如使用多个部件（图像部件、文字部件、形状按钮部件）来创建一个保真度较高的按钮，只需在这些部件上面添加一个热区并添加一次事件即可，无需在每个部件上都添加事件。
- 如果你想给一张图像上添加多个交互，或者给一张图像的某部分区域添加交互，就可以通过给图像添加热区部件来实现，见图 65。

（图 65）

- 编辑热区：图片热区在生成的原型中是透明的（不可见的），如果想在设计区域中也将其设置为透明，选择【视图 > 蒙版】，取消勾选【热区】即可，见图 66。

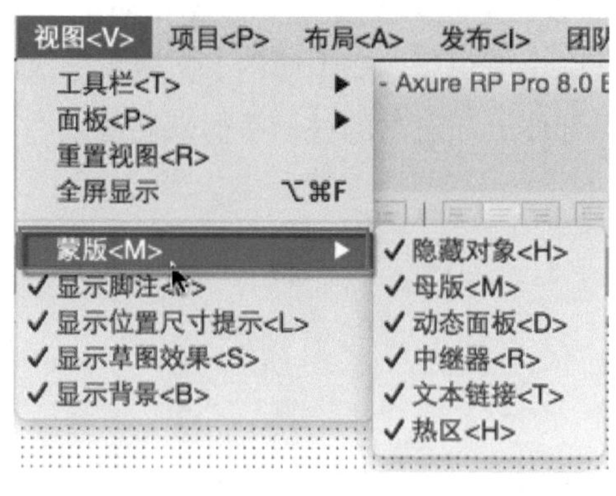


（图 66）

> 小提示：热区部件不可以编辑形状，也不可以编辑文字。

### 5. 动态面板（Dynamic panel）

动态面板是一个可以在动态面板中不同的层（或称其为不同的状态）中装有其他部件的容器。这里可以将动态面板想象成相册，相册的每个夹层中又可以装进其他照片（其他部件），每个夹层和里面的部件又可以隐藏、显示和移动，并且可以动态设置当前夹层的可见状态。这些特性允许你在原型中演示自定义提示、轮播广告、灯箱效果、标签控制和拖放、滑动等效果。在实际工作中你会发现，动态面板是在原型设计中使用最多的部件。

- 动态面板状态（Dynamic panel states）：动态面板可以包含一个或多个状态，并且每个状态中可以包含多个其他部件。不过，一个动态面板状态只能在同一时间显示一次（也就是说，无论动态面板有多少个不同状态，它一次只能显示其中一个状态）。使用交互可以隐藏 / 显示动态面板及设置当前动态面板状态的可见性。添加和调整动态面板大小最好的方法，就是将已有的部件转换为动态面板。首先选择想要放入动态面板状态的部件，右键单击，选择【转换为动态面板】，见图 67。这个动作将自动创建一个新的动态面板，并将你选择的部件放入动态面板的第一个状态中。你也可以在【部件】面板中拖放动态面板部件到设计区域，并使用部件上下左右的提示手柄来调整大小，见图 68。

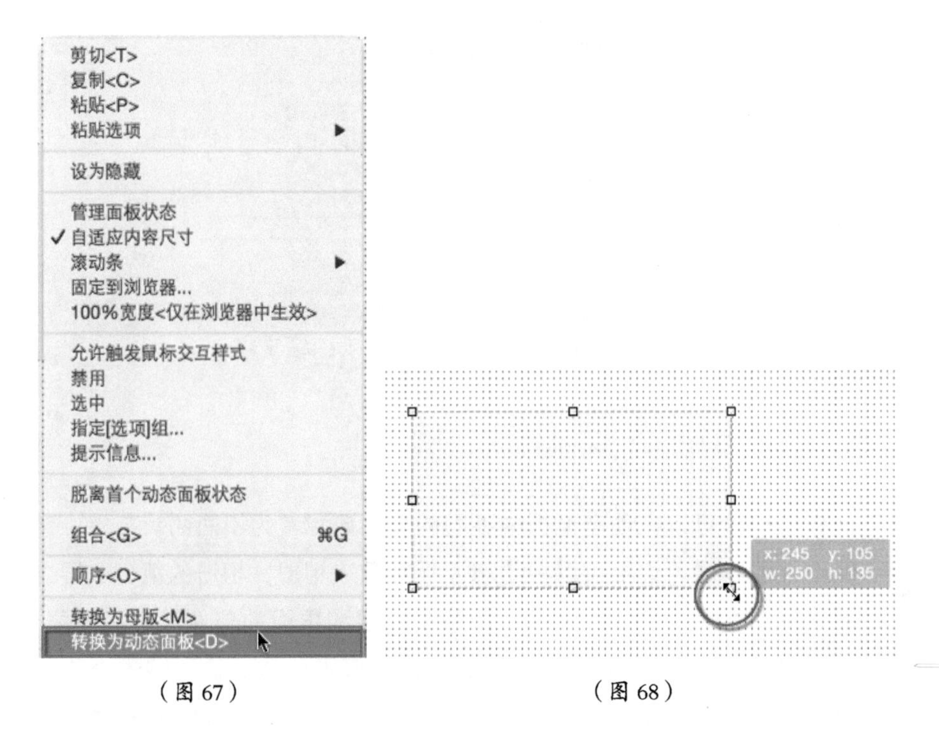


（图 67）　　　　（图 68）

- 需要注意的是，动态面板的 部件【属性】面板中的【自适应内容尺寸】选项，见图 69，勾选该项后动态面板大小将会自适应不同状态中内容的尺寸；如果取消勾选该项，该动态面板尺寸是固定大小，其不同状态中的内容尺寸如果大于该动态面板的尺寸，超出的部分将不会显示，见图 70。

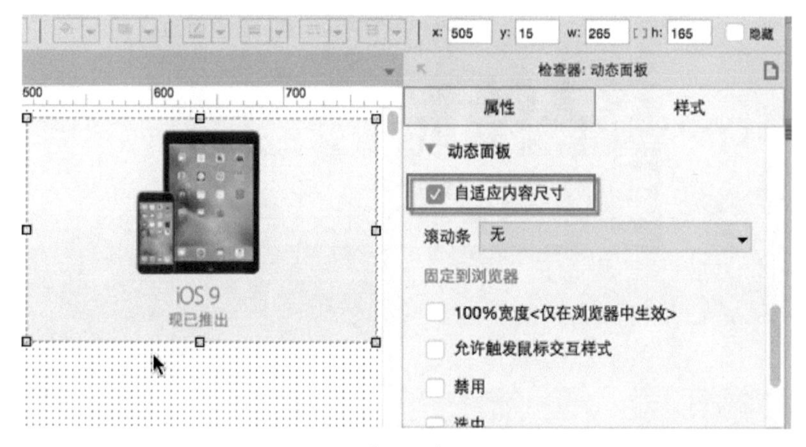


（图 69）

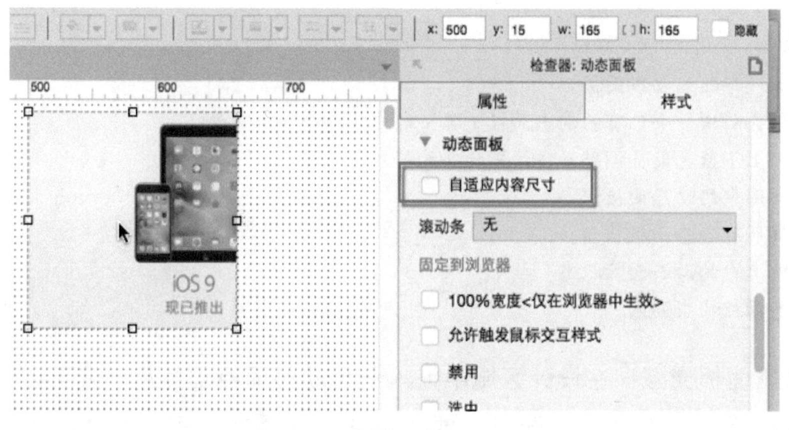


（图 70）

- 编辑动态面板状态：编辑动态面板时，可以看到一个蓝色虚线轮廓，这表示在动态面板中只能看到蓝色虚线轮廓范围内的内容（如果你的 Axure 并没有显示这条蓝色虚线框，请在部件【属性】面板中取消勾选【自适应内容尺寸】)。编辑动态面板状态中部件的操作，与你平时拖放部件是一样的，见图 71。

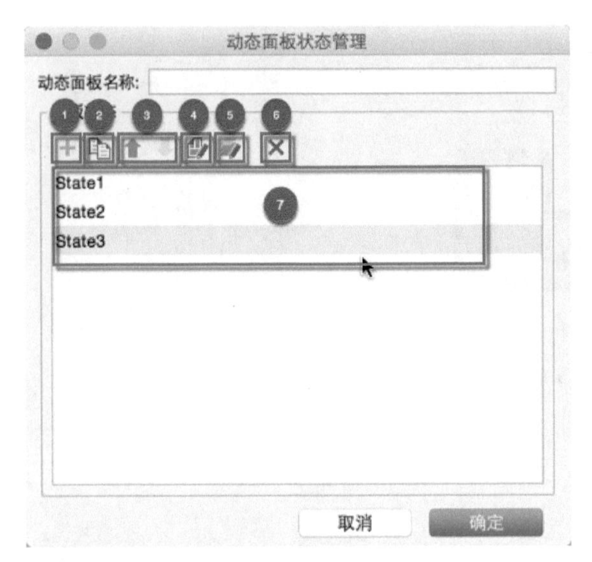


（图 71）

1：添加一个新的动态面板。
2：复制并新增一个已有的动态面板（其中的内容也会一起复制）。
3：使用上下蓝色箭头调整动态面板状态的排序。
4：编辑选中的动态面板状态。
5：编辑所有动态面板状态。
6：移除选中的动态面板状态。
7：动态面板状态列表。

- 动态面板交互：在设计区域中拖入一个动态面板部件后，就可以像平时那样在事件列表中选择需要的事件，并添加用例来给动态面板添加交互效果。动态面板可用的动作包括：设置面板状态（Set Panel State）和设置尺寸（Set Size），在稍后的章节后会给大家详细讲解动态面板事件。
  - 设置动态面板状态：创建一个多状态的动态面板，并使用【设置面板状态】动作设置动态面板到指定状态，在【用例编辑器】（Case Editor）中选择动作并在页面列表中选择状态。在这个动作中，你可以同时设置多个动态面板的状态。这个动作可以用于切换标签状态、更改按钮上的内容或者下拉列表中的选择，见图 72。

- 设置动态面板属性：进入 / 退出动画（Animate In/Out）用于替换动态面板状态时的过渡效果（例如淡入淡出、向上滑动等），见图 72-A。
- 显示面板（Show if hidden）：如果指定的动态面板是隐藏的，勾选这个选项会在执行动态面板状态设置的同时显示动态面板，见图 72-B。
- 展开 / 收起部件（Push/Pull）：勾选此项，会使动态面板下面或右侧的部件自动移动，用于展开和折叠内容，见图 72-C。

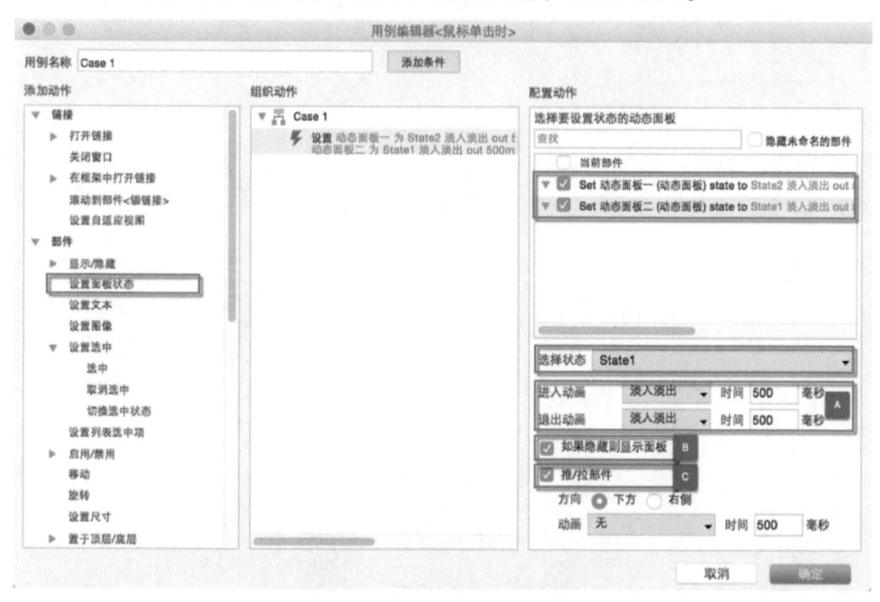


（图 72）

- 显示或隐藏一组动态面板：使用【显示 / 隐藏】动作来显示或隐藏动态面板当前状态的内容。在【用例编辑器】对话框中，在左侧的动作列表中选择【显示 / 隐藏】动作，然后在右侧的配置动作中选择要隐藏或显示的动态面板。你可以在一个动作中选择多个面板设置隐藏 / 显示。使用【切换】（Toggle）动作可以让面板在显示 / 隐藏之间切换，见图 73。
- 上一个 / 下一个状态：动态面板可以使用设置面板状态将其设置为上一个 / 下一个状态。意思是，如果你的动态面板当前状态是 1，【下一个】（next）动作将会设置动态面板为状态 2，这样按顺序切换状态；而【上一个】( previous ) 动作与之顺序相反，见图 74。使用这一特性可以轻松实现 轮播广告效果。

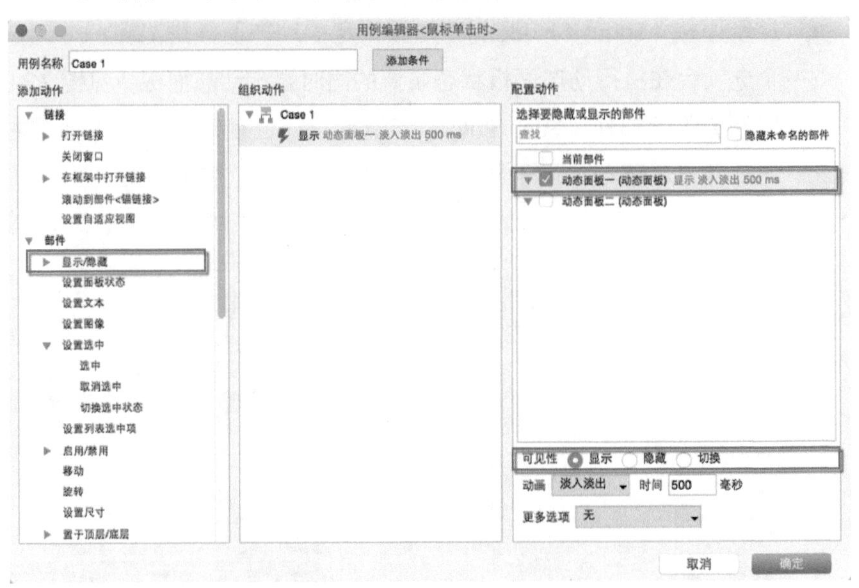


（图 73）

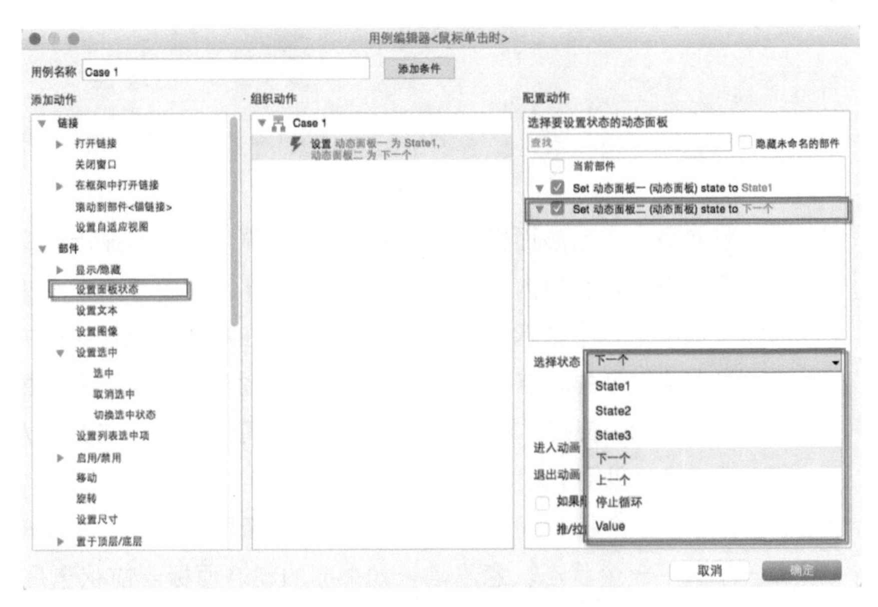


（图 74）

- 向前循环 / 向后循环：勾选此项将允许动态面板状态进入无限循环，类似无限轮播的幻灯广告，当到达最后一个状态时，面板将会设置到第一个状态，从而进入无限循环。【循环间隔】(Repeat every) 这个选项将给上下两个状态切换时添加时间间隔，1 秒 =1000 毫秒，这通常用于自动轮播广告，见图 75。【停止循环】(Stop Repeating) 是，当一个动态面板被设置为自动循环时，使用选择状态下拉列表中的【停止循环】选项，可以停止动态面板的自动循环。要继续被停止的循环，使用【上一个 / 下一个】并勾选【向前循环 / 向后循环】选项，可以重新启动被停止的循环，见图 76-A。
- 值 (Value)：你可以使用【Value】来设置动态面板状态，但是 Value 必须与你想要显示的动态面板状态名称一致才可以正确显示。比如，你要基于上一个页面存储的变量值在新页面中使用【页面加载时】事件来设置动态面板到指定状态。这种情况下，你只需添加一条简单的用例即可，见图 76-B。

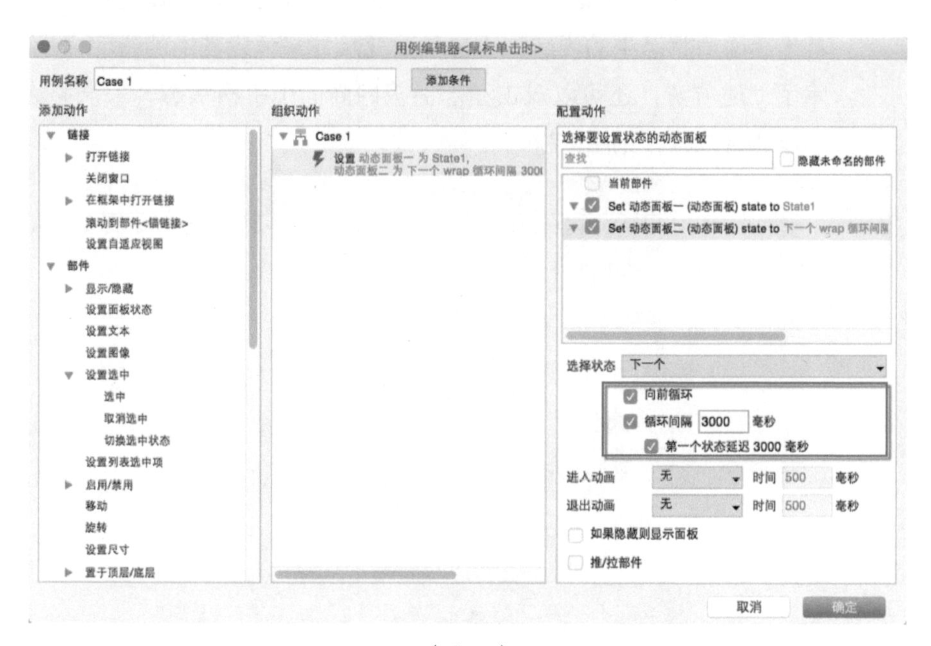


(图 75)

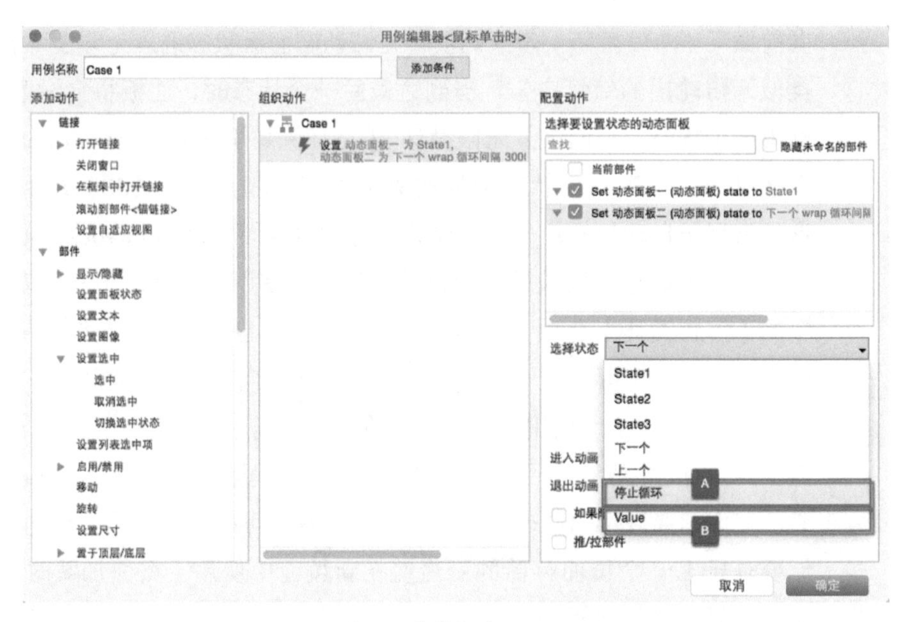


（图 76）

○ 动态面板属性：【自适应内容尺寸】（Fit to content），动态面板可以基于其面板状态中的内容大小自动改变尺寸来适应其中的内容大小。除了上述方法，还可以双击动态面板四周的小手柄状态，来调整大小以适合内容，见图 77。

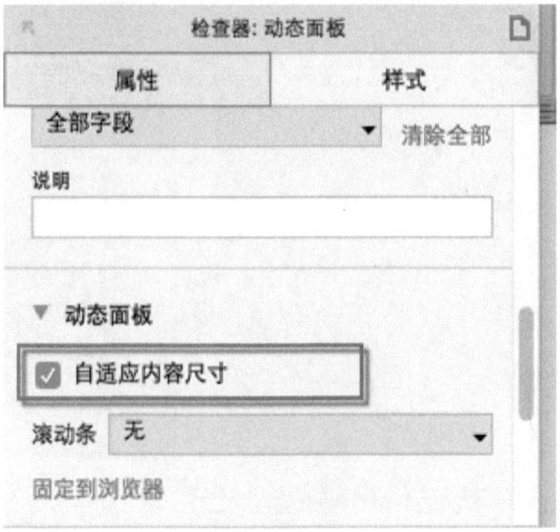

（图 77）

- 添加滚动条（Scroll bars）：使用滚动条给动态面板添加可滚动内容。在动态面板【属性】面板中选择【滚动条】下拉菜单，并选择滚动条的显示方式，或者右键单击动态面板，在弹出的关联菜单中设置。注意，为了让滚动条正常显示，动态面板状态中的内容必须比动态面板的固定尺寸大，并且不能勾选【自适应内容尺寸】，见图 78。

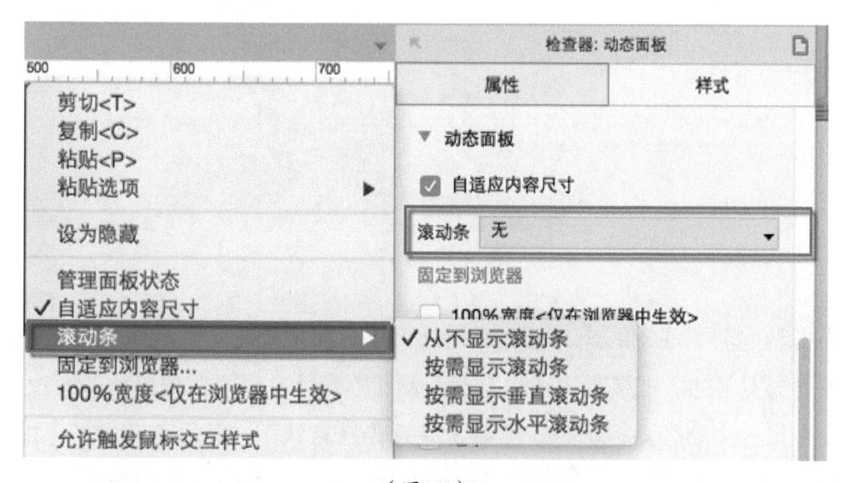


（图 78）

- 固定到浏览器（Pin to Browser）：固定到浏览器，允许你创建固定在浏览器某个指定位置的元素，如页头、页脚、侧边栏或广告等。当滚动窗口时，这些元素会停留在固定位置。选择动态面板，在部件【属性】面板中，或者右键点击动态面板，在弹出的关联菜单中单击【固定到浏览器】，然后在弹出的对话框中勾选【固定到浏览器窗口】，再按需选择【水平固定】/【垂直固定】，如有必要可输入指定边距，见图 79。
- 100% 宽度（仅在浏览器中生效）：100% 宽度将会使动态面板尺寸自适应整个浏览器宽度。在动态面板【属性】面板中勾选【100% 宽度】或者右键点击动态面板，在弹出的关联菜单中勾选【100% 宽度】即可。

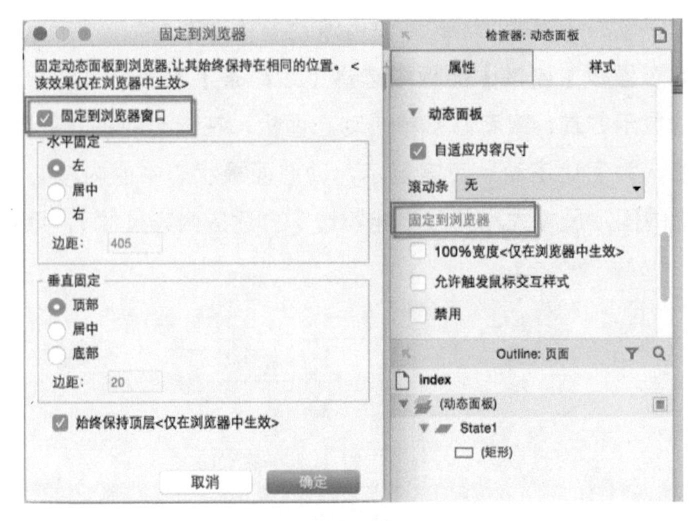


（图 79）

小提示：需要注意的是，将图像转换为动态面板是无法实现图像自适应浏览器宽度的。如果想让图像自适应浏览器宽度，需要双击该动态面板，在弹出的【动态面板状态管理器】中双击任意状态，然后在右侧的【面板状态样式】面板中，导入动态面板背景图像，并且勾选【100% 宽度】，背景图像在浏览器中会扩展至整个浏览器的宽度，见图 80。

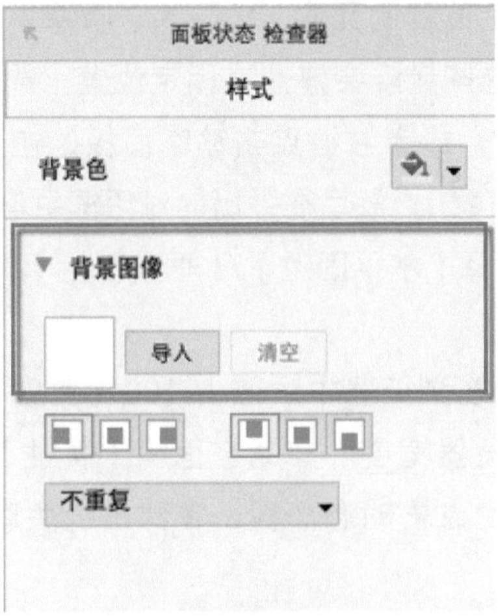

（图 80）

- 允许触发鼠标交互样式（Trigger Mouse Interaction Styles）：如果对动态面板状态不同状态中的部件设置了【鼠标悬停时】、【鼠标按下时】等交互样式，勾选此项后，当对动态面板进行交互时就会触发动态面板状态内部部件的交互样式。这句话的意思是，当鼠标指针接触到动态面板范围后，就会触发其内部所包含部件的【鼠标悬停时】的交互效果，见图 81。

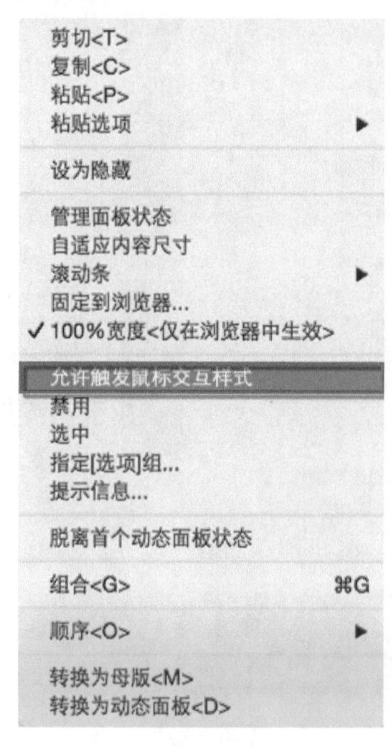


（图 81）

## 案例 4：使用动态面板部件制作简单的轮播广告

首先准备好三张广告图像，见图 82。

（图 82）

第一步：在【部件】面板中拖放一个图像部件到设计区域，双击该部件导入广告图 1，并将其尺寸设置为 400×300 像素，然后右键单击该图像部件，在弹出的关联菜单中选择【转换为动态面板】，见图 83。

（图 83）

第二步：在右侧的部件【属性】面板中，给动态面板部件命名为【轮播广告】，在学习过程中要养成给部件命名的好习惯。然后双击动态面板，在弹出的【动态面板状态管理】对话框中，单击【 State1 】，然后单击【快速复制】图标，快速复制两份动态面板状态【 Stete2 】和【State3】( 注意：使用快速复制功能会同时复制【State1】中的内容，也就是那张广告图 1 )，见图 84，单击【确定】按钮关闭【动态面板状态管理】。

第三步：在右侧的【Outline】概要面板中，可以看到轮播广告这个动态面板中的三个不同的状态以及其中的内容，见图 85。现在三个状态中的内容都是一样的，分别双击【State2】然后再次双击【State2】中的图像替换成广告图 2，同样的方法替换广告图 3，替换后见图 86。

（图 84）

（图 85）

（图 86）

第四步：通常我们见到的图像轮播广告都是在打开页面后等待几秒钟开始轮播的，所以这里我们使用【页面载入时】事件来实现（你也可以使用动态面板部件的【载入时】事件来实现。随着学习的深入你会发现，很多效果的实现方法都不止一种）。现在回到 Index 页面并单击页面空白处，在右侧的【页面属性】面板中双击【页面载入时】事件，见图 87，然后在弹出的【用例编辑器】窗口顶部给用例命名为【图像轮播】，在左侧的动作列表中新增【设置面板状态】动作，在右侧的配置面板中勾选【轮播广告】动态面板，并设置【选择状态】为【下一个】。勾选【向前循环】，勾选【循环间隔】并设置间隔时间为【3000】毫秒，勾选【第一个状态延迟 3000 毫秒】（这个选项的意思是，当页面打开时等待 3 秒钟之后再开始轮播）。设置【进入 / 退出 动画】为【淡入淡出】效果，动画时间为【500】毫秒，见图 88，单击【确定】按钮关闭【用例编辑器】。

第五步：在顶部的工具栏中单击【预览】按钮，或者按下快捷键 F5/Shift + Command + P，快速预览交互效果。

（图 87）

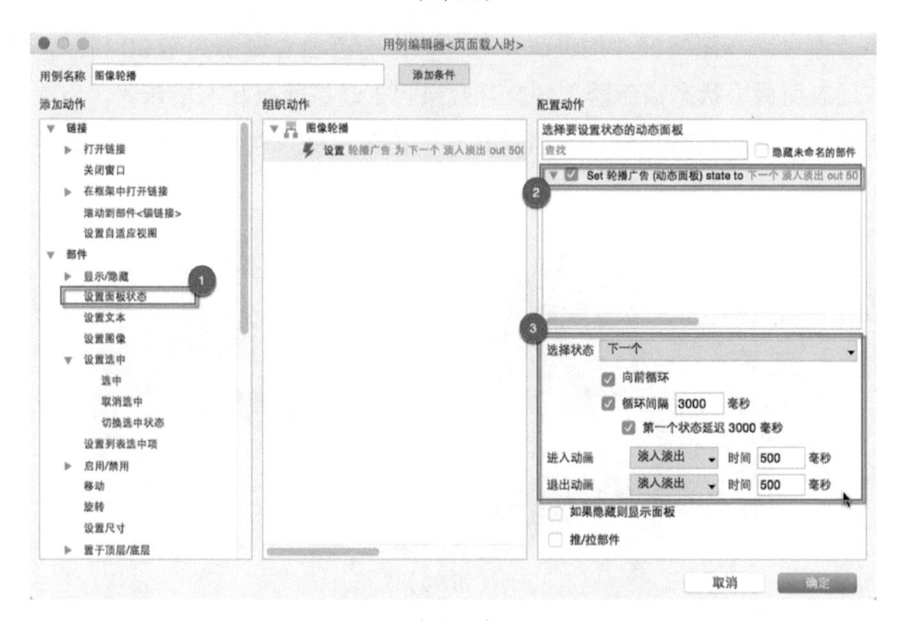


（图 88）

# 挑战 2：可单击交互的轮播广告

现在你已经对动态面板不同状态间的切换有了初步认识，你能否独立做出

图 89 所示，点击左右两侧箭头让图片轮播的交互效果呢？

（图 89）

## 挑战 3：带有状态指示器的轮播广告

随着你对动态面板部件的进一步熟悉，你能否独立做出如图 90 所示，带有动态面板【状态指示器】的交互效果呢（动态面板状态指示器，用来提示用户一共有几张广告图，当前显示的是第几张广告图）？现在就动手尝试吧。

（图 90）

## 挑战 4：淘宝首页的轮播广告

再接再厉，要想彻底掌握 Axure 来实现你想要的交互效果，就要不断挑战和练习，现在请你仔细观察一下淘宝首页的幻灯轮播广告效果，见图 91，尝试一下自己是否可以独立实现？

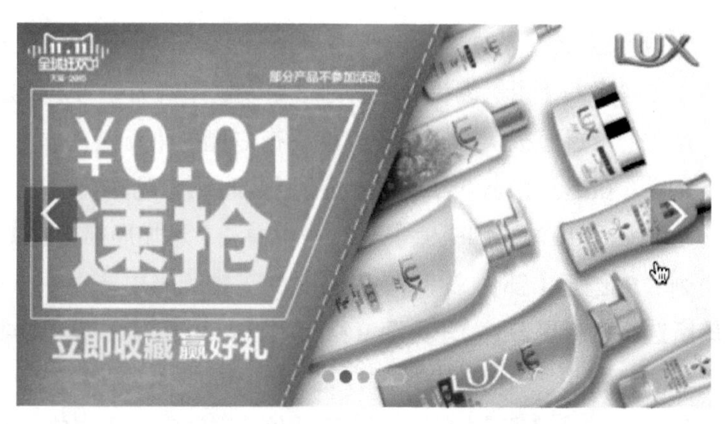


（图 91）

## 案例 5：使用【Value】来设置动态面板状态

第一步：在设计区域中添加三个一级标题部件，分别将其文本内容设置为 cat、dog、fox，然后添加一个【动态面板】部件到设计区域，给动态面板命名为 pets，将准备好的三张动物图像填充到三个动态面板状态中，并且将动态面板状态与其中的图像对应，分别命名为 cat、dog、fox（注意：这一步一定不可忽略，否则这个效果将无法正常执行），见图 92。

（图 92）

第二步：选中标题 cat，在右侧的部件【属性】面板中，双击【鼠标点击时】事件，在弹出的【用例编辑器】对话框中设置用例名称为【设置 value 为 cat】，添加【设置面板状态】动作，然后在右侧的【配置动作】中勾选 pets 动态面板，在选择状态下拉列表中选择【Value】，见图 93。点击【fx】（见图 93-5），在弹出的【编辑值】对话框中单击【添加局部变量】，在中间的下拉列表中选择【部件文字】，在右侧的下拉列表中选择【This】（也就是当前所选中的标题部件），见图 94。继续单击【插入变量或函数…】，在下拉列表中选择我们刚刚添加的局部变量【LVAR1】，见图 95。插入变量后如图 96，单击【确定】按钮关闭【编辑值】对话框，再次单击【确定】按钮关闭【用例编辑器】。

第三步：按照上一步的过程给标题 dog 和 fox 添加【鼠标单击时】事件。

第四步：在顶部的工具栏中单击【预览】按钮，或者按下快捷键 F5/Shift + Command + P，快速预览交互效果。

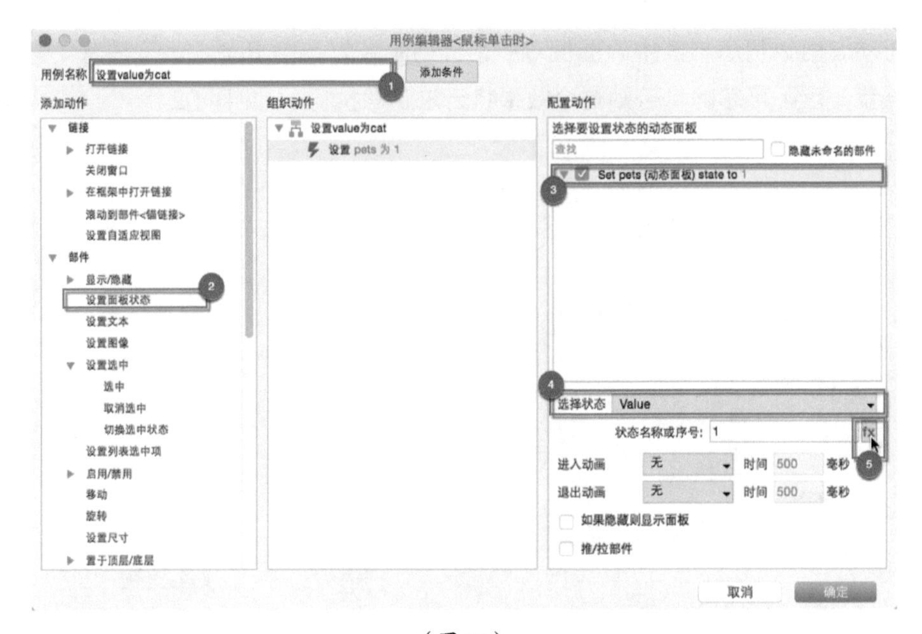


（图 93）

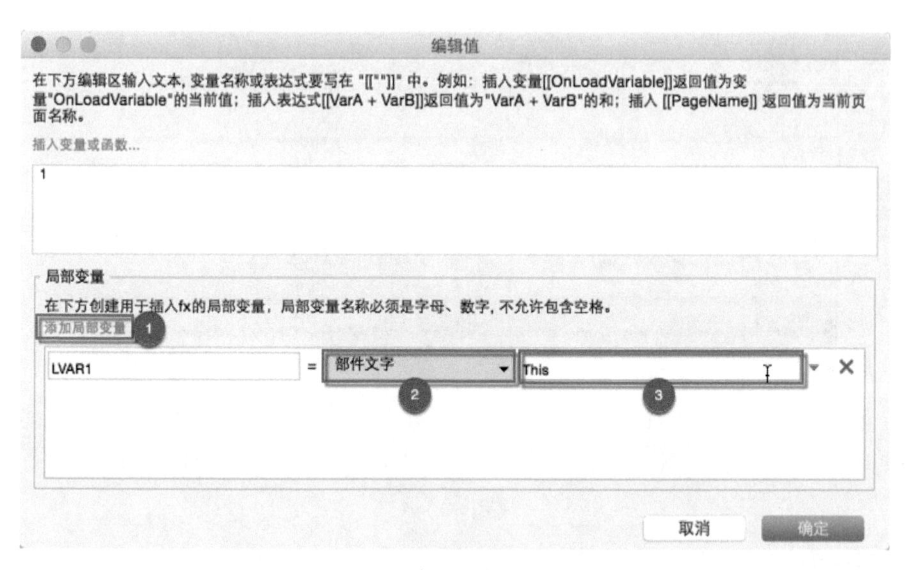
编辑值
在下方编辑区输入文本, 变量名称或表达式要写在 "[[""]]" 中。例如: 插入变量[[OnLoadVariable]]返回值为变量"OnLoadVariable"的当前值; 插入表达式[[VarA + VarB]]返回值为"VarA + VarB"的和; 插入 [[PageName]] 返回值为当前页面名称。
插入变量或函数...
1
局部变量
在下方创建用于插入fx的局部变量, 局部变量名称必须是字母、数字, 不允许包含空格。
添加局部变量
1
LVAR1
部件文字
This
2
3
取消
确定

（图 94）

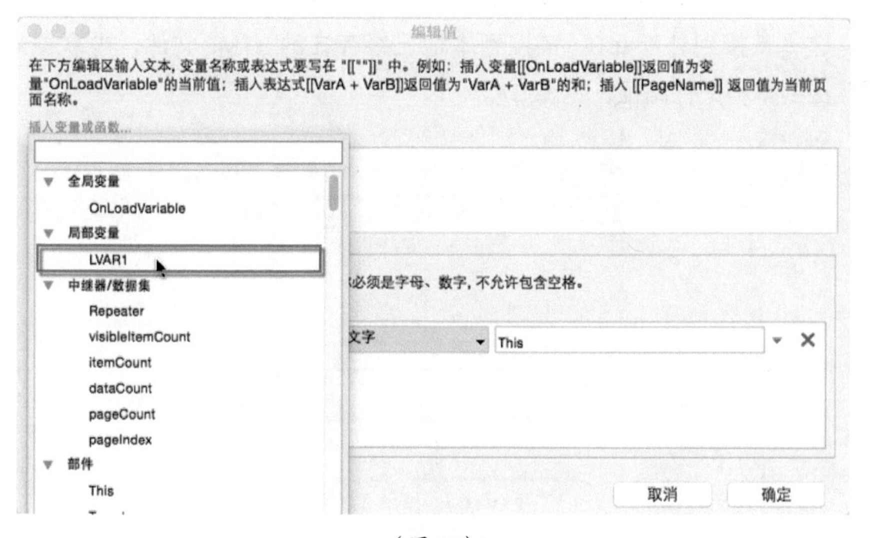
编辑值
在下方编辑区输入文本, 变量名称或表达式要写在 "[[""]]" 中。例如: 插入变量[[OnLoadVariable]]返回值为变量"OnLoadVariable"的当前值; 插入表达式[[VarA + VarB]]返回值为"VarA + VarB"的和; 插入 [[PageName]] 返回值为当前页面名称。
插入变量或函数...
全局变量
OnLoadVariable
局部变量
LVAR1
中继器/数据集
Repeater
visibleItemCount
itemCount
dataCount
pageCount
pageIndex
部件
This
称必须是字母、数字, 不允许包含空格。
文字
This
取消
确定

（图 95）

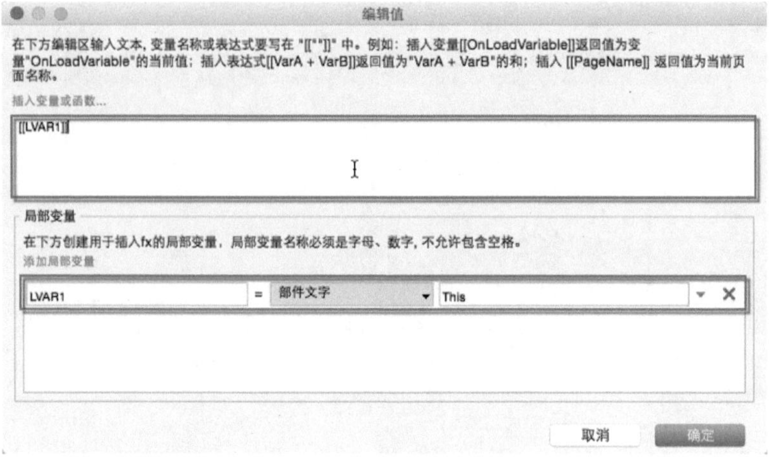

编辑值
在下方编辑区输入文本，变量名称或表达式要写在 "[[""]]" 中。例如：插入变量[[OnLoadVariable]]返回值为变量"OnLoadVariable"的当前值；插入表达式[[VarA + VarB]]返回值为"VarA + VarB"的和；插入 [[PageName]] 返回值为当前页面名称。
插入变量或函数...
[[LVAR1]]
局部变量
在下方创建用于插入fx的局部变量，局部变量名称必须是字母、数字，不允许包含空格。
添加局部变量
LVAR1
=
部件文字
This
取消
确定

（图 96）

## 内联框架

使用内联框架，可以嵌入视频、地图和 HTML 文件到原型设计中。外部的 HTML 文件、视频、地图等内容都可以嵌入到内联框架中。对于视频和地图，选择链接到外部 url；链接到本地已经存在的 HTML 文件，内联框架要链接到本地文件路径，见图 97。

链接属性
打开位置
链接到当前项目的某个页面
index
page1
page2
page3
链接到项目内部页面
链接到项目外部页面或文件
链接到url或文件<例如：D:\sample.mp4>
超链接
取消
确定

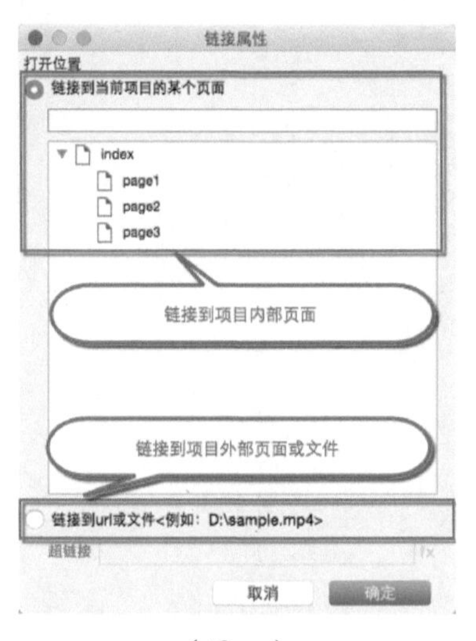

（图 97）

- 编辑内联框架指定目标网址或视频地址：拖放内联框架部件到设计区域中，双击内联框架，在弹出的对话框中指定哪些内容要在内联框架中显示。可选择内部页面或者任何站外 url，见图 97。
- 隐藏边框：右键点击内联框架，在弹出菜单中勾选【切换边框可见性】可切换显示内联框架周围的黑色边框，见图 98。
- 显示滚动条：要隐藏或按需显示内联框架的滚动条，可以右键点击内联框架，选择【滚动条】，或者在部件【属性】面板中设置滚动条。滚动条可以按需要显示（当内联框架中嵌入的内容大小超过内联框架大小时才显示），也可以总是显示，见图 99。

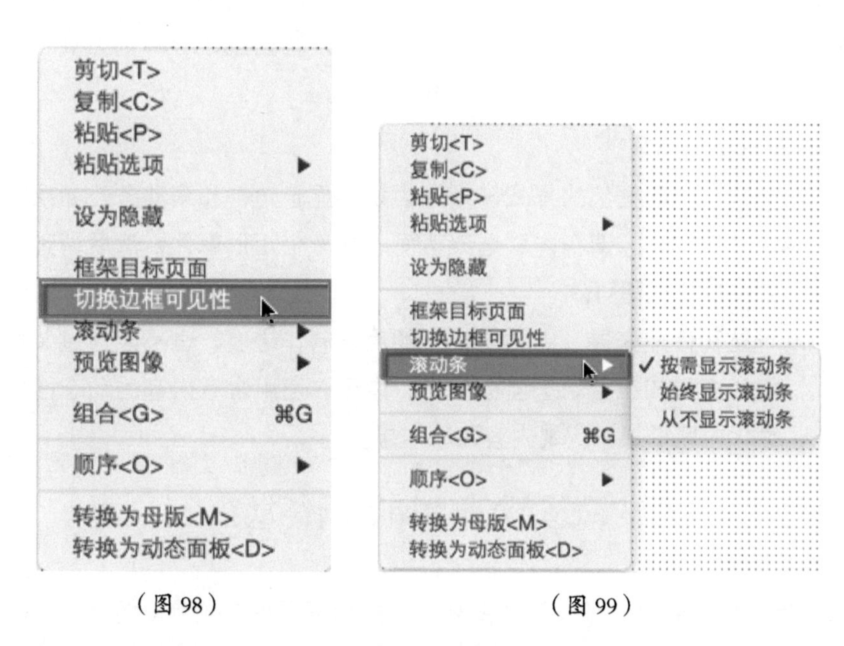


（图 98）　　　　（图 99）

- 内联框架预览图像：你可以给内联框架添加 Axure 内置的预览图像，如视频、地图，也可以自定义预览图像。注意，预览图像仅在设计区域中显示，让我们清楚该部件显示的是什么内容，但不会在生成的原型中显示，见图 100。

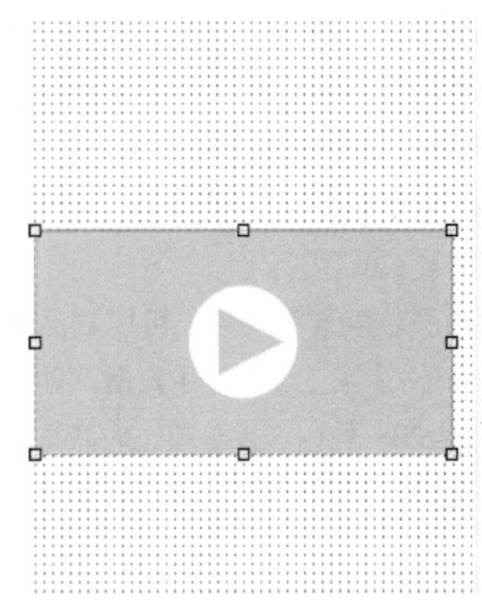

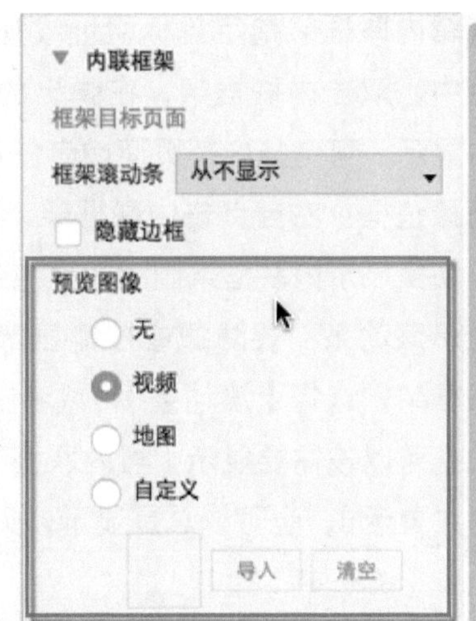


（图 100）

- 内联框架的局限性
  - 样式：内联框架的样式被限定为切换显示边框和滚动条，如果想添加其他样式，请在内联框架下面添加一个矩形部件，然后调整矩形部件的样式即可。
  - 导航和传递变量：内联框架不能用来制作导航，也不能通过父页面传递变量和设置动态面板状态。你可以使用含有内容的动态面板来替代内联框架，实现内容滚动效果。

## 案例 6：使用内联框架部件加载网络视频

第一步：在优酷网中打开任意视频，在视频下面单击“分享给好友”右侧的箭头，然后在弹出的内容中复制 flash 地址，见图 101。

第二步：在 Axure 中，拖放一个内联框架部件到设计区域，双击该部件，在弹出的【链接属性】对话框中选择【链接到 url 或文件】，然后将刚刚复制的 flash 地址粘贴进去，注意网址要以 http:// 为前缀，见图 102。

494
收藏
下载
手机看
分享给好友
113评论
11.3万播放
把视频贴到Blog或BBS 怎么贴?
推荐 通用代码可以让你的视频在iPhone、iPad上播放！
通用代码:
<iframe height=498 width=510 src="http://player.youku.co
复制
flash地址:
http://player.youku.com/player.php/Type/Folder/Fid/26194
复制
html代码:
<embed src="http://player.youku.com/player.php/Type/Fol
复制

（图 101）

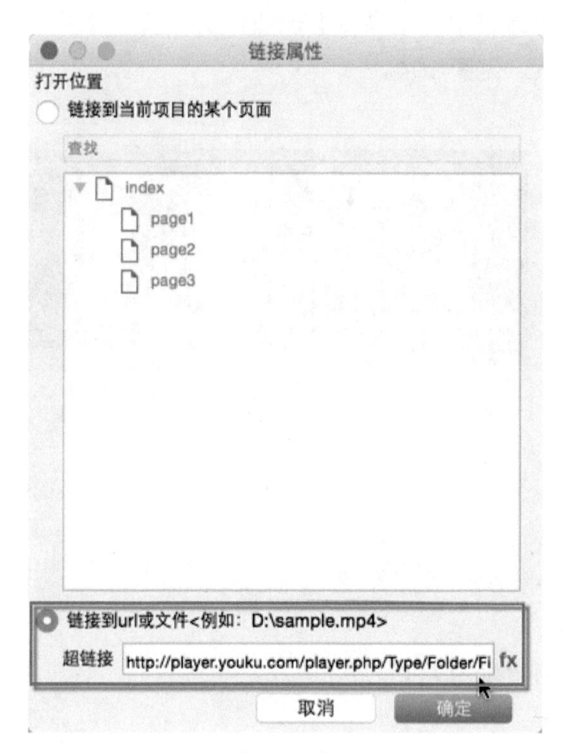
链接属性
打开位置
链接到当前项目的某个页面
查找
index
page1
page2
page3
链接到url或文件<例如：D:\sample.mp4>
超链接
http://player.youku.com/player.php/Type/Folder/Fi
fx
取消
确定

（图 102）

第三步：右键单击内联框架，在弹出的关联菜单中将【滚动条】设置为【从不显示滚动条】。再次右键单击该部件，设置【预览图像】为【视频】，顺便单击【切换边框可见性】将边框隐藏，见图 103。

（图 103）

第四步：单击工具栏中的【预览】按钮，快速预览效果，视频尺寸会自适应内联框架尺寸，见图 104。

（图 104）

## 案例 7：使用内联框架加载可交互的百度地图

第一步：申请百度地图 API 秘钥。

- 打开网址：http://developer.baidu.com/map/，注册账户并登录。
- 申请 Web 服务 API：http://developer.baidu.com/map/index.php?title=

webapi，然后按照提示创建应用，复制 API Key，见图 105。

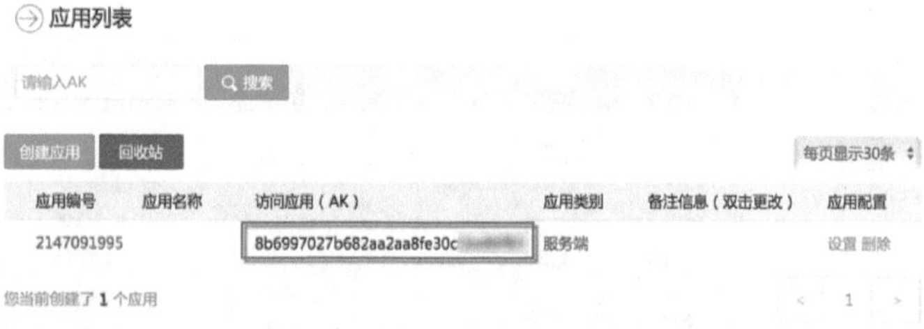

应用列表
请输入AK
搜索
创建应用
回收站
每页显示30条
应用编号
应用名称
访问应用（AK）
应用类别
备注信息（双击更改）
应用配置
2147091995
8b6997027b682aa2aa8fe30c
服务端
设置 删除
您当前创建了 1 个应用

（图 105）

第二步：生成百度地图 HTML 代码。

- 打开 Javascript API 大众版网址：http://developer.baidu.com/map/index.php?title=jspopular，在功能介绍中单击地图展示，见图 106，然后在新打开的网页中输入刚刚复制的 API Key，见图 107-A。

地图展示
支持2D、3D、卫星图的展示、平移、缩放、拖拽等操作
本地检索
支持城市的一个/多关键字检索
周边检索
支持多个城市全景图（街景、室内实景图）展现

（图 106）

开放平台
地图示例
源代码编辑器
B
A
此处替换成刚刚申请的API Key
地图控件示例
北京市

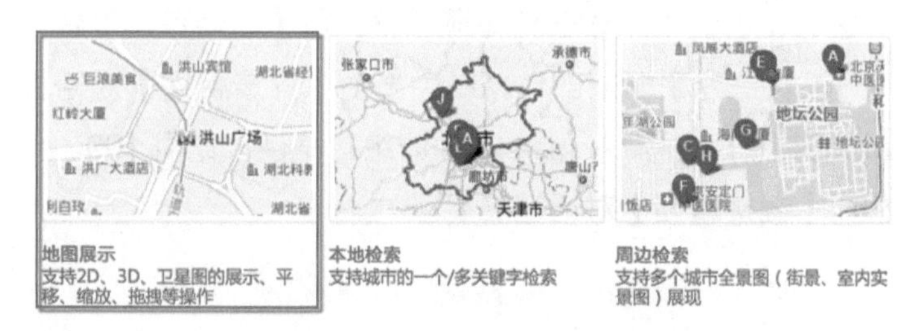

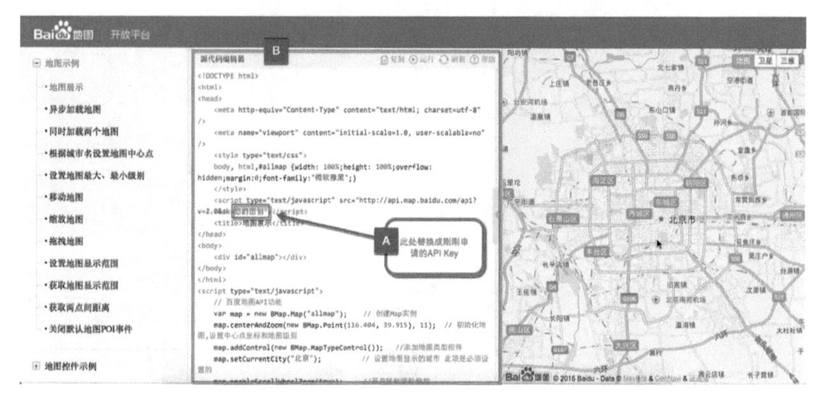

（图 107）

- 复制图 107-B 中的所有源代码，并将其另存为 map.html 文件到电脑桌面上，见图 108。

（图 108）

第三步：回到 Axure 工作界面，在【部件】面板中拖放一个【内联框架】部件到设计区域，右键单击该部件隐藏边框，将【滚动条】设置为【从不显示滚动条】，双击内联框架部件，在弹出的【链接属性】对话框中选择【链接到 url 或文件】，并输入 map.html 的绝对路径，见图 109，单击【确定】按钮关闭【链接属性】对话框。

（图 109）

第四步：单击工具栏中的【预览】按钮，此时浏览器中的内联框架部件会提示如下错误，见图 110。

（图 110）

这里需要注意的是，在使用内联框架部件嵌入外部 HTML 文件时要生成 HTML 才能正常预览效果，单击工具栏中的【发布】按钮，然后选择【生成 HTML 文件】，见图 111。

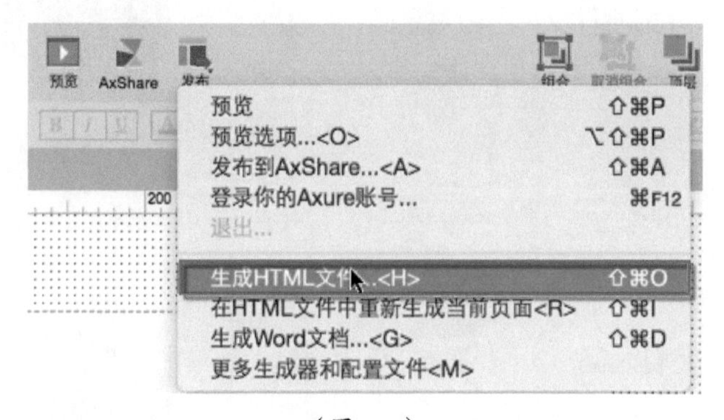


（图 111）

此时，我们就可以对浏览器中的百度地图进行拖动、缩放等可交互操作了，见图 112。

但是，当我们把生成的 HTML 文件夹上传到 Web 服务器演示时，仍然会出现问题，因为 map.html 文件在桌面上，而且【内联框架】中的文件路径指向桌面上的 map.html。要解决这个问题，只需将 map.html 文件移动到生成的 HTML 文件夹中，见图 113。

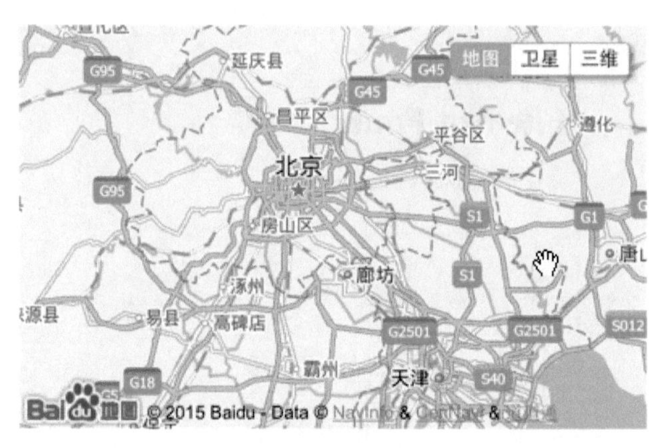


（图 112）

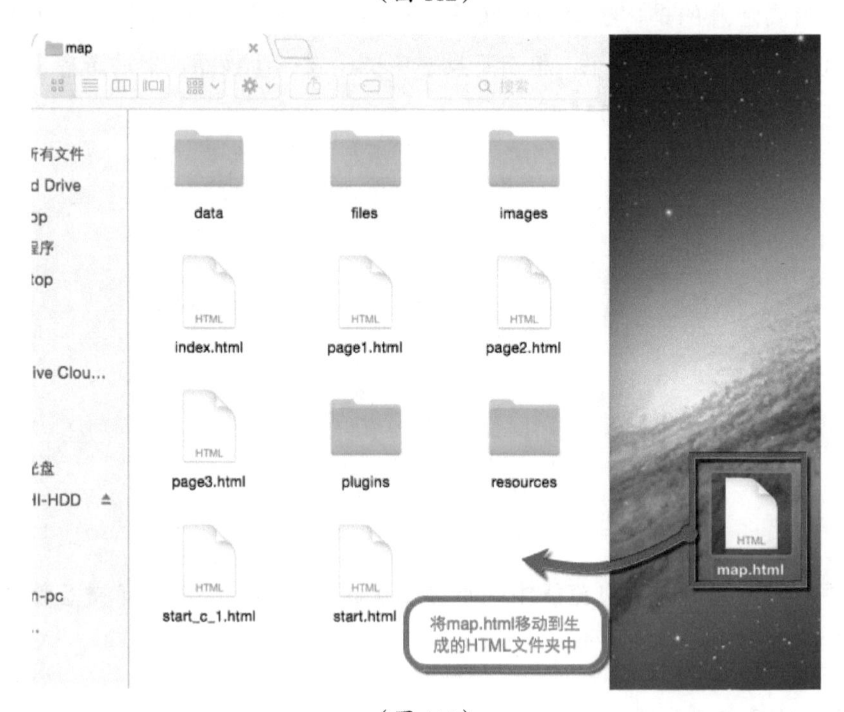


（图 113）

然后重新设置【内联框架】部件中 map.html 文件路径（因为 map.html 被

移动到了生成 HTML 文件夹的根目录），见图 114。再次点击工具栏中的【发布 > 生成 HTML 文件】，此时将生成的 THML 文件夹上传至 Web 服务器也可以正常操作了。至此，使用内联框架加载可交互的百度地图案例就结束了。

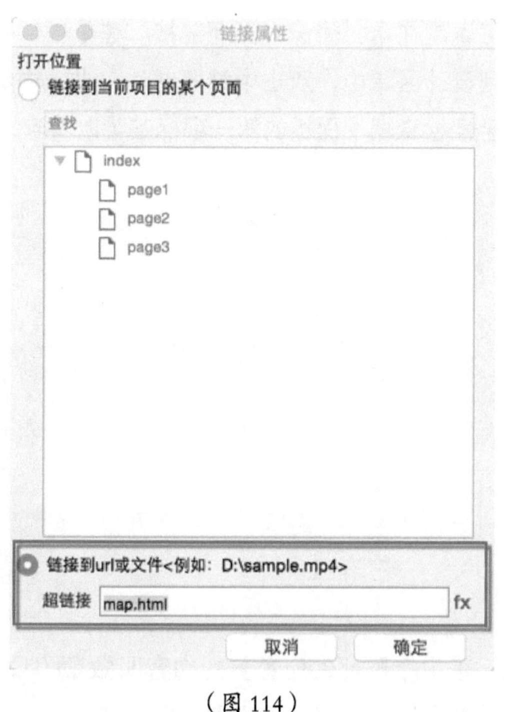


（图 114）

## 挑战 5：使用内联框架加载本地视频 / 音频

现在你已经对【内联框架】部件有了初步认识，在案例 6 中详细介绍了如何使用内联框架加载网络视频，请你尝试一下能否独立实现使用内联框架加载本地视频和音乐文件。

### 7. 中继器

中继器部件是 Axure RP8 中的一款高级部件，用来显示重复的文本、图像和链接。通常使用中继器来显示商品列表、联系人信息列表、数据表或其他信息。中继器部件由两部分构成，分别是【中继器数据集】和【中继器的项】。

- 中继器数据集：中继器部件是由中继器数据集中的数据项填充，这些填充的数据项可以是文本、图像或页面链接。在【部件】面板中拖放一个中继器部件到设计区域中，双击中继器部件，进入中继器数据集，在页面右侧【中继器 检查器】面板的第一项标签可以看到，见图 115。

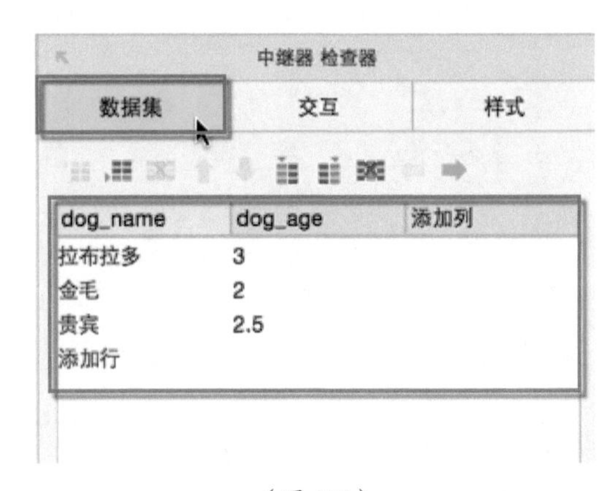


（图 115）

- 中继器的项：被中继器部件所重复的内容叫做项（项目），双击中继器部件进入中继器项进行编辑，在下图（图 116）显示的数据区域中所展示的部件会被重复多次（数据集中有几行就重复几次）。

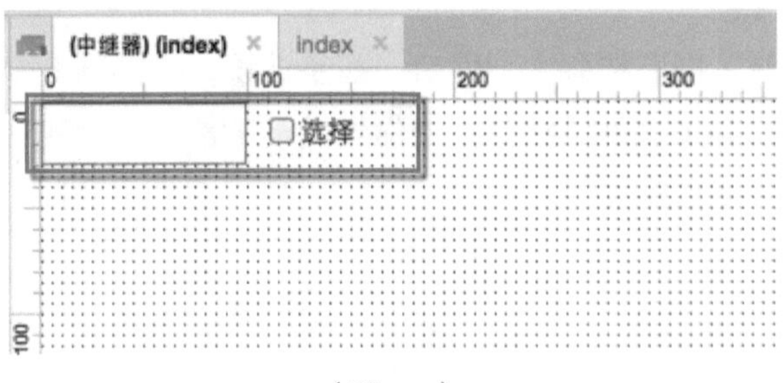


（图 116）

- 填充数据到设计区域：使用中继器部件的【每项加载时】事件填充数据到设计区域。
  - 插入文本（Inserting Text）：双击【每项加载时】事件，在弹出的【用例编辑器】中选择【设置文本】动作，然后在【用例编辑器】右侧选择想要插入的文本部件，在右下角点击设置文本值【fx】，在弹出的【编辑文本】对话框中单击【插入变量或函数…】，然后在下拉列表中选择 [[Item.dog_name]]，并单击【确定】按钮。当你的中继器项加载时，就会将【数据集】中这一列（dog_name）的内容插入到你刚刚设置的文本部件中，见图 117。

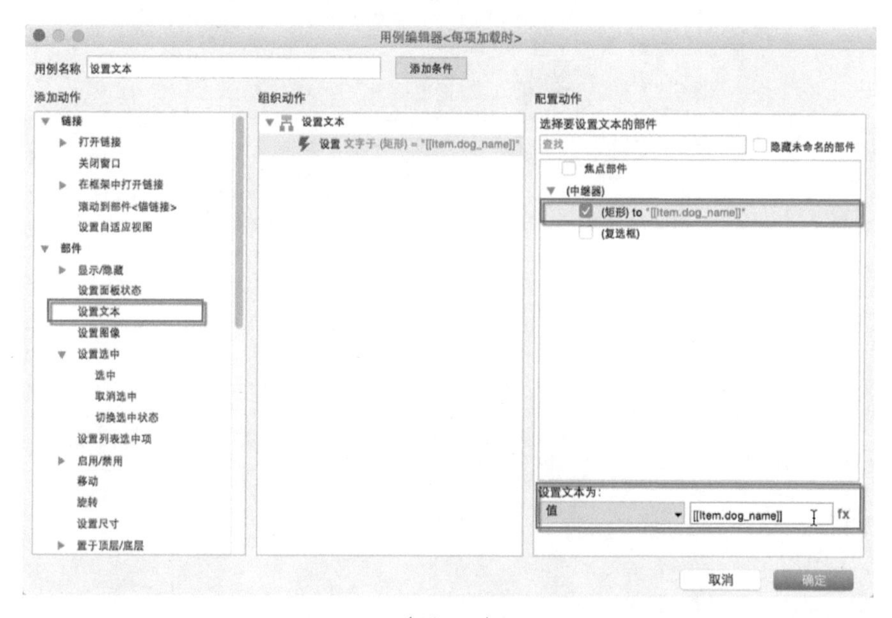


（图 117）

  - 导入图像：导入图像到数据集中并使用【设置图像】动作将图像插入中继器的项。不过要提前在中继器的项中添加一个图像部件，用来显示中继器数据集里面所导入的图像。首先在中继器【数据集】中新增一列用来存储图像数据，然后右键单击要插入图片的项，在弹出的关联菜单中单击【导入图片】并添加图像，见图 118。接下来在【部件】面板中拖放一个图像部件到设计区域，单击右侧【中继器 检查器】面板中的【交互】标签，见图 119。双击【设置文本】这个用例，在弹出的【用例编辑器】中继续添加【设置图像】动作，在右侧的【配置动作】中选择要将图像插入到哪个部件，然后在默认下拉选项中选择【值】，见图 120，然后单击右侧的【fx】，在弹出的【编辑值】对话框中单击【插入变量或函数…】，选择 [[Item.dog_img]]，见图 121。之后单击【确定】按钮。

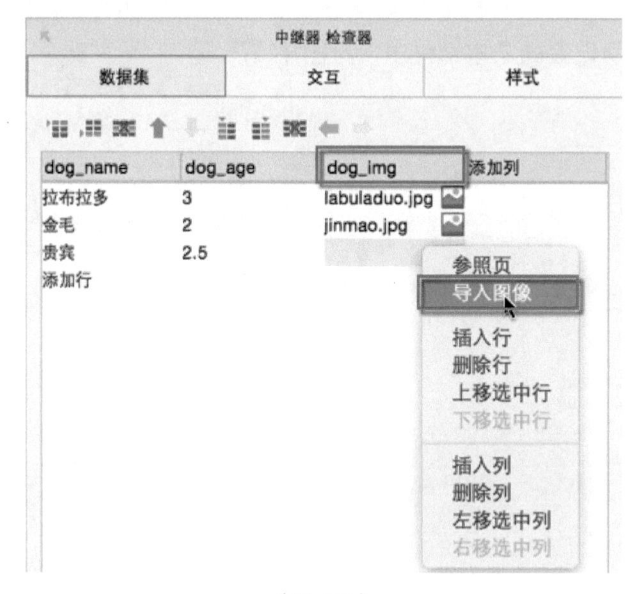


（图 118）

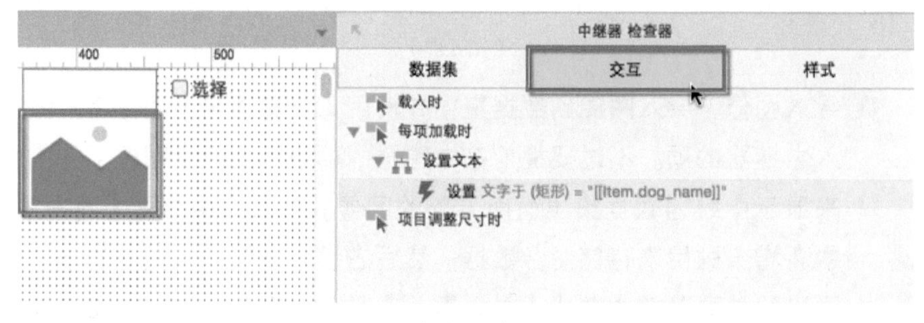


（图 119）

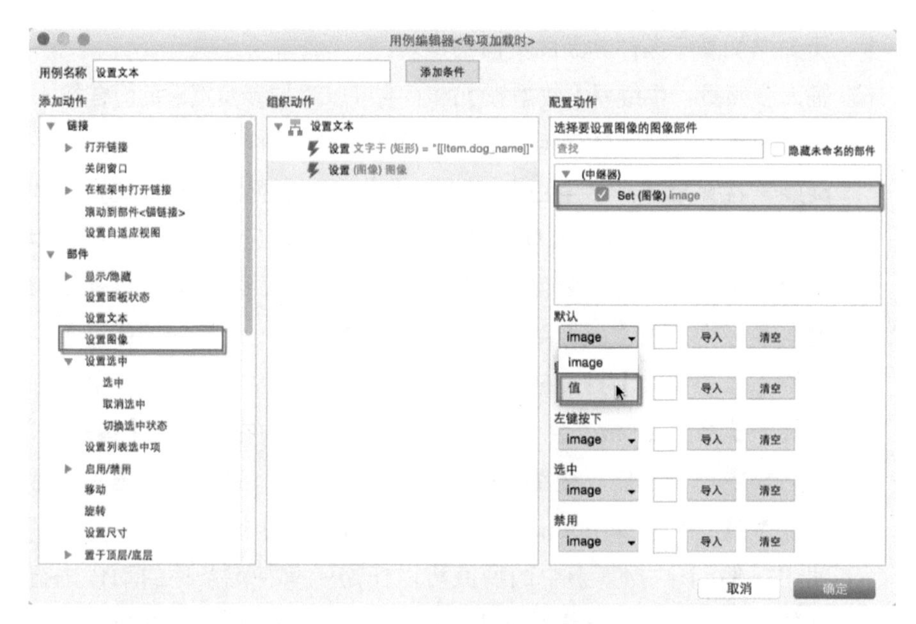


（图 120）

（图 121）

○ 在中继器包含的部件中使用交互：中继器中的数据可以添加交互，

比如添加基于条件判断的页面链接。

- 插入参照页：中继器【数据集】的项中可以添加参照页（页面链接），当用户单击时就跳转到相关页面。首先新增一列，列名为 reference_page，右键单击一个空白项并选择【参照页】见图 122，在弹出的【参照页】对话框中选择想要插入的页面即可，见图 123。然后在中继器中选择一个想要触发页面跳转动作的部件，在右侧的部件【属性】面板中双击【鼠标单击时】事件，在弹出的【用例编辑器】中新增【当前窗口】打开链接动作，然后在右侧的【配置动作】底部选择【链接到 url 或文件】。单击 fx，见图 124，在弹出的【编辑值】对话框中单击【插入变量或函数…】下拉列表，选择在数据集中添加了参照页的列名 [[Item.reference_page]]，见图 125。
- 使用条件：【数据集】中的项值可以使用带有特定条件的动作进行评估，例如，可以设置数据集中名称为 dog_age 的列，如果值大于 2 就设置为选中状态，这样可以突出显示特定的数据项，见图 126。在稍后的案例中会对此进行详细讲解。

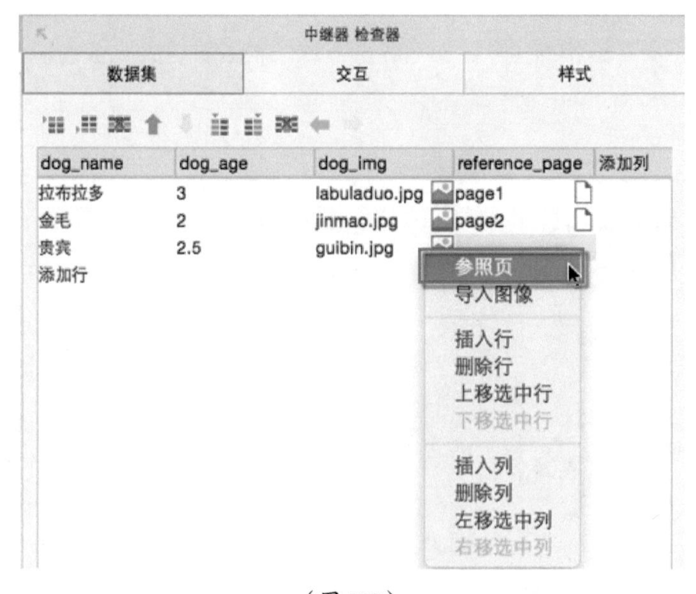


（图 122）

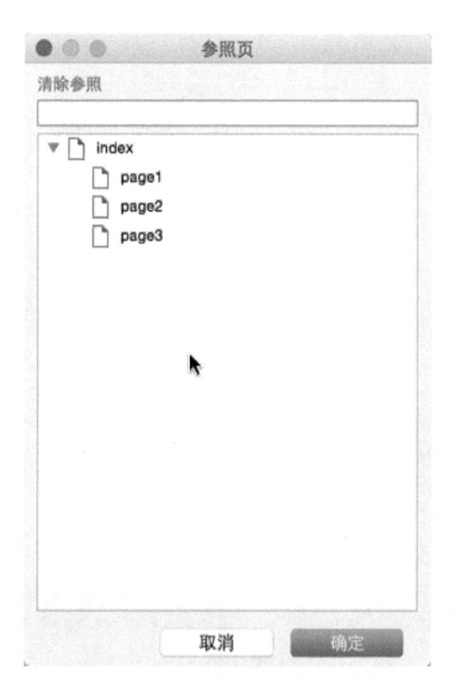
参照页
清除参照
index
page1
page2
page3
取消
确定

（图 123）

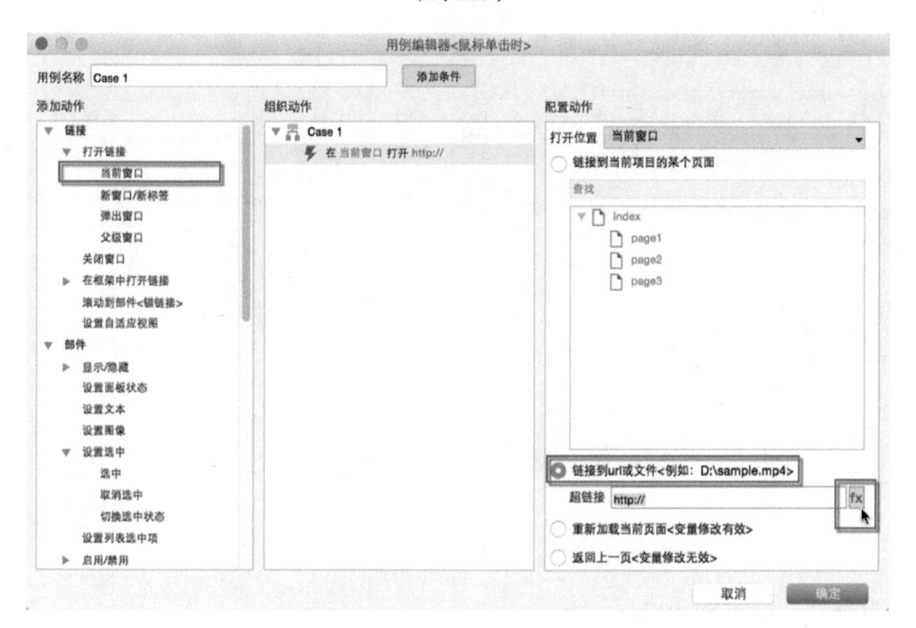
用例编辑器<鼠标单击时>
用例名称
Case 1
添加条件
添加动作
组织动作
配置动作
链接
打开链接
当前窗口
新窗口/新标签
弹出窗口
父级窗口
关闭窗口
在框架中打开链接
滚动到部件<锚链接>
设置自适应视图
部件
显示/隐藏
设置面板状态
设置文本
设置图像
设置选中
选中
取消选中
切换选中状态
设置列表选中项
启用/禁用
Case 1
在 当前窗口 打开 http://
打开位置
当前窗口
链接到当前项目的某个页面
查找
index
page1
page2
page3
链接到url或文件<例如：D:\sample.mp4>
超链接
http://
fx
重新加载当前页面<变量修改有效>
返回上一页<变量修改无效>
取消
确定

（图 124）

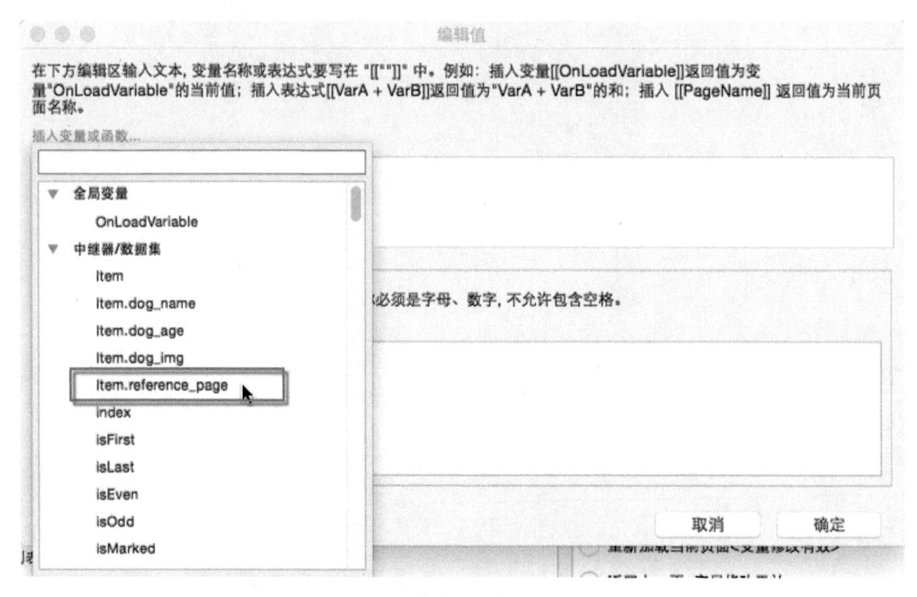


（图 125）

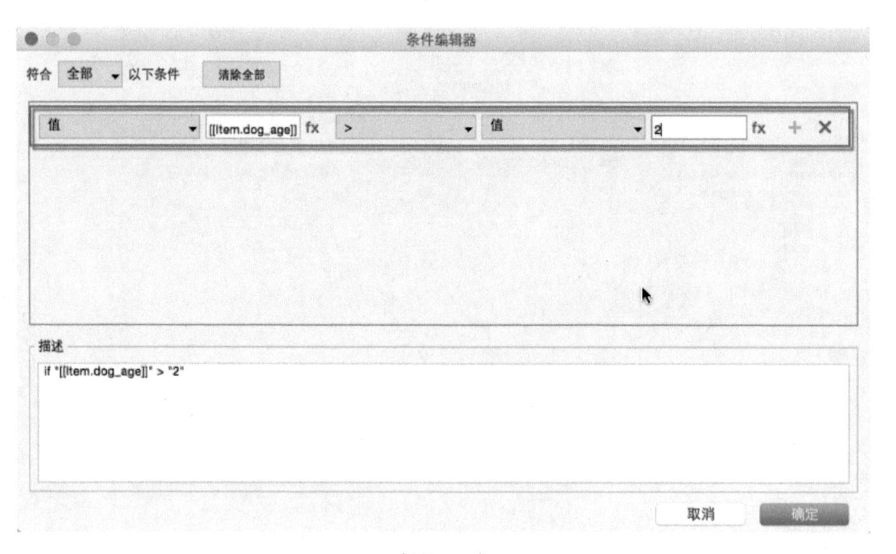


（图 126）

中继器样式，见图 127。

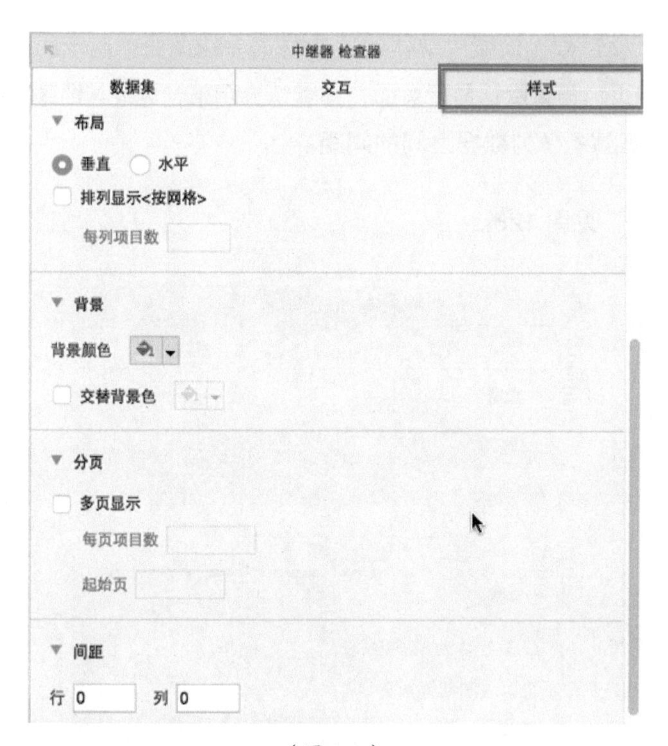


（图 127）

- 布局：该设置可以改变数据的显示方式。
  - 垂直：设置中继器数据集中的项垂直显示。
  - 水平：设置中继器数据集中的项水平显示。
  - 排列显示 < 按网格 >：超过指定数量就换行 / 换列。
  - 每行 / 每列项目数：设置每行 / 每列中包含的数据项的数量。
- 背景颜色：给中继器添加背景色。
  - 交替背景色：给中继器的项添加交替背景色，如一行红色一行蓝色，这样可以增强用户的阅读体验。

- 分页：设置在同一时间显示指定数量的数据集的项（将数据集分别放置于多个不同页面显示，可通过上一页、下一页或输入指定页面进行切换，可用于制作购物网站中的商品分页等效果）。
  - 多页显示：将中继器中的项放在多个页面中切换显示。

- 每页项目数：设置中继器的项在每个单独页面中显示的项目数量。
- 起始页：设置默认显示页面，如默认显示第一页或其他某个指定页面。

■ 间距：设置行 / 列数据之间的间距。

中继器属性，见图 128。

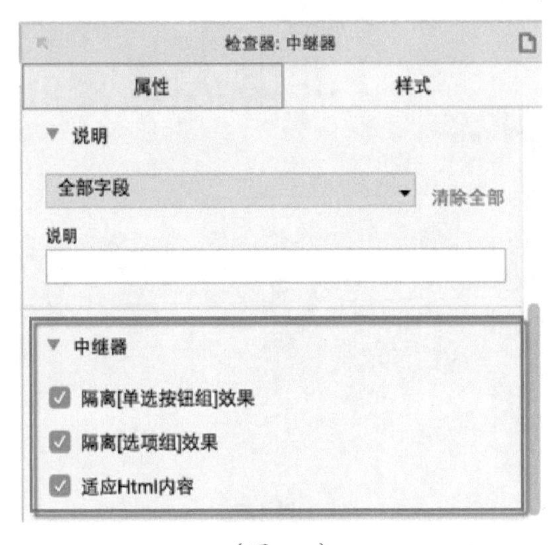


（图 128）

■ 隔离 [ 单选按钮组 ] 效果：中继器里面的项使用了【单选按钮组】效果，并且在同一页面中使用了多个中继器，为了避免不同中继器里面的【单选按钮组】效果相互冲突，可以勾选此项。

■ 隔离 [ 选项组 ] 效果：与隔离 [ 单选按钮组 ] 效果类似，中继器里面的项使用了【选项组】效果，并且在同一页面中使用了多个中继器，为了避免不同中继器里面的“选项组”效果相互冲突，可以勾选此项。

■ 适应 Html 内容：勾选该项可以轻松实现中继器里面所包含部件的推动 / 拉动效果。

## 案例 8：给中继器中的项设置交替背景色

第一步：在【部件】面板中拖放一个中继器部件到设计区域，双击该动态面板，在右侧的【中继器 检查器】面板下的【数据集】中填充数据，见图 129。

中继器 检查器

数据集 | 交互 | 样式

| name | price | 添加列 |
|---|---|---|
| 西瓜 | 2.6 | |
| 葡萄 | 4.2 | |
| 哈密瓜 | 5.8 | |
| 火龙果 | 3.8 | |
| 柚子 | 3.2 | |
| 苹果 | 5.5 | |
| 椰子 | 6.9 | |
| 荔枝 | 13.8 | |
| 杨梅 | 15.6 | |
| 草莓 | 6.8 | |
| 葡萄 | 4.5 | |
| 添加行 | | |

（图 129）

第二步：拖放两个矩形部件到设计区域，分别给两个矩形部件命名为水果名称、水果价格，见图 130。

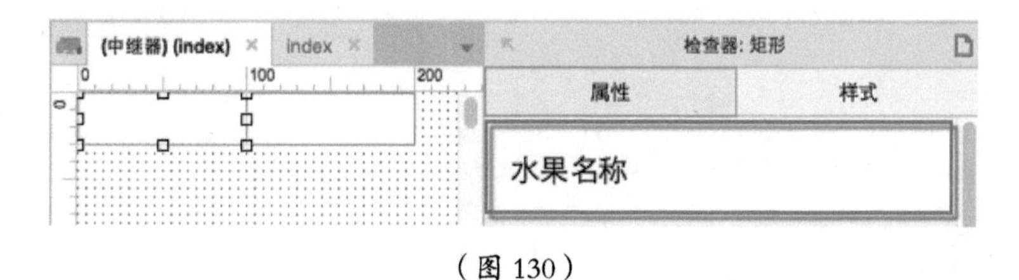


（图 130）

细心的读者会注意到，在两个矩形相交的地方，边框看上去比较粗，因为默认情况下部件是以外边界对齐的。单击菜单栏中的【项目 > 项目设置】，在弹出的【项目设置】对话框中选择【按形状边框的内边界对齐】，见图 131，点击【确定】按钮，问题解决。

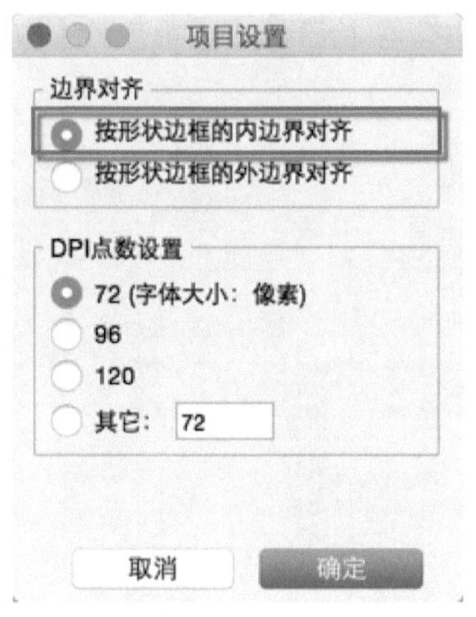


（图 131）

第三步：在【中继器 检查器】面板中单击【交互】标签，双击【每项加载时】事件下的【Case1】，在弹出的【用例编辑器】对话框中设置【水果名称】的文本值为 [[Item.name]]；【水果价格】文本值为 [[Item.price]]，见图 132。

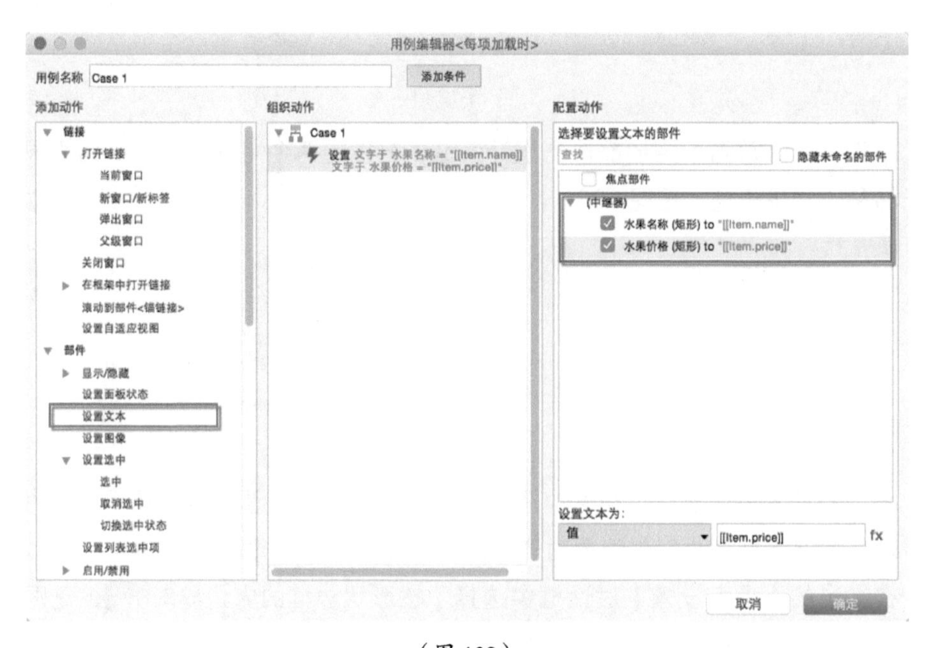


（图 132）

点击设计区域上方的【index】标签，可以看到中继器中已经显示刚刚填充的数据，见图 133，接下来设置【交替背景色】。

| 西瓜 | 2.6 |
| --- | --- |
| 葡萄 | 4.2 |
| 哈密瓜 | 5.8 |
| 火龙果 | 3.8 |
| 柚子 | 3.2 |
| 苹果 | 5.5 |
| 椰子 | 6.9 |
| 荔枝 | 13.8 |
| 杨梅 | 15.6 |
| 草莓 | 6.8 |
| 葡萄 | 4.5 |

（图 133）

第四步：再次双击中继器，进入编辑状态，或者通过单击设计区域上方的【(中继器)(index)】标签回到编辑状态，见图 134，在右侧的【中继器 检查器】面板中点击【样式】标签，勾选【交替背景色】并设置背景颜色为 #FF99FF，见图 135。

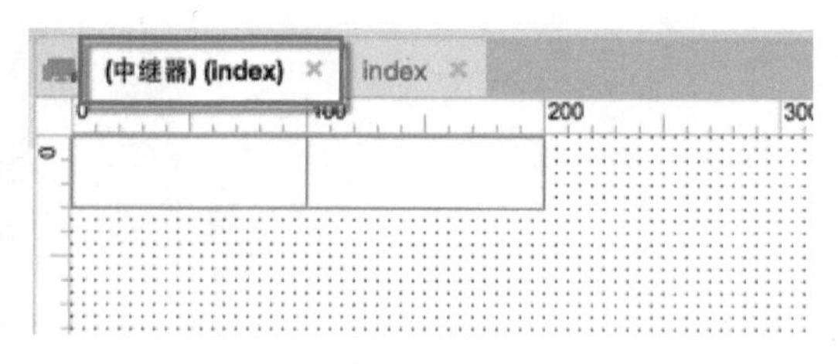


（图 134）

单击设计区域上方的【index】标签，回到首页，我们发现中继器中显示的数据并没有发生任何变化，这是因为【水果名称】和【水果价格】这两个矩形部件填充了白色背景和灰色边框，只需将这两个矩形的填充颜色设置为【透明】即可，见图 136。再次回到【index】首页，此时大家就清楚交替背景色的作用了，见图 137，在我们制作原型的过程中，如果遇到使用中继器填充大量数据时，可以考虑使用此功能来提高数据的可读性，进而提升用户体验。

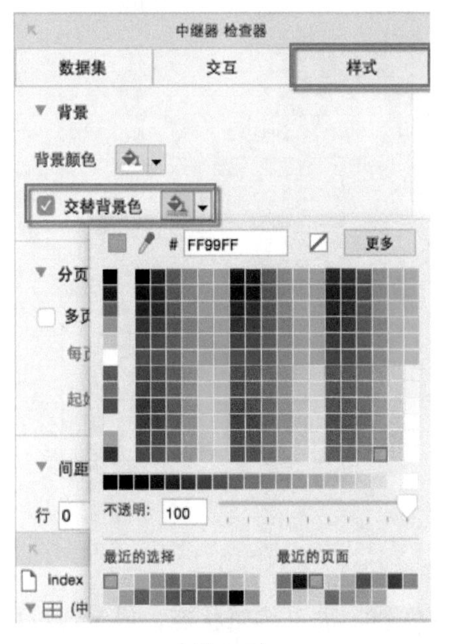


（图 135）

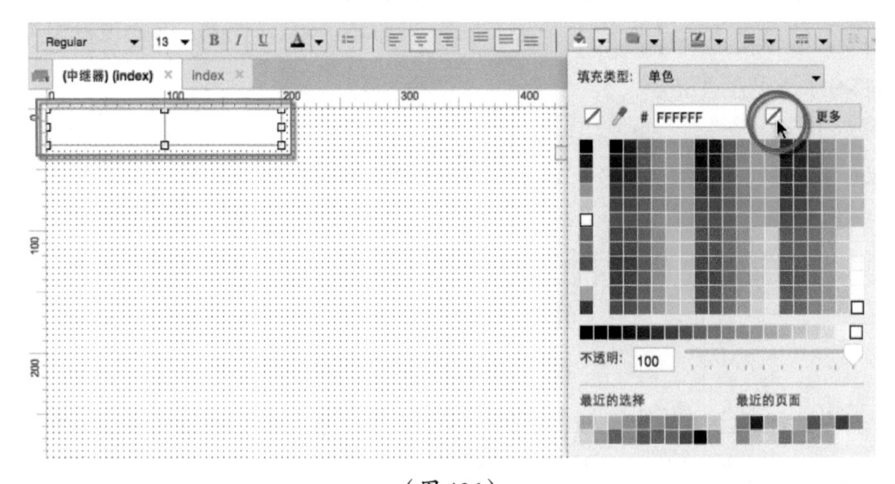


（图 136）

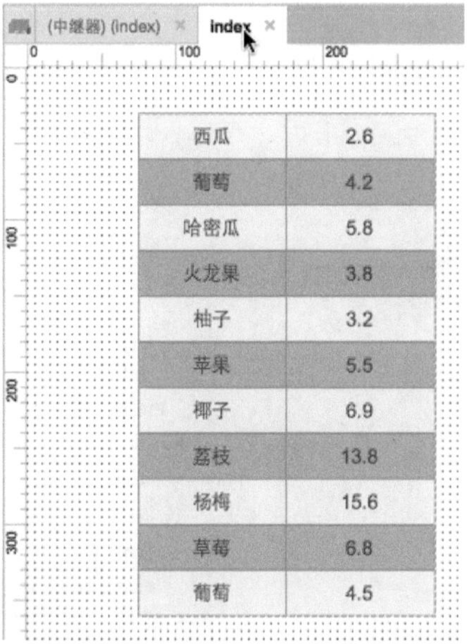

| 西瓜 | 2.6 |
| --- | --- |
| 葡萄 | 4.2 |
| 哈密瓜 | 5.8 |
| 火龙果 | 3.8 |
| 柚子 | 3.2 |
| 苹果 | 5.5 |
| 椰子 | 6.9 |
| 荔枝 | 13.8 |
| 杨梅 | 15.6 |
| 草莓 | 6.8 |
| 葡萄 | 4.5 |

（图 137）

8. 文本输入框

- 文本框类型：文本输入框可以设置特殊的输入格式，主要用来调用移动设备上不同的键盘输入类型。
- 可选格式：text、密码、Email、Number、Phonenumber、Url、查找、文件、日期、Month、Time。要设置文本输入框类型，在部件【属性】面板中进行设置，见图 138。虽然这些不同的文本框类型主要是用于移动设备原型制作，但在特定情况下，在桌面电脑上恰当使用也可以大大提升工作效率。如图 139，是在 Chrome 浏览器中的效果，当我们在原型设计中需要使用到模拟日历时，使用【文本输入框】部件，并将其类型设置为【日期】就可以实现真实的日历选取功能，见图 140。但是该效果在 Firefox、Safari 浏览器中无效，见图 141。

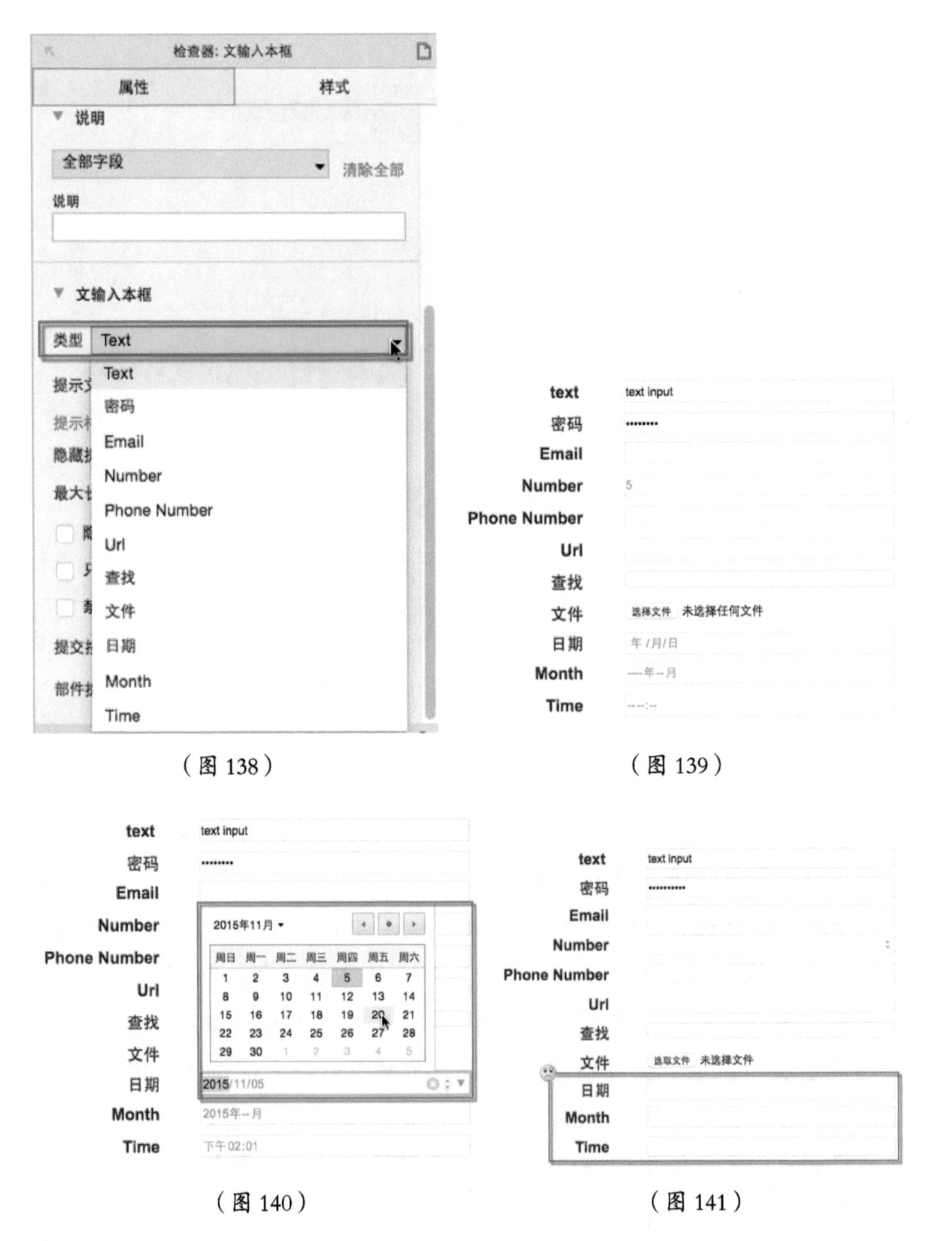


（图 138）（图 139）

（图 140）（图 141）

■ 提示文字：在部件【属性】面板中还可以给文本输入框添加提示文字，也就是文本占位符，见图 142，还可以编辑提示文字的样式以及提示文字何时隐藏（【输入内容时】或【鼠标单击时】），见图 143。

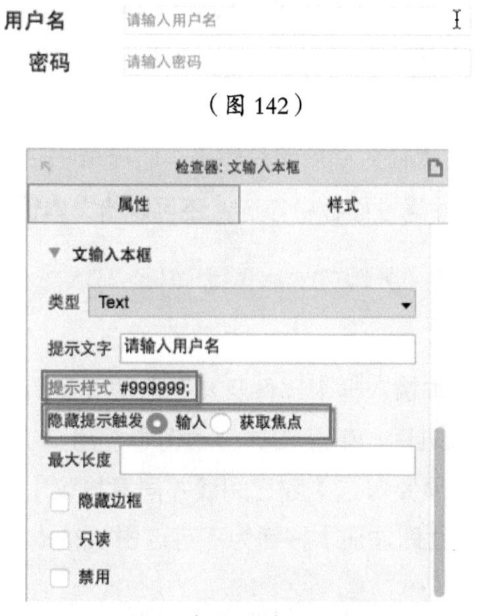


（图 143）

■ 禁用文本输入框：要防止有文字输入到文本输入框，可以在部件【属性】面板中勾选【禁用】。文本输入框还可以在【用例编辑器】中使用禁用动作，将其设置为【禁用】。部件被设为禁用后就变成了灰色（不可输入状态），见图 144。

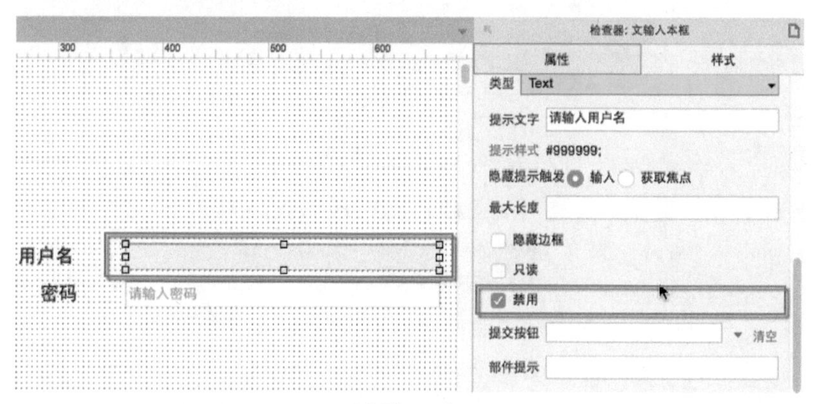


（图 144）

■ 设置文本框为只读：当文本输入框设置为【只读】后，我们无法通过键盘操作直接输入和修改其中的内容，但可以通过事件操作修改文本输入框中的值。要将文本输入框设置为【只读】，在部件【属性】面板中勾选【只读】即可。

- 隐藏边框：可以通过切换显示文本输入框的边框来创建自定义文本框样式。要隐藏文本输入框周围的边框，右键单击该部件并勾选【隐藏边框】，或者到部件属性面板中勾选，还可以给文本输入框设置填充颜色。

## 案例 9：同意协议方可继续注册会员

现在你已经对【文本输入框】部件及其不同的类型有了一定了解，下面我们通过一个案例来巩固一下。在这个案例中，用户在按要求输入用户名、密码和邮箱后，必须要勾选【我已阅读并同意协议】才可以单击【立即注册】按钮，否则【立即注册】按钮为不可点击状态（禁用）。

第一步：按图 145 所示，在【部件】面板中分别拖放标题、文本输入框、复选框、按钮等部件到设计区域，并按照图示进行相关设置。

Email：为保证邮件畅通，请勿试用Gmail、Hotmail邮箱
密码：字母、数字组合，25个字符以内
确认密码：
验证码： M2Y3 换一张
我已阅读并同意协议*（同意协议方可继续注册）
立即注册

（图 145）

第二步：选中【立即注册】按钮，在右侧的部件【属性】面板中勾选【禁用】，见图 146。然后设置【禁用】时的交互样式，设置其禁用时的填充颜色为，#999999，见图 147。单击工具栏中的【预览】按钮，此时【立

即注册】按钮为灰色（禁用状态）。禁用状态是指，即使该按钮上添加了事件，也是无法点击执行，见图 148。

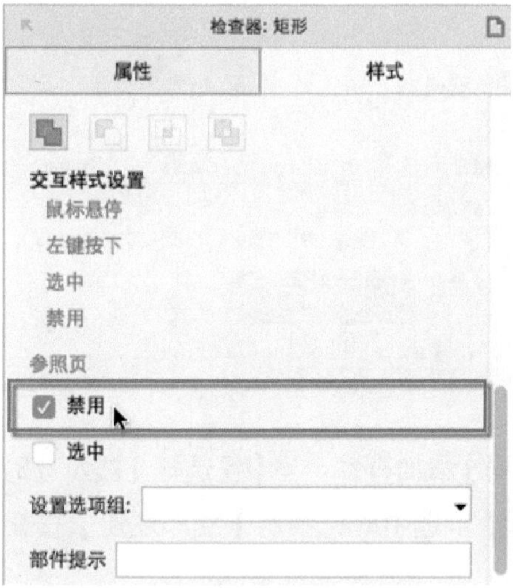

检查器: 矩形
属性
样式
交互样式设置
鼠标悬停
左键按下
选中
禁用
参照页
禁用
选中
设置选项组:
部件提示

（图 146）

Email: 为保证邮件畅通，请勿试用Gmail、Hotmail邮箱
密码: 字母、数字组合，25个字符以内
确认密码:
验证码: M2Y3 换一张
我已阅读并同意协议*（同意协议方可继续注册）
立即注册
设置交互样式
鼠标悬停
左键按下
选中
禁用
样式
线条颜色
线宽
线型
圆角半径
0
填充颜色
不透明度(%)
外部阴影
内部阴影
文字阴影
预览
填充类型: 单色
# 999999
更多
不透明: 100
最近的选择
最近的页面

（图 147）

（图 148）

第三步：给【复选框】添加事件，当【复选框】被勾选时，启用【立即注册】按钮；当【复选框】未选中时，禁用【立即注册】按钮，见图 149。

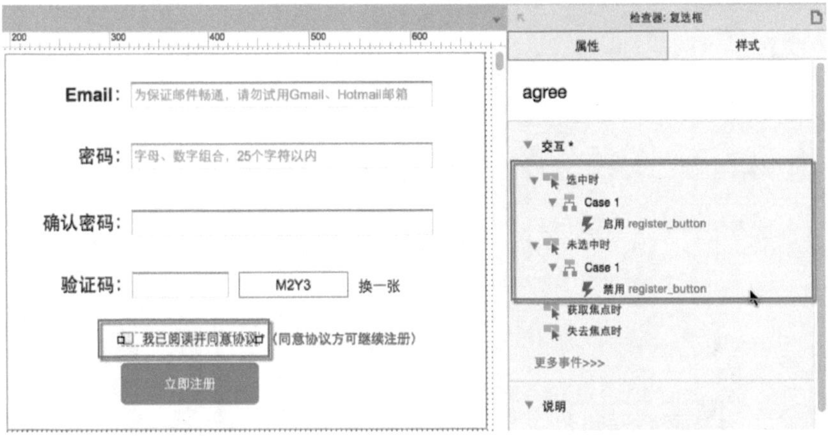

（图 149）

第四步：选中【立即注册】按钮，在右侧的部件【属性】面板中给其添加【鼠标单击时】事件，在当前窗口打开 page1，见图 150。

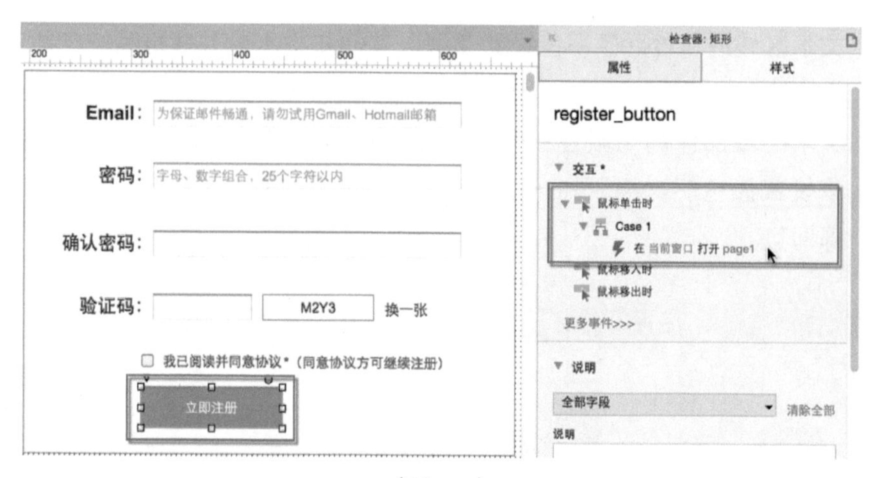


（图 150）

第五步：在顶部的工具栏中点击【预览】按钮，或者按下快捷键 F5/Shift + Command + P，快速预览交互效果。

## 挑战 6.1：密码输入框禁用 / 启用的交互（一）

请参考如下描述开始挑战：将【确认密码】文本输入框设置为【禁用】，当【密码】文本输入框的内容【不为空】时，启用【确认密码】文本输入框。

## 挑战 6.2：密码输入框禁用 / 启用的交互（二）

请参考如下描述开始挑战：将【立即注册】按钮设置为禁用，当【确认密码】文本输入框中的值，与【密码】文本输入框中的值完全相同时，启用【立即注册按钮】。

### 9. 文本区域

文本区域部件大多情况下用于留言 / 评论效果。文本区域可以输入多行文本，而且可以调整至任意高度，见图 151。

- 文本区域的属性除了不能设置类型，其他和文本输入框相同，可参考文本输入框部件。
- 文本区域部件的局限性在于，不能添加渐变背景色，但可以将其背景设置为透明，再添加一个填充颜色的矩形部件，置于文本段落底部即可。

文本区域部件

（图 151）

10. 下拉列表框

下拉列表经常用于性别选择、信用卡过期日期、地址列表等形式。所选择的项存储在变量中，然后通过变量进行传递。

- 编辑下拉列表：添加、删除、排序选项：双击下拉列表，在弹出的【编辑列表项】对话框中可以对下拉列表中的项目进行添加、删除和排序，见图 152。
- 禁用下拉列表：默认情况下，拖放【下拉列表框】部件到设计区域，该部件是启用的。但某些情况下需要禁用下拉列表，可以右键单击该部件并选择勾选【禁用】，或者到部件【属性】面板中勾选【禁用】。下拉列表的启用 / 禁用，可以在【用例编辑器】的动作中进行设置，见图 153。

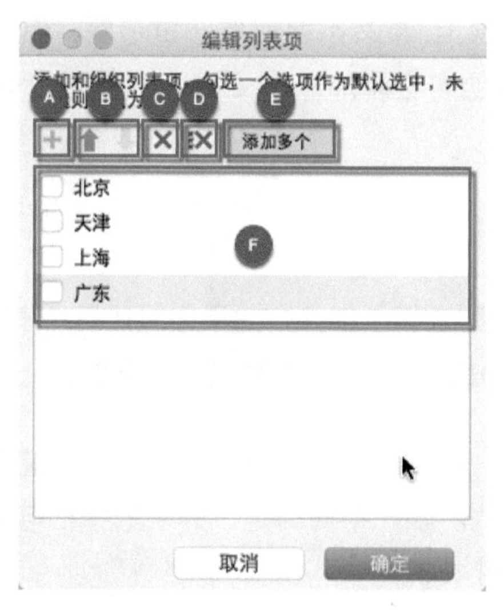


（图 152）

A：添加列表项

B：使用上下蓝色箭头调整列表项顺序

C：删除选中列表项

D：删除所有列表项

E：批量列表项

F：已添加列表项

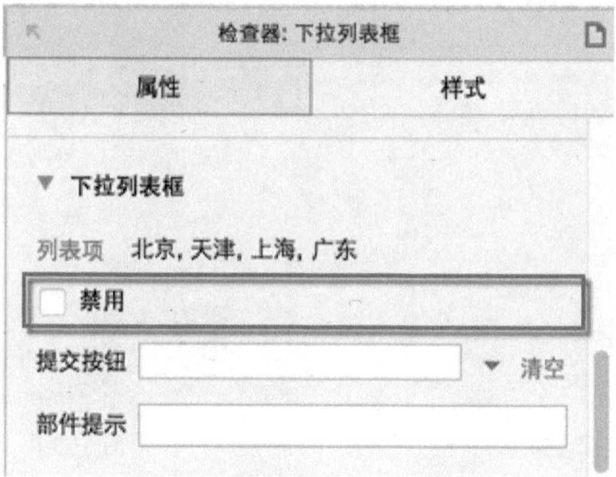

检查器: 下拉列表框

属性 样式

▼ 下拉列表框

列表项 北京, 天津, 上海, 广东

禁用

提交按钮 清空

部件提示

（图 153）

■ 创建空白选项：在生成的原型中，【下拉列表框】部件默认显示最上面（第一个列表项）。虽然不能创建空白选项，但是可以添加一个列表项并给该列表项内容添加一个空格，这样可以替代空白选项，见图 154。

11. 列表框

通常用来替代【下拉列表框】部件，如果你想让用户查看所有选项而不需要点击选择的话，就使用列表选择框替代下拉列表。

- 编辑列表选择框：项目的添加、删除、排序和批量添加操作，和下拉列表框都是一样的。唯一不同的是，列表选择框可以设置为允许选择多个列表项，见图 155。
- 列表框的局限性：动态添加、删除项目列表框内的选项不能动态改变，但可以使用多个动态面板状态中包含不同的选项来实现。在一个交互事件中不能同时读取或设置多个选项，即便勾选了多选功能，列表框部件只允许读取或设置一个选项。

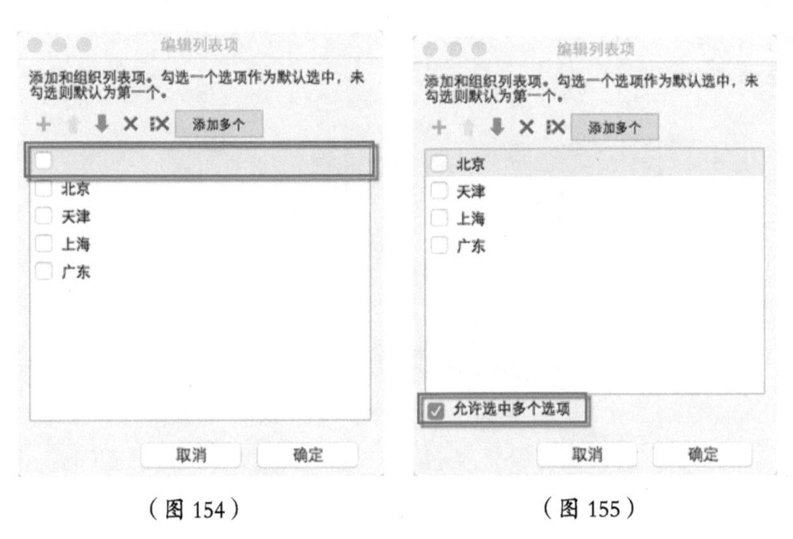


（图 154）　　（图 155）

12. 复选框

复选框经常用来允许用户添加一个或多个附加选项。

- 编辑复选框：要将复选框默认设置为勾选，可以在设计区域单击复选框或者右键选择【选中】。复选框可以通过【用例编辑器】中的【选中】进行动态设置。
- 对齐按钮：默认情况下，复选框在左侧，文字在右侧。你可以通过部件【属性】面板调整左右位置，见图 156-A。

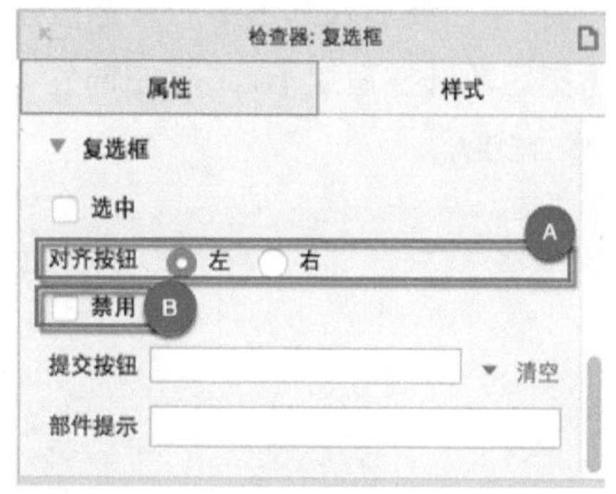

（图 156）

- 禁用复选框：默认情况下复选框是启用的，但有些情况需要禁用复选框。禁用复选框可右键点击，选择【禁用】，或者在部件【属性】面板中选择【禁用】，见图 156-B。
- 复选框的局限性：复选框只可以给文字更改样式。如果想给复选框更改样式，可以使用动态面板制作自定义复选框。与单选按钮不同，复选框不能像单选按钮那样【指定单选按钮组】。

## 13. 单选按钮

单选按钮经常用于表单中，从一个小组的选择切换到另一组。该选择可以触发该页面上的交互或被存储的变量值跨页面交互，见图 157。

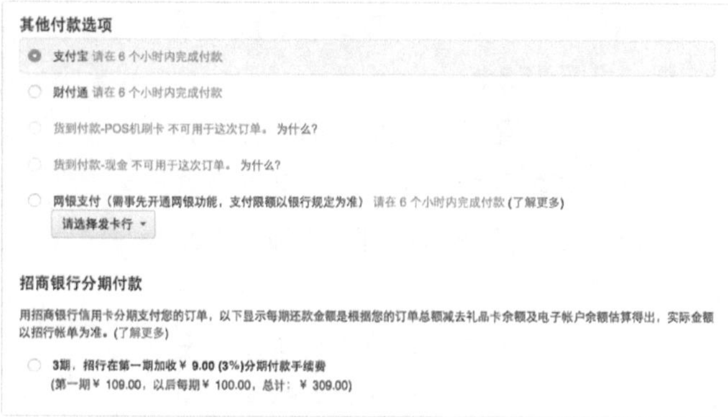

（图 157）

- 指定单选按钮组：是指将多个单选按钮添加到一个组中，一次只能将一个单选按钮设置为选中状态。操作方法如下。

选择你想要加入到组中的单选按钮，单击右键，在弹出的关联菜单中选择【指定单选按钮组】，或者在部件【属性】面板中设置单选按钮组名称，见图 158-A。

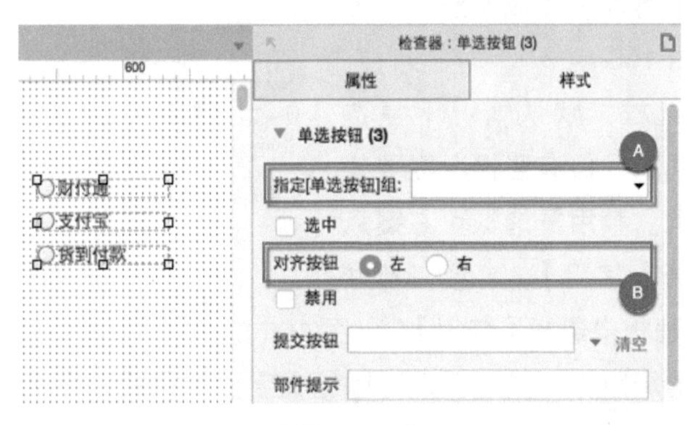


（图 158–A）

如果你想添加其他的单选按钮到组中，右键单击该单选按钮，选择【指定单选按钮组】，在弹出的对话框中选择对应的单选按钮组名称。要将单选按钮从组中移除，右键单击单选按钮，选择【指定单选按钮组】，将组名称清空，单击【确定】按钮即可。

- 对齐方式：默认情况下，单选按钮在左侧，文字在右侧。你可以通过部件【属性】面板，调整左右位置，见图 158-B。
- 禁用单选按钮：默认情况下单选按钮是启用的，但有些情况下需要禁用单选按钮。右键点击单选按钮，选择【禁用】，或者在部件【属性】面板中选择【禁用】。
- 设置默认选中或动态选中：单选按钮可以在设计区域点击设置为默认选中，或者右键单击勾选【选中】，见图 159，这样生成原型单选按钮

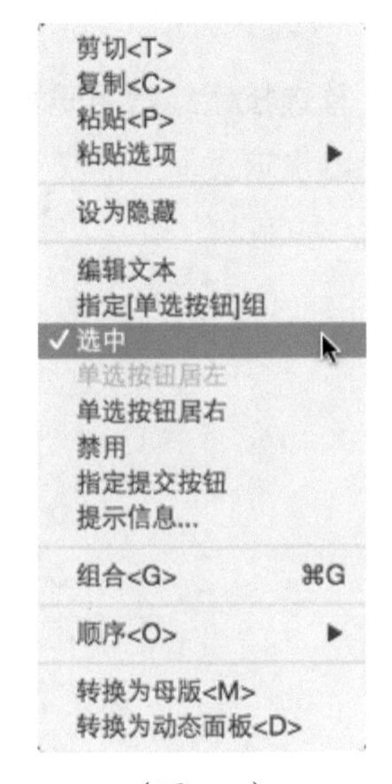


（图 159）

默认是选中的。单选按钮也可以通过【用例编辑器】中的【选中】动作动态设置其选中状态。

- 单选按钮的局限性：单选按钮是固定的高度，你可以改变文字，但无法改变按钮形状；单选按钮的图标无法修改，但你可以使用动态面板部件制作自定义单选按钮。在工作中，尤其是制作高保真原型时，我们会制作大量适用于自己工作项目的自定义部件，可将其添加到自定义部件库，便于后期循环使用。

14. 提交按钮

该按钮是为操作系统的浏览器体验而设计的，提交（SUBMIT）按钮的格式取决于你使用哪一款浏览器来预览效果，它通常针对你使用的浏览器内置了【鼠标悬停时】和【鼠标按下时】的交互样式。

- 编辑提交按钮：提交按钮的填充颜色、边框颜色和其他大多数样式格式都被禁用了，取而代之的是，生成原型后在浏览器中它会使用内建的样式。不过，提交按钮可以改变大小和禁用。如果你想自定义按钮样式，请使用形状按钮。
- 提交按钮的局限性：提交按钮无法设置交互样式，如【选中】、【鼠标悬停】、【左键按下】。提交按钮也无法动态读取或写入按钮上的内容。

15. 树部件

树部件可以用来模拟文件浏览器，点击不同的树节点可以隐藏和显示一个动态面板的不同状态。当一个页面内有太多交互的时候，也可以单击树节点跳转到新页面，见图 160。

- 添加 / 删除树节点：右键单击一个节点，在弹出菜单中可以添加 / 删除 / 移动节点。子节点将会添加到该节点的下一层，在该节点前 / 后添加，是同级节点，见图 161。

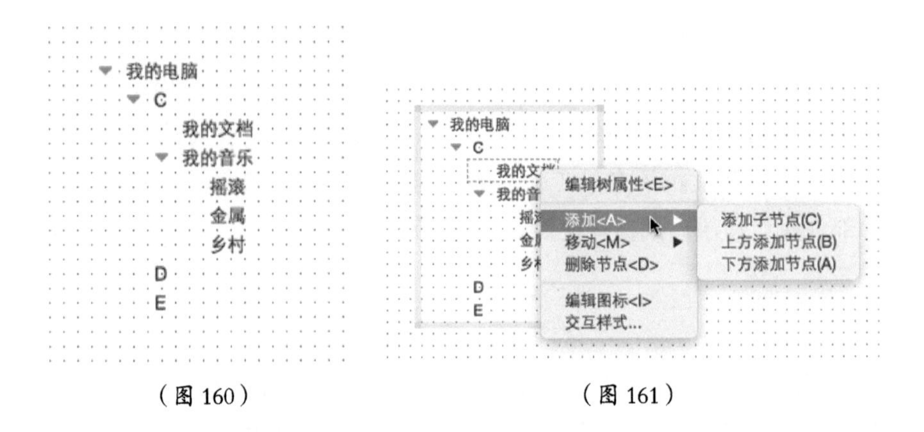


（图 160） （图 161）

- 添加树节点图标：可以给树节点添加自定义图标，右键点击一个节点并选择【编辑图标】。导入一个图标，并选择应用到【当前节点 / 同级节点】或【当前节点、同级节点和所有子节点】，见图 162。关闭对话框，然后右键单击树，选择【编辑树属性】，在弹出窗口中勾选“显示图标”，见图 163-A。

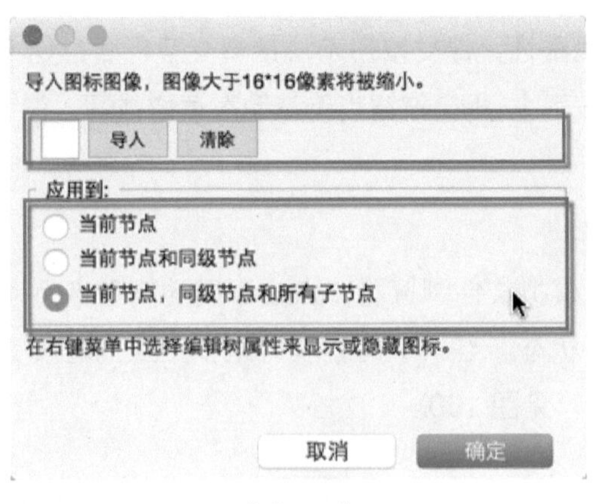


（图 162）

■ 自定义展开 / 收缩图标：右键点击，选择【编辑树属性】，在弹出对话框或部件【属性】面板中，可自定义展开 / 收缩图标，见图 163-B。

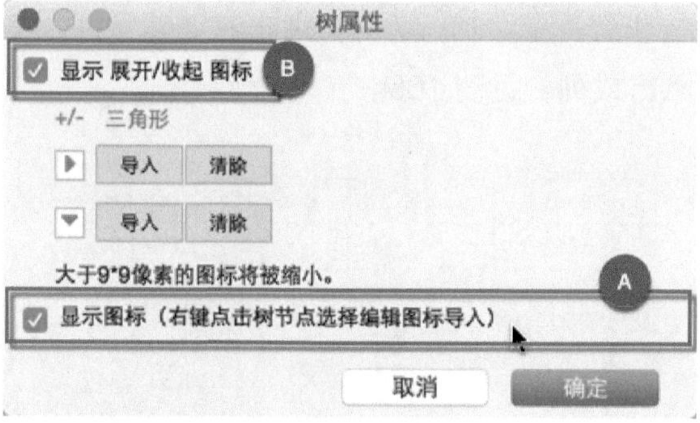

（图 163）

■ 树节点的交互样式：树节点可以添加【鼠标悬停】、【左键按下】、【选中】的交互样式。右键点击树节点并选择【交互样式】，或者在部件【属性】面板中设置，见图 164。

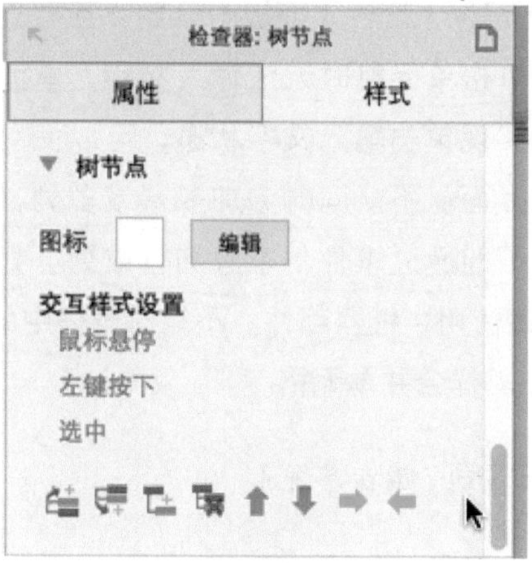

（图 164）

■ 树部件的局限性：树部件的边框不能自定义样式。如果想制作自定义的树部件，使用动态面板组合可以制作出你想要的效果。

## 16. 表格

表格部件可以通过交互（如点击鼠标）在单元格中动态显示数据。

- 添加 / 删除行和列：要添加行 / 列，点击右键单元格，在弹出菜单中选择插入 / 删除行或列，见图 165。

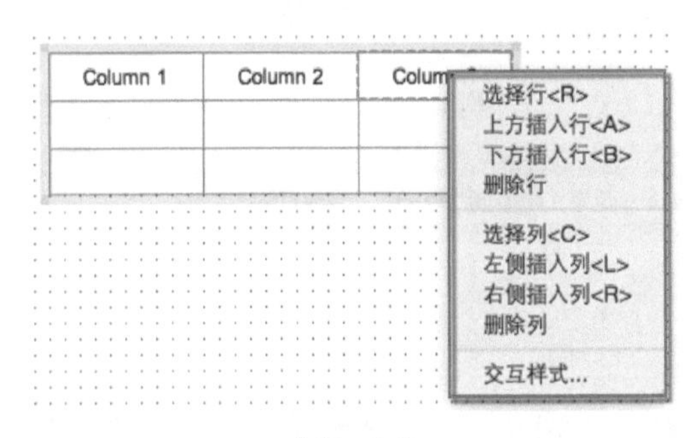


（图 165）

- 交互样式：表格中的单元格可以设置【鼠标悬停时】、【鼠标按下时】、【选中时】的交互样式，右键单击单元格（可以同时按下 Ctrl/Command 进行多选），然后在部件【属性】面板中设置交互样式。
- 表格的局限性：单击单元格时无法输入文字，单元格默认要双击才可以输入文字。要实现单击输入文字状态，可以使用【文本输入框】部件覆盖在单元格上面。不能同时添加多行或多列，表格只允许每次添加一行或一列。不能通过事件动态添加行或列。如果希望使用动态添加行 / 列功能，请使用中继器部件。不能对表格中的数据进行排序和过滤，不能像 Excel 那样合并单元格。

## 17. 经典菜单（水平菜单 / 垂直菜单）

菜单部件通常用于母版之中，其目的是在原型中跳转到不同页面。

- 编辑菜单：要编辑菜单，点击右键，在弹出关联菜单中选择【前方添加菜单项】、【后方添加菜单项】、【删除菜单项】、【添加子菜单】，见图 166。

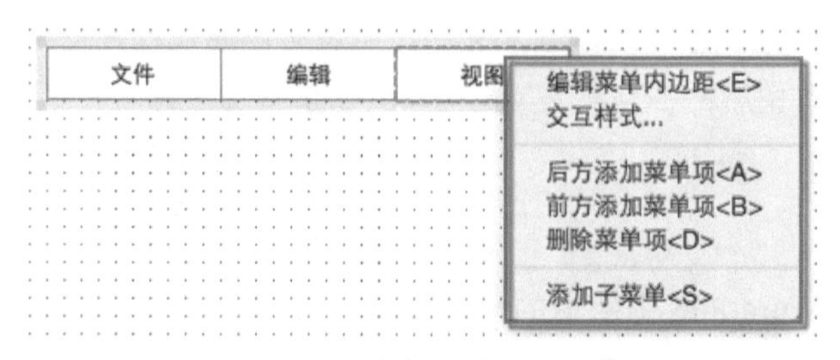


（图 166）

- 菜单样式：使用工具栏或部件样式面板可以编辑菜单样式，如填充颜色、字体颜色和字体大小等。
- 菜单的交互样式：菜单可以添加交互样式，【鼠标悬停时】、【左键按下】、【选中】，选择要添加样式的菜单（可以按住 Ctrl /Command 多选），右键选择交互样式，或者在部件【属性】面板中设置，如【选中的菜单项】、【选中的菜单】、【选中的菜单和所有子菜单】，见图 167。

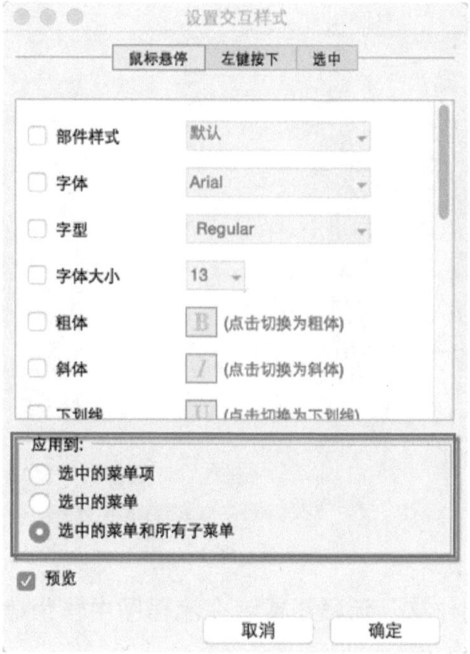

（图 167）

- 菜单部件的局限性：无法嵌入图标，但是可以通过创建自定义菜单来实现。无法点击展开子菜单，菜单部件默认是鼠标悬停展开子菜单的。

18. 快照

快照部件是 Axure RP8 中新增的一款部件，使用该部件可以捕获其他页面或母版的快照（图像），可以通过配置来设置显示某个页面的完整快照或部分快照，见图 168。还可以给快照部件设置动作，来捕获执行该动作之后的快照状态。

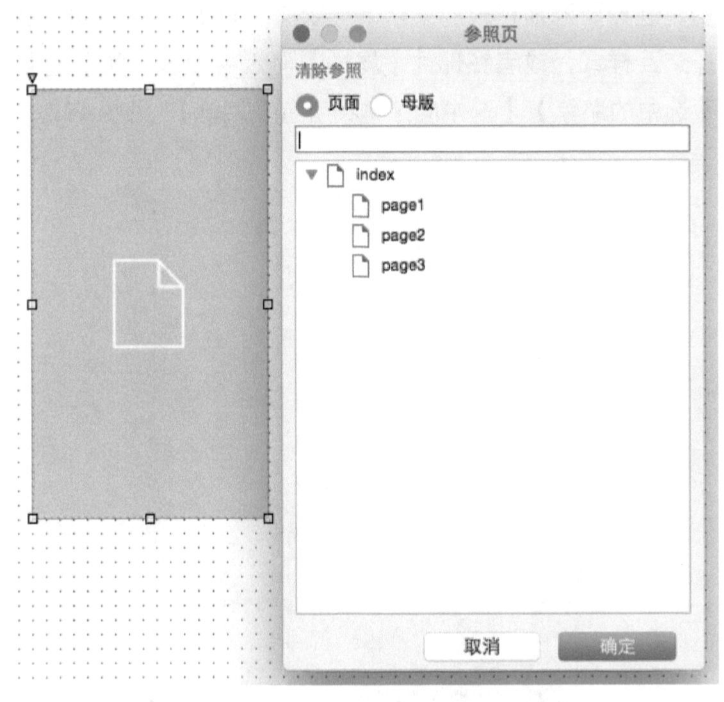


（图 168）

快照部件可用于制作交互流程图或者在流程图中作为缩略图使用，见图 169。

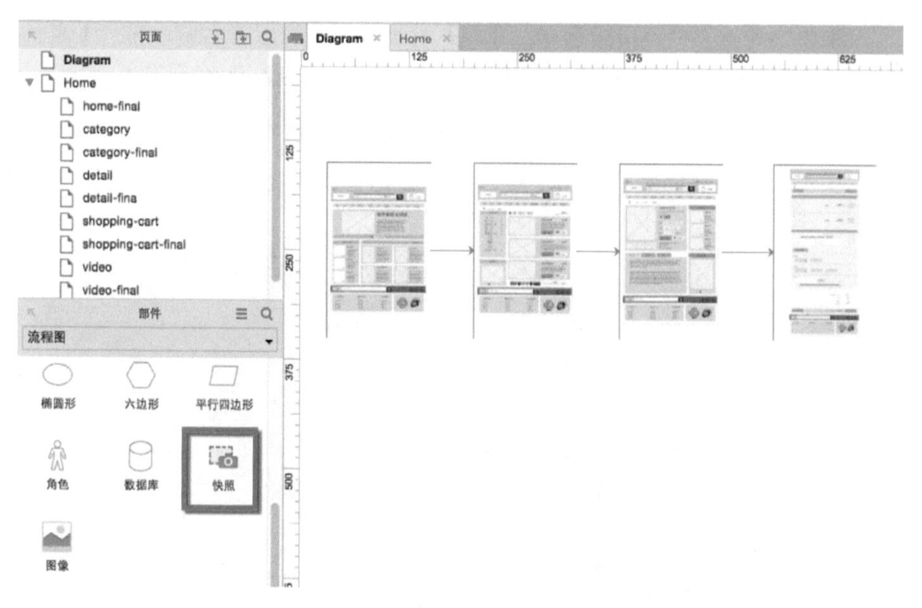


（图 169）

在 Axure RP8 内建的【默认部件库】和【流程部件库】中，都可以找到快照部件，见图 170。

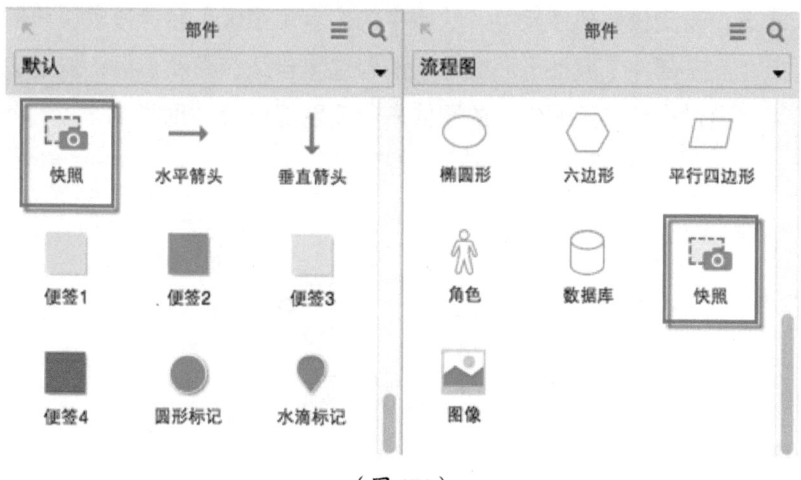


（图 170）

■ 参照页或母版：要在快照部件中显示页面或母版，首先在【部件】面板中拖放快照部件到设计区域，双击或右键点击该部件，在弹出的关联菜单中勾选【参照页或母版…】，见图 171，也可以在右侧的部件【属性】面板中单击【添加参照页】，见图 172-A。在弹出的【参照页】对话框中可以选择页面或母版。如果在部件【属性】面板中勾选了【自适应缩放】，双击快照部件仍然会弹出【参照页】对话框，见图 172-B。

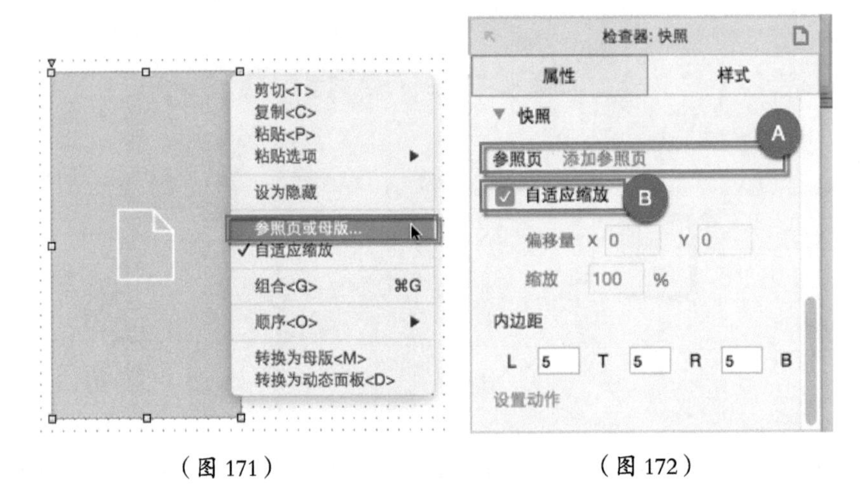


（图 171）　　（图 172）

■ 自适应缩放：快照部件默认是启用【自适应缩放】模式的，在这种模式下，改变快照部件尺寸，快照中的内容（图像）会自适应快照部件的尺寸。在部件【属性】面板中取消勾选【自适应缩放】后，双击该部件可以通过拖动快照部件中的图像来改变图像位置，见图 173。

（图 173）

■ 偏移量：除了双击拖动图像调整位置以外，还可以通过【偏移量】来调整快照中图像的位置，见图 174-A。

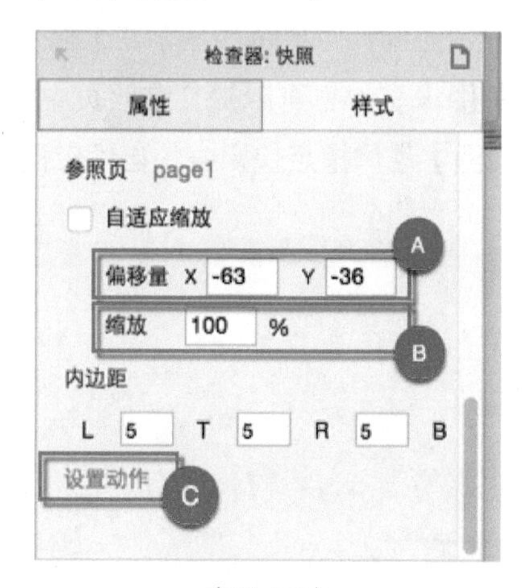


（图 174）

■ 缩放：你也可以在不改变快照部件大小的前提下对里面的图像进行缩放，见图 174-B。除此之外，还可以使用快捷键进行缩放，Ctrl + 鼠标滚轮；Command + 鼠标滚轮。

■ 设置动作：在部件【属性】面板中，可以给快照部件【设置动作】，见图 174-C。设置动作会触发快照中部件的事件，但不会影响到参照页，见图 175。

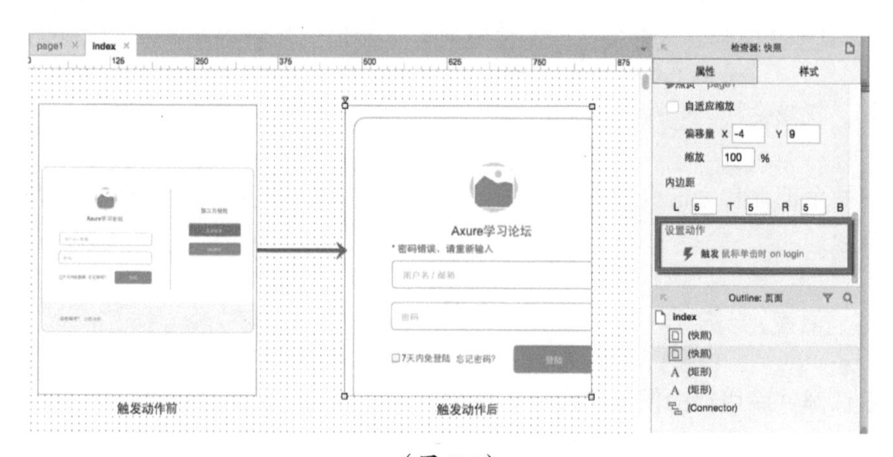


（图 175）

当你想要展示某个页面或一系列页面中触发某个指定交互后的状态时，【触发事件】就变得非常有用了。如图 175 所示，左侧的快照部件中显示的未触发事件的图像；右侧快照部件中显示的是【在未输入密码时点击登录按钮，提示错误登录信息】的图像。你也可以提交参照页中并没有设置的动作，例如使用【设置自适应视图】动作指定快照中的自适应视图，见图 176。

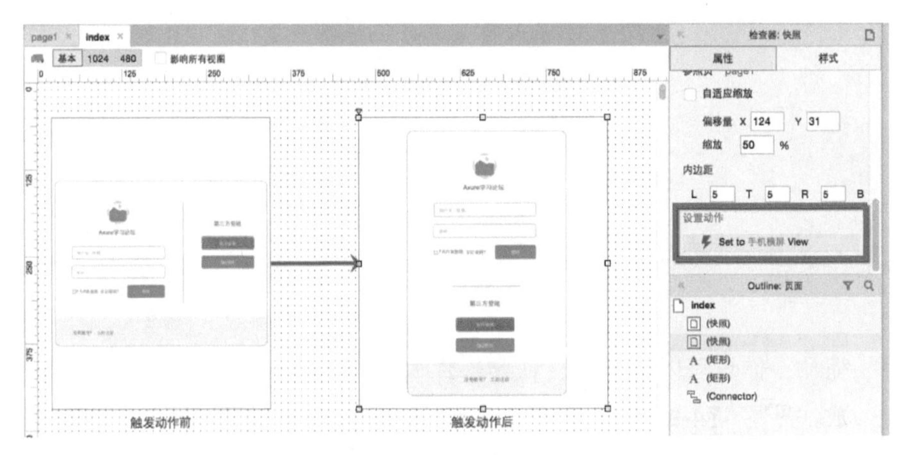


（图 176）

- 交互：快照部件和其他部件相同，也可以设置交互（鼠标单击时、鼠标移入 / 移出时等），但是在默认情况下，单击快照部件会跳转到参照页。你可以在【生成 HTML 文件】时取消勾选这一选项，见图 177。取消该选项后，就会执行你在快照部件上添加的其他交互了。

## 19. 水平箭头 / 垂直箭头

这两个部件和之前介绍的水平线与垂直线是完全相同的，只是添加了箭头样式。

## 20. 便签 / 标记

默认部件库底部的便签和标记部件和之前介绍的形状部件完全相同，只是填充了不同颜色和阴影。

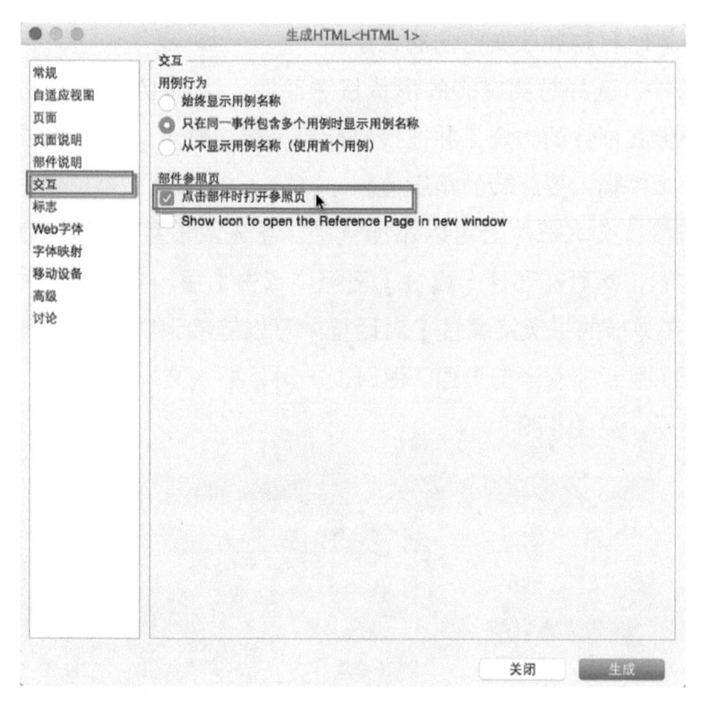


（图 177）

## 1.3.2 部件操作

### 1. 添加、移动和改变部件尺寸

- 添加部件：只需在左侧【部件】面板中拖放部件到设计区域即可，也可以从一个页面中复制部件并粘贴到另一个页面。
- 移动部件：使用鼠标左键拖动部件到指定的位置或使用方向键，使用方向键每次移动部件 1 像素；使用 Shift+ 方向键每次移动部件 10 像素；Ctrl/Command + 鼠标拖放可以快速复制并移动新部件到指定位置；Shift+ 鼠标拖动按 X、Y 轴移动部件；Ctrl+Shift+ 鼠标拖放按 X、Y 轴复制并移动新部件到指定位置。
- 改变部件大小：选中部件，然后拖拽部件周围的手柄工具；也可以使用坐标和大小（在顶部工具栏和部件【属性】面板）；还可以选取多个部件，同时移动并改变它们的大小。

- 旋转部件：选择想要旋转的形状按钮部件。按 Ctrl/Command，然后将鼠标悬停在部件的边角上并拖拽鼠标即可旋转部件；还可以在【部件样式】面板中输入要旋转的角度值。
- 文本链接：文本部件上可以添加链接，首先双击并选中要添加链接的文字内容，然后在部件【属性】面板中点击【插入文本链接…】，见图 178。在弹出的【链接属性】对话框中可以链接到项目的某个页面 / 外部页面 / 重新加载当前页面 / 返回上一页，插入文本链接后，文字将被突出显示，见图 179。

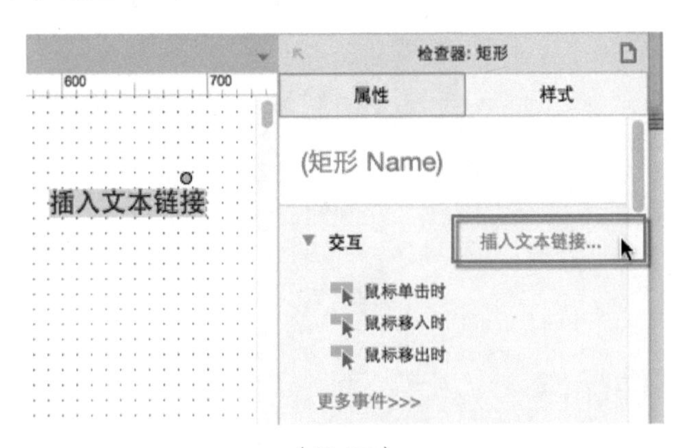


（图 178）

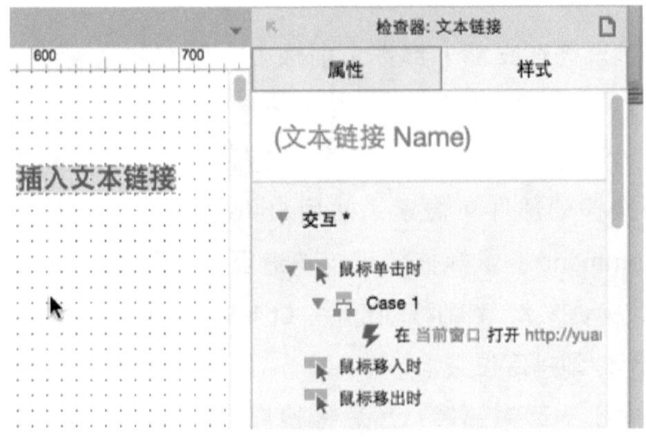


（图 179）

## 2. 组合

首先选择多个部件，点击右键，选择组合（Ctrl/Command + G），还可以使用工具栏对部件进行排序、对齐、分布或锁定，见图 180。

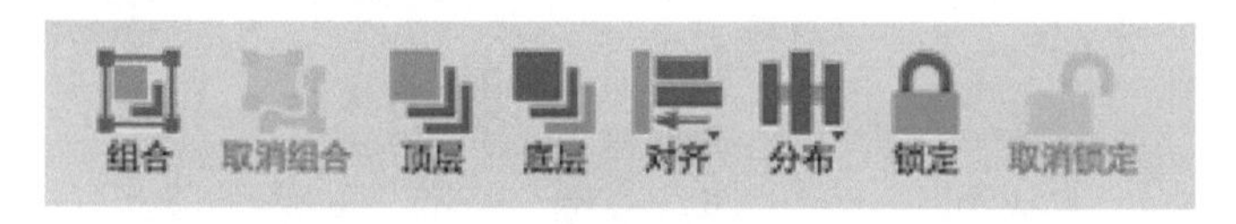


（图 180）

在 Axure RP7 中，当选中一个组合时会同时选中这个组合中的所有部件。在 Axure RP8 中，【组合】代表的意思与 Photoshop/AI 中的【图层】相同，见图 181。组合也可以触发交互并执行动作，如鼠标单击时隐藏整个组合或者组合中的某个部件，见图 182。除此之外，还可以给组合中某个部件单独添加交互事件和交互样式，见图 183。

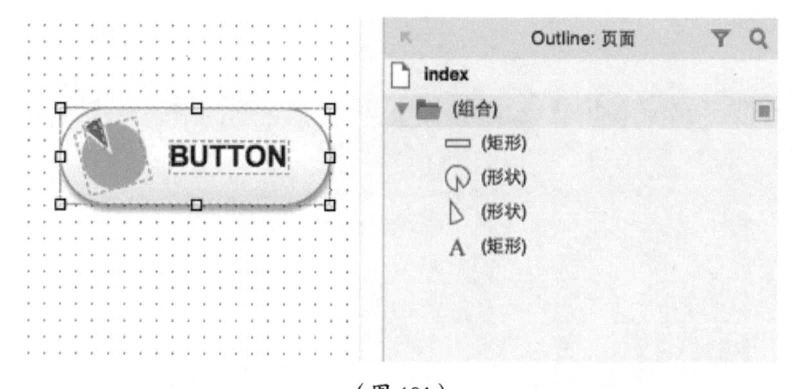


（图 181）

- 组合的选择方式：第一次单击组合，会选中整个组合；再次单击可选中组合中的单个部件；按住 Shift 键再次单击可以同时选中多个组合中的部件。单击设计区域中的任意空白位置取消选择，见图 184。

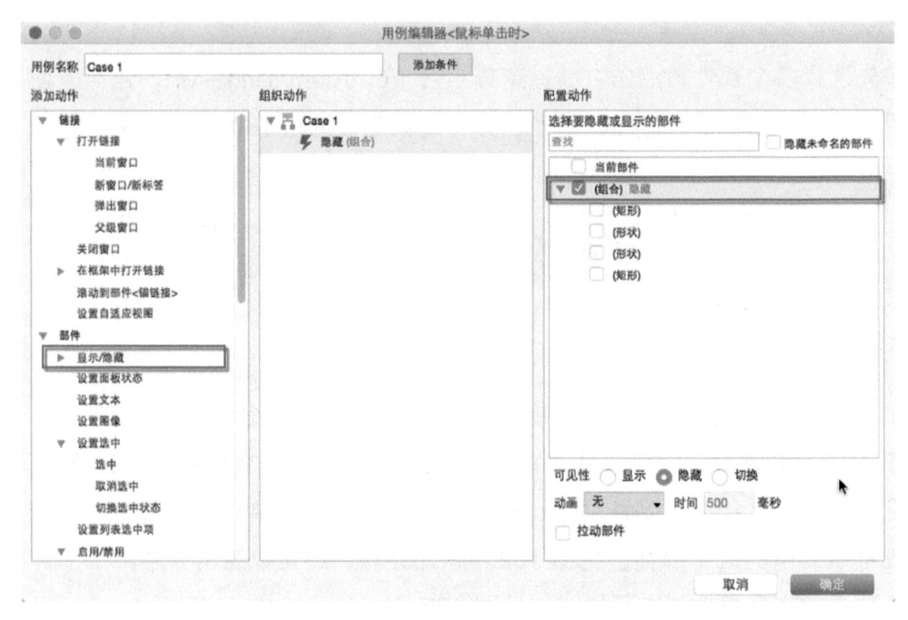
用例编辑器<鼠标单击时>
用例名称
Case 1
添加条件
添加动作
组织动作
配置动作
链接
打开链接
当前窗口
新窗口/新标签
弹出窗口
父级窗口
关闭窗口
在框架中打开链接
滚动到部件<锚链接>
设置自适应视图
部件
显示/隐藏
设置面板状态
设置文本
设置图像
设置选中
选中
取消选中
切换选中状态
设置列表选中项
启用/禁用
Case 1
隐藏 (组合)
选择要隐藏或显示的部件
查找
隐藏未命名的部件
当前部件
(组合) 隐藏
(矩形)
(形状)
(形状)
(矩形)
可见性
显示
隐藏
切换
动画
无
时间
500
毫秒
拉动部件
取消
确定

（图 182）

600
700
BUTTON
检查器: 矩形
属性
样式
(矩形 Name)
交互
创建链接...
鼠标单击时
鼠标移入时
鼠标移出时
更多事件>>>

（图 183）

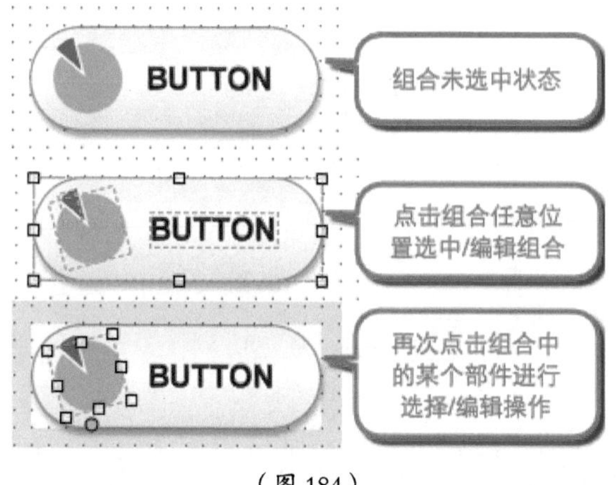


（图 184）

### 3. 改变选择模式

在 Axure RP8 中有【随选模式】和【包含模式】两种选择模式可以在工具栏中找到，见图 185。【随选模式】是默认的，当你单击或通过拖动鼠标区域选择部件时，任何鼠标范围内接触到的部件都会被选中，见图 186。【包含模式】和 Visio 相似，只有在鼠标选区完全包含部件范围时才能选中，见图 187。

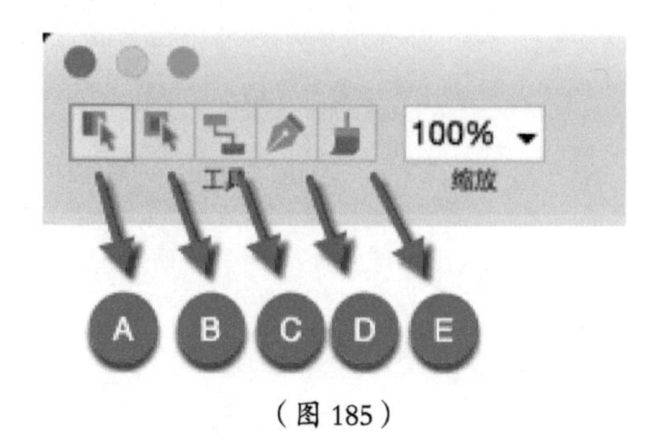


（图 185）

A：随选模式

B：包含模式

C：连接线模式

D：钢笔工具（Axure RP8 新增）

E：格式刷

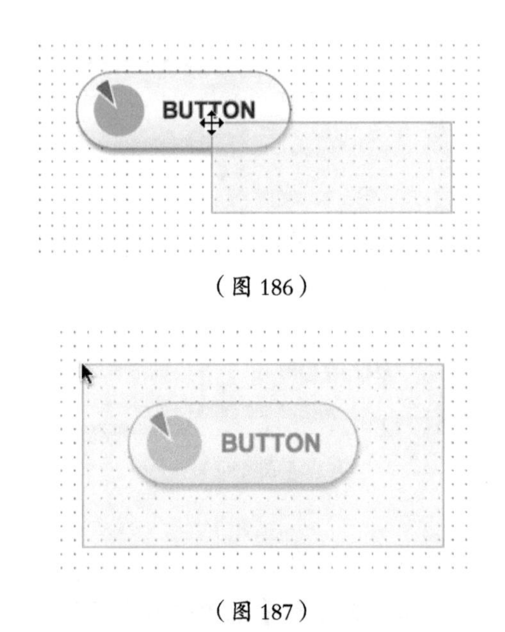


（图 186）

（图 187）

- 连接线：可以给不同的部件之间添加连接线，见图 188。连接线通常用来绘制流程示意图，该内容会在流程图一章中进行详细讲解。

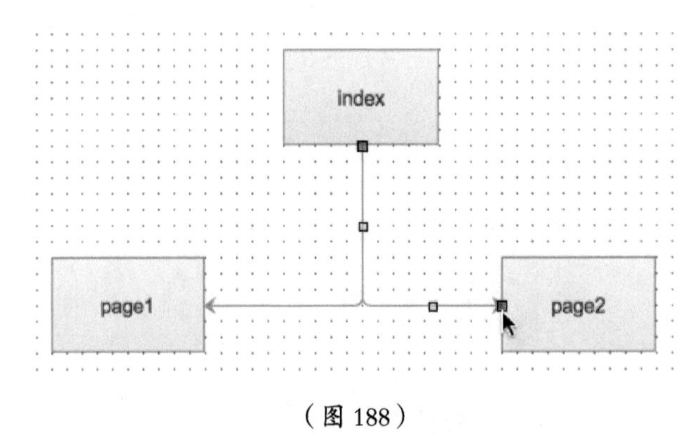


（图 188）

### 4. 钢笔工具

Axure RP8 中新增的特性之一，使用钢笔工具可以绘制自定义形状，见图 189。绘制出的自定义形状是基于矢量的，也就是说在 Axure RP8 中随意调整尺寸都不失真。还可以对其添加样式，因为这种类型的图像文件包含独立的分离图像，可以自由无限制地重新组合，也就是在介绍形状部件一节中所提到的【布尔运算】。要对形状进行布尔运算，首先选中两个不同的形状，然后单击右键，在弹出的关联菜单中选择【改变形状】，然后选择所需的运算方式，见图 190。此外还可以在部件【属性】面板中进行运算，见图 191。

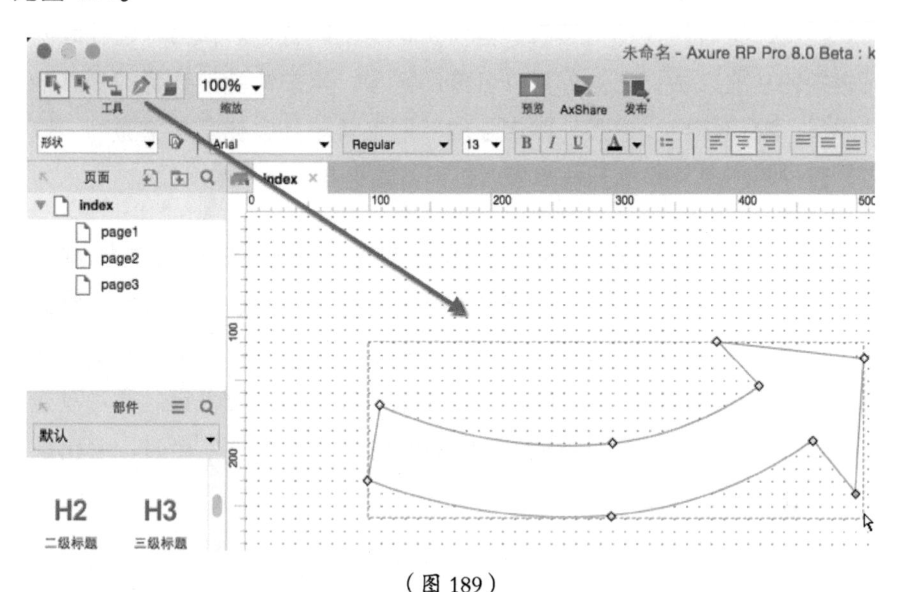


（图 189）

（图 190）

（图 191）

使用钢笔工具可以绘制图标、图表和其他自定义形状。在某些情况下，使用 Axure RP8 新特性钢笔工具和布尔运算可以提升工作效率。但是 Axure 是一款设计原型的专业工具，并不是一款矢量绘图工具，它的钢笔工具和布尔运算的性能和 Illustrator/Sketch 等专业矢量绘图工具相比还是很青涩的。在此，笔者建议广大读者适当使用这两个新特性。作为一名互联网产品相关的从业人员，无论你是一名产品经理、用户体验设计师或者其他相关人员，都应该至少熟悉一款专业的绘图工具。社会竞争日益激烈，我们应当通过不断学习来提升自身素质进而提高自身价值和竞争力。

- 绘制形状：首先在工具栏中单击钢笔工具或者使用快捷键 Ctrl/Command + 4。单击设计区域添加形状的第一个点，移动鼠标指针到其他位置，单击添加第二个点，见图 192，直到绘制出想要的形状。在单击的同时拖动鼠标可以绘制曲线，见图 193。要闭合路径，再次单击绘制的第一个点即可，当鼠标指针移动到绘制的第一个点时，会出现一个红色矩形，见图 194。

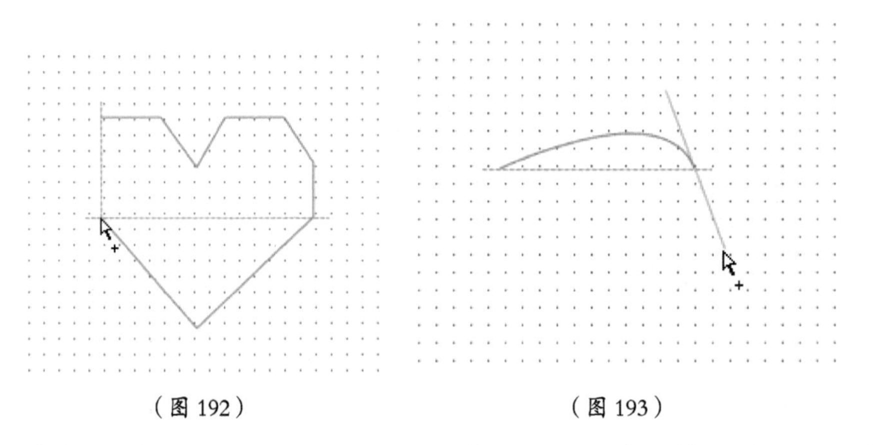

（图 192）　　（图 193）

5. 转换为自定义形状：Axure RP8 内建的【默认部件库】和【流程图部件库】中的形状部件都可以转换为自定义形状。右键单击部件，在弹出的关联菜单中选择【转换为自定义形状】，见图 195，也可以在部件【属性】面板中设置，见图 196。当内建的形状部件被转换为自定义形状后，形状的 4 个角会出现 4 个点，见图 197，通过编辑这些点就可以自定义形状了。

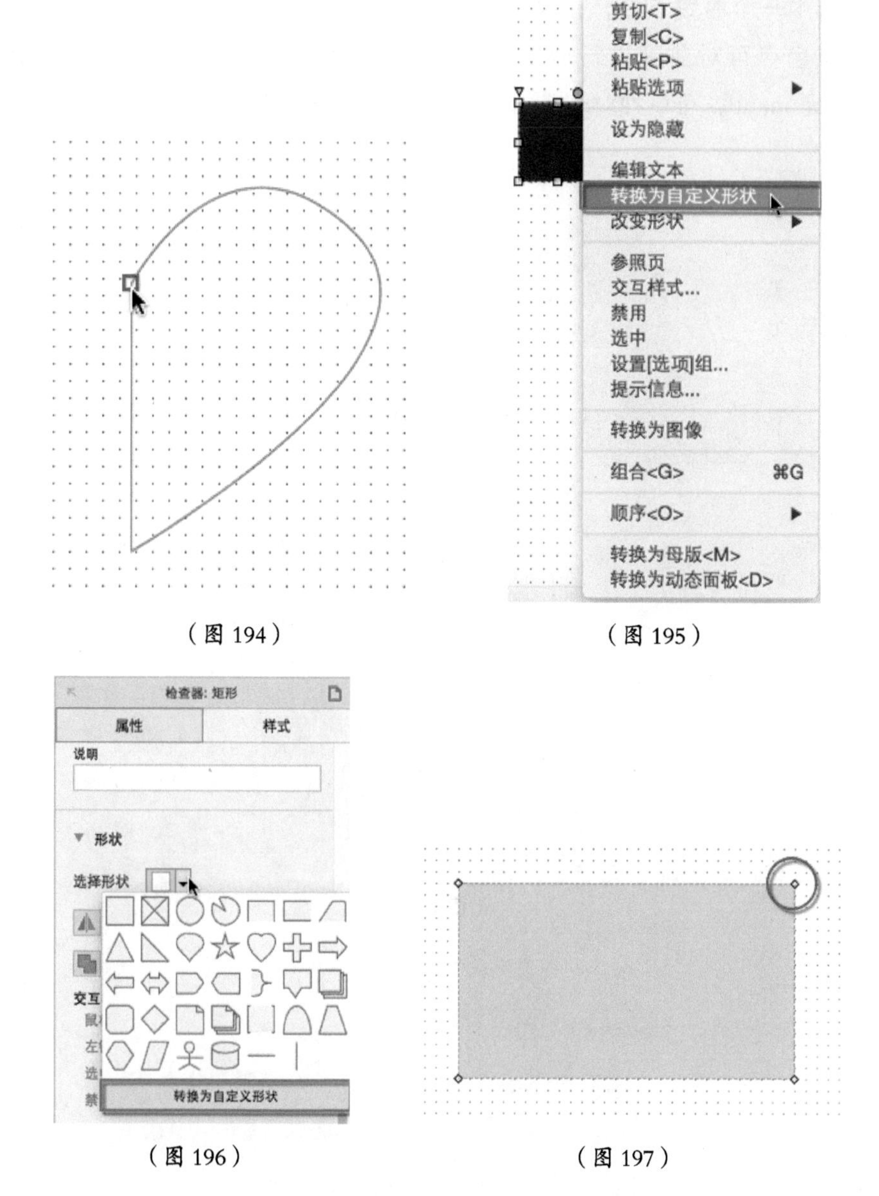


（图 194）　（图 195）

（图 196）　（图 197）

- 编辑点：首先单击选中自定义形状，再次单击自定义形状的边缘路径会显示形状的点。单击并拖动点可以移动点，按下 Ctrl/Command + 鼠标拖动，在移动的同时可将连接该点的两条直线变为曲线，见图 198。

选中一个曲线点后，在曲线点的两端会出现两个黄色的点，通过拖动黄色点可对曲线进行调整，见图 199。在拖动黄点的同时按下 Ctrl/Command，可单独对一条曲线进行调整，见图 200。

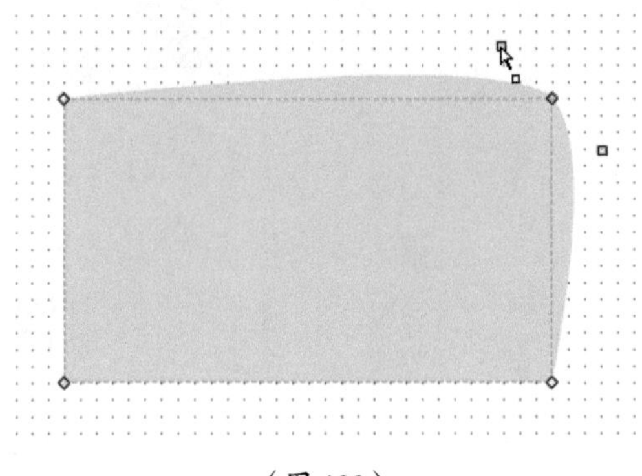

（图 198）

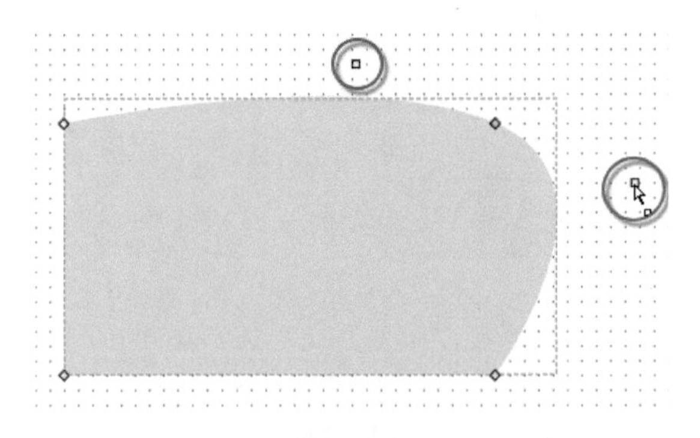

（图 199）

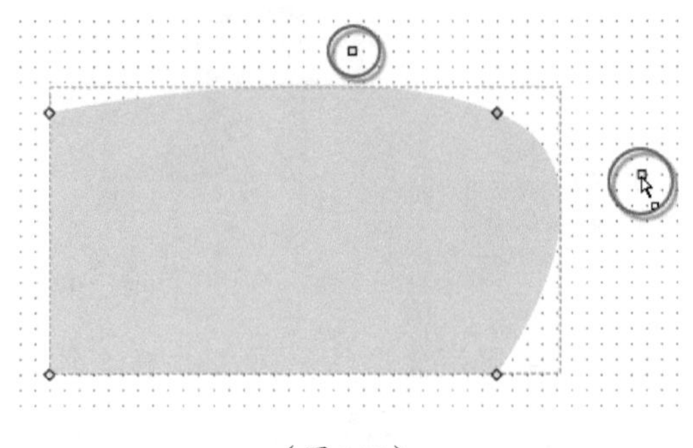

（图 200）

- 添加和删除点：首先单击选择自定义形状，然后再次单击自定义形状的边缘路径显示出形状的点，此时将鼠标移动到形状路径上，鼠标指针会多出一个加号，见图 201，单击形状路径的任意位置即可添加一个点。

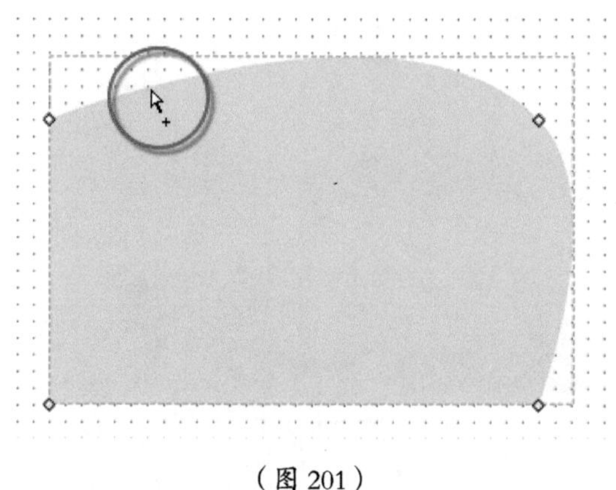

（图 201）

要删除点，选中一个，或按住 Shift 键同时选中多个点，按下键盘上的 Delete 键即可删除。

- 切换弧线 / 直线：右键单击某个点，在弹出的关联菜单中选择【弧线】或【直线】，见图 202；也可以双击某个点切换弧线 / 直线。

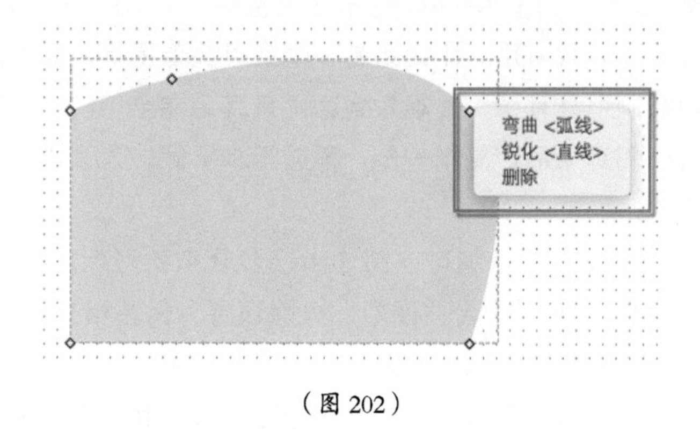


（图 202）

6. 改变形状

在设计区域中选择形状后，部件【属性】面板中的【变形】工具就变为可用状态了，也可以右键单击形状部件，在弹出的关联菜单中选择【改变形状】，见图 203-A。

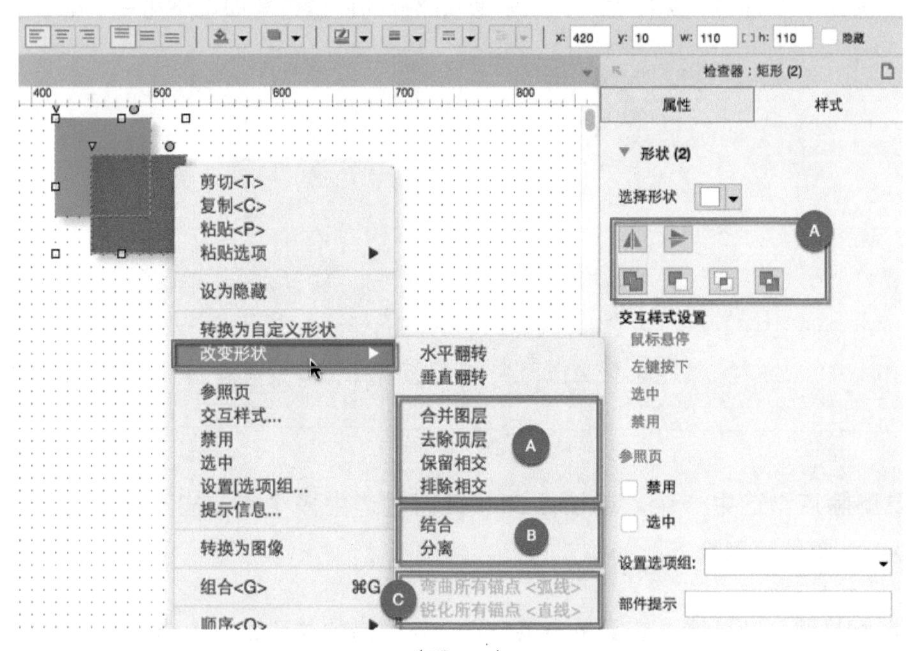


（图 203）

- 翻转：翻转工具分为【水平翻转】和【垂直翻转】，在某些特定情况下，翻转工具变得非常有用。比如绘制一个会员头像图标，如果使用钢笔工具分别绘制两只耳朵，很难做到让两只耳朵完全相同，最好的办法就是画出一侧耳朵后，复制一份，再进行水平翻转，这样两只耳朵就完全相同了。
- 布尔运算：通过布尔运算可以制作出很多复杂的形状。在 Axure RP8 中，布尔运算分别包括 合并图层、去除顶层、保留相交、排除相交，它们所代表的意思如图 204 所示。
- 结合：结合可以将多个形状结合为一个自定义形状，但会保持每个形状的原始路径，见图 203-B。这里的【结合】与布尔运算中的【合并】并不相同，合并是将多个形状合并为一个路径。通过图 205 可以看出，结合后，还可以对形状中每个单独形状进行修改，而合并后的形状是不可以的。

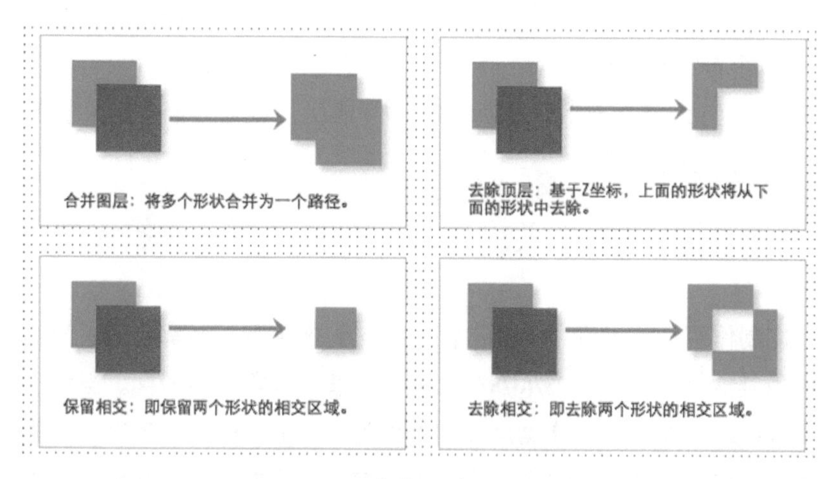

合并图层：将多个形状合并为一个路径。
去除顶层：基于Z坐标，上面的形状将从下面的形状中去除。
保留相交：即保留两个形状的相交区域。
去除相交：即去除两个形状的相交区域。


（图 204）

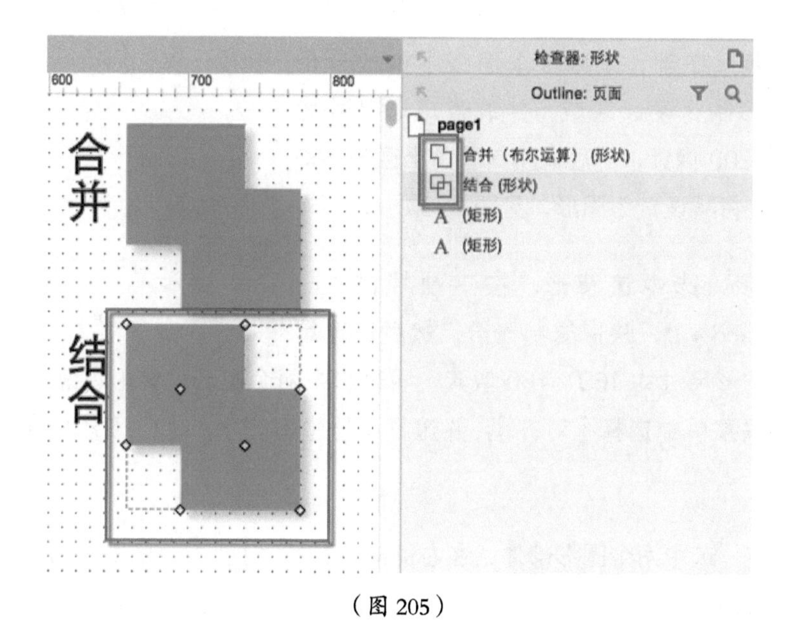


（图 205）

■ 分离：分离可以将结合成为一个自定义形状中的不同路径分离成单独

的形状，分离仅适用于【结合】后的形状，不可用于【合并】后的形状。

- 弯曲所有锚点：将自定义形状的每个点之间的线都变为弧线，见图 203-C。比如一个正方形自定义形状，在选择【弯曲所有锚点】后将变为一个自定义圆形。
- 锐化所有锚点：与【弯曲所有锚点】相反，可将一个自定义圆形变为一个自定义正方形。

## 案例 10：使用钢笔工具和改变形状制作一个放大镜图标

在我们制作原型的过程中，通常情况下遇到使用图标时都会通过网络搜索或使用其他绘图工具（PS/AI/SKETCH 等）来制作所需的图标。当然，使用 Fontawesome 等图标字体也是非常好的选择。在 Axure RP8 中适当使用钢笔工具和改变形状也可以大幅提高工作效率。下面就通过几个简单步骤绘制一枚放大镜图标。

第一步：在部件【属性】面板中拖放一个矩形部件到设计区域，并调整矩形尺寸为 200×200 像素，然后调整其圆角半径为 100 像素，将其设置为圆形，见图 206。

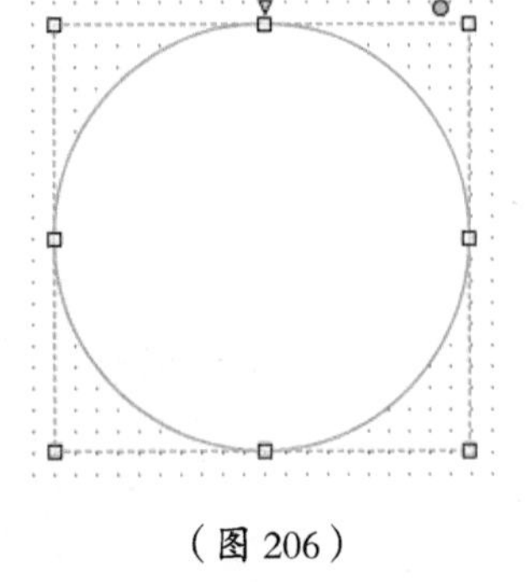

（图 206）

第二步：选中该圆形，按下快捷键 Ctrl/Command + D，快速复制一份，然后设置第二个圆形尺寸为 160×160 像素，同时选中两个圆形，单击右键，在弹出的关联菜单中选择【对齐】，并选择【居中对齐】和【上下居中】，见图 207。

第三步：选中两个圆形部件，在右侧部件【属性】面板中单击【去除顶层】，见图 208。

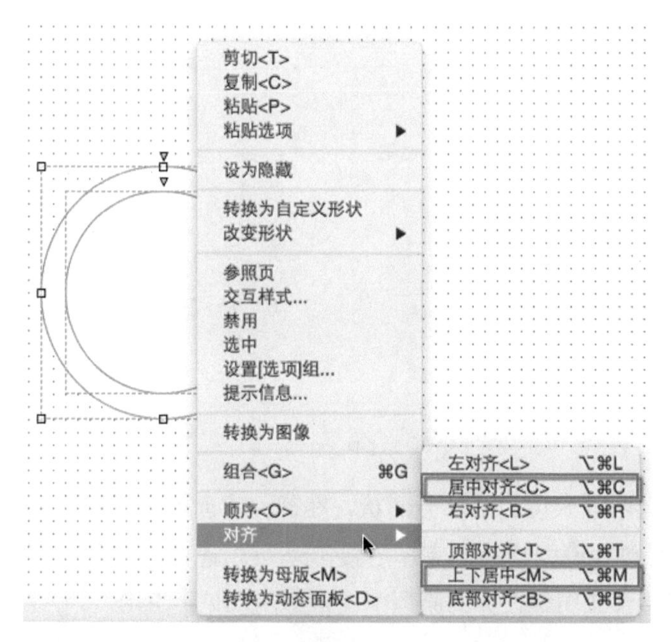


（图 207）

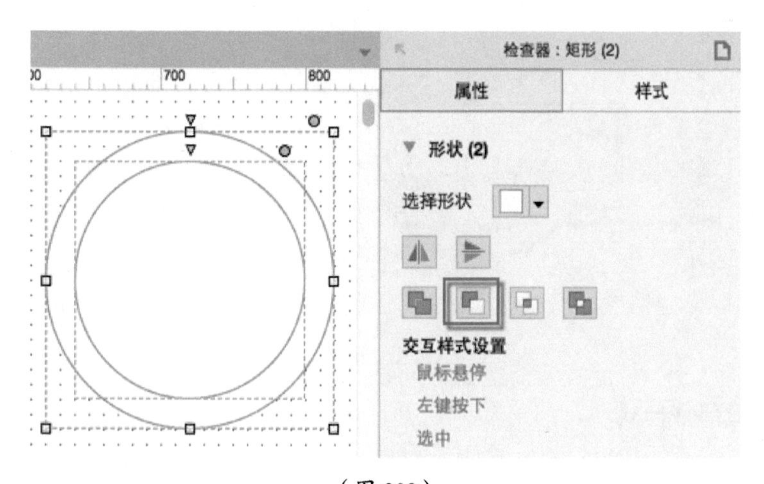


（图 208）

第四步：在工具栏中选择钢笔工具，按快捷键 Ctrl/Command + 4，绘制放大镜手柄，见图 209。

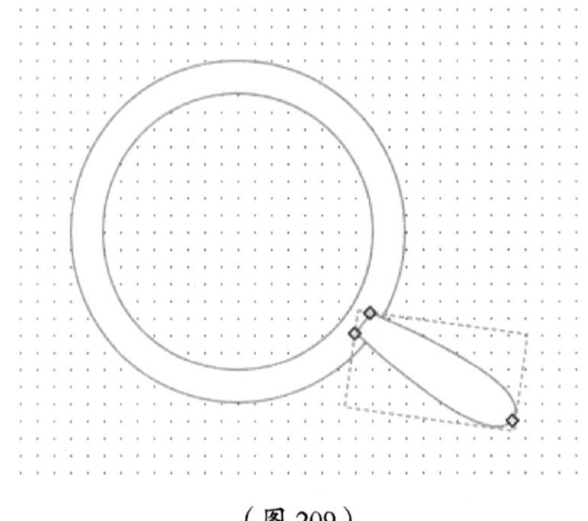

（图 209）

第五步：选中放大镜的两部分形状，在部件【属性】面板中单击【合并图层】，至此放大镜图标绘制完毕。接下来可以通过调整尺寸、颜色、边框等样式来检查该图标在你的原型中是否适用，见图 210。

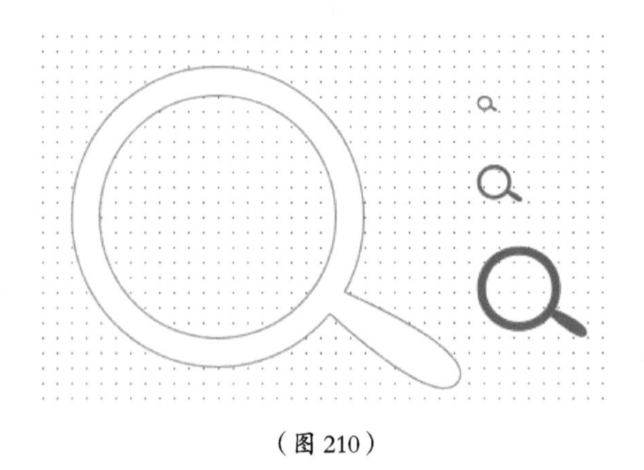

（图 210）

### 7. 编辑部件样式

- 编辑器工具栏：使用设计区域上面的工具栏按钮可以编辑部件样式，如字体、字号、字体颜色、填充颜色、线条颜色、坐标和大小等。还可以选择多个部件并使用布局工具，如次序、对齐、分布等，见图 211。

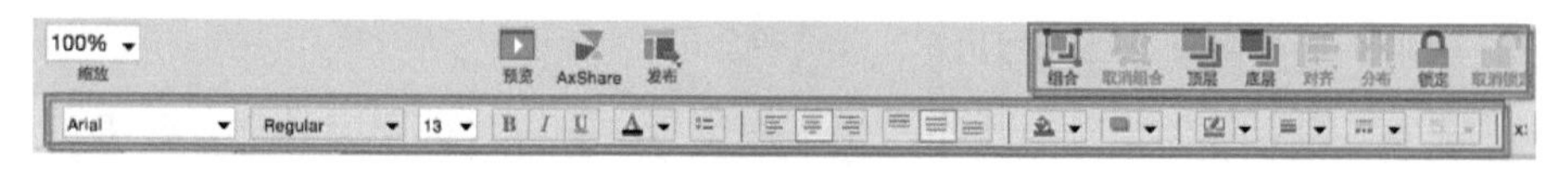

（图 211）

- 双击编辑：双击部件来编辑该部件是最常用的属性编辑。如双击一个图像部件打开【导入图像】对话框，双击下拉列表打开【编辑列表项】对话框。
- 右键编辑：右键单击部件显示额外特定的属性，这些属性根据部件的不同而不同。
- 部件属性和部件样式面板：在【部件样式】面板中可以找到部件坐标、大小、字体、对齐、填充、阴影、边框和内边距等。在部件【属性】面板中可以找到部件的特殊属性。

8. 部件属性面板详解

- 交互样式：交互样式是在特定条件下的视觉属性。
    - 鼠标悬停：当鼠标指针悬停于部件上。
    - 左键按下：当鼠标左键按下保持没有释放时。
    - 选中：当部件是选中状态。
    - 禁用：当部件是禁用状态。
- 调整宽度 / 高度自适应部件内容：在 Axure RP8 中，双击形状部件四周的尺寸手柄，可让部件快速自适应其内容宽 / 高，见图 212。

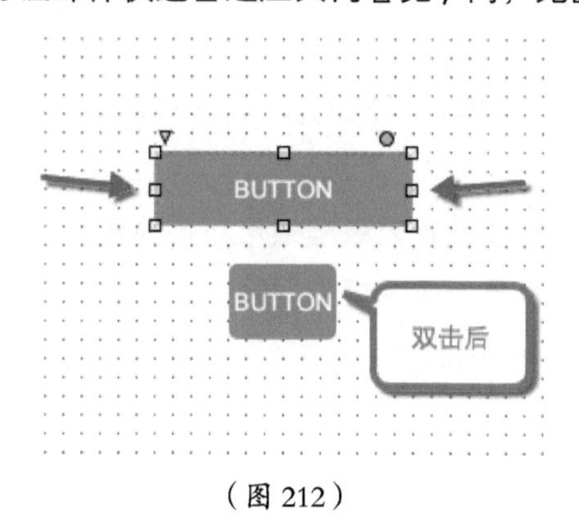


（图 212）

- 禁用：设置部件为禁用状态。
- 选中：设置部件为选中状态，生成原型后该部件为选中时的交互效果。
- 设置选项组：将多个部件添加到选项组。
- 提示信息：当鼠标悬停在部件上时，显示文字提示信息。

9. 部件特定属性

- 图像部件：【保护边角】功能类似于九宫格切图和 .9png 制作，它可以在调整图像大小时保护边角不变。
- 文本输入框
  - 类型：主要用于调用移动设备中不同的键盘模式（比如用户使用手机输入手机号码时、输入密码时，键盘的模式是不同的，这样可以提升用户体验）。文本输入类型可设置为文本、密码、电子邮件、电话号码、号码、网址和搜索等。
  - 最大长度：设置最多可输入的文字数。
  - 提示文字：文本占位符，可设置获取焦点时消失或输入内容时消失。
  - 提示样式：编辑提示文字的样式。
  - 只读：生成原型后是不可编辑的文本。
  - 隐藏边框：隐藏输入框的边框。
  - 禁用：将部件设置为禁用状态。
  - 提交按钮：分配一个按钮或形状按钮，当按下 Enter 键时执行单击按钮事件。
- 内联框架：将 Axure 项目内部的页面、外部 url、视频、音频等加载到内联框架中显示。
  - 滚动条：根据需要设置内联框架滚动条的显示方式。
  - 隐藏边框：切换显示内部框架周围的边框。
  - 预览图像：显示 Axure 内部的预置图片（便于工作人员明确该部分内容是什么）。
- 复选框

- 选中：勾选此项后，复选框默认为选中状态。
- 对齐按钮：设置按钮的位置，位于文字内容的左侧或右侧。

■ 单选按钮

- 指定单选按钮组：创建或分配单选按钮组，给多个单选按钮指定单选按钮组之后，这些单选按钮中最多只有一个可以被选中。

■ 文本区域

- 隐藏边框：隐藏文本区域周围的边框。

■ 下拉列表框

- 列表项：添加 / 删除列表的选项。

■ 菜单

- 菜单项：新增 / 删除菜单项。
- 菜单内边距：设置菜单的内边距。
- 交互样式：设置菜单项的交互样式。

■ 树部件：

- 展开 / 折叠图标：改变展开 / 折叠树节点的小图标。
  - 加减号：改变图标为 +/-。
  - 三角形：改变图标为三角形。
- 导入图标：可导入自定义图标。
- 显示树节点图标：切换显示额外的树节点的图标，可以通过右键单击一个树节点并选择【编辑图标】添加。

### 10. 部件样式面板详解

■ 位置 · 尺寸

- 选中的部件：编辑选中部件的位置、尺寸以及部件旋转角度和部件中文字的旋转角度，见图 213。
- 所有选中的部件：当多个部件被选中时出现，编辑选中区域的位置、尺寸和旋转角度，见图 214-A。

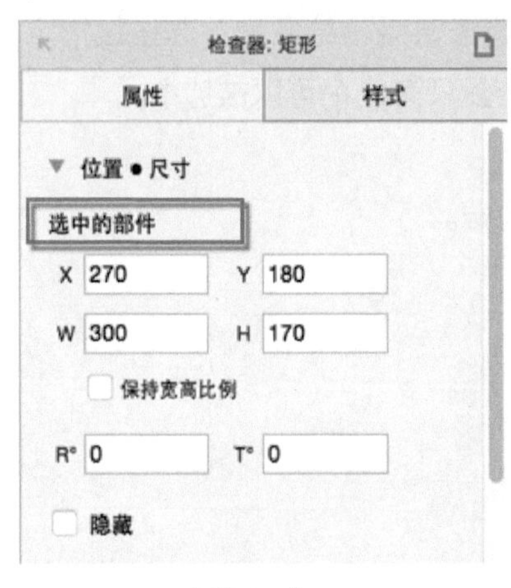


（图 213）

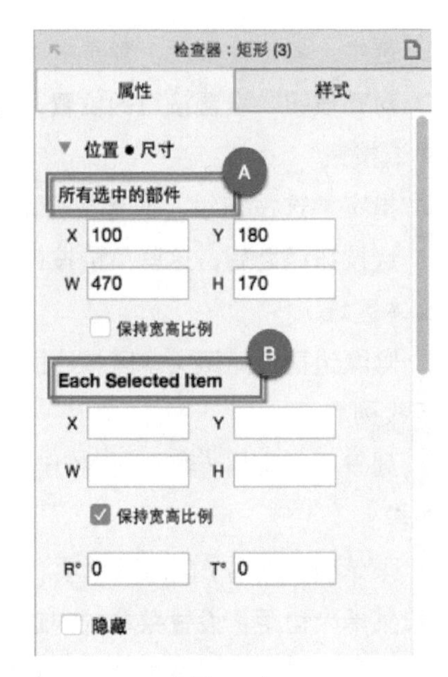


（图 214）

- 每个选中的部件：当多个部件被选中时出现，可以同时编辑每个部件的位置、尺寸和旋转角度，见图 214-B。
- 隐藏：勾选后，该部件默认为隐藏状态（可通过添加交互设置为显示）。

■ 部件样式

- 部件样式下拉列表：允许你选择在部件样式编辑器中创建的自定义样式，见图 215-A。

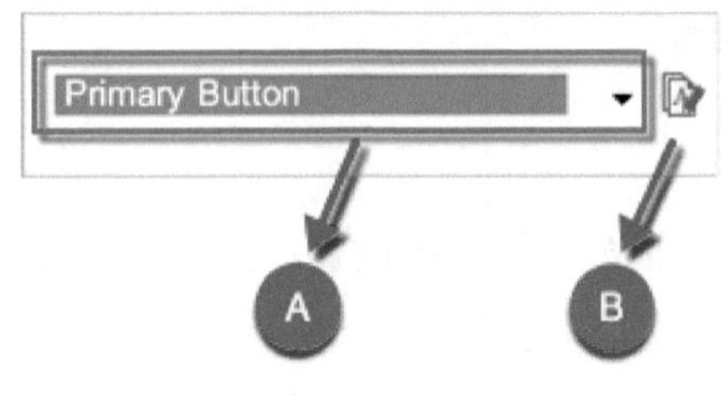


（图 215）

- 管理部件样式：允许你编辑 Axure 内建部件的默认样式或创建自定义可应用于多个部件的样式，见图 215-B。

- 填充：设置部件的填充颜色，Axure RP8 中所有的形状部件都可以填充单色或渐变色，见图 216。
- 阴影：给形状部件设置外部阴影和内部阴影，见图 217。

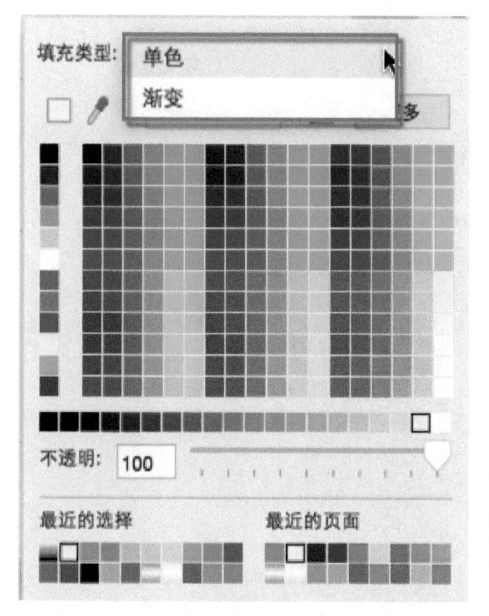


（图 216）

（图 217）

- 边框：设置形状部件的边框线条宽度、线条颜色、线条样式、线条的箭头样式。在 Axure RP8 新增的特性中，可以设置形状部件不同的边框，见图 218。
- 圆角半径：设置形状部件的圆角半径，在 Axure RP8 中可以对形状部件的任意圆角单独设置圆角半径，见图 219。
- 不透明度：设置形状部件的不透明度。

■ 字体：选择字体、字体大小、字体颜色、粗体、斜体、下划线、添加项目符号、字体阴影、行间距、对齐方式和内边距，见图 220。

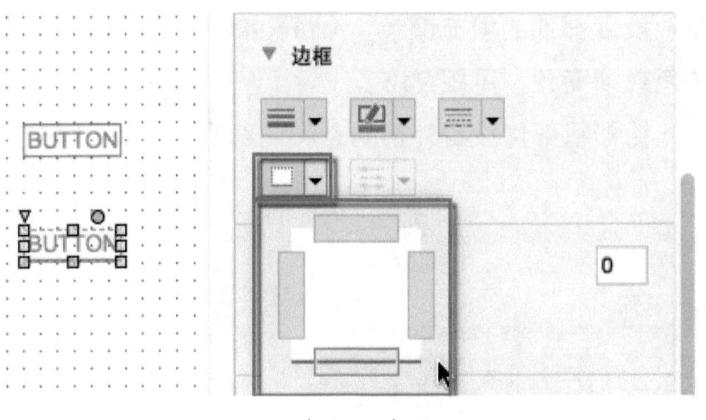


（图 218）

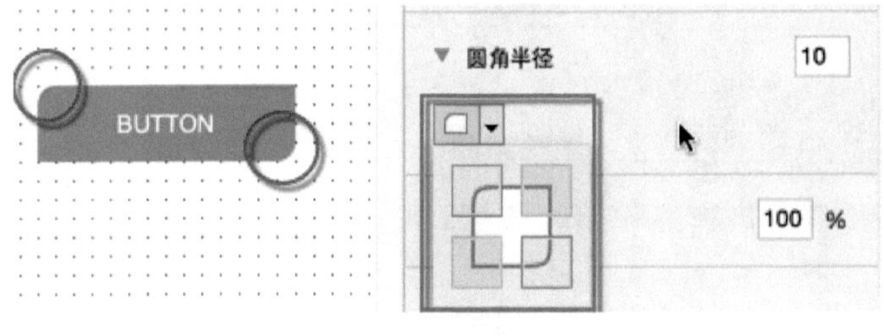


（图 219）

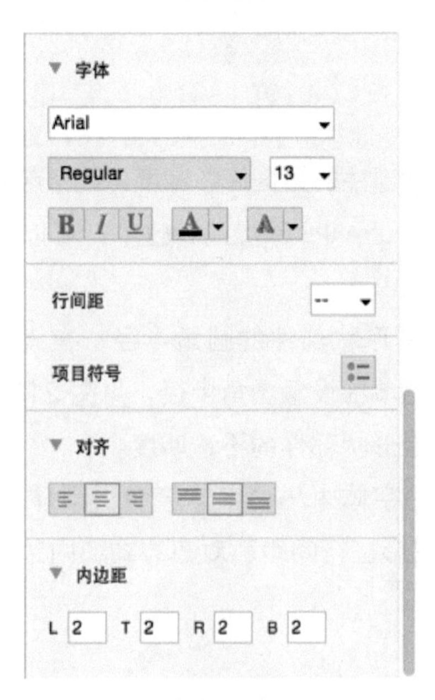


（图 220）

## 1.3.3 页面样式

### 1. 页面样式

页面样式允许你使用【自定义页面样式】或【默认页面样式】，对不同页面进行设置和编辑，在 Axure RP8 中单击设计区域中任意空白位置，然后在右侧的【样式】面板中单击【管理页面样式】，见图 221；也可以通过主菜单中的【项目 > 页面样式编辑】打开【页面样式编辑器】，见图 222。

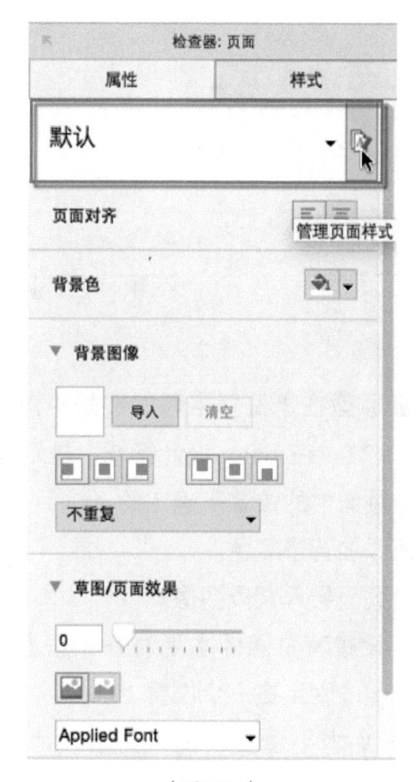


（图 221）

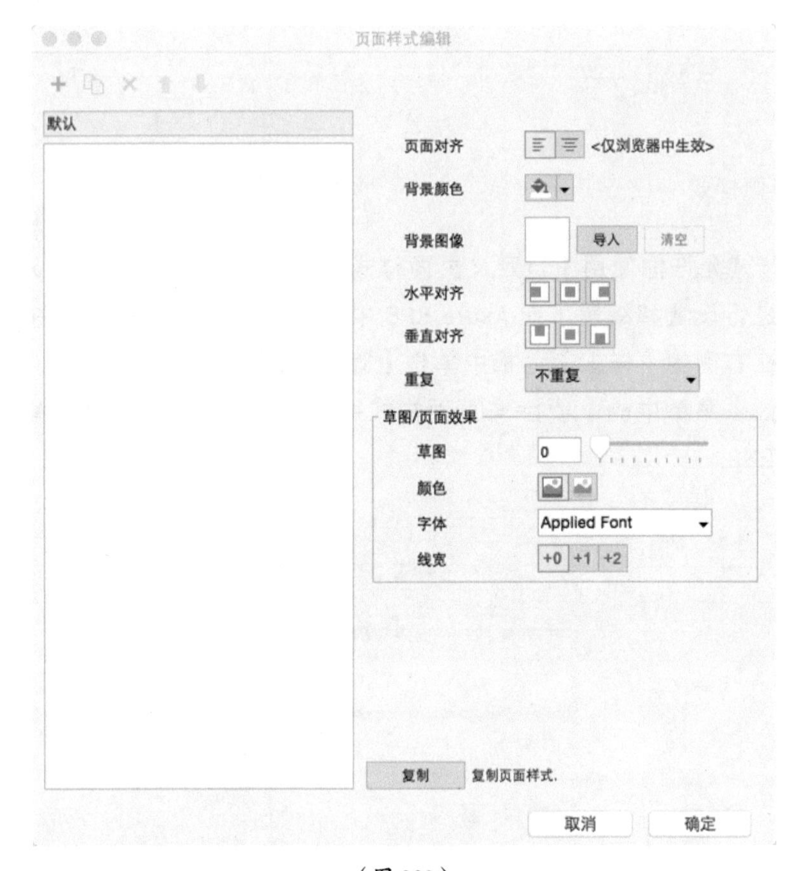


（图 222）

■ 页面对齐：可设置原型在浏览器中居左或居中对齐。这项设置只有在生成 HTML 之后才有效，在 Axure 设计区域中是无效的。需要注意的是，居中是根据部件在页面中的位置来确定的。

■ 背景颜色：给页面添加背景颜色。

■ 背景图像：可以给页面导入背景图像。

■ 水平 / 垂直对齐：设置背景图像水平对齐和垂直对齐。水平居中和垂直居中可以将背景图像固定在一个位置上。

■ 重复：设置背景图片水平重复、垂直重复、水平垂直重复、覆盖或包含。

- 图像重复：水平和垂直重复背景图片。

- 水平重复：仅水平重复背景图片。
- 垂直重复：仅垂直重复背景图片。
- 拉伸以覆盖：拉伸图像填充整个浏览器可视窗口尺寸（visual viewport），浏览器宽度和高度同时调整可影响背景图像拉伸。
- 拉伸以包含：缩放图像的最大尺寸，让图像可以适应浏览器的可视窗口尺寸，浏览器宽度或高度调整时均可影响背景图像拉伸。

■ 草图效果：草图可以快速将一个原型项目中硬朗的线条设置为手绘线框图效果。这可以让大家将精力集中在结构、交互和功能上。草图效果是页面样式的一部分，所以你可以在【页面样式编辑器】中对其进行设置。此外，草图效果还有如下选项。

- 草图程度：值越高，部件线条越弯曲，推荐 50。
- 颜色：将整个页面填充为灰色，包括所有图像、填充色、背景色和字体颜色等。
- 字体：在所有页面上应用统一的字体。
- 线宽：给部件的边框增加宽度，这样看上去更像手绘效果，见图 223。

（图 223）

## 2. 页面样式编辑器

页面样式编辑器允许你对原型的每个页面样式进行设置。此外，你还可以为特定页面创建自定义页面样式。在页面样式编辑器中可以集中管理所有自定义页面样式。要打开页面样式编辑器，单击页面样式下拉列表右侧的小图标，见图 221。编辑【默认】样式可以改变原型设计中的每一个页面。点击绿色加号，添加自定义样式。添加完毕后在页面样式的下拉列表中选择即可，见图 224。

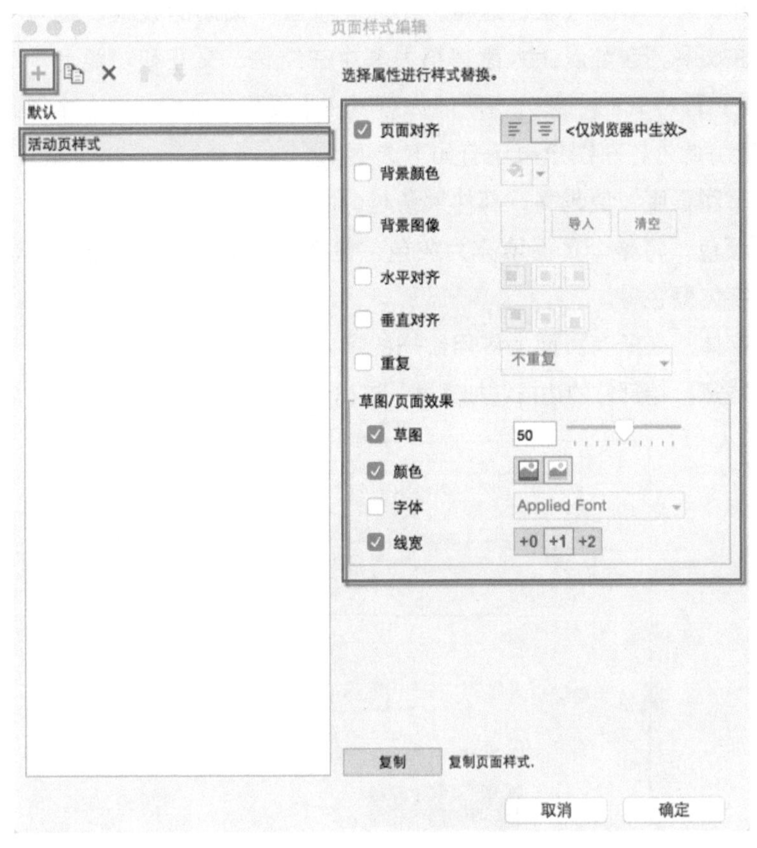


（图 224）

3. 网格和辅助线

■ 网格系统介绍

通过现实中与部分学员的接触和读者的反馈，笔者发现很多朋友对网格系统（Grid System）和辅助线并没有清晰的认识，尤其是网格系统（此处特指前端设计中所使用的 Grid System，如 http://960.gs 和响应式网页设计中使用的 http://unsemantic.com 等，在 Axure 中辅助线扮演网格系统的角色）。在国内互联网中很多人称其为【栅格】，此处我们不讨论称呼问题。事实上，无论你习惯怎样称呼它，Grid System 在设计过程中都起着至关重要的作用。下面，在开始介绍 Axure RP8 中的网格和辅助线之前，笔者觉得有必要对其专有术语进行适当讲解，以便广大读者能够更近一步熟悉它。

首先要介绍一下关于网格系统的术语，用来描述网格系统中各种组件的词汇看上去很简单，但它们却是非常不具体的。例如“列”（Column）的概念，看上去足够简单，但是在一个基于 8 列网格的页面中，你可能会创建一个只需要 2 列的文本内容，这种情况下，Column 所呈现的意义是不精确的。甚至一些基于网格设计的工艺类书籍也并不总是赞同这些术语，比如 regions，在网格系统中指垂直分割的区域；fields，在网格系统中指水平分割的区域。正如你所见，这两个英文单词都可以译为【区域】，这些术语看上去特别容易让人（包括外国人）感觉混乱或重复，其实它们代表着不同的意思，下面来看一下网格系统中需要用到的几个术语词汇。

- 单元（Unit）：网格系统中的每一个垂直区块，也就是垂直分割页面最小的单元（小单元）。如图 225 所示，960 像素宽度，12 个单元。

（图 225）

- 列（Columns）：一组列是一个大的单元，在工作区域中组合在一起来帮助我们组织规划不同的呈现方式。比如大多数文本列都需要至少 2 个大的单元，以 960 像素宽，12 个小单元为例，可以将其分为 2 列，每列 6 个小单元；或者 3 列，每列 4 个小单元，等等。如图 226 所示，12 个小单元分为 8 列，每列 2 个小单元。

（图 226）

- 垂直分割区域（Regions）：垂直分割区域与列类似，将页面垂直分为几个部分。比如一个 12 单元、4 列的网格系统，可以垂直分割为 3 个区域，左侧的区域占 2 列，剩余 2 个区域各占一列，如图 227 所示。

（图 227）

- 水平分割区域（Fields）: 将页面水平分割为不同区域（水平分割区域是用高度来计量的，帮助我们以 Y 坐标为基准来组织规划内容的呈现方式），见图 228。水平分割区域可以使用多种方式来计算，不过，使用黄金比例进行分割是最高效的方法。关于黄金分割和斐波那契数列在互联网产品设计中的应用，读者们可通过网络搜索，有很多资料可供参考，如老版本的 Twitter 网页，见图 229。新版的 Twitter LOGO 的设计案例，见图 230。参考资料：http://designshack.net/articles/graphics/twitters-new-logo-the-geometry-and-evolution-of-our-favorite-bird/

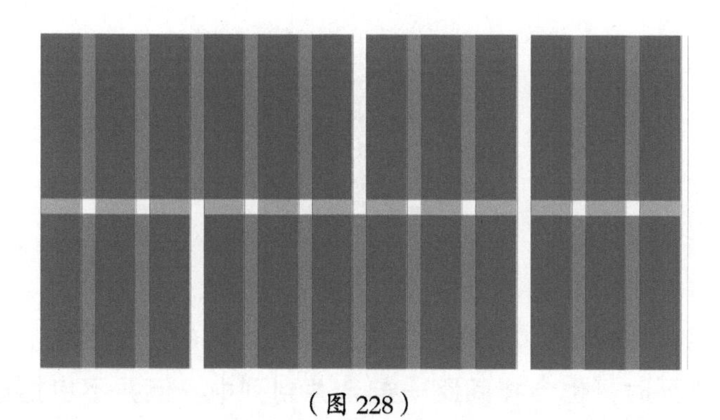

（图 228）

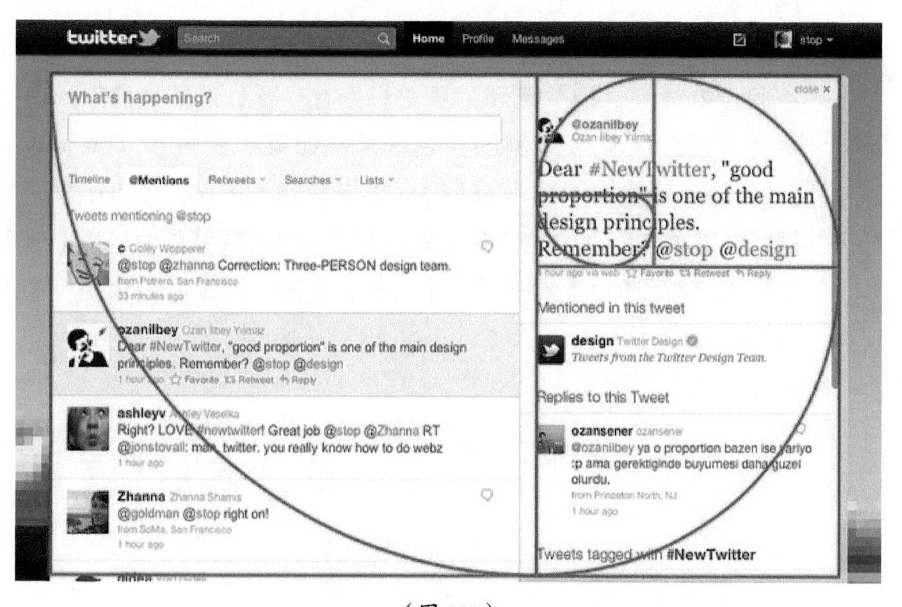


（图 229）

（图 230）

- 间距（Gutters）：指每个小单元和列之间的空白区域。当小单元合并成列时，也会将间距一起合并到列中，但并不包括最左侧和最右侧的空白区域（也就是左边距和右边距，padding-left & padding-right）。
- 外边距和内边距（Margin& Padding）：外边距是指单元和列以外的空间；内边距是指单元和列最左、最右、最上、最下的空间，如图 227 最左侧和最右侧的空白区域。如果想进一步了解 Margin & Padding 可搜索【盒子模型】，或者使用 Chrome、Safari 等浏览器，右键单击网页中的任意元素，在弹出的关联菜单中选择【审查元素】，然后通过【盒子模型】分析元素的内边距、外边距，见图 231。

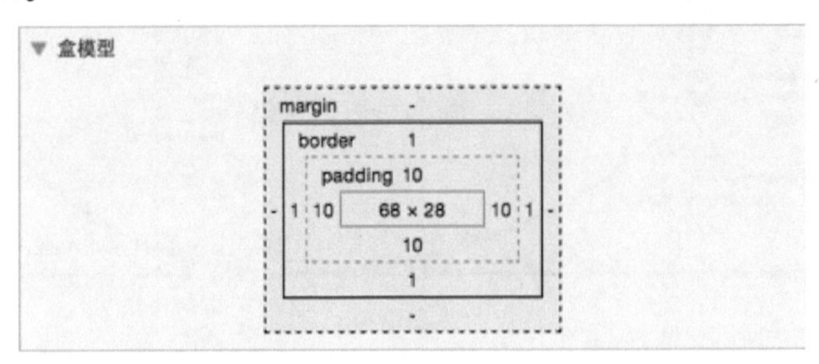


（图 231）

- 元素（Elements）：指页面中的某个组件，比如一个按钮、一张图像、一段文本等。
- 模块（Modules）：指由一组元素组成的内容或功能，比如会员注册模块，就是由标签、文本输入框、按钮等元素组成。

至此，网格系统中的术语词汇就介绍完毕了，笔者建议各位读者空闲之余能够学习一些 HTML+CSS+JavaScript 的基础知识，这样能帮助你深刻理解网页是由什么构成的，它们的工作原理是怎样的。事实上，即便是对完全不懂编码的读者来说不会花费很多时间和精力，因为学习这些基础知识并不等于拥有使用 HTML、CSS 和 JavaScript 去编写产品或原型的能力，那需要长时间刻苦的学习和工作中的实战经验积累。进一步说，学习前端知识可以帮助你理解你所看到的网页背后是什么，有了这些知识作为基础，你可以更加顺畅地与真正的开发人员沟通。

### Axure 中的网格和辅助线

在 Axure 中辅助线对保持布局与部件对齐有非常大的帮助。你可以为单独的页面创建辅助线（局部辅助线），也可以给所有页面创建全局辅助线。

- 添加局部辅助线：添加辅助线到当前页面，用鼠标单击设计区域上方和左侧的标尺，然后拖动鼠标把从水平或垂直辅助线拖拽到设计区域。
- 添加全局辅助线：给所有页面添加辅助线，按住 Ctrl/Command，然后鼠标单击标尺并拖拽辅助线到设计区域，这样所有页面都被添加了辅助线，见图 232。

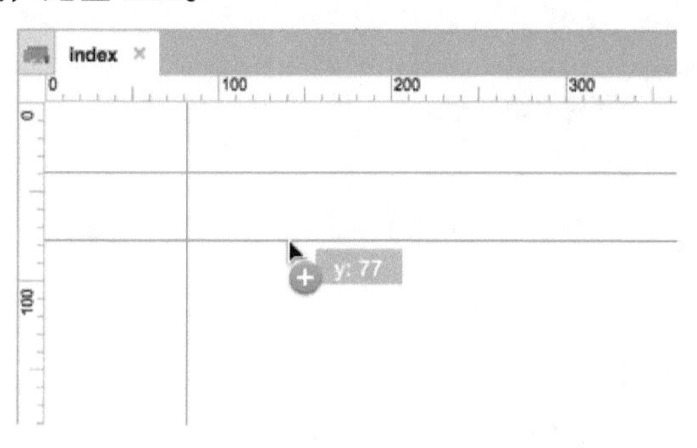


（图 232）

- 使用预置设置创建辅助线：可以通过 Axure 内置的预设添加辅助线，点击菜单栏【布局 > 网格和辅助线 > 创建辅助线】，或者右键单击设计区域，选择【网格和辅助线 > 创建辅助线】。这里有多种预置可供选择；或者自定义你的布局，还可以选择添加全局辅助线或当前页面辅助线，见图 233。
- 网格设置：右键单击设计区域，在弹出的关联菜单中选择【网格和辅助线 > 网格设置】。
  - 显示网格：切换网格的显示状态。
  - 对齐网格：切换部件与网格对齐。
  - 间距：定义网格的交叉点之间的距离。
  - 样式：改变网格交叉线的风格样式。
  - 线：将网格样式设置为线。
  - 交叉点：将网格样式设置为点。
  - 颜色：改变网格的颜色，见图 234。

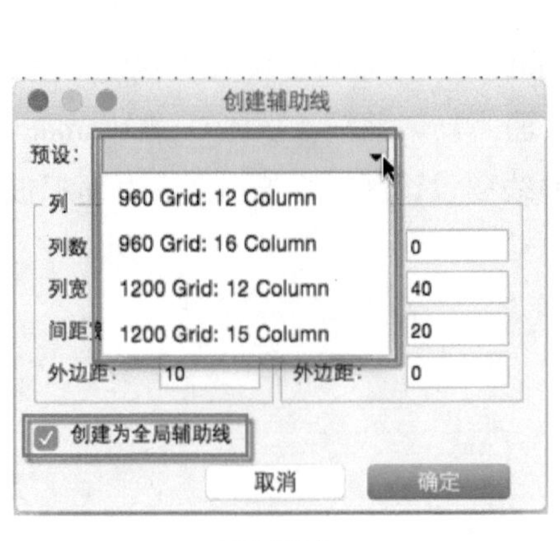


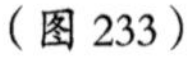


（图 233）

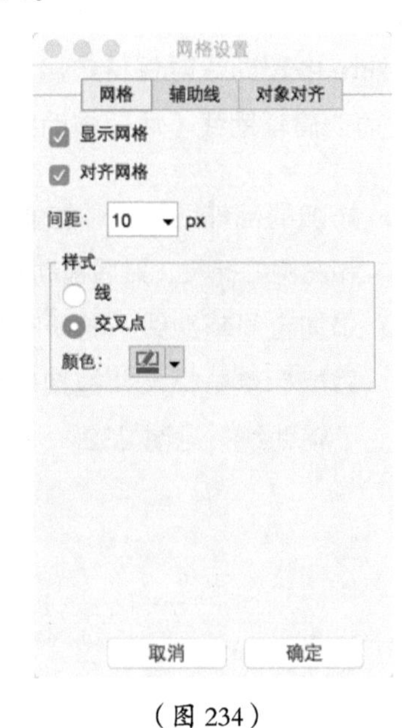


（图 234）

- 辅助线设置（Guide Settings）
  - 显示全局辅助线：切换项目中全局辅助线的可见性。

- 显示页面辅助线：切换项目中页面辅助线的可见性。
- 显示自适应视图辅助线：切换显示自适应视图辅助线可见性。
- 显示打印辅助线：切换显示打印辅助线可见性。
- 对齐辅助线：切换部件对齐到辅助线状态。
- 锁定辅助线：切换设计区域中辅助线的锁定状态。
- 全局辅助线颜色：改变全局辅助线颜色。
- 页面辅助线颜色：改变页面辅助线颜色。
- 自适应提示颜色：自适应辅助线颜色。
- 打印提示颜色：打印辅助线颜色。

○ 对象对齐设置

- 对齐对象：切换部件是否与其他部件边缘对齐。
- 对齐边缘：切换部件之间对齐的像素大小。
- 垂直：设置部件垂直对齐的像素。
- 水平：设置部件水平对齐的像素。
- 对齐辅助线颜色：设置当部件对齐时辅助线的颜色，见图 236。

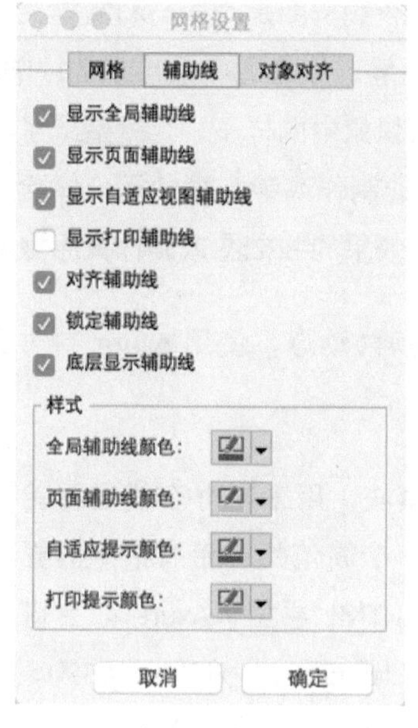


（图 235）

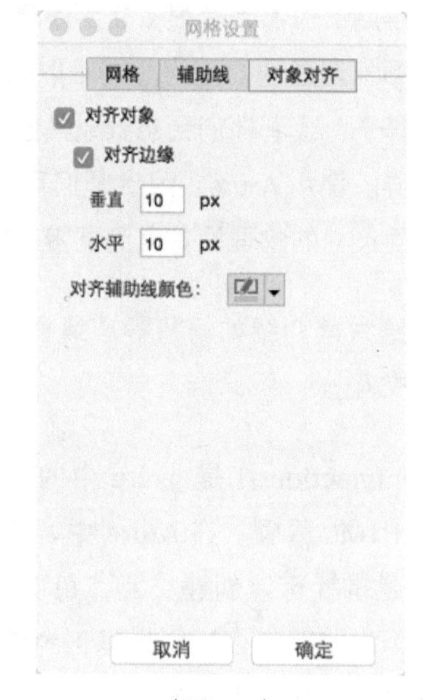


（图 236）

# 1.4 交互基础

本节将介绍一些 Axure 中比较基础但非常实用的交互，可以让不懂代码的读者制作出可交互的高保真原型。在 Axure 中创建交互包含以下 4 个构建模块：交互（Interactions）、事件（Events）、用例（Cases）和动作（Actions）。交互是由事件触发的，事件是用来执行动作的，这就是本章要重点讲解的 4 个主题。

现如今无论是客户还是公司领导，对更好的用户体验的期望持续上升，很明显，我们正处在设计软件所带来的巨大变化中，加上响应式网页设计的广泛传播与移动 APP 的巨大需求，用户体验更是被推向浪尖。在国内且不论公司规模大小、甚至有些公司并不真正了解用户体验的意义，当需要制作网站或 APP 的时候都会提出"用户体验"这个词。在项目中（尤其是响应式网站设计和 APP 设计），利益相关者（老板、股东）和团队成员负责人（开发人员、视觉设计师等）越早参与充分沟通，工作效率与项目成功率越高。但是在项目早期仅仅靠带有很多文字注释的静态线框图是难以与利益相关者和团队成员顺畅沟通的，因为他们难以想象出静态线框图实现出来的"响应式"是什么样子，或者他们会想象成其他任何想象中的样子，这就造成了巨大的理解差异。使用 Axure，设计师们可以快速制作高参与度的用户体验，并可以在不同尺寸的物理设备上测试带有交互效果的线框图或高保真原型。

本节将给大家介绍如何将静态线框图转换为动态，使用 Axure 制作简单但高效的交互。

交互（Interactions）是 Axure 中的构建模块，用来将静态线框图转换为可交互的 HTML 原型。在 Axure 中，通过一个简洁的、带有指导的界面选择指令和逻辑就可以创建交互，每次生成 HTML 原型，Axure 都会将这些交互转换为浏览器可以识别的真正的编码（JavaScript、HTML、CSS）。但是请牢记：这些编码并不是产品级别的，并不能作为最终的产品使用。

每个交互都是由三个最基本的单元构成，这里为了便于大家理解，我们借用三个非常简单的词来讲解——什么时候（When）、在哪里（Where）和做什么（What）。

什么时候发生交互行为（When）？在 Axure 中对应 When 的术语是事件（Events），下面举几个例子。

- 当页面加载时（其中页面加载时，就是事件）。
- 当用户单击某按钮时（其中鼠标单击时，就是事件）。
- 当文本输入框中的文字改变时（其中文字改变时，就是事件）。

在 Axure 界面右侧的部件【属性】面板中，可以看到很多事件的列表，这些事件根据部件的不同而有所不同（并不是所有部件的事件都是相同的），点击设计区域中任意空白处，在部件【属性】面板中可以看到页面相关的事件，见图 237。

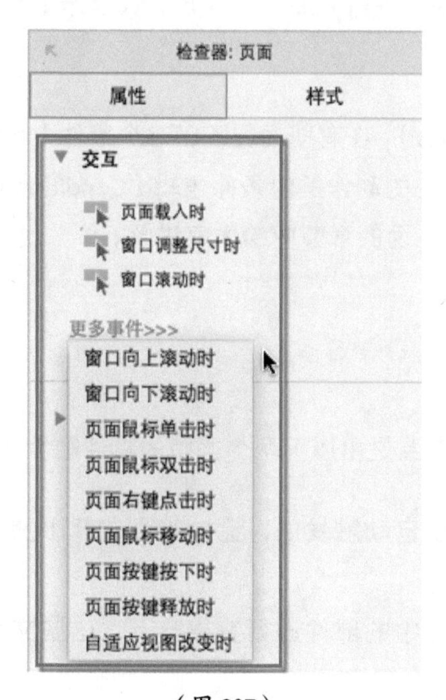


（图 237）

在哪里找到这些交互（Where）？交互可以添加在任意部件上，如矩形部件、下拉列表框和复选框等，也可以附加在页面上。要给部件创建交互，就在部件【属性】面板的选项中进行设置；要给页面创建交互，就到页面的部件【属性】面板中进行设置。在 Axure 中对应 Where 的术语是用例（Cases），一个事件中可以包含一个或者多个用例。

做什么（What）？在 Axure 中对应 What 的术语是动作（Actions），动作定义交互的结果，下面举几个例子。

- 当页面加载时，第一次渲染页面时显示哪些内容（其中显示哪些内容，就是动作）。
- 当用户单击某按钮时，就跳转链接到其他某个页面（其中跳转链接到某个页面，就是动作）。
- 当文本输入框失去焦点时（光标从文本输入框中移出时），文本输入框可根据你设置的条件进行判断，并显示错误提示（其中显示错误提示就是动作）。

多用例（Multiple Cases）：在有些情况下，一个事件中可能包含多个替代路径，要执行某个路径中的动作是由条件逻辑（Condition Logic）决定的，关于条件逻辑笔者会在后面的章节中给大家讲解。

### 1.4.1 事件（Events）

总体来说，Axure 的交互是由以下两个类型的事件触发的。

- 页面事件：是可以自动触发的，比如当浏览器中加载页面时，还有页面滚动栏滚动时。
- 部件事件：对页面中的部件进行直接交互，这些交互是由用户直接触发的，比如单击某个按钮。

页面事件，以【页面载入时】事件为例，给大家详细描述一下，见图238。

- 浏览器获取到一个加载页面的请求（A），可以是首次打开页面，也可以是从其他页面链接过来的。

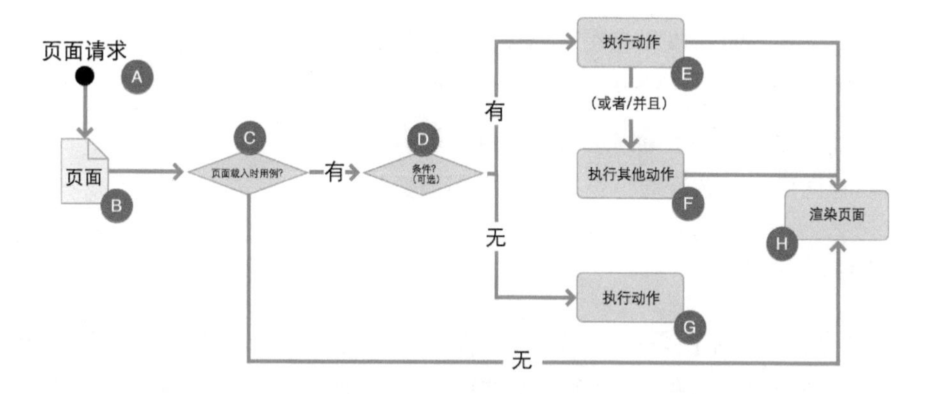


（图238）

- 页面首先检测是否有页面加载时交互,【页面加载时】事件（C）是附加在页面上的（B）。
- 如果存在【页面加载时】事件，浏览器会首先执行页面加载时的交互。在后面的章节中，会给大家讲解不同页面间基于【页面载入时】事件的变量值的传递。
- 如果页面载入时的交互包含条件（D），浏览器会根据逻辑来执行合适的动作（E/F）；如果页面载入时不包含条件，浏览器会直接执行动作（G）。
- 被请求的页面渲染完毕（H），页面载入时的交互执行完毕。

下面是 Axure RP8 中所有可用的页面事件（Page Events）。

- 页面载入时：当页面启动加载时。
- 窗口调整尺寸时：当浏览器窗口大小改变时。
- 窗口滚动时：当浏览器窗口滚动时。
- 窗口向上滚动时：当浏览器中的内容向下滚动时（滚动条向上滚动时）。

- 窗口向下滚动时：当浏览器中的内容向上滚动时（滚动条向下滚动时）。
- 鼠标单击时：页面中的任意位置被单击时（含空白处）。
- 鼠标双击时：当页面中的任意位置被双击时（含空白处）。
- 鼠标右键点击时：当页面中的任何部件被鼠标右键点击时（不含空白处）。
- 鼠标移动时：当鼠标在页面任意位置移动时（含空白处）。
- 按键按下时：当键盘上的按键按下时。
- 按键释放时：当键盘上的按键释放时。
- 自适应视图改变时：当自适应视图改变时。

## 部件事件

如【鼠标单击时】就是最基本的触发事件，可以用于鼠标单击时，也可用于在移动设备上手指单击时，下面给大家描述一下部件事件的执行流程，见图 239。

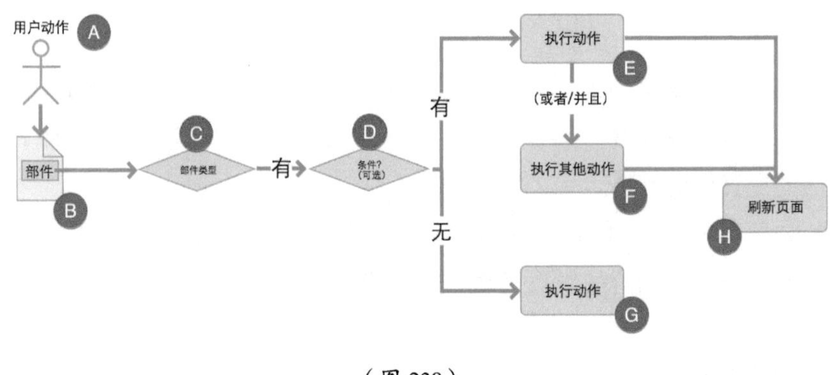


（图 239）

- 用户（A）对部件执行了交互动作，如鼠标单击，这个【鼠标点击时】事件是附加在部件（B）上的。
- 不同的部件类型（如按钮、复选框和下拉列表框等）拥有不同的交互响应（C）。比如，当用户单击一个按钮之前，鼠标移入该按钮的可见范围内，我们可以使用【鼠标移入时】事件改变这个按钮的交互样式。
- 浏览器会检测这个部件的事件上是否添加了条件逻辑（D）。比如，你可能添加了当用户名输入框为空时就执行显示错误提示动作（G）；如果用户名输入框不为空，就执行动作（E/F）。

- 如果没有条件，浏览器会直接执行附加在该部件上的动作（G）。
- 根据事件中动作的不同，浏览器可能会刷新当前页面或者加载其他页面。

下面是 AxureRP8 中所有可用的部件事件（Widget Events）

- 鼠标单击时：当部件被单击。
- 鼠标移入时：当光标移入部件范围。
- 鼠标移出时：当光标移出部件范围。
- 鼠标双击时：当时鼠标双击时。
- 鼠标右键点击时：当鼠标右键点击时。
- 鼠标左键按下时：当鼠标按下且没有释放时。
- 鼠标左键释放时：当一个部件被鼠标单击，这个事件由鼠标按键释放触发。
- 鼠标移动时：当鼠标的光标在一个部件上移动时。
- 鼠标悬停时：当光标在一个部件上悬停超过 2 秒时。
- 鼠标长按时：当一个部件被点击并且鼠标按键保持超过 2 秒时。
- 按键按下时：当键盘上的键按下时。
- 按键释放时：当键盘上的键弹起时。
- 移动时：当面板移动时。
- 旋转时：当部件旋转时（Axure RP8 新事件，应用于形状部件、线条、图像和热区）。
- 调整尺寸时：当部件尺寸改变时（注意：在 Axure RP8 中，形状部件、动态面板、热区、内联框架、图像、文本输入框和其他表单输入部件都可以改变尺寸）。
- 项目调整尺寸时：该事件由中继器中的任何部件尺寸改变时触发（Axure RP8 新事件）。
- 显示时：当面板通过交互动作显示时。
- 隐藏时：当面板通过交互动作隐藏时。

- 获取焦点时：当一个部件获取焦点时。
- 失去焦点时：当一个部件失去焦点时。
- 选项改变时：当下拉列表框或列表框部件中的选项改变时，这是条件的典型应用。
- 选中改变时：当部件使用【设置选中】动作设为选中或未选中时可以触发此事件（Axure RP8 新事件，在 Axure RP8 中可应用于形状部件、图像、线条、复选框、单选按钮和树部件）。
- 选中时：同【选中改变时】（Axure RP8 新事件）。
- 未选中时：同【选中改变时】（Axure RP8 新事件）。
- 文本改变时：当文本输入框部件或文本区域部件中的文字改变时。
- 状态改变时：当动态面板被设置了【设置面板状态】动作时。
- 拖动开始时：当一个拖动动作开始时。
- 拖动时：当一个动态面板正在被拖动时。
- 结束拖动时：当一个拖动动作结束时。
- 向左拖动结束时：当一个面板向左拖动结束时。
- 向右拖动结束时：当一个面板向右拖动结束时。
- 载入时：当动态面板从一个页面的加载中载入时。
- 向上拖动结束时：当一个面板向上拖动结束时。
- 向下拖动结束时：当一个面板向下拖动结束时。
- 滚动时：当一个有滚动栏的面板上下滚动时。
- 向上滚动时：当一个有垂直滚动栏的面板向上滚动时（Axure RP8 新事件）。
- 向下滚动时：当一个有垂直滚动栏的面板向下滚动时（Axure RP8 新事件）。

## 1.4.2 用例（Cases）

通过图 238 和图 239 的模型，你应该已经对用例有所了解了。用例是用户与网站或 APP 之间交互流程的抽象表达。每个用例中可以封装一个独立的路径，也可以是跟根据不同条件而执行的多个路径。通常情况下，我们让原型按主路径执行动作，但是为了响应用户的不同操作或其他一些条件，我们还需要制作可选路径来执行其他动作。举例来说，当用户单击超链接时，可能有一个打开新页面的用例（一个独立路径）。或者单击登录按钮时，可能有两个用例：如果登录成功就打开一个新页面；如果登录失败就显示提示错误信息（两个路径）。由此可见，使用 Axure 中的用例，可以用来给同一个任务创建不同的路径。如果上面的描述依然无法让你对用例有一个清晰的认识，下面这张图一定能帮你加深印象，见图 240。

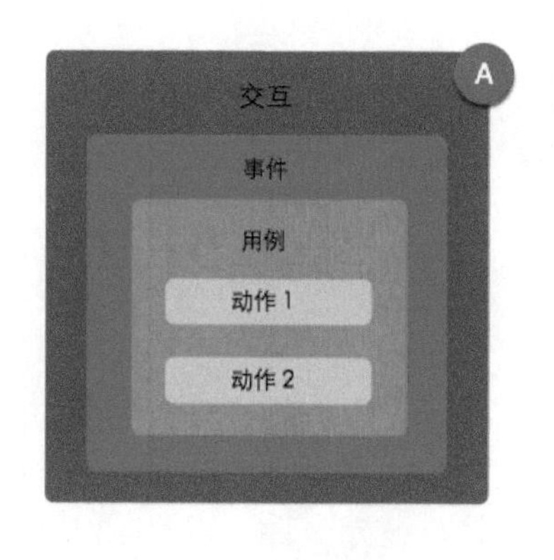

（图 240）

用例通常用于以下两种方式。

- 每个交互事件中只包含一个用例，用例中可以有一个或多个动作，不包含条件逻辑，如图 240-A。
- 每个交互事件中包含多个用例，每个用例中又包含一个或多个动作。包含条件逻辑或者手动选择需要执行的交互，见图 240-B。

概括来讲，Axure 中的【用例】可以理解为【动作】的容器，可以帮助我们构建模拟原型中的替代途径。我们制作的原型保真度越高，用到的多用例交互也就越多。

1. 添加用例（Adding Cases）

在设计区域中选中部件，在部件【属性】面板中可以看到该部件可用的事件。要添加用例，可以双击要使用的事件或者单击该事件右侧的小加号（添加用例），见图 241。在弹出的【用例编辑器】对话框中，你可以选择并设置你想要执行的动作。

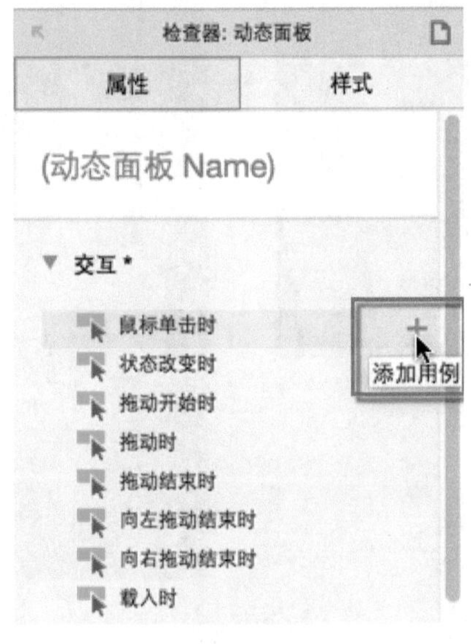


（图 241）

2. 用例编辑器（Case Editor）

见图 242，打开【用例编辑器】后，完成以下操作。

■ 第一步：用例说明。你可以编辑用例说明，这里的说明会显示在用例名称中。

■ 第二步：新增动作。单击鼠标新增动作，这里可以新增多个动作。

- 第三步：组织动作。这里会显示你所添加的动作，每个动作都可以添加多次。动作是按自上至下顺序执行的。比如，你添加的【设置变量值】动作在【打开新页面】动作之后，那么浏览器会先执行打开页面，然后再执行设置变量值的动作。这里的动作顺序是可以调整的，使用鼠标拖动或者右键单击，在弹出的关联菜单中可以调整动作上移/下移。
- 第四步：配置动作。选择动作后，可以对动作进行详细的设置。完成之后，点击【确定】按钮，用例和动作就会出现在部件交互和注释面板中了。

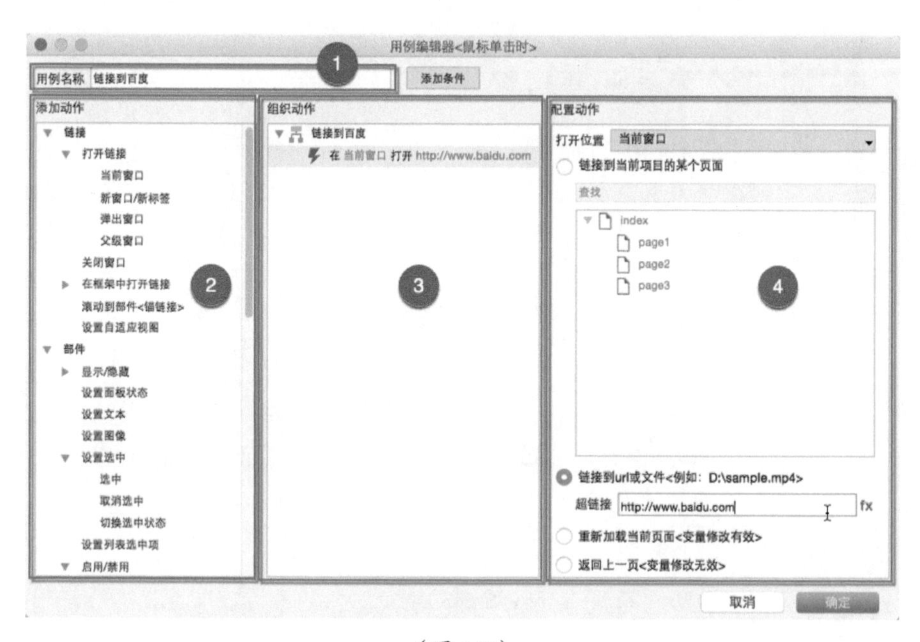


（图 242）

## 1.4.3 动作（Actions）

动作是由用例定义的对事件的响应。做个最简单的说明：单击一个按钮部件，在当前窗口打开链接 http://www.baidu.com。这个用例中的动作是【在当前窗口打开链接】。

Axure RP8 当前支持以下 5 组动作，见图 243。

- 链接
- 部件
- 变量
- 中继器
- 其他

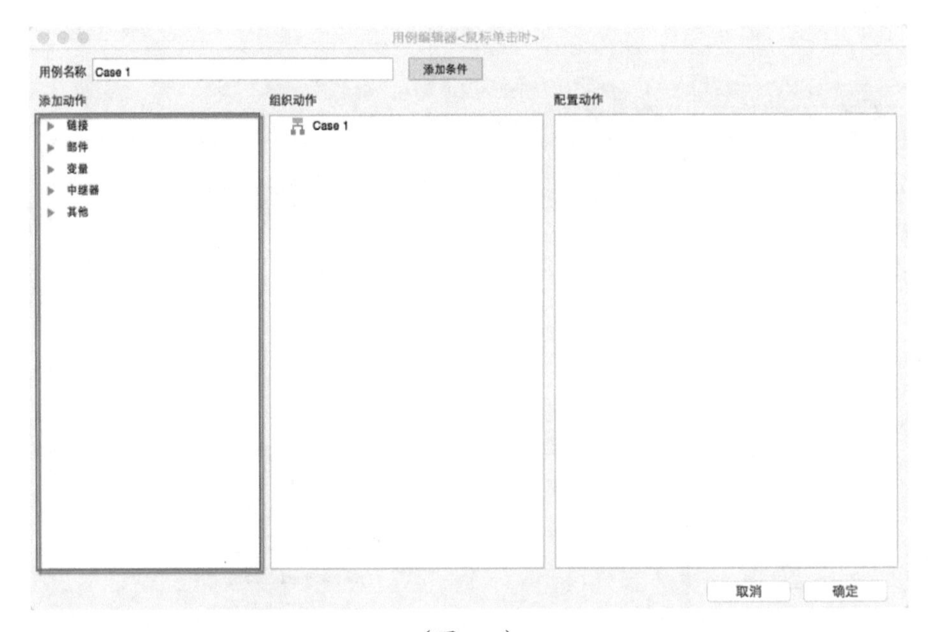


（图 243）

下面是 Axure RP8 中所有可用的动作。

1. 链接

- 打开链接
    - 当前窗口：在当前窗口打开页面或外部链接。

- 新窗口 / 新标签：在新窗口或新标签中打开页面或外部链接。
- 弹出窗口：在弹出窗口中打开页面或外部链接，你可以定义弹出窗口的属性和位置。
- 父级窗口：在父窗口中打开页面或外部链接。

■ 关闭窗口：关闭当前窗口。

■ 在框架中打开链接

- 内联框架：在内部框架中加载页面或外部链接。
- 父级框架：在父框架中打开页面或外部链接，用于在内部框架中加载页面。

■ 滚动到部件 < 锚点链接 >：滚动页面到指定部件位置（例如浏览网页时常见的返回顶部）。

■ 设置自适应视图：该动作可设置提前定义好的自适应视图，要覆盖当前视图回到自适应视图模式匹配当前浏览器宽度，在【配置动作】中选择“自动”，见图 244（Axure RP8 新动作）。

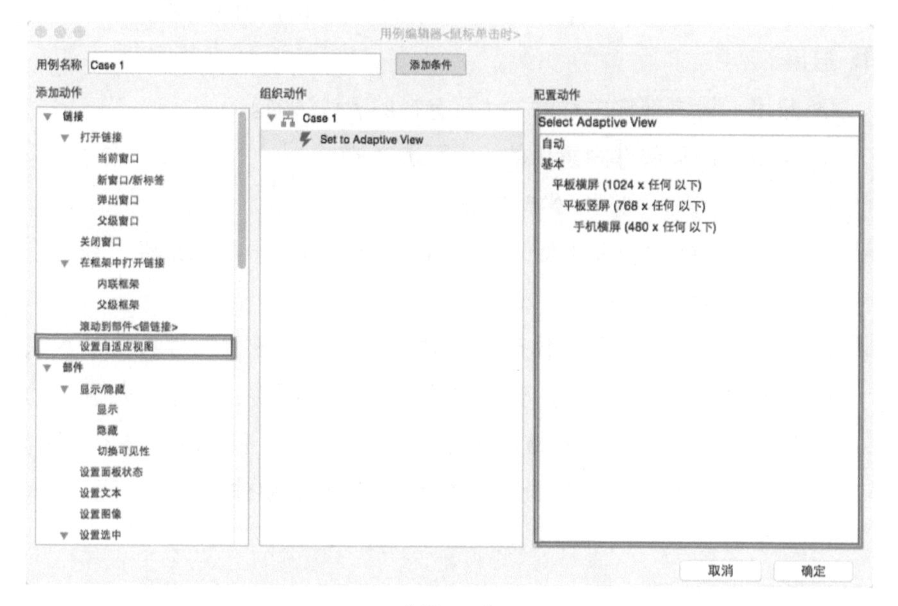


（图 244）

### 2. 部件

- 显示 / 隐藏
  - 显示：将隐藏的部件设置为显示（可见）。
  - 隐藏：将部件设置为隐藏部件（不可见）。
  - 切换可见性：基于部件当前的可见性切换为显示或隐藏。
- 设置面板状态：将动态面板切换到指定状态。
- 设置文本：改变部件上的文本内容。
- 设置图像：改变图像的不同交互样式（鼠标悬停时、左键按下时、选中时、禁用时）；也可用于中继器中图像部件的内容显示。
- 设置选中
  - 选中：设置部件到其选中的状态。
  - 取消选中：设置部件到取消选中状态（默认状态）。
  - 切换选中状态：根据部件当前的选中状态进行切换。
- 设置列表选中项：设置下拉列表框 / 列表框部件中的选项。
- 启用 / 禁用
  - 启用：设置部件为活动的 / 可选择的 / 默认的。
  - 禁用：设置部件为禁用的 / 不可选择的。
- 移动：移动部件到指定坐标位置。
- 旋转：设置部件旋转（Axure RP8 新动作，适用于形状部件、线条、热区和动态面板）。
- 设置尺寸：动态设置部件尺寸，并可以按需求设置部件按锚点约束进行放大缩小，见图 245。该动作适用于形状部件、线条、热区、动态面板、快照、文本输入框和其他表单输入部件（Axure RP8 新动作，在 Axure RP7 中只有【设置面板尺寸】这个动作可以改变面板状态的尺寸）。
- 置于顶层 / 底层
  - 置于顶层：将部件置于页面布局的顶层。

○ 置于底层：将部件置于页面布局的底层。

（图 245）

■ 获取焦点：设置光标聚焦在表单部件上（如文本输入框）。

■ 展开 / 折叠树节点

○ 展开树节点：展开树部件的节点。

○ 折叠树节点：折叠树部件的节点。

3. 变量

■ 设置变量值：设置一个或多个变量或 / 和部件的值（例如，一个部件的文本值）。

4. 中继器

■ 添加排序：使用查询对数据集中的项排序。

■ 移除排序：移除所有排序。

- 添加过滤器：使用查询过滤数据集中的项。
- 移除过滤器：删除所有过滤器。
- 设置当前显示页：使用分页时显示指定的页面。
- 设置每页项目数：使用分页时设置每页显示中继器项的数目。

- 数据集
  - 新增行：添加一行数据到数据集。
  - 标记行：选择数据集中的数据行。
  - 取消标记行：取消选择数据行。
  - 更新行：编辑数据集中选中的行。
  - 删除行：删除选中的行。

5. 其他

- 等待：按指定时间延迟动作，1秒=1000毫秒。
- 其他：在弹出窗口中显示文字描述。
- 触发事件：使用触发事件可以触发另一个部件上的事件，例如，你可以通过B部件的【鼠标移入时】事件触发A部件上的【鼠标单击时】事件（Axure RP8新动作，Axure RP7中的【Raise Event】与该事件相同，但仅适用于母版中）。

注意：有些情况下，一个事件会执行多个用例。要在事件上添加多个用例，重复添加即可。你可以使用用例说明来描述用例的使用场景。比如，当单击一个按钮时，你添加两个用例，一个用例描述是【如果登录成功】，另一个用例描述是【如果登录失败】。在生成的原型中，单击按钮会显示用例描述，可以选择执行哪一个。良好的用例说明可以将条件流程清晰地表达出来，这样也利于维护和更新。如果想让原型将用例正确地表达出来，就在用例中定义条件逻辑来表达基于存储在变量中的值，或用户在原型中输入的值。

## 1.4.4 交互基础案例

本节将使用一个案例来介绍 APP 的基础交互。

在制作网站和 APP 原型的项目中，最常见的用户体验效果就是通过全局导航菜单清晰地反应出当前用户是在哪个页面（屏幕）。在这个简单的小案例中，我们的目标是：当页面（APP）加载时，标签栏的样式会发生改变，反映出当前是哪个页面。现在，我们就来趁热打铁，巩固前面刚刚介绍过的内容。实现我们想要的效果，可以这样描述。

- 什么时候（When）：页面加载时。
- 在哪里（Where）：全局导航菜单。
- 做什么（What）：改变相应菜单的样式，反应当前所处的页面。
- 条件逻辑（Conditional Logic）：无。

在这个案例中，要实现“做什么”这一步，也就是改变相应的样式的实现方法不只一种。事实上，使用 Axure 制作大多数交互的方法都不只一种。随着你对 Axure 这款软件的不断熟悉，你的思维会更加灵敏、缜密，也会逐渐掌握这些不同的实现方法。

### 案例 11：iOS APP 标签栏视图切换

因为我们目前还没有详细讲解【母版】的使用，所以这个案例就使用动态面板来扮演 APP 的内容部分。在此以 TripAdvisor 应用为例来进行演示，见图 246。启动 APP 后，显示的是【看点评】，所以标签栏中【看点评】这个标签是被选中的（我们只需要给标签栏的每一个标签添加【选中时】的交互样式即可）。当用户单击其他标签时，动态面板的状态转换至与标签相应的内容，并且设置当前单击的标签为选中状态（图标为绿色），其他标签未选中（图标为灰色）。

第一步：准备好所需的图像素材，如图 247。

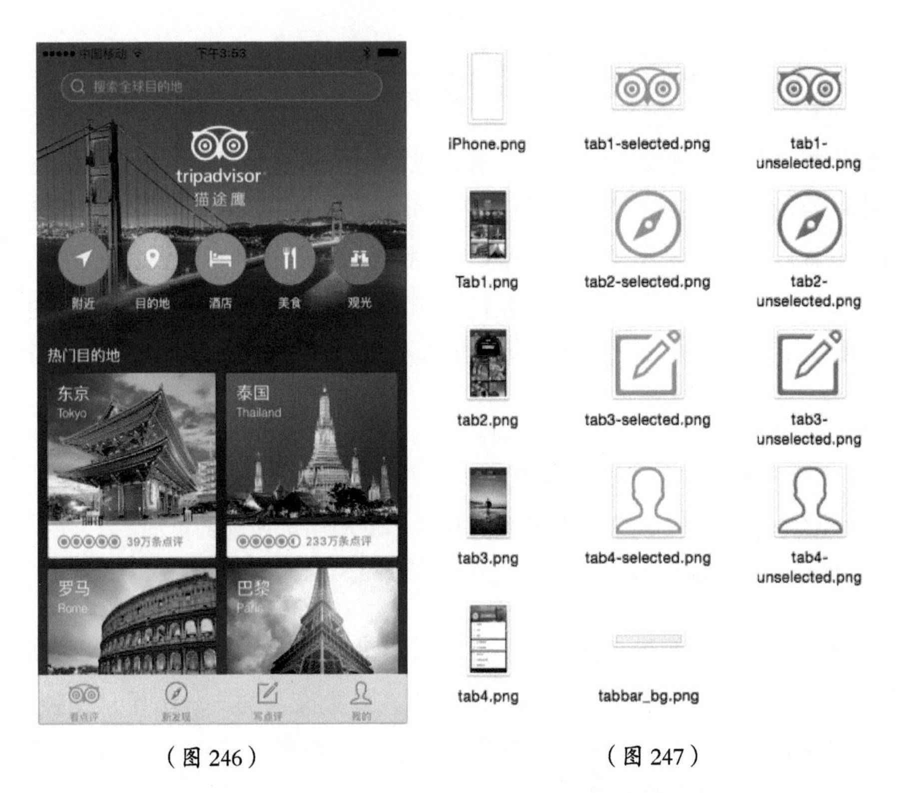


（图 246）　　　　（图 247）

第二步：在【部件】面板中拖放一个动态面板到设计区域，给其命名为【content】，双击该动态面板并添加 4 个状态，分别命名为 tab1、tab2、tab3 和 tab4，然后将图像素材中对应的 4 张图片按名称导入对应的面板中，如图 248。

第三步：将图像素材中的 tabbar_bg.png 和 4 个灰色的标签栏图标导入到 Axure 中并添加文本标签【在学习的过程中要养成给每个部件命名的好习惯】，见图 249。

第三步：参考『案例 2』中介绍的知识点，分别给 4 个标签栏图标添加选中时的交互样式，并将图像素材中对应的绿色图标导入，见图 250。导入完毕后选中【看点评】图标，在右侧部件【属性】面板中勾选【选中】，见图 251。

（图 248）

（图 249）

（图 250）

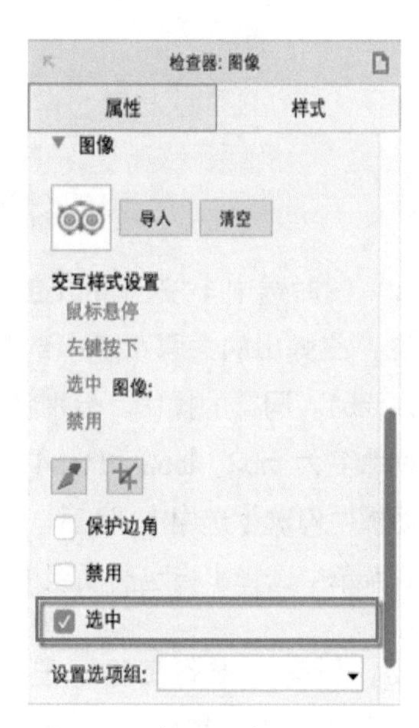


（图 251）

第四步：同样的道理和操作方法，给图标下面的 4 个文本标签分别设置选中时的交互样式，让其选中时字体颜色改变为 #589442，见图 252。同第三步操作一样，选中时的交互样式设置完毕后，选中第一个文本标签【看点评】，在右侧部件【属性】面板中勾选【选中】。

（图 252）

第五步：同时选中（按住 Shift 键多选）第一个标签栏图标和文本标签，单击右键，在弹出的关联菜单中选择【转换为动态面板】，见图 253，并给其命名为 tab1。同样的操作，分别将另外三组图标和文本标签转换为动态面板，并分别命名为 tab2、tab3 和 tab4，然后选中动态面板 tab1，在右侧部件【属性】面板中勾选【选中】。最后，同时选中这四个动态面板单击右键，在弹出的关联菜单中选择【指定选项组】，设置组名称为 tabs，见图 254。

到这里，所有的准备工作都已完毕，同时选中 4 个动态面板和 tabbar_bg.png 图像，并将其移动到 content 动态面板下面，见图 255。单击工具栏中的快速预览按钮，在浏览器中可以看到第一个标签是绿色的（选中状态），见图 256。

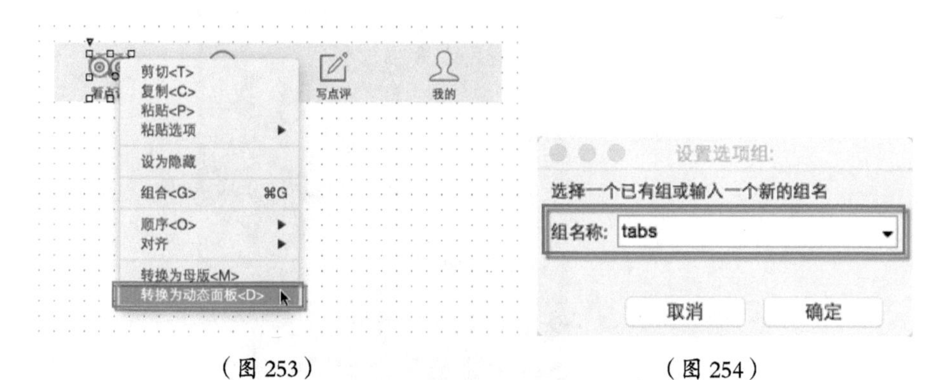


（图 253）　　　　　　　　　　（图 254）

（图 255）

（图 256）

第六步：接下来我们要给标签分别添加交互，通过对 TripAdvisor 应用的操作观察，我们得出结果，使用适用于 Axure 的语言描述如下，当单击不同的标签时会同时发生以下两个变化。

- 被点击的标签变为选中（绿色），其他标签都变为未选中（灰色）。
- 单击不同的标签时，content 动态面板中的状态要与标签对应切换。

通过上面的分析以及前五步准备工作，我们只需给每个标签添加两个简单的动作即可实现目标交互效果。

首先选中 tab1，在右侧部件【属性】面板中双击【鼠标单击时】事件，在弹出的【用例编辑器】中新增【选中】动作，在右侧的配置动作中勾选【当前部件】（当前部件是指当前所选中的部件，也就是我们正在添加事件的这个部件，很多情况下勾选该项都可以帮助我们节省大量操作，在后面的讲解中会还会多次提及这个知识点）并设置【选中状态值】为 true，见图 257。

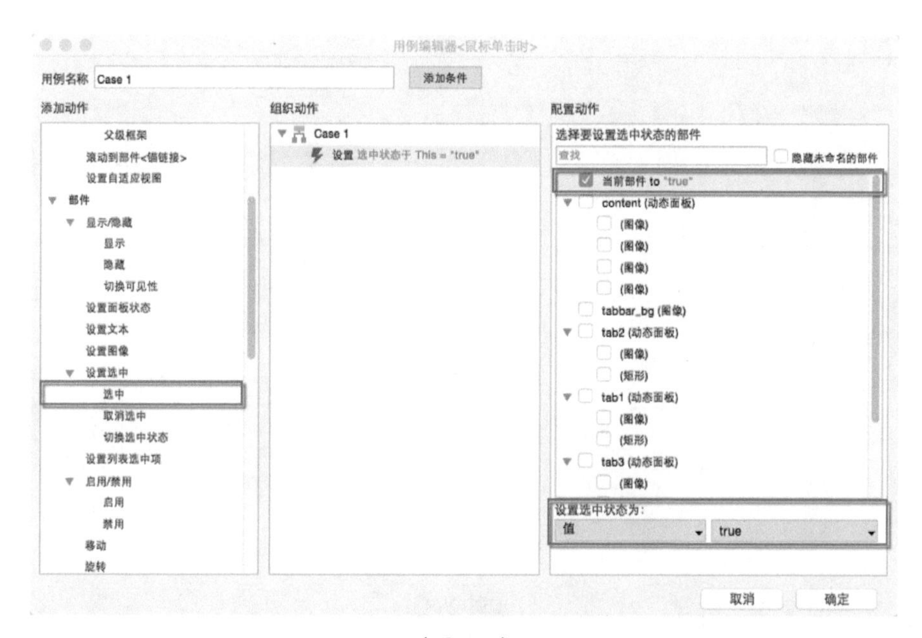


（图 257）

继续添加【设置面板状态】动作，在右侧【配置动作】中勾选【content】动态面板，设置选择状态为 tab1，见图 258，单击【确定】按钮关闭【用例编辑器】。

同样的操作方法，给剩余三个标签动态面板添加相同的交互，但要注意【设置面板状态】动作中，content 动态面板的选择状态要与当前标签相对应。在 Axure 中可以复制已经添加的交互到其他部件上再进行适当修改即可，不必在每个部件上重复添加。

选中 tab1，在右侧的部件【属性】面板中选中【鼠标单击时】事件，单击右键，在弹出的关联菜单中选择【复制】，或者使用常规快捷键 Ctrl/Command + C，复制用例，见图 259。然后选中 tab2，按下快捷键 Ctrl/

Command + V，或者右键单击【鼠标单击时】事件，在弹出的关联菜单中选择【粘贴】，见图 260。

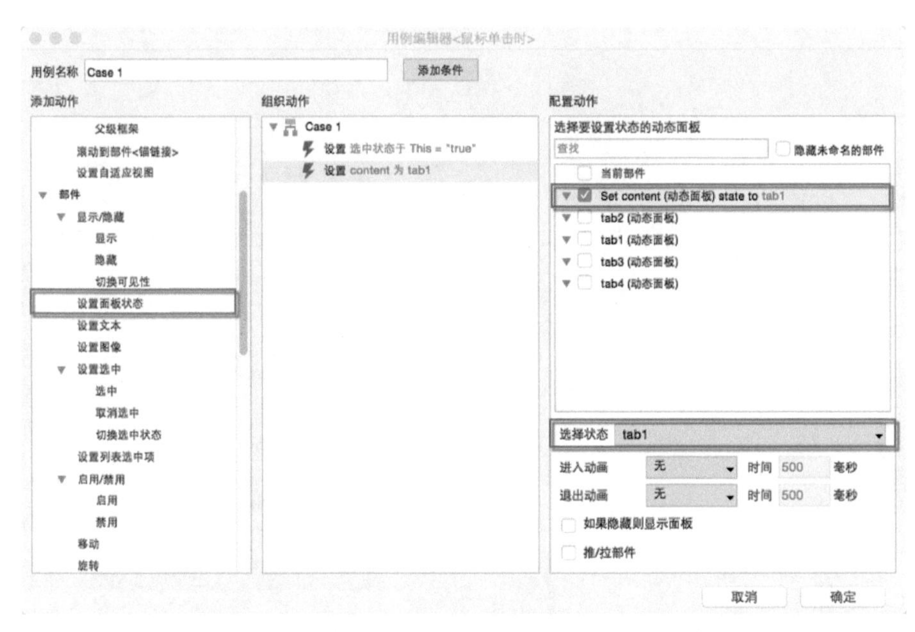


（图 258）

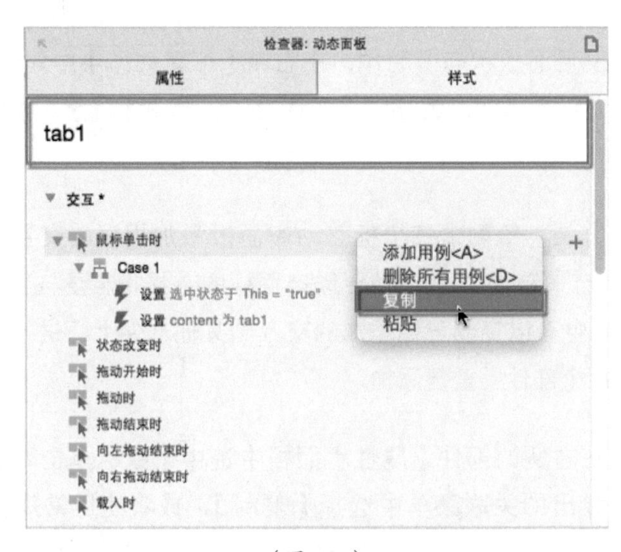


（图 259）

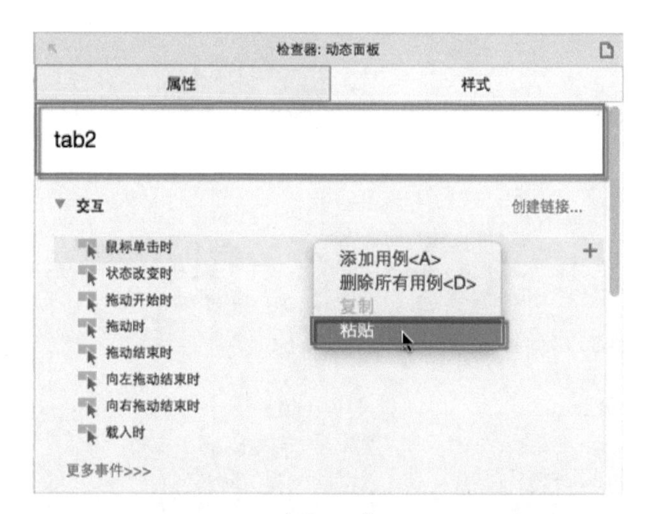


（图 260）

粘贴用例后需要仔细检查用例中的动作是否需要修改，避免出错，如图 261，【设置 content 为 tab1】这个动作需要修改为【设置 content 为 tab2】，然后对剩余两个标签进行同样的操作即可。

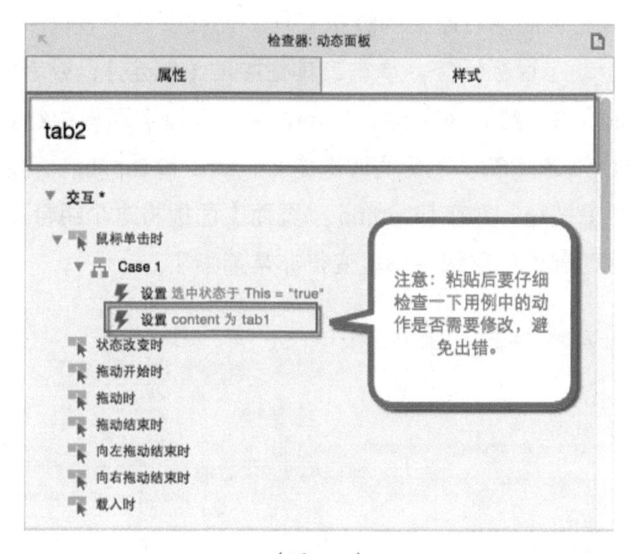


（图 261）

4 个标签添加交互后如图 262 所示，至此 iOS 标签栏视图切换案例就制作完毕了。

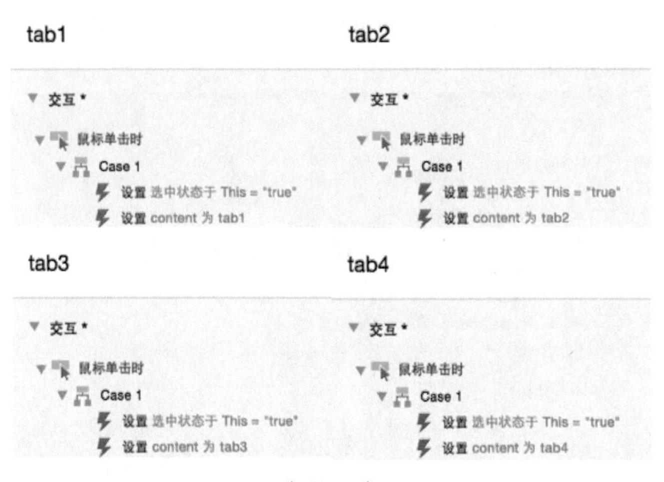


（图 262）

在制作原型的过程中，随着使用部件数量的增加，原型的管理会变得更加棘手，所以在初学阶段，要使用 Group（组合）工具让原型结构变得更加扁平化，这样利于后期对原型的维护管理。比如在这个案例中，我们可以同时选中 4 个动态面板标签，单击工具栏中的【组合】，或者使用快捷键 Ctrl/Command + G，然后在右侧的【Outline：页面】面板中给这个组合命名为 dp_tabs，见图 263。然后同时选中 dp_tabs 和 tab_bg，再次单击工具栏中的【组合】按钮，并在【Outline：页面】面板将这个组合命名为 tabs，见图 264，此时部件的层级关系就变得非常清晰了。

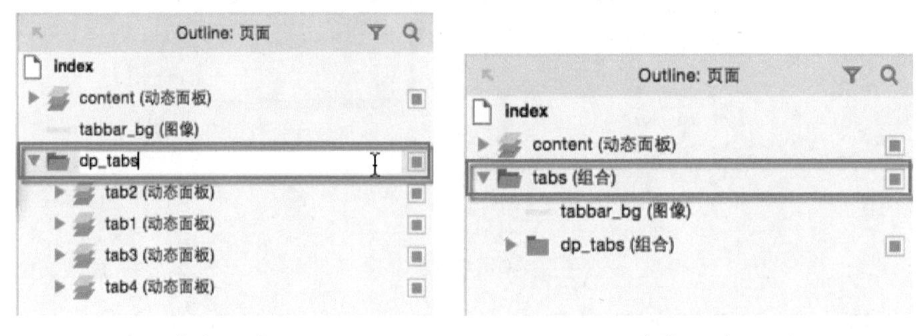


（图 263）　　（图 264）

第七步：在顶部的工具栏中单击【预览】按钮，或者按下快捷键 F5/Shift + Command + P，快速预览交互效果。

## 挑战 7：TripAdvisor 应用的用户登录和注册视图切换

## 案例 12：知乎 APP 微博登录部件显示 / 隐藏

这个案例简单介绍一下微博登录模块的显示与隐藏，为了节省篇幅并减少操作步骤，直击本案例要讲解的知识点，此处的微博登录模块直接使用截图代替，不再使用文本、矩形、按钮等部件制作登录模块。

第一步：准备好案例所需的图像素材，见图 265。

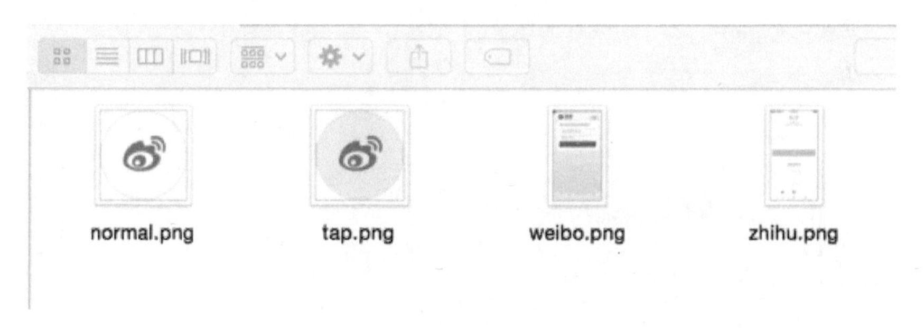


（图 265）

第二步：将 zhihu.png 和 normal.png 两张图像拖入 Axure 设计区域，见图 266。

第三步：将 normal.png 移动到恰当位置，并为其添加【左键按下时】的交互效果，导入 tap.png，见图 267，给 weibo.png 图像部件命名为 weibo_login（在移动设备 APP 中，当手指单击图标时，图标的样式大多会发生变化，如图 268）。

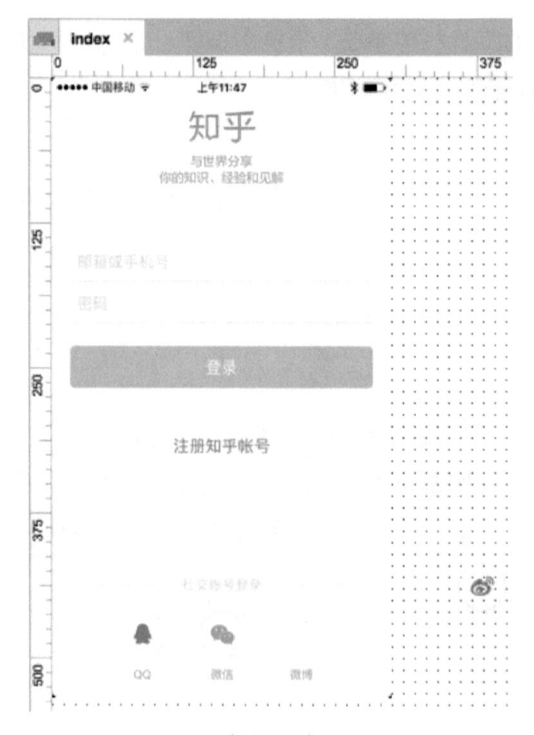


（图 266）

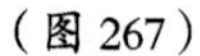

（图 267）

（图 268）

第四步：将 weibo.png 图像拖入 axure 设计区域，并将其移动到 zhihu.png 图像上方，单击右键，在弹出的关联菜单中选择【转换为动态面板】，给动态面板命名为 weibo，见图 269。

第五步：选中 weibo 这个动态面板，单击右键，在弹出的关联菜单中选择【设为隐藏】（在顶部工具栏和【部件样式】面板中均可将部件设为隐藏），接下来我们要给 weibo_login 图标添加交互，但此时 weibo_login 按钮被动态面板覆盖住了，见图 270。当遇到部件被覆盖的情况时有三种解决方法。

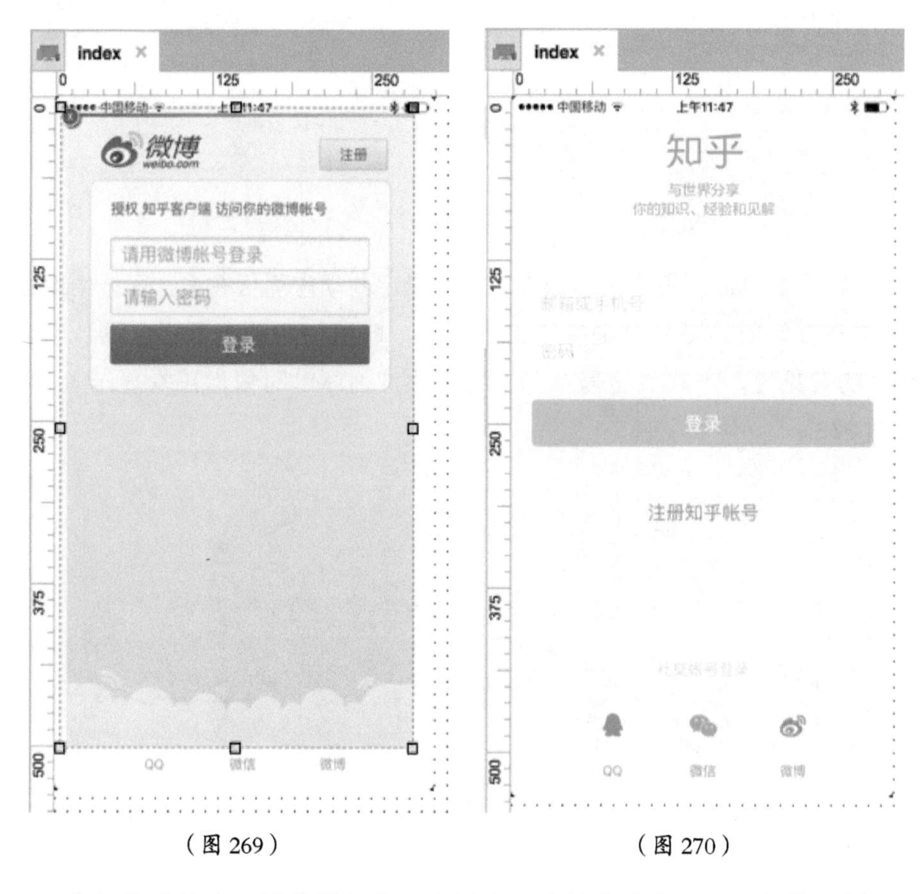


（图 269）　　（图 270）

1. 鼠标慢速单击要操作的部件，每单击一次就会选中下一层部件。例如，当前案例中第一次单击 weibo_login 图标时选中的是 weibo 这个隐藏的动态面板，再单击一次就可以选中我们想要操作的图标了。

2. 通过【Outline：页面】面板直接选中目标部件进行操作，见图 271。在【Outline：页面】面板中可以看到当前页面中的所有部件，也可以通过右上角的过滤按钮对部件进行过滤显示，见图 272。

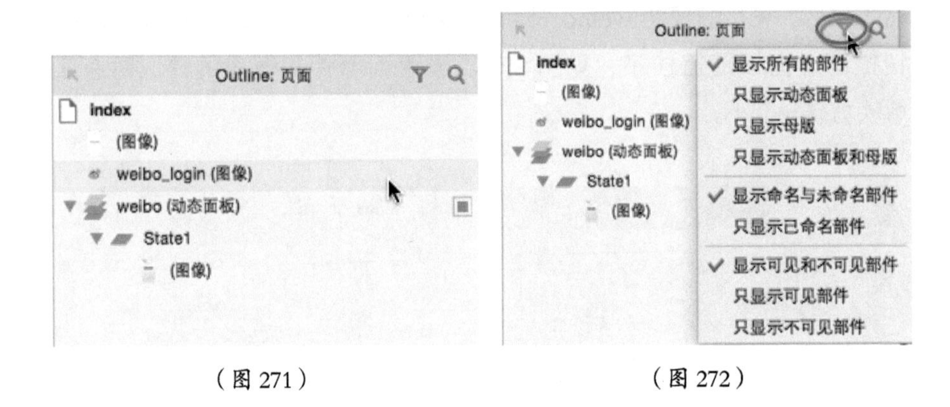


（图 271）　　（图 272）

3. 在【Outline：页面】面板中可以将指定的动态面板在设计区域中隐藏（注意，此处的隐藏只提拱了工作方便，取消指定动态面板在设计区域中的可见性，当在浏览器中预览或者生成 HTML 时依然正常显示），见图 273。

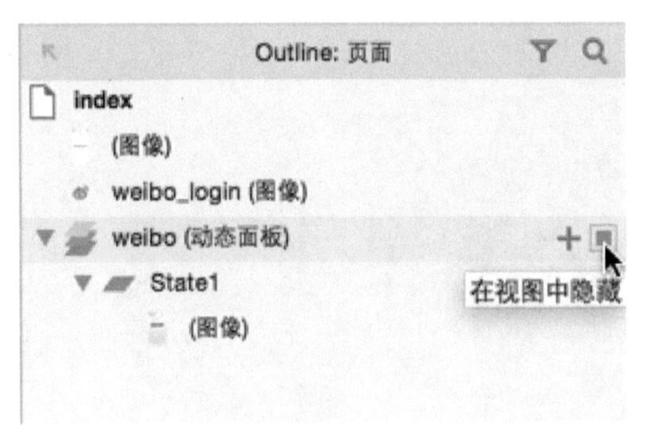


（图 273）

第六步：选中 weibo_login 图标，在右侧部件【属性】面板中双击【鼠标单击时】事件，在弹出的【用例编辑器】中新增【显示】动作，在右侧【配置动作】中勾选 weibo 动态面板，动画【淡入淡出】，时间【200】毫秒，更多选项【灯箱效果】，背景色【黑色】，不透明度【70%】，见图 274。单击【确定】按钮关闭【用例编辑器】。

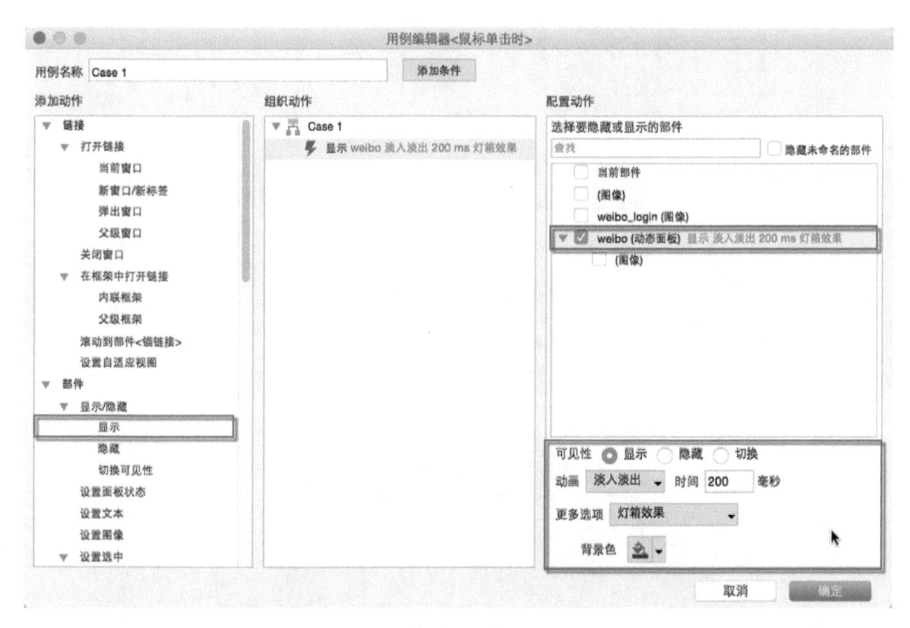


（图 274）

单击工具栏中的预览按钮，在浏览器中打开原型，现在单击微博登录按钮就可以正常显示了，继续为其添加隐藏交互。

第七步：在【Outline：页面】面板中双击 weibo 动态面板下的 State1（注意，在【Outline：页面】面板中，当鼠标悬停在某个部件时，左侧都会显示该部件的缩略图便于我们查找所需部件，见图 275），然后在【部件】面板中拖放一个 热区 部件，覆盖到微博图像的【关闭】按钮上，并给【热区】命名为 weibo_close，见图 276。

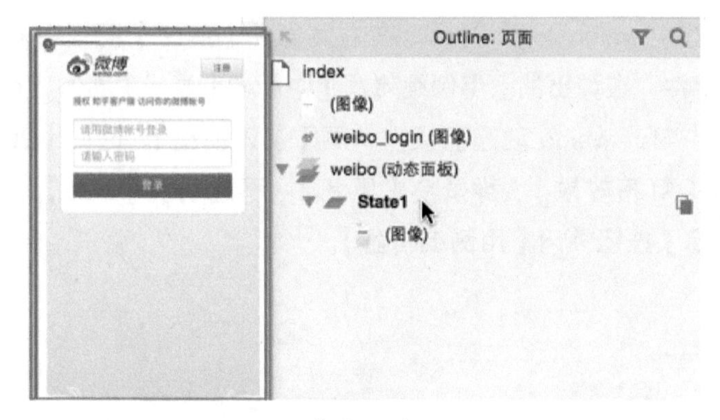


（图 275）

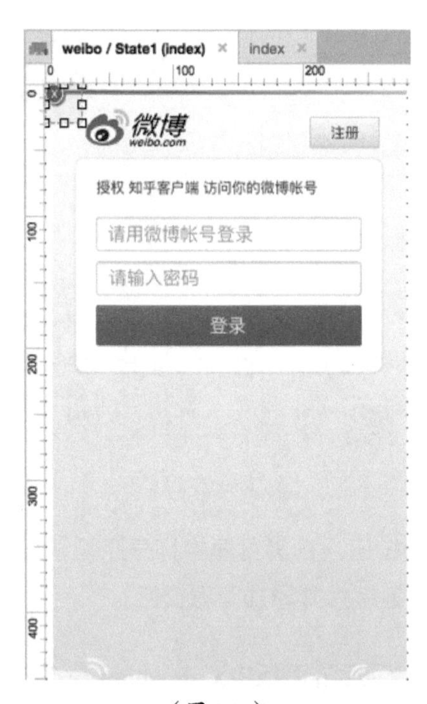


（图 276）

选中热区部件，在右侧部件【属性】面板中双击【鼠标单击时】事件，在弹出的【用例编辑器】中新增【隐藏】动作，在右侧【配置动作】中勾选 weibo 动态面板，动画【淡入淡出】，动画时间【200】毫秒，见图 277。单击【确定】按钮关闭【用例编辑器】。

第八步：在顶部的工具栏中单击【预览】按钮，或者按下快捷键 F5/Shift + Command + P，快速预览交互效果。

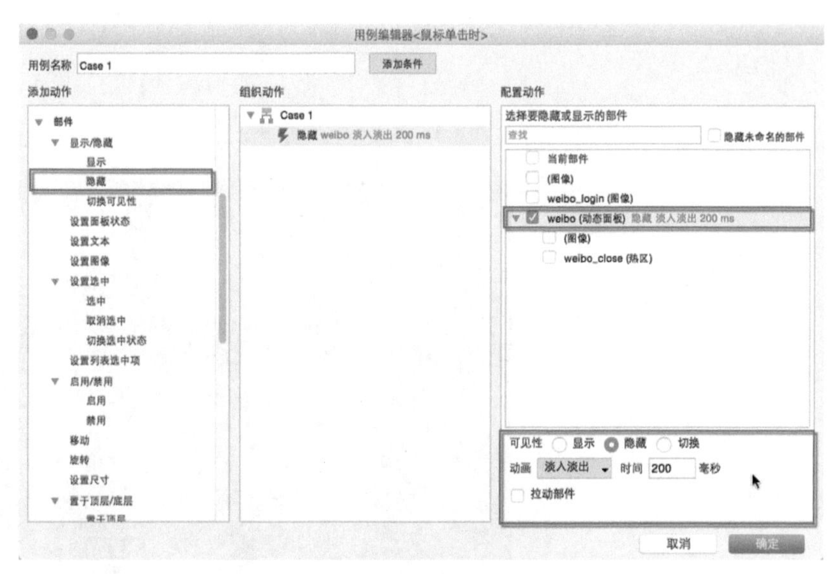


（图 277）

## 挑战 8：知乎 APP 用户登录 / 注册切换效果

知乎 APP 的用户登录和注册视图切换非常简洁，随着你对动态面板部件了解的逐渐深入，请尝试独立实现该交互。

# 1.5 总结

在本章中，我们介绍了 Axure 交互的基础内容。作为经验总结，需要从一开始就提醒各位读者的是：在实际工作中，打开 Axure 之前就要考虑到可交付资料，比如 UI 规范文档、线框图、Mockup 等。原型的保真度和复杂度越高，就越难以呈现一份清晰和容易理解的 UI 规范文档，所以在项目初始阶段就进行详细规划是十分必要的。

# 第 2 章

# 母版详解

母版可用来创建可重复使用的资源和管理全局变化，是整个项目中重复使用的部件容器。对母版的任何修改提交后，任何页面中所使用的相同的母版都会同时改变。

# 2.1 母版基础

母版可用来创建可重复使用的资源和管理全局变化，是整个项目中重复使用的部件容器。用来创建母版的常用元素有：页头、页脚、导航、模板和广告等。母版的强大之处在于，你可以在任何页面轻松地使用母版，而不需要再次制作或复制粘贴，并且你可以在母版面板对母版进行统一管理。对母版的任何修改提交后，其他页面中所使用的相同的母版都会同时改变。你还可以使用多个母版并将其添加到任何页面上。比如，你创建了一个全局导航菜单并将其放在了多个页面中，但是你想在全局导航菜单中添加一个“最新团购”栏目，为此你可以直接编辑母版，在全局导航菜单母版中添加这个栏目，所有页面中的全局导航菜单母版也将同步发生改变。当每个页面中有大量相同重复的部件时，使用母版能够节省时间，提高效率。

## 2.1.1 创建母版的两种方法

1. 在【母版】面板中单击【新增母版】，给新增的母版命名，双击该母版进入编辑，见图 1。

2. 在设计区域选中要转换为母版的部件，然后单击右键，在弹出的关联菜单中选择【转换为母版】，见图 2。在弹出对话框中设置母版的名称，你还可以选择母版的拖放行为，后面的内容中会详细介绍。

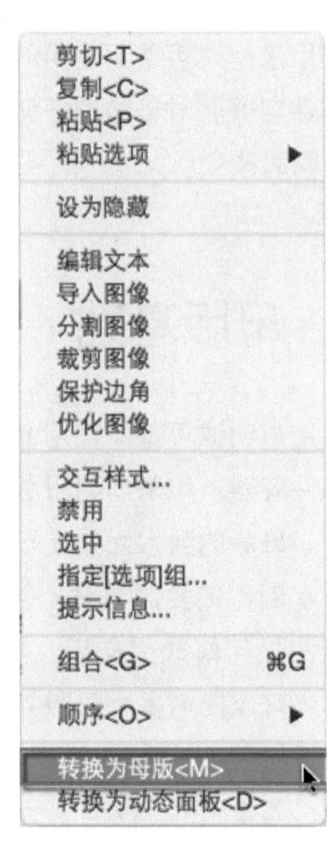


（图 1）　（图 2）

## 2.1.2　使用母版

使用母版面板对母版进行管理，见图 3。

（图 3）

- 在母版面板中，你可以对母版进行添加、删除、排序等管理。
- 要对母版重新命名，请慢速双击母版，或者单击右键选择【重命名】。
- 删除母版，单击选中母版，并单击右键选择【删除】。
- 拖动母版或单击右键选择【移动】，可以对母版进行排序。

- 母版面板还可以添加文件夹，与站点地图相似，母版还可以新增子母版。
- 拖放：拖放母版到设计区域即可，就像操作部件一样。
- 批量添加 / 删除：右键单击母版，选择【添加到页面中…】，在弹出的【添加母版到页面中】对话框中选择想要添加母版的页面，见图 4。右键单击母版，选择【从页面中移除母版】，可以在页面中批量删除母版，见图 5。

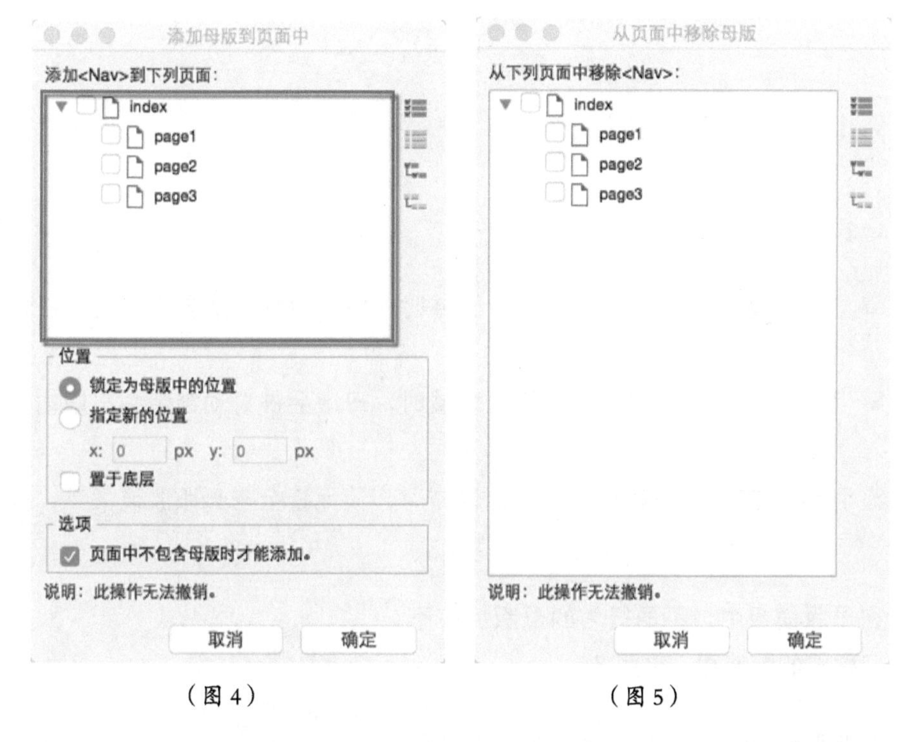


（图 4）　　（图 5）

- 母版蒙版：将母版拖放到设计区域后可以看到，在母版上会覆盖一层粉红色的蒙版，这是为了让我们快速区分设计区域中哪些元素是母版。不过，你可以选择菜单中的【视图 > 蒙版】，取消显示这层粉红色的遮罩。同样，在这里你还可以给动态面板、中继器、热区、文本链接和隐藏对象取消 / 添加蒙版，见图 6。

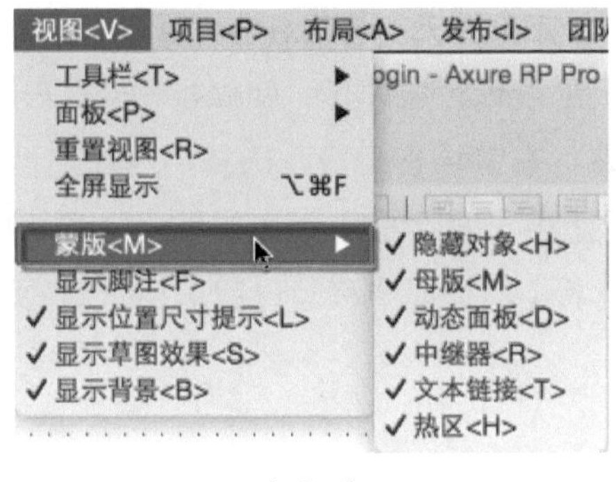


（图 6）

## 2.1.3 母版的拖放行为

母版有三种不同的拖放行为。

- 任意位置：当拖动母版到设计区域时，你可以将母版自由放置于任何位置。
- 固定位置：当拖动母版到设计区域时，母版会被自动锁定到母版内容所处的位置。
- 脱离母版：当拖动母版到设计区域时，该元素会与母版脱离关系，变成可以编辑的部件。

在母版面板中，不同行为的母版拥有不同样式的缩略图，见图 7。

要改变母版行为，在母版面板中右键单击母版，在弹出的关联菜单中选择【拖放行为】，然后在下一级子菜单中进行选择，见图 8。你可以随时在设计区域中右键单击母版，在弹出的关联菜单中修改母版行为，这只会影响到当前选中的母版。

图 7

A：任意位置

B：固定位置

C：脱离母版

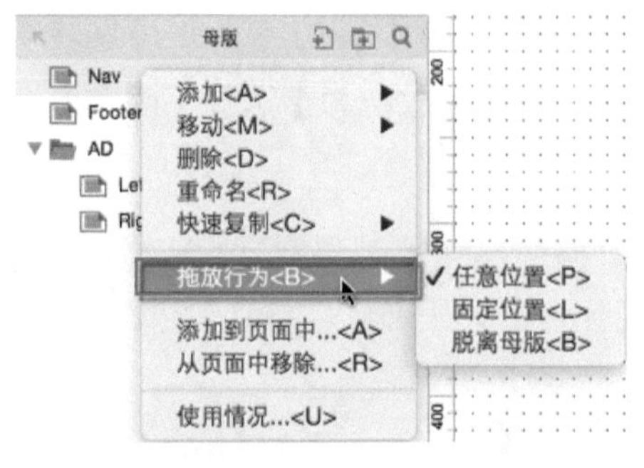


（图 8）

## 案例 13：母版在原型中的应用

在制作原型的过程中，母版常用于创建可重复使用的资源和管理全局变化，现在就以页头、页脚为例详细介绍一下母版的应用。

第一步：使用 Axure 内建部件创建如图 9 所示的内容，为了便于演示，将页头内容放置于坐标（x:0、y:0）；页脚内容放置于坐标（x:0，y:500）。

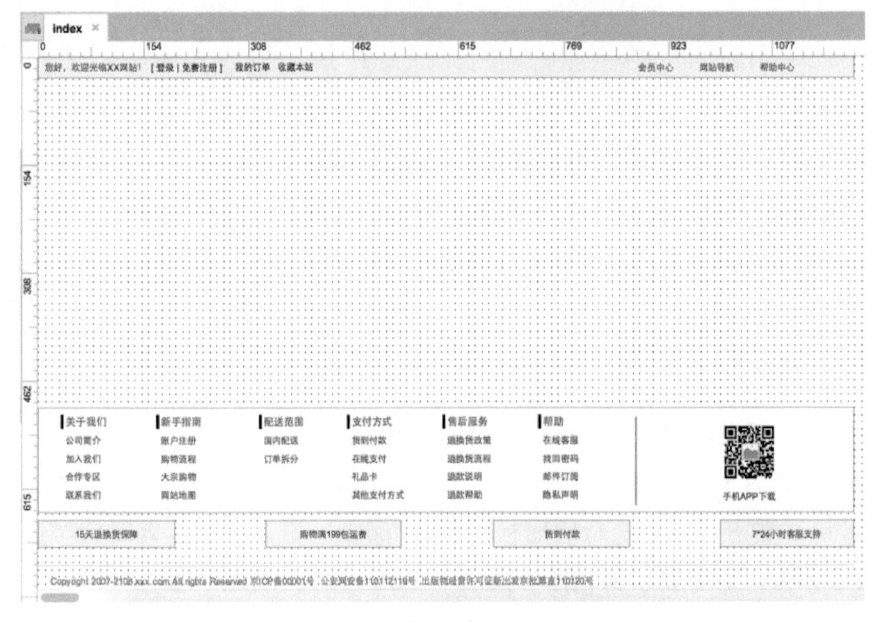


（图 9）

第二步：分别选中页头内容和页脚内容，并将其转换为母版，在弹出的【转换为母版】对话框中，【拖放行为】选择【固定位置】，见图 10。

（图 10）

第三步：在页面面板（也就是站点地图）中双击 page1，并在母版面板中将 header 和 footer 两个面板拖放到设计区域。以同样的操作，分别给 page2、page3 添加这两个母版。在将母版拖放至设计区域时，母版 header 会自动“跑”到坐标（0，0）的位置，母版 footer 会自动“跑”到坐标（0，500）的位置，这是因为在创建母版时选择了【固定位置】。

第四步：现在我们要对 footer 中的内容进行修改，比如将【15 天退换货保障】修改为【30 天退换货保障】，只需在任意页面的设计区域中双击母版 footer 的内容，或者在母版面板中双击 footer，进入母版的编辑状态进行修改即可，见图 11。其他所有页面中 footer 的内容也会同步修改。

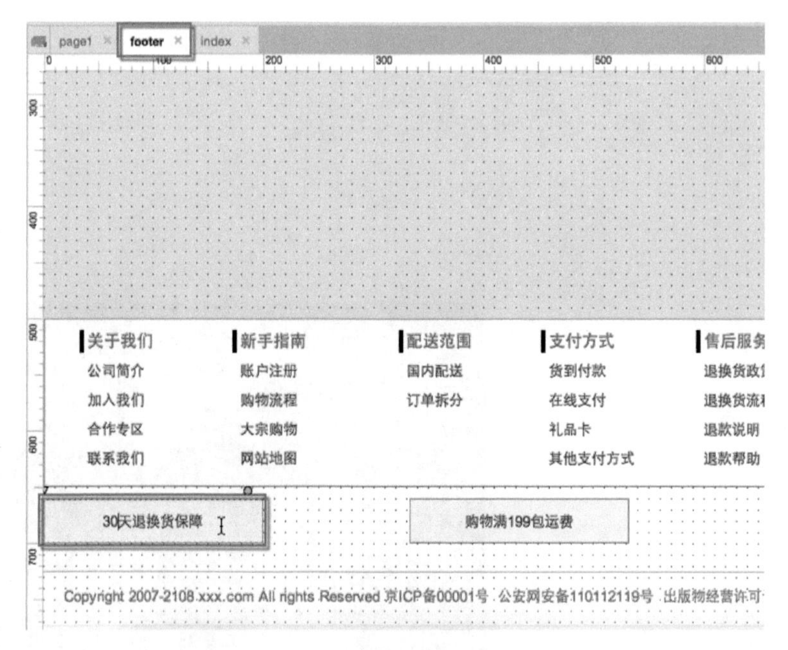


（图 11）

至此，母版的常见操作介绍完毕。在现实工作中，母版中的某些元素经常会添加交互，如鼠标悬停时改变交互样式、单击登录按钮弹出会员登录注册模块等。

# 第 3 章

# 动态面板高级应用

在使用 Axure 制作原型的过程中，动态面板部件是使用频率最高的部件，很多高级交互都必须结合动态面板才能实现。

# 3.1 动态面板事件

在动态面板中，有几个特定事件：【状态改变时】、【拖动开始时】、【拖动时】、【拖动结束时】、【向左 / 右 / 上 / 下拖动结束时】、【滚动时】、【向上 / 向下滚动时】。这些事件中的一些是由你创建的动作触发的，比如显示或移动动态面板。你可以使用这些事件来创建高级交互，比如展开折叠区域或者轮播广告。使用拖动事件可以制作拖放交互效果，并且可以在拖放开始时、正在拖放时和拖放结束时触发你想要的其他交互。

## 3.1.1 状态改变时

动态面板的【状态改变时】事件是由【设置面板状态】动作触发的。这个事件经常用来触发面板状态改变的一连串交互。

## 3.1.2 拖动时

拖动事件是由面板的【拖动】或者鼠标或手指快速点击、拖动、释放而触发的。这个事件通常用于 APP 原型中的幻灯和导航。最常见的使用方法是配合【设置面板状态】到【下一个】/【上一个】，比如 APP 中的幻灯轮播交互。

## 3.1.3 滚动时

动态面板的滚动事件是由动态面板滚动条的滚动触发的。要触发特定的滚动位置交互，你可以添加条件，如 [[this.ScrollX]] 和 [[this.ScrollY]]。举个简单例子，如果动态面板 y 轴滚动距离大于 200 像素，就隐藏动态面板：if[[this.ScrollY]]>200，then hide dynamic panel。

# 3.2 拖动事件

【开始拖动时】、【正在拖动时】、【拖动结束时】，这三个事件，允许你在拖动的每个阶段添加交互。如果你想让一个部件或者一组部件都能够被拖动，就把它们放入动态面板中。

- 拖动开始时：发生在面板拖动动作刚刚触发时。
- 拖动时：发生在面板拖动的过程中。
- 拖动结束时：发生在面板拖动结束时。

## 案例 14：简单的滑动解锁

第一步：准备好所需图像素材，见图 1。

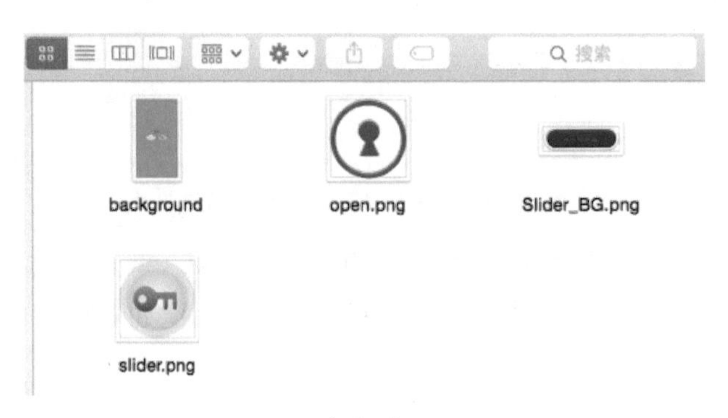


（图 1）

第二步：将 4 张图像素材拖放到 Axure 设计区域（在学习过程中要养成给部件命名的好习惯），并将图像移动到恰当位置，见图 2，注意不同部件之间 z 坐标的位置，也就是层级关系，可以通过【Outline 页面】面板进行检查，见图3。

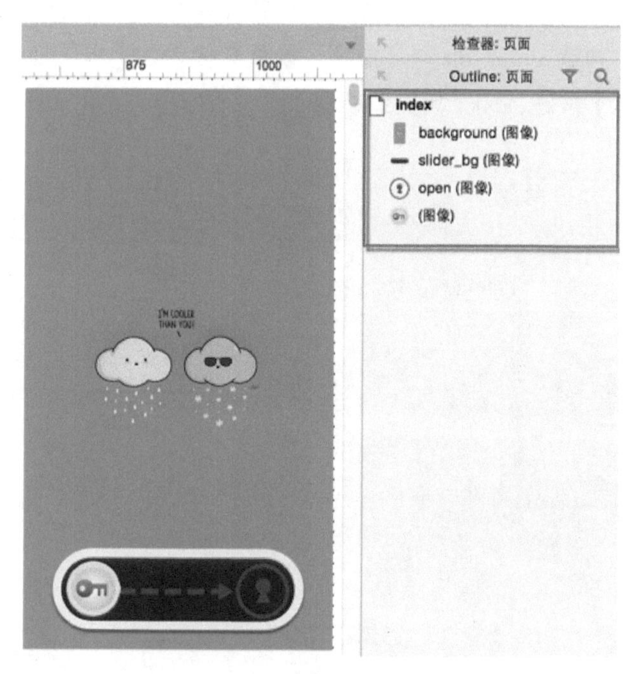


（图2）

（图3）

第三步：选中 slider 图像，单击右键，在弹出的关联菜单中选择【转换为动态面板】，并给动态面板命名为 slider_dp。

第四步：选中 slider_dp 动态面板，在右侧部件【属性】面板中双击【拖动时】事件，在弹出的【用例编辑器】中新增【移动】动作，在右侧【配置动作】中勾选 slider_dp 动态面板，设置其移动为【水平拖动】，见图 4。单击【确定】按钮关闭【用例编辑器】。

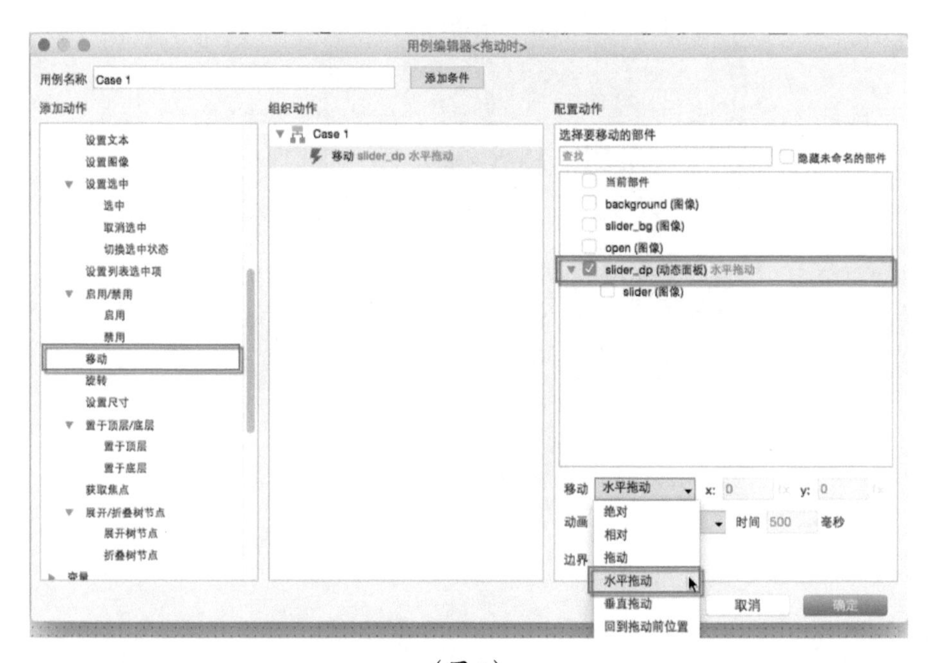


（图 4）

此时，单击【预览】按钮，在浏览器中已经可以水平拖动 slider 图像了，接下来添加【开锁】交互，以通俗语言描述这个交互就是，当鼠标拖动 slider_dp 结束时（或者手指按住 slider_dp 滑动结束时），如果 slider_dp 接触到了 open，开锁成功，跳转到 page1；如果未接触到 open，开锁失败，slider_dp 要移动回原来的位置。

第五步：选中 slider_dp 动态面板，在右侧部件【属性】面板中双击【拖动结束时】事件，在弹出的【用例编辑器】顶部单击【添加条件】，见图 5。在弹出的【条件编辑器】对话框中编辑条件表达式，如图 6-A。在底部的条件描述中可以清晰看到当前的条件描述，如果当前部件范围接触到 open

部件范围，见图 6-B，单击【确定】按钮关闭【条件编辑器】。条件设置完毕后，继续在【用例编辑器】中添加动作【在当前窗口 打开 page1】，见图 7，单击【确定】按钮关闭【用例编辑器】。

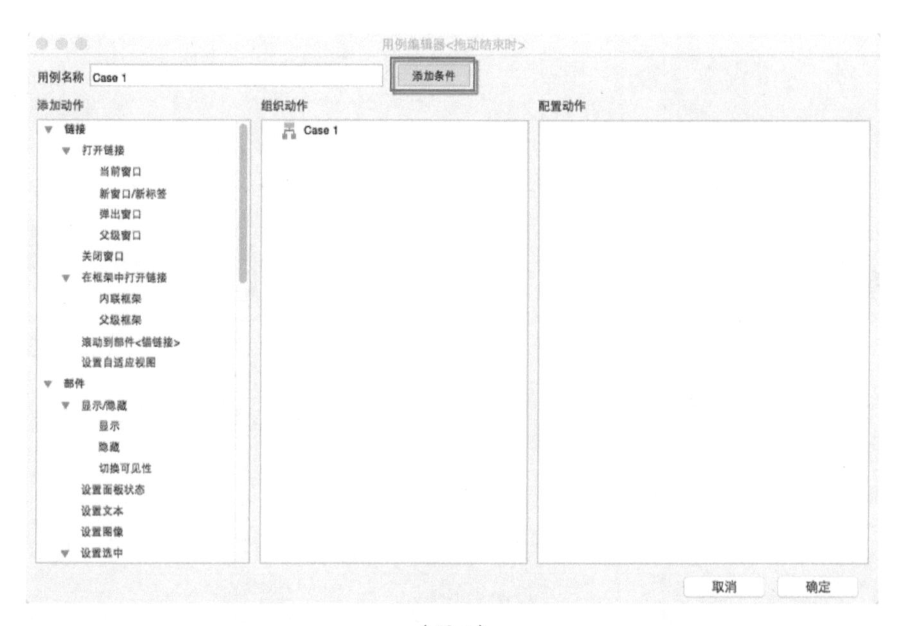


（图 5）

现在，单击【预览】按钮，在浏览器中测试效果，当拖动 slider_dp 结束时，如果 slider_dp 范围接触到 open，页面就跳转到 page1，说明上面的操作正确。

第六步：选中 slider_dp，在右侧部件【属性】面板中再次双击【拖动结束时】事件添加第二个用例。在弹出的【用例编辑器】中新增【移动】动作，在右侧【配置动作】中勾选 slider_dp 动态面板，设置其【回到拖动前位置】，动画【摇摆】，时间【200】毫秒，见图 8。单击【确定】按钮关闭【用例编辑器】。

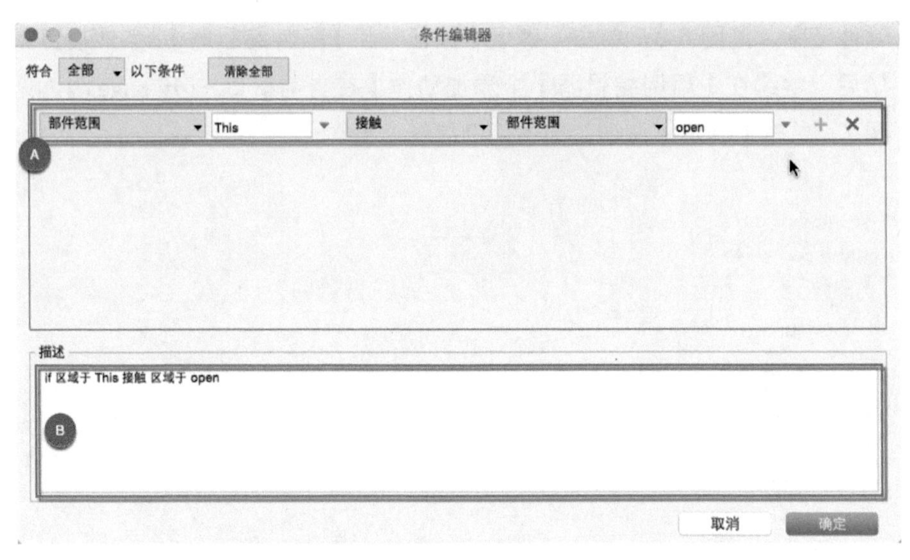
条件编辑器
符合 全部 以下条件 清除全部
部件范围 This 接触 部件范围 open
A
描述
if 区域于 This 接触 区域于 open
B
取消 确定

（图 6）

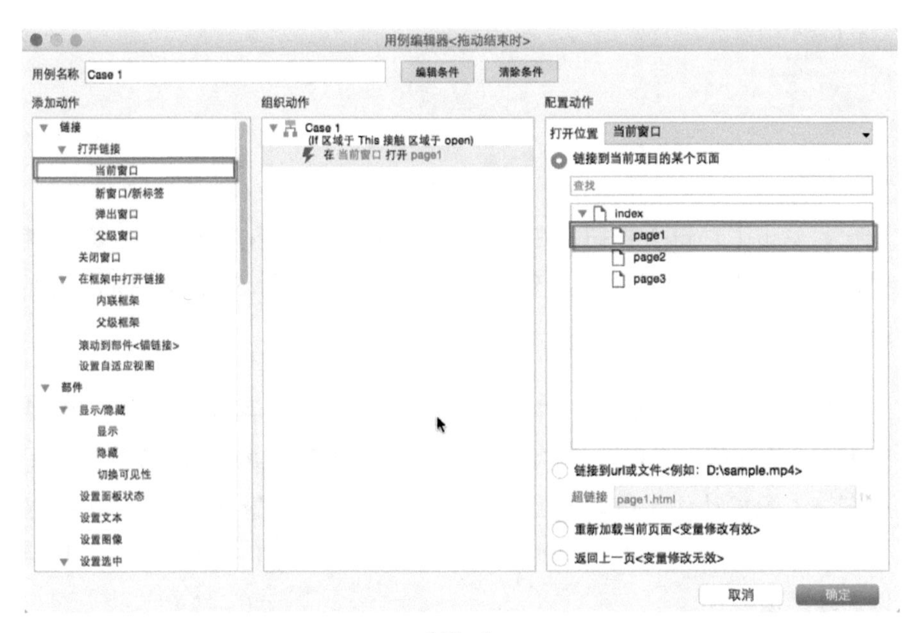
用例编辑器<拖动结束时>
用例名称 Case 1 编辑条件 清除条件
添加动作
链接
打开链接
当前窗口
新窗口/新标签
弹出窗口
父级窗口
关闭窗口
在框架中打开链接
内联框架
父级框架
滚动到部件<锚链接>
设置自适应视图
部件
显示/隐藏
显示
隐藏
切换可见性
设置面板状态
设置文本
设置图像
设置选中
组织动作
Case 1
(If 区域于 This 接触 区域于 open)
在 当前窗口 打开 page1
配置动作
打开位置 当前窗口
链接到当前项目的某个页面
查找
index
page1
page2
page3
链接到url或文件<例如：D:\sample.mp4>
超链接 page1.html
重新加载当前页面<变量修改有效>
返回上一页<变量修改无效>
取消 确定

（图 7）

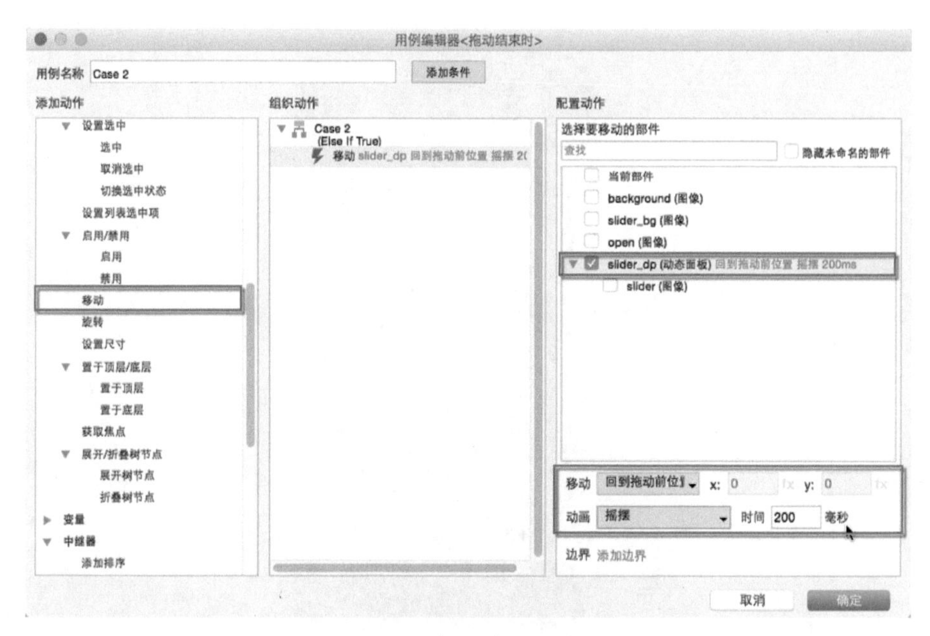


（图 8）

第七步：至此，简单的滑动解锁交互制作完毕，在顶部的工具栏中单击【预览】按钮，或者按下快捷键 F5/Shift + Command + P，快速预览交互效果。

## 案例 15：完整的滑动解锁

在案例 14 中，我们制作了滑动开锁交互，但是当 slider_dp 向左 / 向右拖动时，它可以滑出 slider_bg（后面的背景图像）的边界，如图 9，在这个案例中，使用条件约束解决这个问题。

这个问题出现在拖动 slider_dp 时，所以我们要在【拖动时】事件上寻找解决办法。

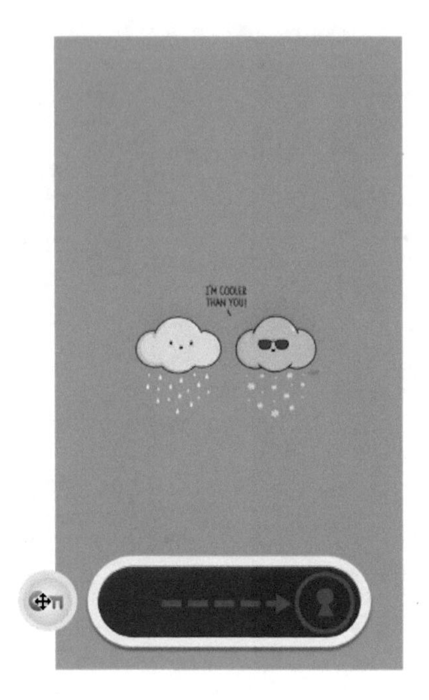


（图9）

第一步：在Axure设计区域同时选中slider_dp、open和slider_bg三个部件，单击右键将其转换为动态面板，并给其命名为slide_unlock。此时，slide_unlock动态面板是里面三个部件的容器，而包含其中的三个部件的坐标位置会发生变化。例如，将上述三个部件转换为动态面板之前，slider_dp的坐标是（726，449），见图10。转换为动态面板之后的坐标是（17，12），见图11）。

第二步：双击slide_unlock动态面板，在弹出的【动态面板状态管理】中双击state1，进入状态1视图，选中slider_dp，在右侧的部件【属性】面板中双击【拖动时】事件，在弹出的【用例编辑器】中单击【添加条件】，在弹出的【条件编辑器】中点击左侧的下拉列表，选择【值】，见图12A。然后单击【fx】，见图12-B，在弹出的【编辑值】对话框中单击【添加局部变量】，并按图13所示操作，继续单击【插入变量或函数…】，在下拉列表中选择局部变量LVAR1，并将其修改为[[LVAR1.x]]，见图14。单击【确定】按钮回到【条件编辑器】，按图15所示操作。

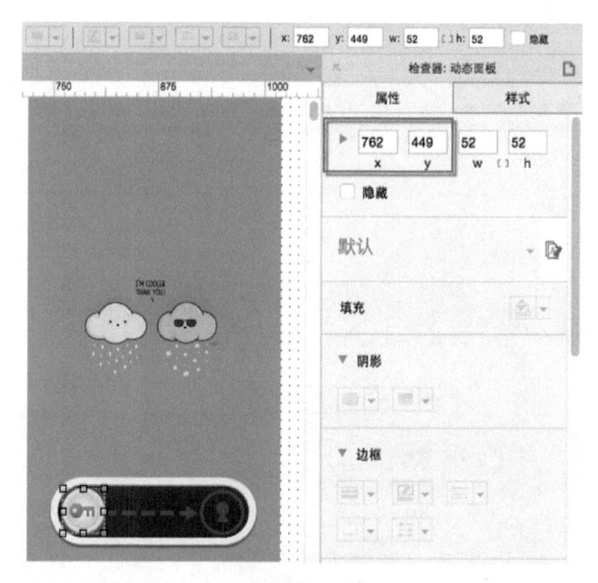
x: 762 y: 449 w: 52 h: 52 隐藏
检查器: 动态面板
属性
样式
762
449
52
52
x
y
w
h
隐藏
默认
填充
阴影
边框

（图 10）

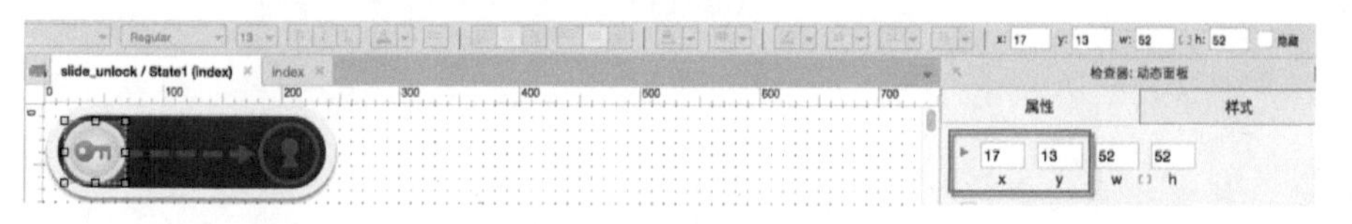
Regular
x: 17 y: 13 w: 52 h: 52 隐藏
slide_unlock / State1 (index)
index
检查器: 动态面板
属性
样式
17
13
52
52
x
y
w
h

（图 11）

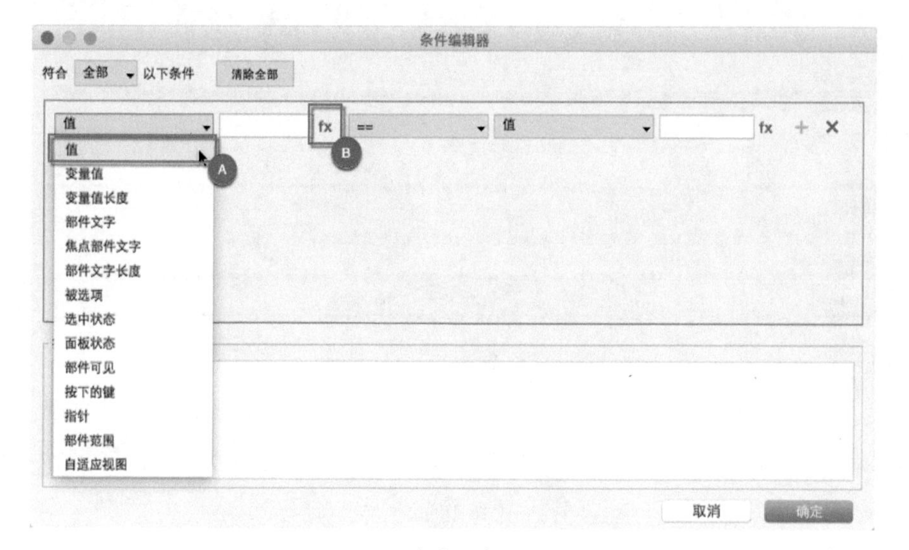
条件编辑器
符合
全部
以下条件
清除全部
值
fx
==
值
fx
值
变量值
变量值长度
部件文字
焦点部件文字
部件文字长度
被选项
选中状态
面板状态
部件可见
按下的键
指针
部件范围
自适应视图
A
B
取消
确定

（图 12）

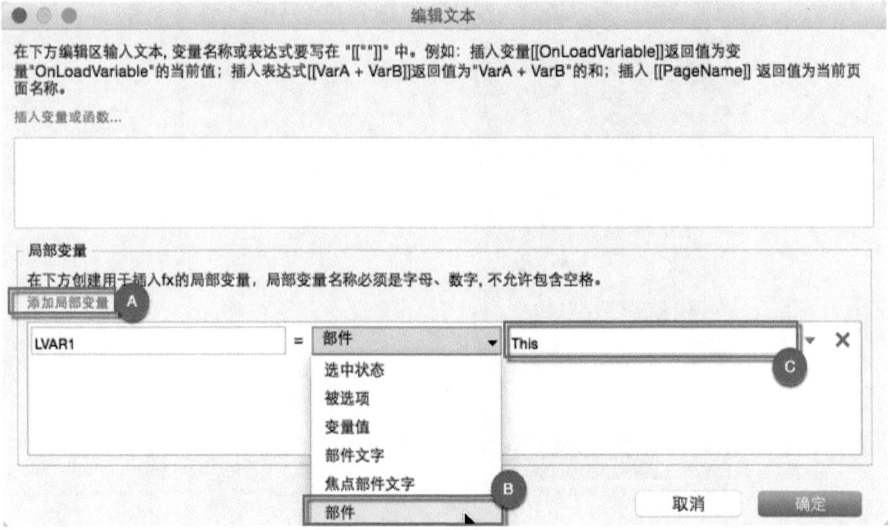

编辑文本

在下方编辑区输入文本, 变量名称或表达式要写在 "[[""]]" 中。例如：插入变量[[OnLoadVariable]]返回值为变量"OnLoadVariable"的当前值；插入表达式[[VarA + VarB]]返回值为"VarA + VarB"的和；插入 [[PageName]] 返回值为当前页面名称。

插入变量或函数...

局部变量

在下方创建用于插入fx的局部变量，局部变量名称必须是字母、数字, 不允许包含空格。

添加局部变量 A

LVAR1 = 部件 This C

选中状态

被选项

变量值

部件文字

焦点部件文字 B

部件

取消 确定

（图 13）

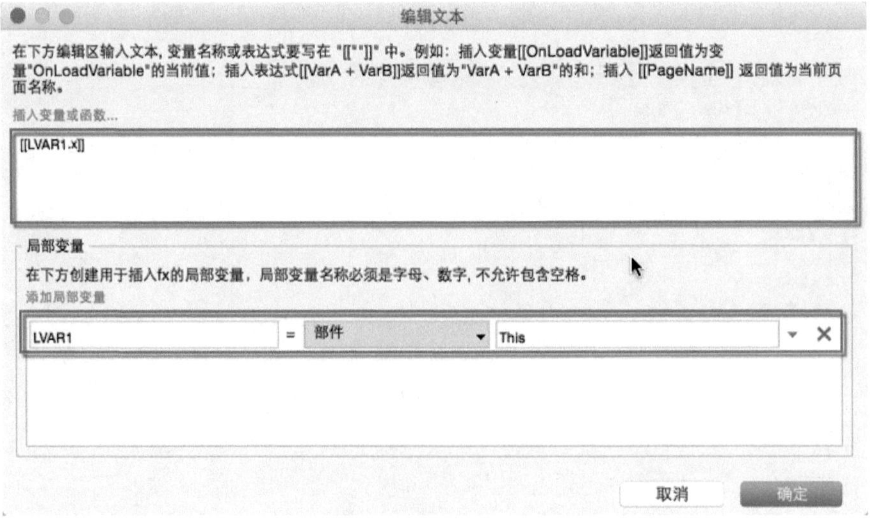

编辑文本

在下方编辑区输入文本, 变量名称或表达式要写在 "[[""]]" 中。例如：插入变量[[OnLoadVariable]]返回值为变量"OnLoadVariable"的当前值；插入表达式[[VarA + VarB]]返回值为"VarA + VarB"的和；插入 [[PageName]] 返回值为当前页面名称。

插入变量或函数...

[[LVAR1.x]]

局部变量

在下方创建用于插入fx的局部变量，局部变量名称必须是字母、数字, 不允许包含空格。

添加局部变量

LVAR1 = 部件 This

取消 确定

（图 14）

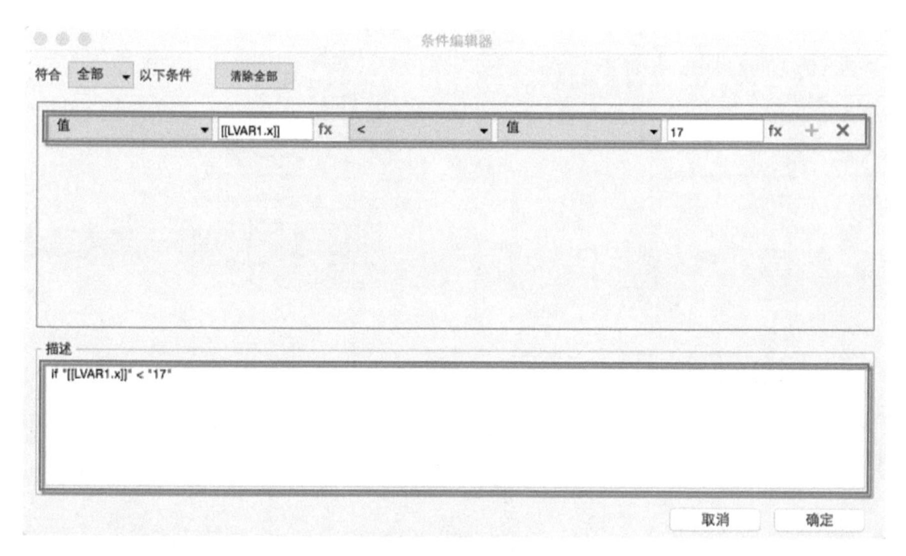


（图 15）

通过条件描述可以看出，此处条件的意思是，如果当前部件（也就是 slider_dp 动态面板）的 x 坐标如果小于 17，单击【确定】按钮关闭【条件编辑器】。现在条件设置完毕，继续在【用例编辑器】中新增【移动】动作，在右侧【配置动作】中勾选 slider_dp 动态面板，并设置其移动至“绝对”位置（x:17，y:13），见图 16。单击【确定】按钮关闭【用例编辑器】。

此时 slider_dp 部件的交互事件如图 17 所示，单击【预览】按钮后大家会发现，slider_dp 图标向左拖动的问题依然存在。这是因为【拖动时】事件中包含多个用例，而多用例的条件逻辑执行顺序还存在问题，在后面章节中会对条件逻辑进行详细讲解。

第三步：右键单击【拖动时】事件中的 case2，在弹出的关联菜单中选择【切换为 <If> 或 <Else If>】，见图 18。切换后如图 19 所示，此时，当拖动事件执行时，里面包含的两个用例都会执行。单击【预览】按钮测试效果，此时向左拖动已经按照我们预设的约束条件生效。

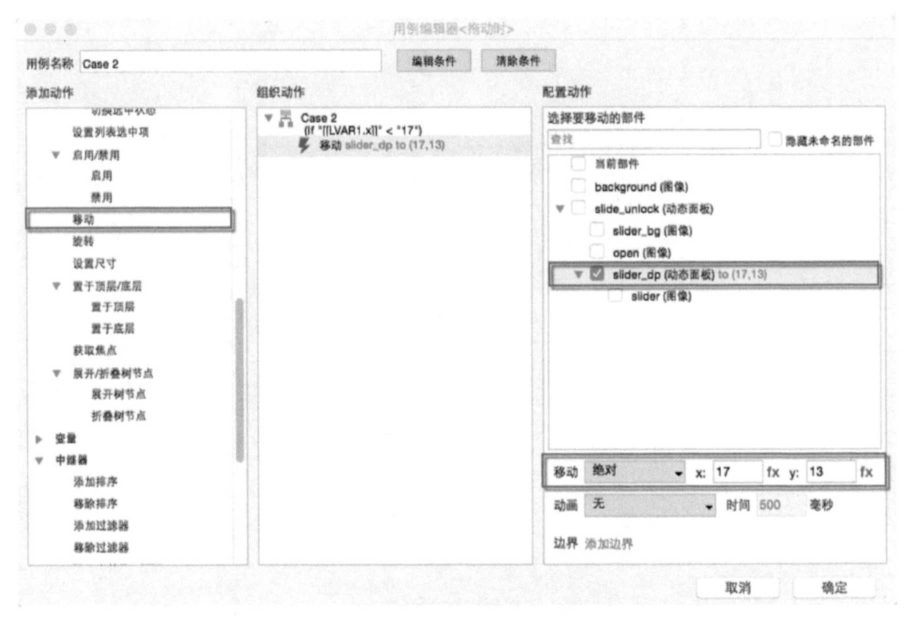

用例编辑器<拖动时>
用例名称 Case 2
编辑条件
清除条件
添加动作
设置列表选中项
启用/禁用
启用
禁用
移动
旋转
设置尺寸
置于顶层/底层
置于顶层
置于底层
获取焦点
展开/折叠树节点
展开树节点
折叠树节点
变量
中继器
添加排序
移除排序
添加过滤器
移除过滤器
组织动作
Case 2
(If "[[LVAR1.x]]" < "17")
移动 slider_dp to (17,13)
配置动作
选择要移动的部件
查找
隐藏未命名的部件
当前部件
background (图像)
slide_unlock (动态面板)
slider_bg (图像)
open (图像)
slider_dp (动态面板) to (17,13)
slider (图像)
移动 绝对 x: 17 fx y: 13 fx
动画 无 时间 500 毫秒
边界 添加边界
取消
确定


（图 16）

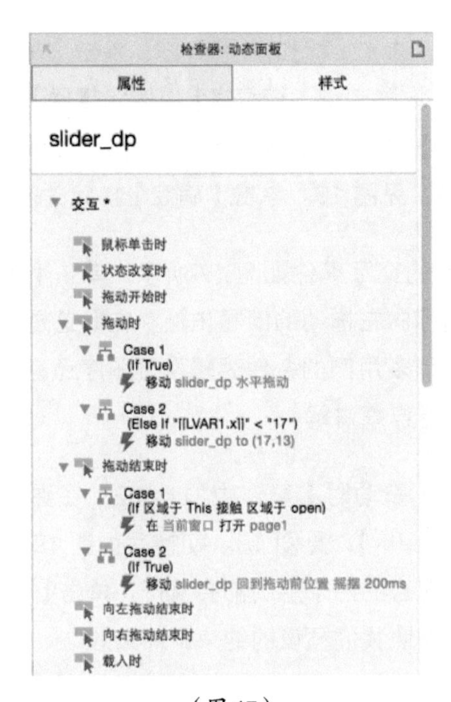

检查器: 动态面板
属性
样式
slider_dp
交互 *
鼠标单击时
状态改变时
拖动开始时
拖动时
Case 1
(If True)
移动 slider_dp 水平拖动
Case 2
(Else If "[[LVAR1.x]]" < "17")
移动 slider_dp to (17,13)
拖动结束时
Case 1
(If 区域于 This 接触 区域于 open)
在 当前窗口 打开 page1
Case 2
(If True)
移动 slider_dp 回到拖动前位置 摇摆 200ms
向左拖动结束时
向右拖动结束时
载入时


（图 17）

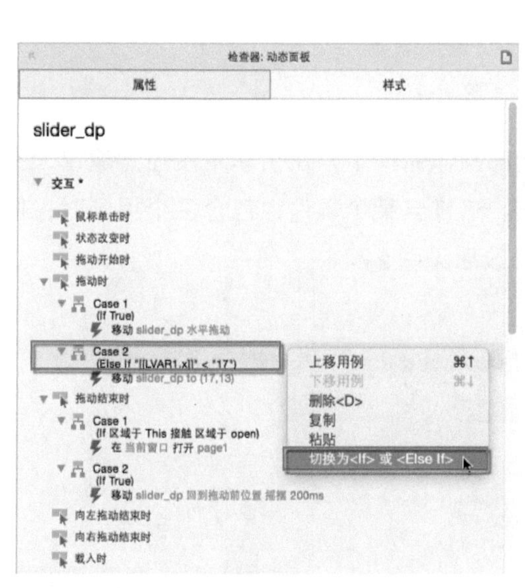


（图 18）

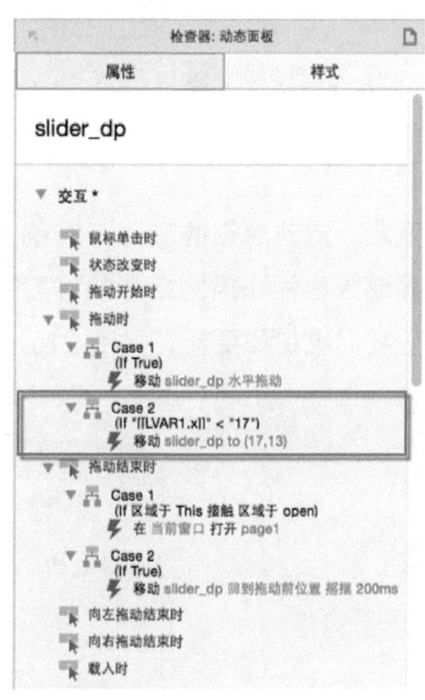


（图 19）

对于刚刚接触 Axure 的读者来说，上面的操作看上去比较复杂，其实很简单，用语言描述如下：当拖动 slider_dp 时，如果 slider_dp 的 x 坐标小于 16，就移动回（x:16，y:13）。这个坐标位置，就是 slider_dp 的默认位置，见本章图 11，以此来约束 slider_dp 不能滑出我们指定的坐标位置。随着你对 Axure 操作细节的熟悉和对 Axure 工作原理的理解，这些操作会变得越来越简单。下面继续实现向右拖动的约束。

第四步：当 slider_dp 向右拖动时，其 x 坐标不能大于 open 部件的 x 坐标位置，也就是 181，见图 20。语言描述如下：当拖动 slider_dp 时，如果其 x 坐标大于 181，就将其移动到指定坐标位置（x:181，y:13），也就是 open 部件的坐标位置。根据第三步中向左拖动时的操作，继续给 slider_dp 添加用例，如图 21。

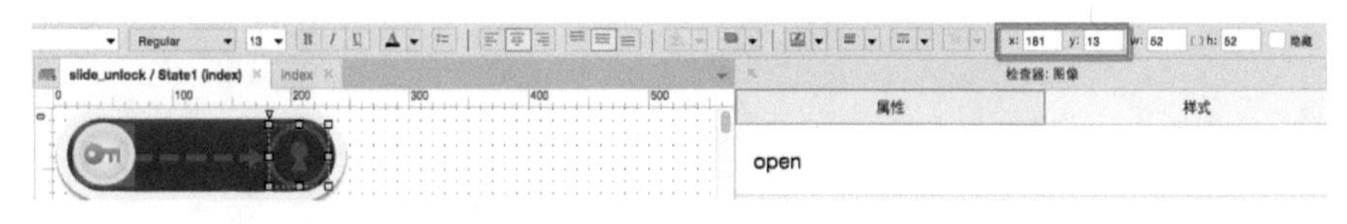


（图 20）

至此，滑动解锁的交互案例就全部制作完毕了，在初学阶段强烈建议大家养成给部件和用例命名的好习惯。这样当某个事件中包含多个用例时，便于我们维护和更新，如图 21。修改后见图 22。

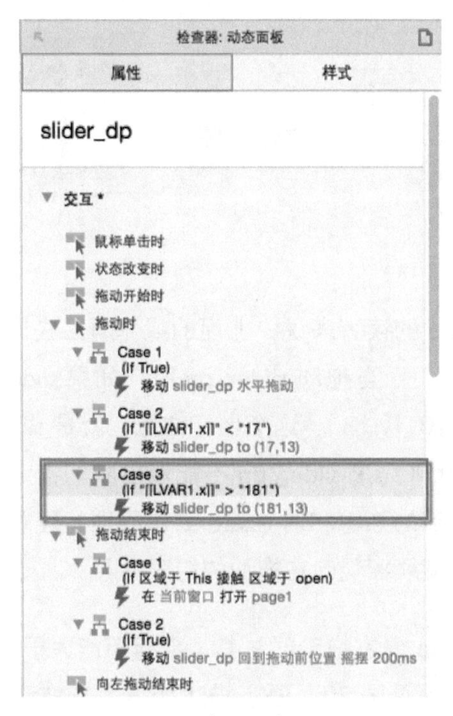


（图 21）

第五步：在顶部的工具栏中单击【预览】按钮，或者按下快捷键 F5/Shift + Command + P，快速预览交互效果。

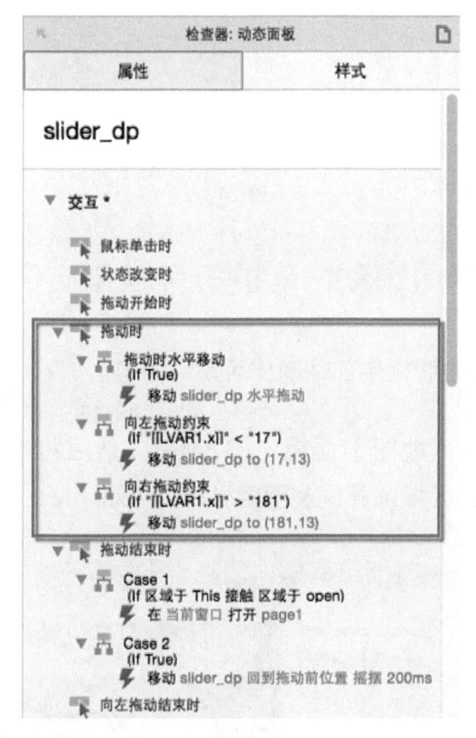


（图 22）

## 挑战 9：滑动解锁评论

请独立制作如图 23、图 24 所示的滑动解锁评论交互。

发表评论前，请滑动滚动条解锁

写点什么...

表情

提交评论

（图 23）

（图 24）

## 案例 16：APP 可滚动内容的三种常用实现方法

第一种方法：使用内联框架部件制作可滚动内容。

第一步：双击【站点地图】面板中的 page1，然后将准备好的图像素材 img.png 拖放到设计区域，并调整图像坐标为（x:0，y:0），见图 25。

（图 25）

第二步：在【站点地图】中双击 index，拖放一个内联框架部件到设计区域中任意位置，并将其宽度设置为与 page1 中的 img.png 宽度相同，高度 700 像素。

第三步：双击【内联框架】部件，在弹出的【链接属性】对话框中选择 page1，见图 26。单击【确定】按钮关闭【链接属性】对话框。

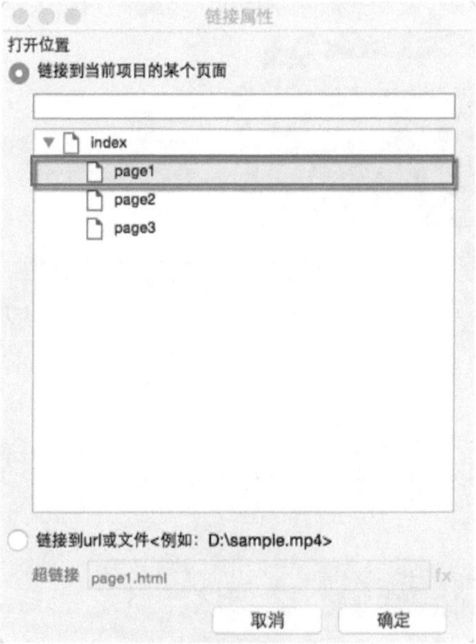

（图 26）

第四步：在顶部的工具栏中单击【预览】按钮，或者按下快捷键 F5/Shift + Command + P，快速预览交互效果。

**笔者点评：**这种使用内联框架部件制作可滚动内容的局限性较大，如果只是简单展示可滚动内容，可以采用。

**推荐指数：**

第二种方法：使用动态面板制作可滚动内容。

第一步：将准备好的图像素材 img.png 拖放到 index 页面的设计区域，单击右键，在弹出的关联菜单中选择【转换为动态面板】，给其命名为 scrollable_content，设置该动态面板尺寸为【300×700】像素，然后右键单击该部件，在弹出的关联菜单中选择【滚动条 > 按需显示垂直滚动条】，见图 27。

（图 27）

单击工具栏中的【预览】按钮，此时动态面板中的内容已经可以滚动了。但是，有些情况下，我们可能需要隐藏掉滚动条，使用动态面板的特性就可以轻松实现。

第二步：选中 scrollable_content 动态面板，按下快捷键 Ctrl/Command + D，快速复制一份，给新复制的动态面板命名为 scrollable_content_inside，然后右键单击该部件，在弹出的关联菜单中再次选择【转换为动态面板】，给转换后的动态面板命名为 scrollable_content_outside，然后调整其宽度，将滚动条遮挡起来即可，见图 28。

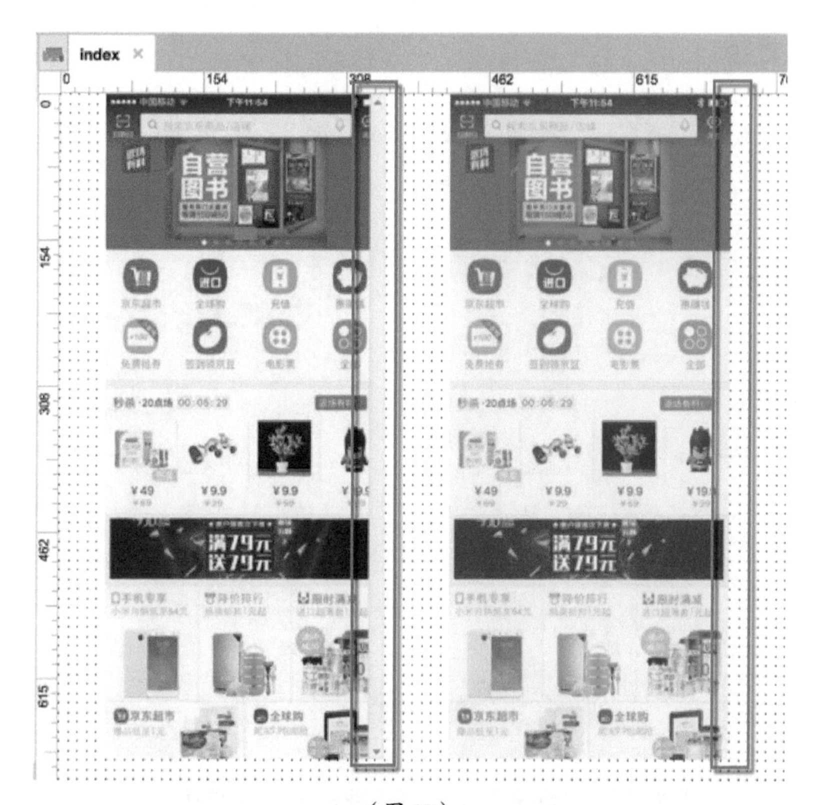


（图 28）

**笔者点评**：这种使用动态面板部件制作可滚动内容的灵活性较强，如果只是简单展示可滚动内容，推荐采用。

**推荐指数**：★★★☆☆

第三种方法：使用动态面板制作可拖动内容。

拖放 img.png 到设计区域，单击右键，在弹出的关联菜单中选择【转换为动态面板】，给其命名为 scrollable_content。选中该部件，在右侧部件【属性】面板中双击【拖动时】事件，在弹出的【用例编辑器】中新增【移动】动作，在右侧【配置动作】中勾选 scrollable_content 动态面板中的图像，并设置其移动为【垂直拖动】，见图29。单击【确定】按钮关闭【用例编辑器】。

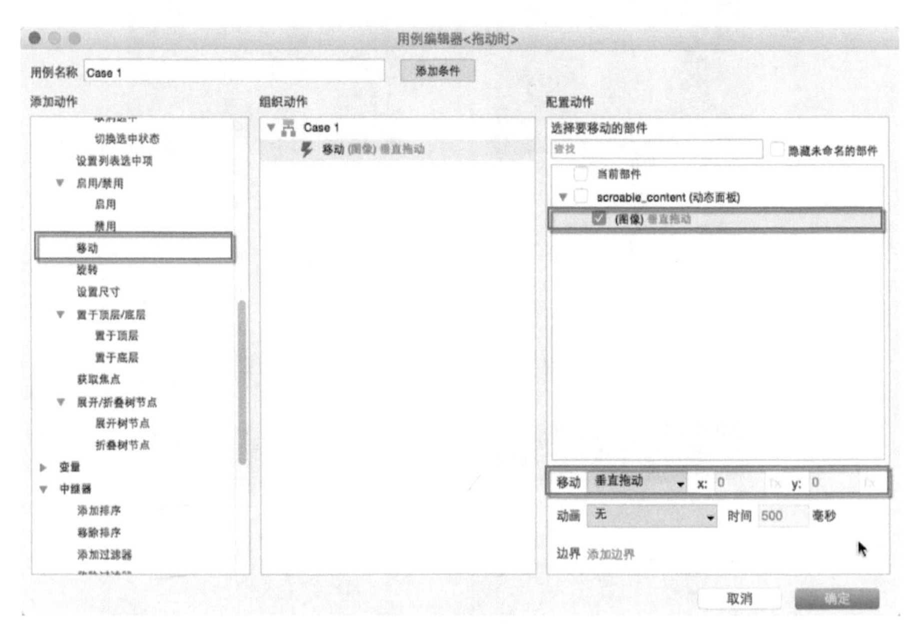


（图 29）

单击【预览】按钮，在浏览器中测试。此时动态面板中的图像已经可以垂直拖动了，但是我们遇到了案例 15 中的问题，内容可以滑出动态面板的范围。在 Axure RP8 中有两种方法可以解决这个问题，一种是我们在滑动解锁案例中使用的方法，另一种是使用 Axure RP8 新特性来实现，下面分别进行详细介绍。

■ 使用边界约束（Axure RP8 新特性）

第一步：双击 scrollable_content 动态面板，在弹出的【动态面板状态管理】对话框中双击 State1，进入状态 1，这里的蓝色边框范围就是动态面板的尺寸，见图 30，超出这个范围的内容都不会显示。通过上下拖动 img.png 图像我们可以观察到，img.png 图像向上拖动时，y 坐标最大不能超过 -1022 像素，向下拖动 y 坐标最大不能超过 0 像素。也就是说，我们只需约束 img.png 图像的顶部坐标大于 -1022 并且小于 0 即可。

（图 30）

第二步：选中 scrollable_content 动态面板，在右侧部件【属性】面板中双击【拖动时】事件下的【移动】动作，在弹出的【用例编辑器】右下角点击两次【添加边界】，并对顶部进行约束即可，见图 31。单击【确定】按钮关闭【用例编辑器】。

第三步：如果你的操作没有错误，边界约束已经可以正常工作了，在顶部的工具栏中单击【预览】按钮，或者按下快捷键 F5/Shift + Command + P，快速预览交互效果。

（图 31）

## 使用条件约束

第一步：将 img.png 图像拖放到设计区域，单击右键，在弹出的关联菜单中选择【转换为动态面板】，给其命名为 scrollable_content，并设置其高度为 700 像素。

第二步：选中 scrollable_content 动态面板，在右侧部件【属性】面板中双击【拖动时】事件，在弹出的【用例编辑器】对话框中新增【移动】动作，在右侧的配置动作中勾选 scrollable_content 动态面板中的图像，并设置其移动为【垂直拖动】，见图 32。单击【确定】按钮关闭【用例编辑器】。

第三步：选中 scrollable_content 动态面板，继续在右侧部件【属性】面板中单击【更多事件 >>>】，在下拉列表中选择【向上拖动结束时】，在弹出的【用例编辑器】顶部单击【添加条件】，在弹出的【条件编辑器】中，单击左侧的下拉列表并选择【值】，见图 33-A。然后单击【fx】，见图 33-B。在弹出的【编辑文本】对话框中单击【添加局部变量】，在中间的下拉列表中选择【部件】，右侧下拉列表中选择【图像】，如图 34 所示。继续单击【插入变量或函数…】，在下拉列表中选择局部变量 LVAR1，并将其修改为 [[LVAR1.y]]，意思是【图像部件的 y 坐标】，见图 35。

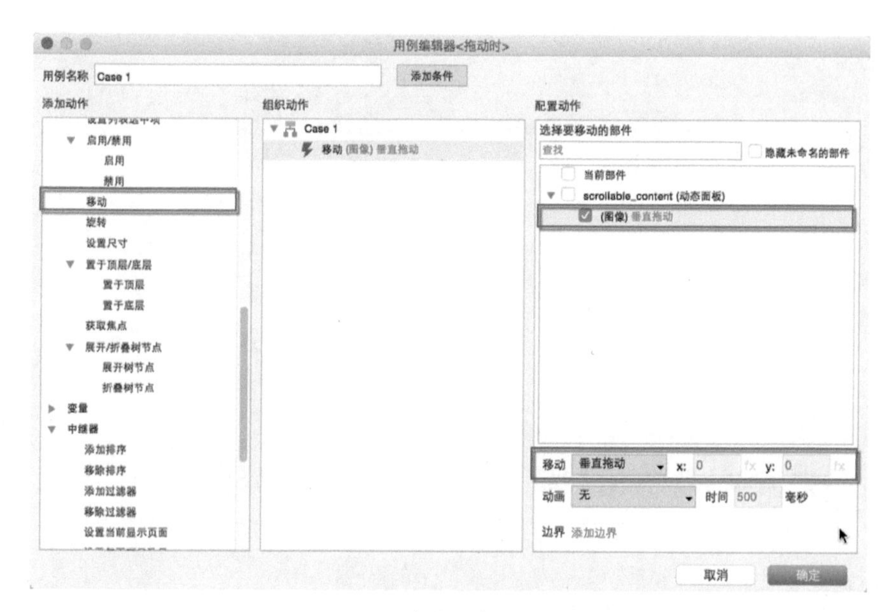


（图 32）

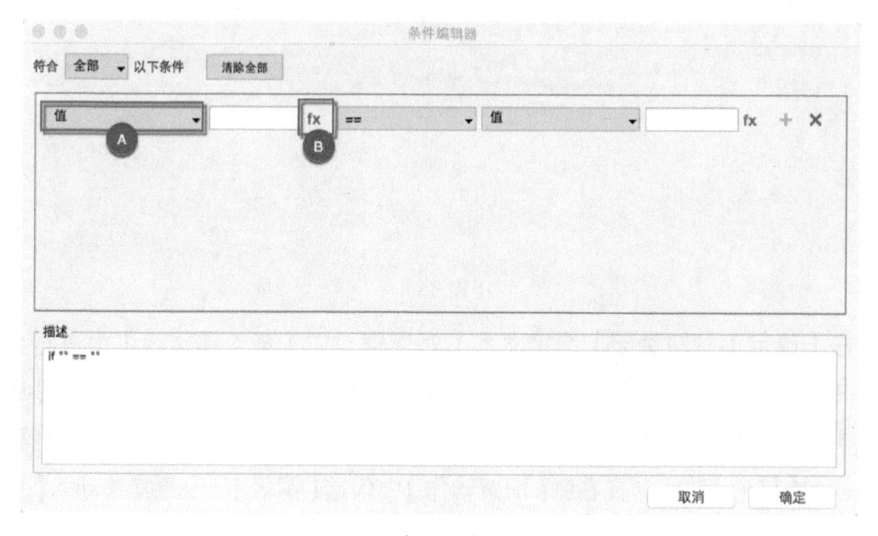


（图 33）

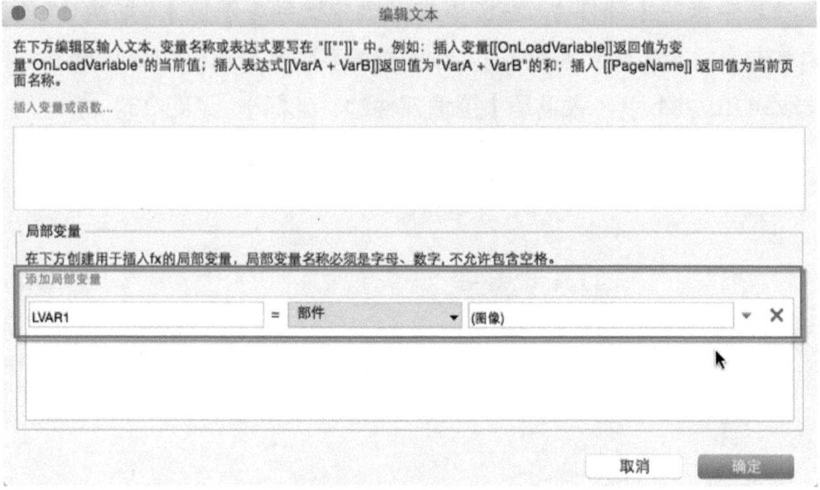

编辑文本

在下方编辑区输入文本，变量名称或表达式要写在 "[[""]]" 中。例如：插入变量[[OnLoadVariable]]返回值为变量"OnLoadVariable"的当前值；插入表达式[[VarA + VarB]]返回值为"VarA + VarB"的和；插入 [[PageName]] 返回值为当前页面名称。

插入变量或函数...

局部变量

在下方创建用于插入fx的局部变量，局部变量名称必须是字母、数字，不允许包含空格。

添加局部变量

LVAR1 = 部件 (图像)

取消 确定

（图 34）

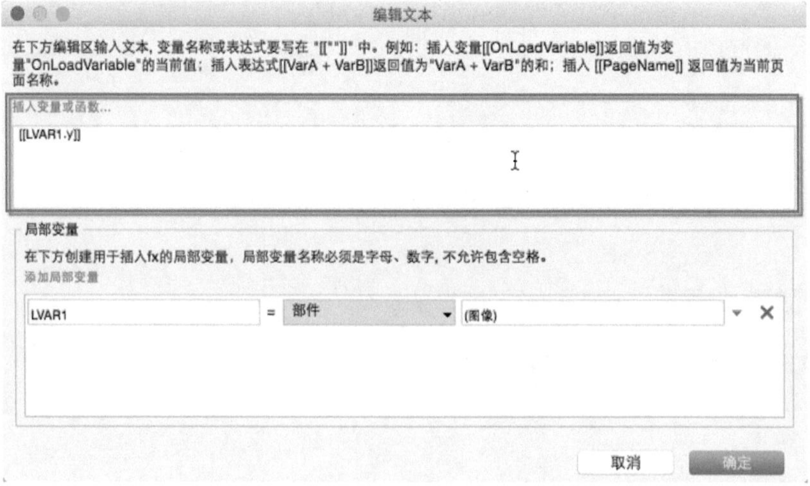

编辑文本

在下方编辑区输入文本，变量名称或表达式要写在 "[[""]]" 中。例如：插入变量[[OnLoadVariable]]返回值为变量"OnLoadVariable"的当前值；插入表达式[[VarA + VarB]]返回值为"VarA + VarB"的和；插入 [[PageName]] 返回值为当前页面名称。

插入变量或函数...

[[LVAR1.y]]

局部变量

在下方创建用于插入fx的局部变量，局部变量名称必须是字母、数字，不允许包含空格。

添加局部变量

LVAR1 = 部件 (图像)

取消 确定

（图 35）

单击【确定】按钮关闭【编辑文本】对话框，在【条件编辑器】中进行如图 36 所示的设置，意思是“如果图像的 y 坐标小于 -1022 像素”，单击【确定】按钮关闭【条件编辑器】，现在条件编辑完毕，继续在【用例编辑器】中新增【移动】动作。在右侧【配置动作】中勾选【图像】，设置其移动为【绝对】，坐标（x:0，y:-1022），动画【摇摆】，时间【200】毫秒，见图 37。

意思是，如果图像部件的 y 坐标小于 -1022 像素，就将其移动到绝对位置（0，-1022）。

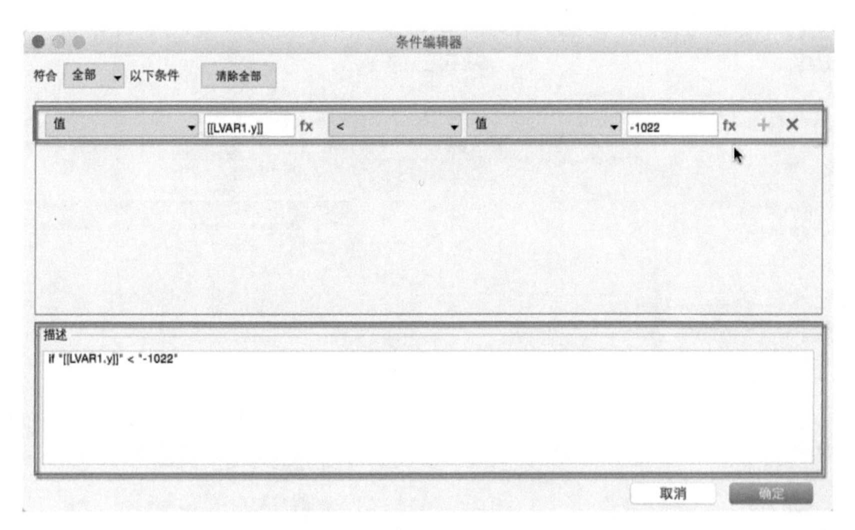


（图 36）

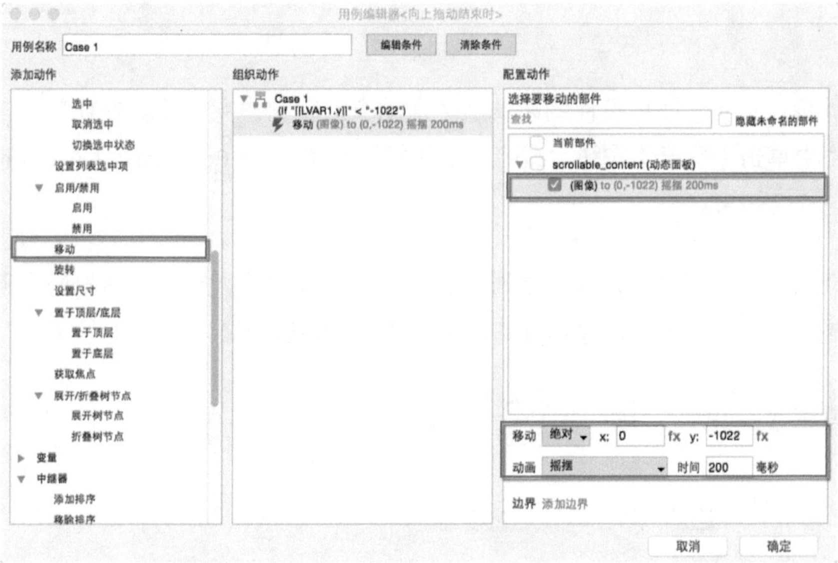

（图 37）

第四步：同样的原理，当向下拖动时，如果图像部件的 y 坐标大于 0，就移动图像部件到绝对位置（0，0），如图 38。单击【确定】按钮关闭【用例编辑器】。

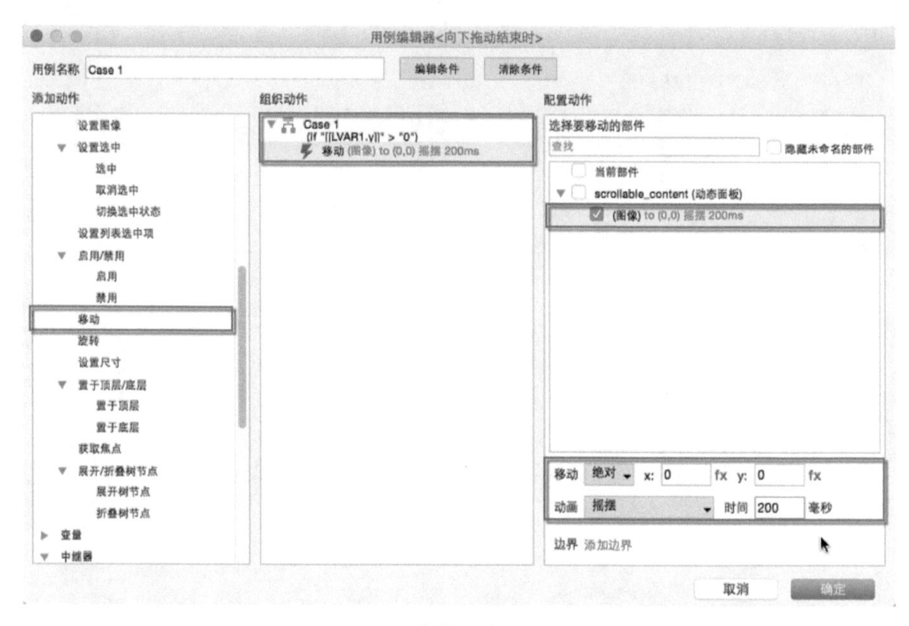


（图 38）

第五步：至此，使用条件约束的上下滑动交互就制作完毕了。在顶部的工具栏中单击【预览】按钮，或者按下快捷键 F5/Shift + Command + P，快速预览交互效果。

**笔者点评：**在制作高保真原型时都会使用到这种方法，比如下拉刷新交互效果。其优点是灵活、保真度高，但需要扎实的基础知识。

**推荐指数：**

## 案例 17：回到顶部交互效果

第一步：将准备好的 feedback_normal.jpg、mobile_normal.jpg 和 back2top_

normal.jpg 三张图像素材拖放到 Axure 设计区域，见图 39，并分别给三张图像添加鼠标悬停时的交互样式，见图 40。

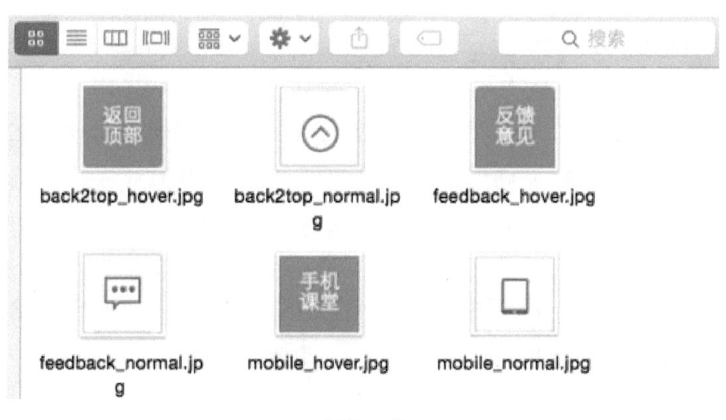


（图 39）

（图 40）

第二步：同时选中这三个图像部件，单击右键，在弹出的关联菜单中选择【转换为动态面板】并给其命名为 scroll2top，右键单击该动态面板，在弹出的关联菜单中选择【固定到浏览器】，在弹出的【固定到浏览器】对话框中勾选【固定到浏览器窗口】，水平固定【右】，边距【20】，垂直固定【底部】，边距【20】，如图 41 所示。单击【确定】按钮关闭【固定到浏览器】对话框。

此时，scroll2top 已经被固定在浏览器右下角了，但是由于设计区域中还没有内容，所以浏览器无法滚动，在【部件】面板中拖放一个矩形部件到设计区域，并将其坐标设置为（x:0，y:2000）。

第三步：在【部件】面板中拖放一个 热区 部件到设计区域，给其命名为 stone_top，并设置其坐标（x:0，y:0），见图 42。

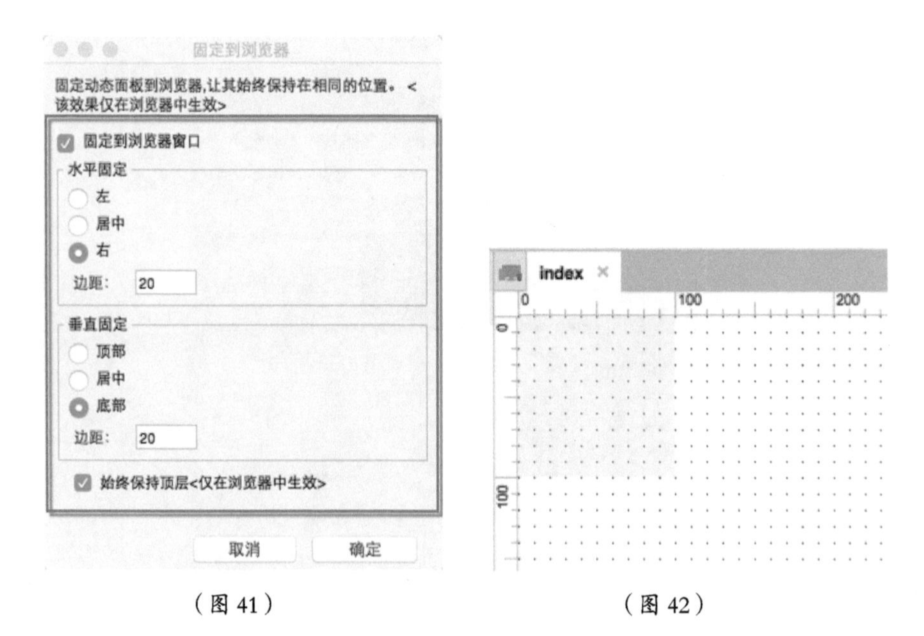


（图 41）　　（图 42）

第四步：在【Outline ：页面】面板中双击 scroll2top 动态面板下的【回到顶部】图像，见图 43，然后在部件【属性】面板中双击【鼠标单击时】事件，在弹出的【用例编辑器】中新增【滚动到部件 <锚链接>】动作，在右侧的配置动作中勾选 stone_top 热区，在底部选择【仅垂直滚动】，动画【摇摆】，时间【300】毫秒，见图 44。单击【确定】按钮关闭【用例编辑器】。

第五步：在顶部的工具栏中单击【预览】按钮，或者按下快捷键 F5/Shift + Command + P，快速预览交互效果。

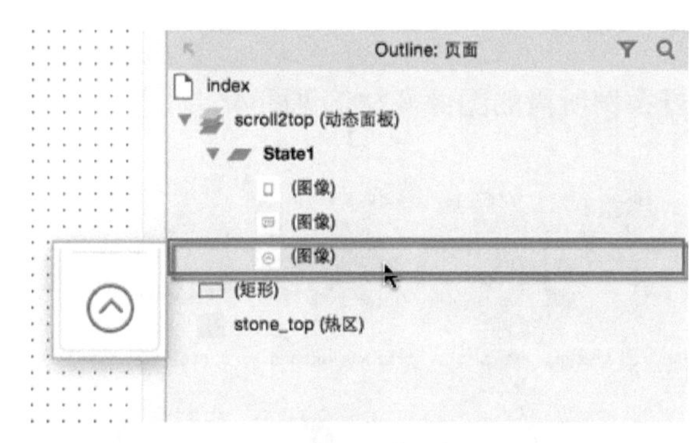


（图 43）

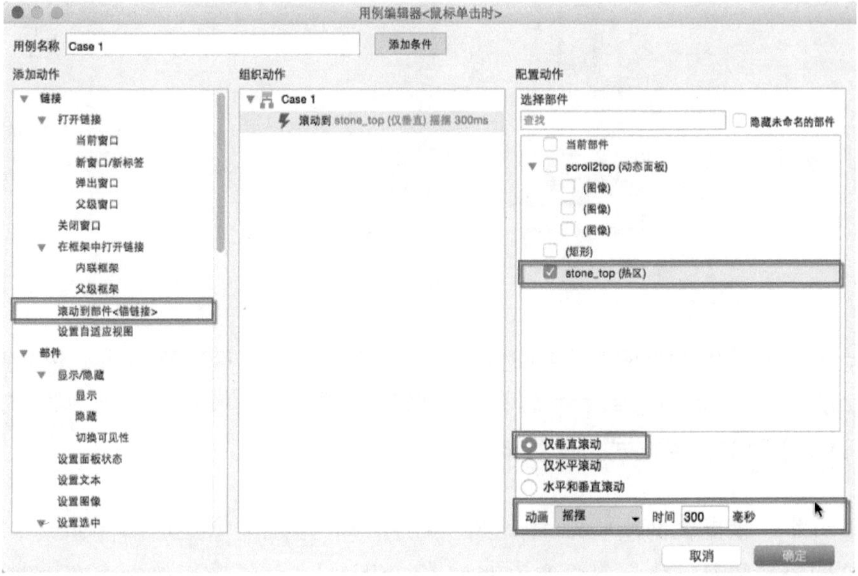

（图 44）

## 挑战 10：默认情况下 scroll2top 隐藏，当浏览器滚动距离大于 200 像素才显示，小于 200 像素则再次隐藏

## 案例 18：手风琴菜单交互

第一步：准备好案例所需的图像素材，见图 45。

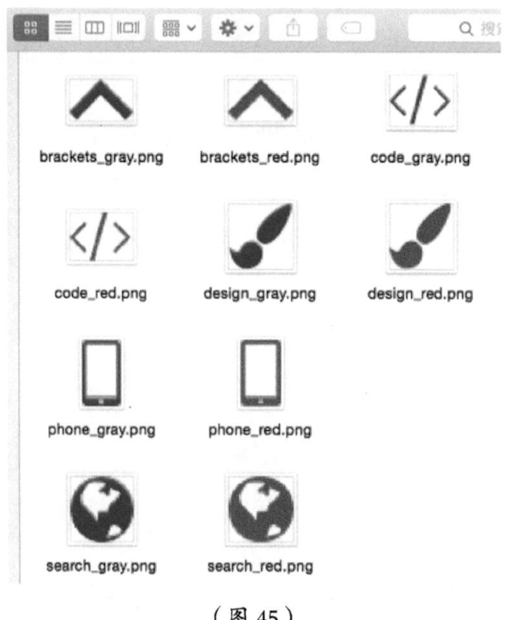


（图 45）

第二步：将 brackets_gray.png、code_gray.png、design_gray.png、phone_gray.png 和 search_gray.png 这五张图像拖放到设计区域，并分别为其添加【选中】时的交互样式，见图 46。

第三步：根据之前所学知识，按图 47 所示，添加一个矩形部件和一个标签到恰当位置，将标签内容设置为【UI 设计】，并给该标签设置选中时的交互样式，如图 48 所示。设置其选中时字体颜色为 #B63A4C。然后选中 brackets_gray 图像部件，给其命名为 brackets_1。

第四步：同时选中如图 49 所示的 4 个部件，单击右键，在弹出的关联菜单中选择【转换为动态面板】，并给其命名为 menu_1。

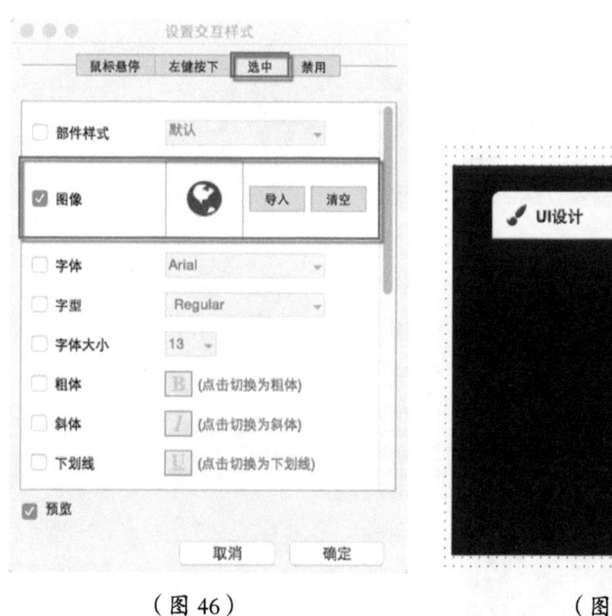


（图 46）

（图 47）

（图 48）

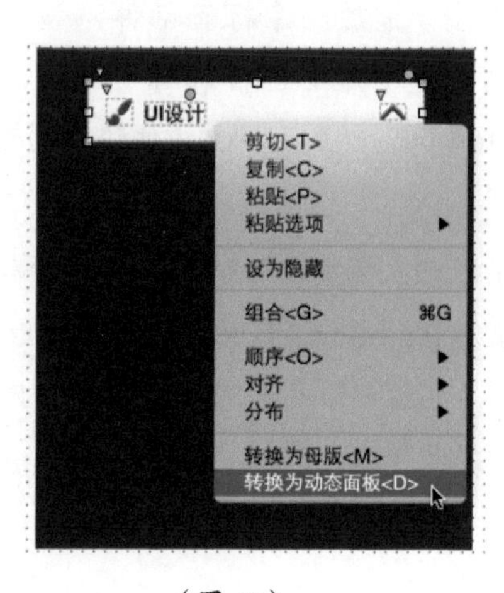


（图 49）

第五步：拖放一个矩形部件到设计区域，与 menu_1 底部对齐，设置其填充颜色为 #444259，然后设置其鼠标悬停时的交互样式，填充颜色为 #B63B4D，见图 50。

（图 50）

第六步：拖放一个标签部件到设计区域，放置于如图 51 所示的位置，并同时选中矩形部件和标签部件，将其转换为动态面板，给其命名为 Photoshop，然后在部件【属性】面板中勾选【允许触发鼠标交互样式】。

> 小提示：如果不勾选【允许触发鼠标交互样式】，当鼠标移动到标签文本 Photoshop 范围时，背景的矩形并不会触发鼠标悬停时 的交互样式（也就是不会变为红色），因为 Photoshop 这个文本标签的 z 坐标比矩形背景高一层。

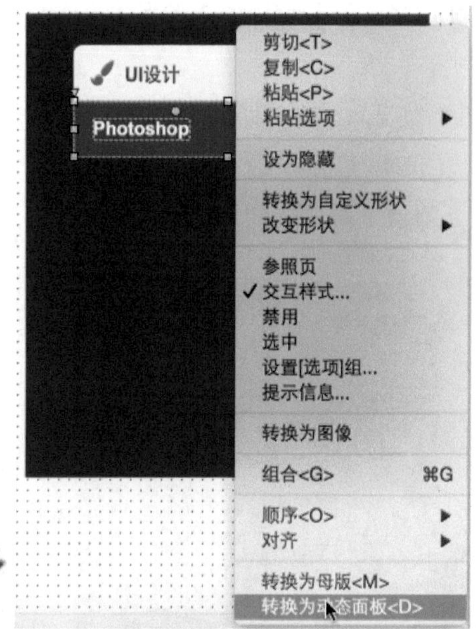


（图 51）

第七步：选中 Photoshop 动态面板，按下快捷键 Ctrl/Command + D，快速复制两份，分别给其命名为 Illustrator 和 Sketch，并如图 52 所示调整位置和标签内容。

第八步：同时选中 Photoshop、Illustrator 和 Sketch 这三个动态面板，单击右键，在弹出的关联菜单中选择【转换为动态面板】，并给其命名为 sub_menu_1，见图 53。

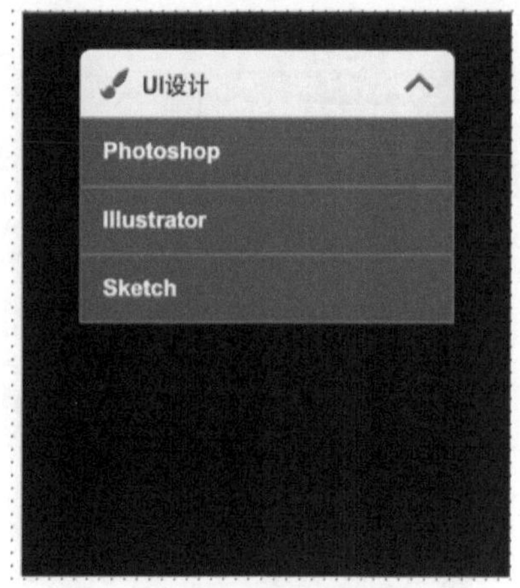


（图 52）

第九步：同时选中 menu1 和 sub_menu_1 两个动态面板，快速复制一份，并如图 54 所示对两个动态面板中的内容进行适当修改，然后将刚刚复制的 menu_1 改名为 menu_2，将 sub_menu1 改名为 sub_menu_2，将

menu_2 中的 brackets_1 改名为 brackets_2。

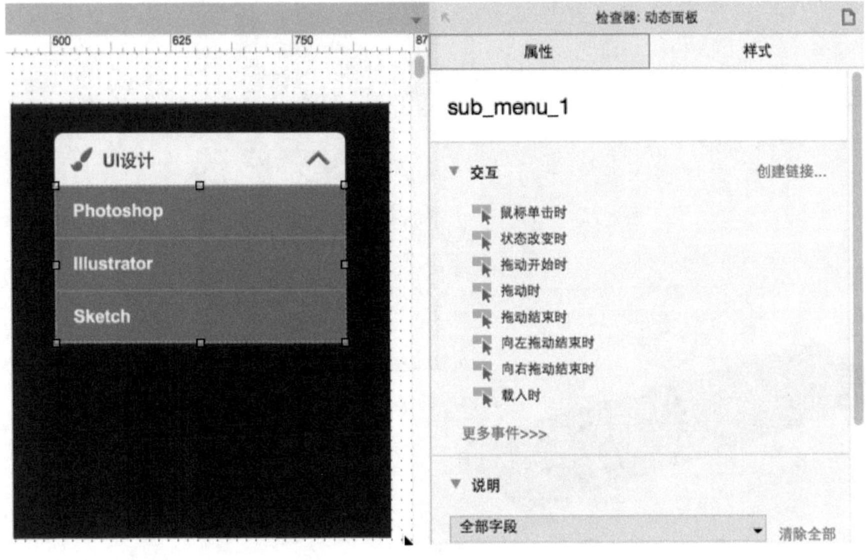


（图 53）

第十步：选中 sub_menu_2 动态面板，单击右键，在弹出的关联菜单中选择【设为隐藏】，见图 55。

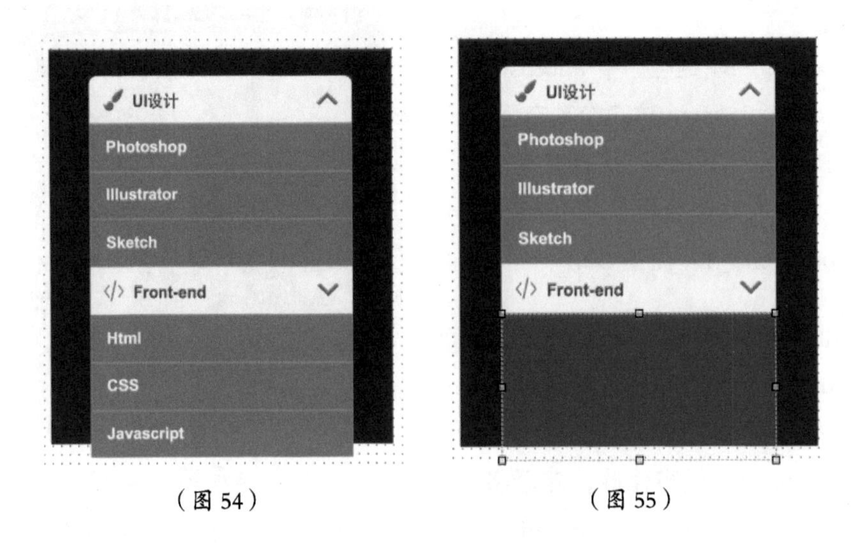


（图 54）　　（图 55）

第十一步：选中 menu_1 动态面板，在部件【属性】面板中双击【鼠标单击时】事件，在弹出的【用例编辑器】中新增【显示 / 隐藏】动作，在右侧【配置动作】中勾选 sub_menu_1 动态面板，设置其可见性为【切换】。动画【淡入淡出】，时间【200】毫秒，勾选【推 / 拉部件】，方向【下方】动画【摇摆】，时间【200】毫秒，见图 56。

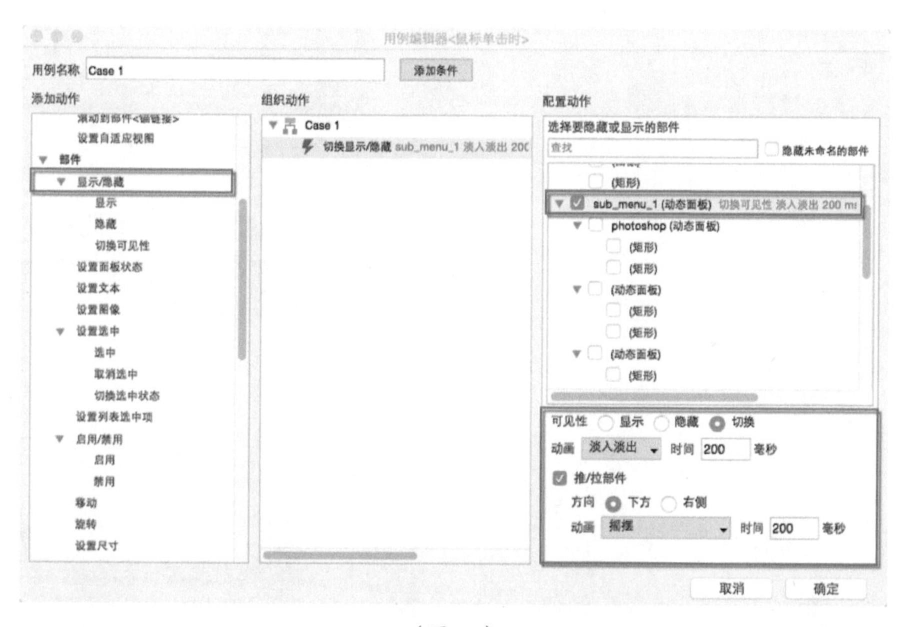


（图 56）

继续在【配置动作】中勾选 sub_menu_2 动态面板，设置其可见性为【隐藏】，动画【淡入淡出】，时间【200】毫秒，勾选【拉动】部件，方向【下方】，动画【摇摆】，时间【200】毫秒，见图 57。

继续新增【设置选中】动作，在右侧【配置动作】中勾选 menu_1，并设置选中状态值为 toggle（切换），见图 58。

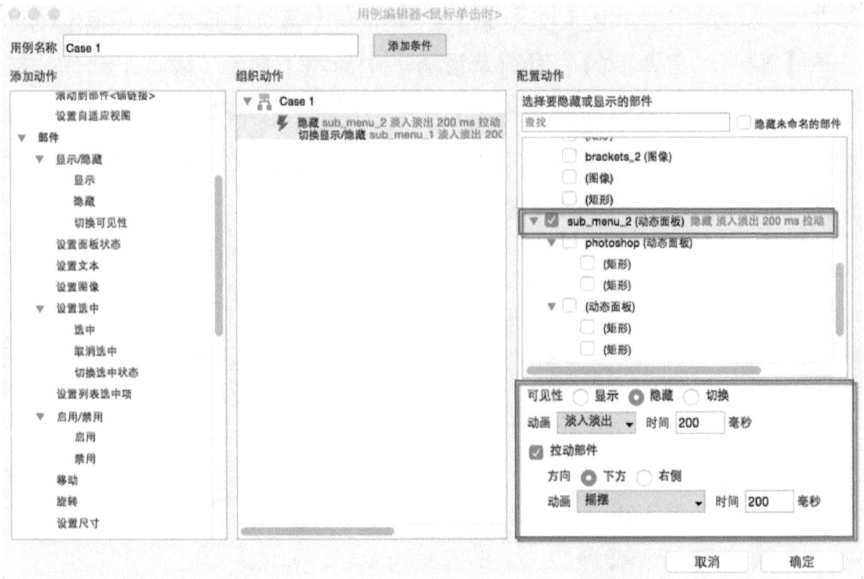

（图 57）

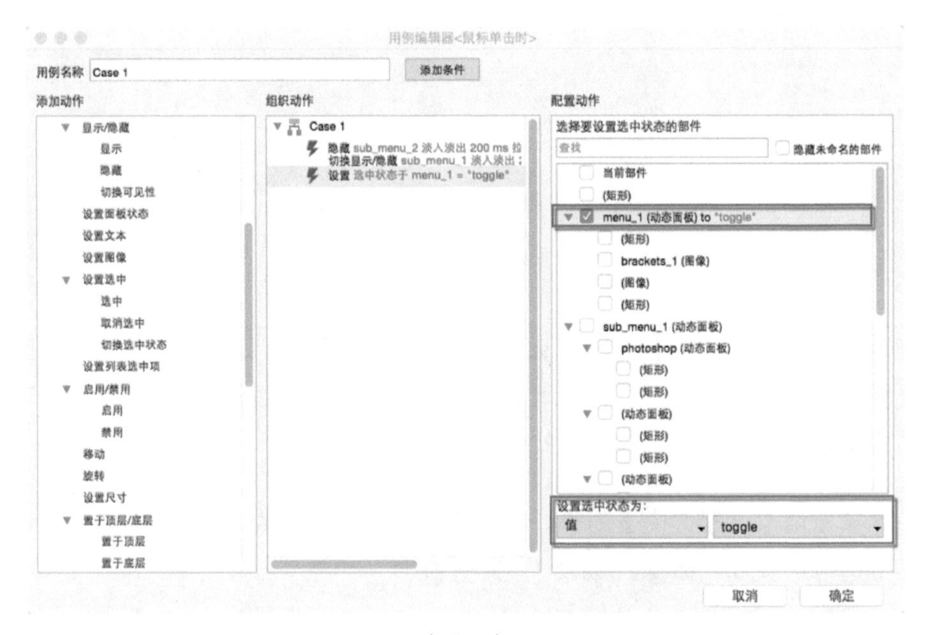


（图 58）

继续在右侧【配置动作】中勾选 menu2，并设置其选中状态值为 false，见图 59。

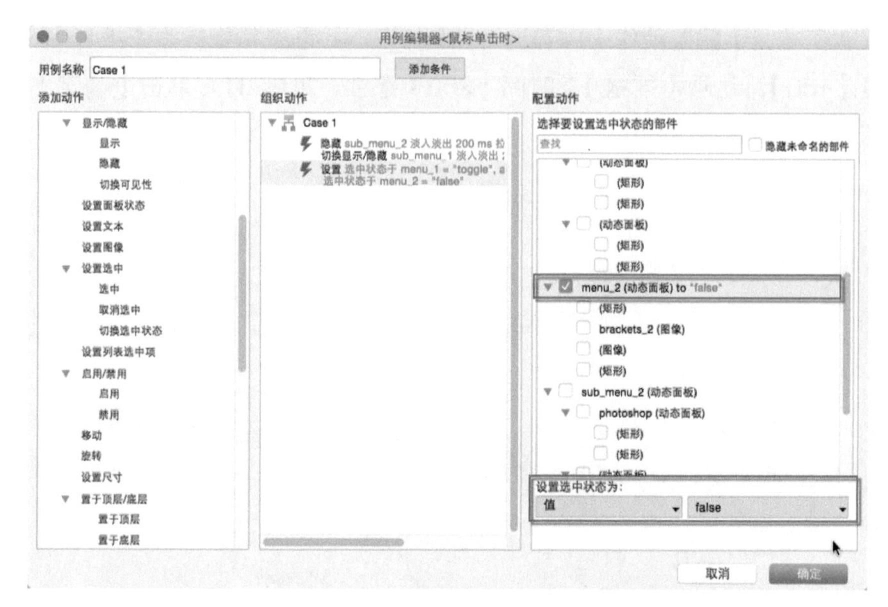


（图 59）

继续新增【旋转】动作，在右侧【配置动作】中勾选 brackets_1，并设置旋转【相对】，角度【180】，动画【摇摆】，时间【200】毫秒，见图 60。

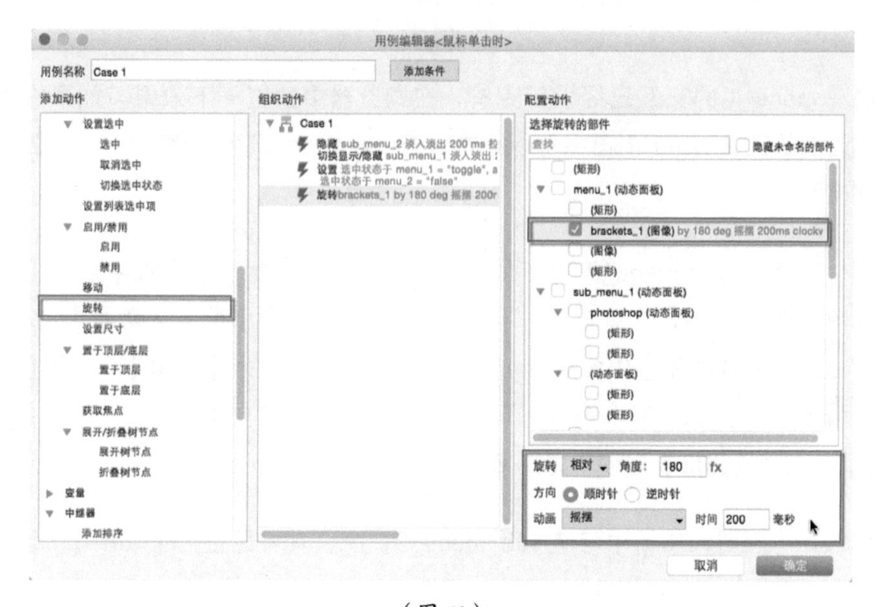


（图 60）

继续在右侧【配置动作】中勾选 brackets_2，并设置其旋转为【绝对】，角度【180】，动画【摇摆】，时间【200】毫秒，见图 61。单击【确定】按钮关闭【用例编辑器】。

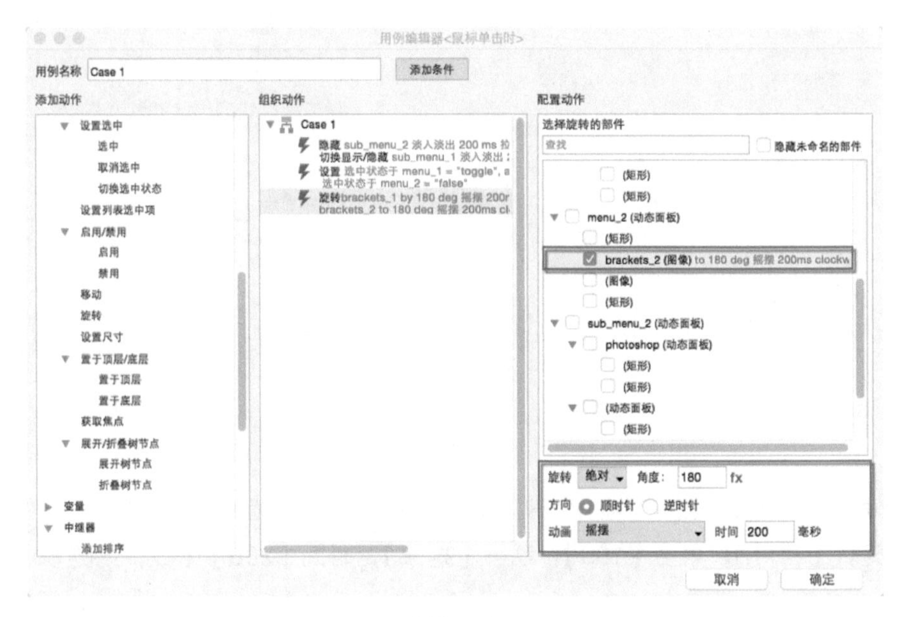


（图 61）

现在 menu_1 的交互已经设置完毕，在浏览器中预览一下效果。如果你操作无误的话，menu_1 已经可以正常展开 / 收起了，下面继续给 menu_2 添加交互。

第十二步：选中 menu_2 动态面板，在右侧部件【属性】面板中双击【鼠标单击时】事件，在弹出的【用例编辑器】中新增【显示 / 隐藏】动作，在右侧【配置动作】中勾选 menu_1，设置其可见性为【隐藏】，动画【淡入淡出】，时间【200】毫秒，勾选【拉动部件】，方向【下方】，动画【摇摆】，时间【200】毫秒，见图 62。

继续在【配置动作】中勾选 sub_menu_2，配置其可见性为【切换】，动画【淡入淡出】，时间【200】毫秒。勾选【推 / 拉部件】，方向【下方】，动画【摇摆】，时间【200】毫秒，见图63。

用例编辑器<鼠标单击时>
用例名称 Case 1 添加条件
添加动作
父级框架
滚动到部件<锚链接>
设置自适应视图
部件
显示/隐藏
显示
隐藏
切换可见性
设置面板状态
设置文本
设置图像
设置选中
选中
取消选中
切换选中状态
设置列表选中项
启用/禁用
启用
禁用
移动
组织动作
Case 1
隐藏 sub_menu_1 淡入淡出 200 ms 拉动
配置动作
选择要隐藏或显示的部件
查找
隐藏未命名的部件
brackets_1 (图像)
(图像)
(矩形)
sub_menu_1 (动态面板) 隐藏 淡入淡出 200 ms 拉动
photoshop (动态面板)
(矩形)
(矩形)
(动态面板)
(矩形)
(矩形)
可见性 显示 隐藏 切换
动画 淡入淡出 时间 200 毫秒
拉动部件
方向 下方 右侧
动画 摇摆 时间 200 毫秒
取消 确定

（图62）

用例编辑器<鼠标单击时>
用例名称 Case 1 添加条件
添加动作
父级框架
滚动到部件<锚链接>
设置自适应视图
部件
显示/隐藏
显示
隐藏
切换可见性
设置面板状态
设置文本
设置图像
设置选中
选中
取消选中
切换选中状态
设置列表选中项
启用/禁用
启用
禁用
移动
组织动作
Case 1
隐藏 sub_menu_1 淡入淡出 200 ms 拉动
切换显示/隐藏 sub_menu_2 淡入淡出 200
配置动作
选择要隐藏或显示的部件
查找
隐藏未命名的部件
brackets_2 (图像)
(图像)
(矩形)
sub_menu_2 (动态面板) 切换可见性 淡入淡出 200 ms
photoshop (动态面板)
(矩形)
(矩形)
(动态面板)
(矩形)
(矩形)
可见性 显示 隐藏 切换
动画 淡入淡出 时间 200 毫秒
推/拉部件
方向 下方 右侧
动画 摇摆 时间 200 毫秒
取消 确定

（图63）

继续新增【设置选中】动作，在【配置动作】中勾选 menu_1，设置其选中状态值 false，见图 64。

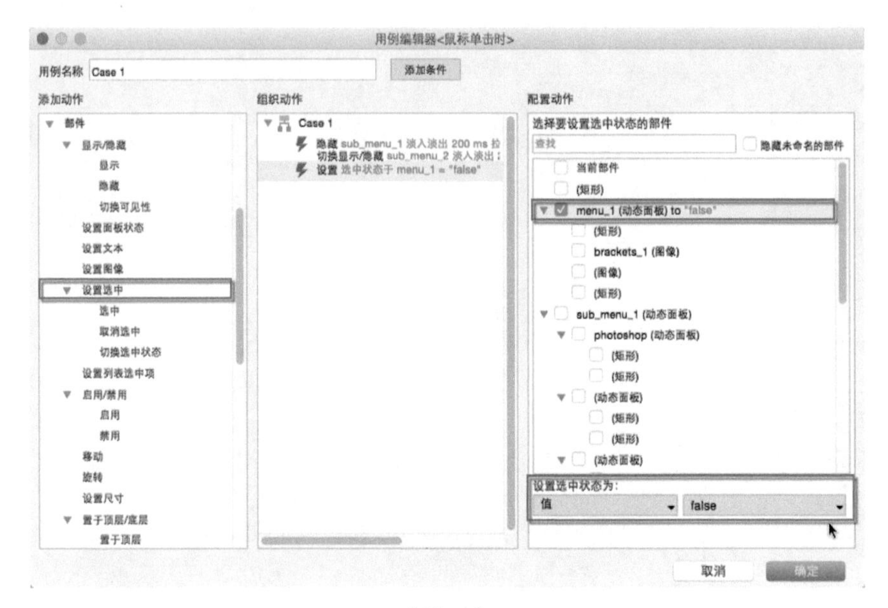


（图 64）

继续在【配置动作】中勾选 menu_2，设置其选中状态值为 toggle，见图 65。

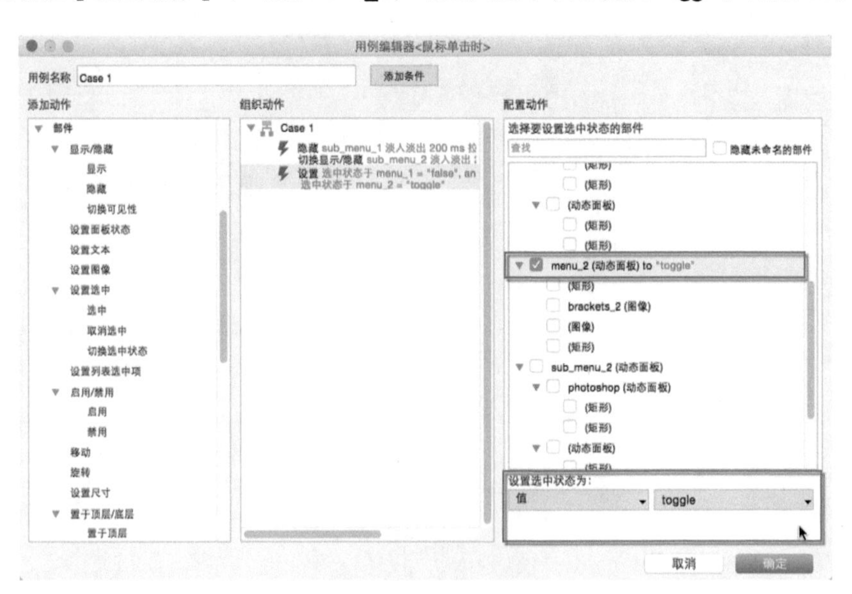


（图 65）

继续新增【旋转】动作，在右侧【配置动作】中勾选 brackets_1，并设置其旋转为【绝对】，角度【180】，方向【顺时针】，动画【摇摆】，时间【200】毫秒，见图 66。

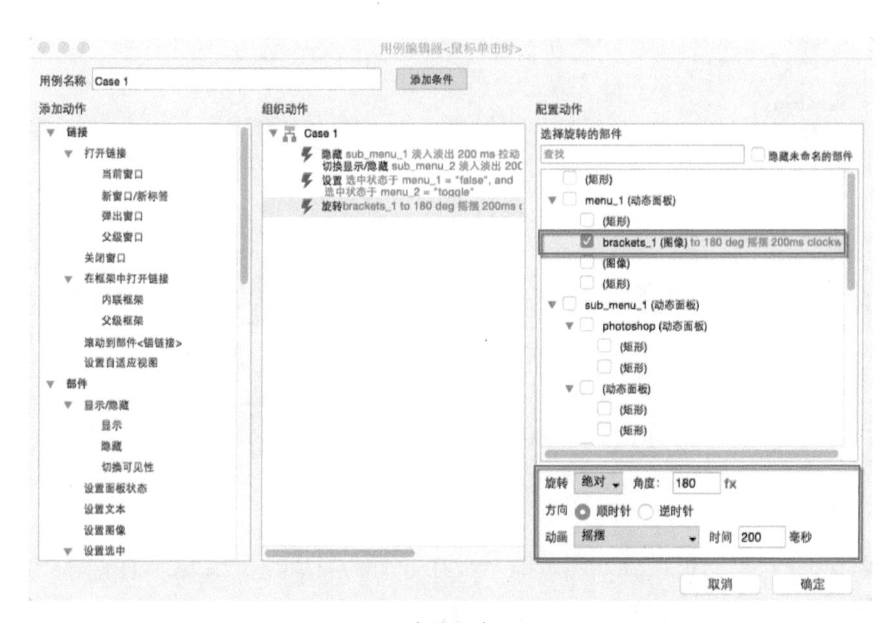


（图 66）

继续在【配置动作】中勾选 brackets_2，设置其旋转为【相对】角度【180】，方向【顺时针】，动画【摇摆】，时间【200】毫秒，见图 67。单击【确定】按钮关闭【用例编辑器】。

第十三步：选中 menu_1 动态面板，在右侧部件【属性】面板中勾选【选中】，这是因为在这个案例中，menu_1 默认是展开的，所以要将其设置为选中状态。

第十四步：在顶部的工具栏中单击【预览】按钮，或者按下快捷键 F5/Shift + Command + P，快速预览交互效果。

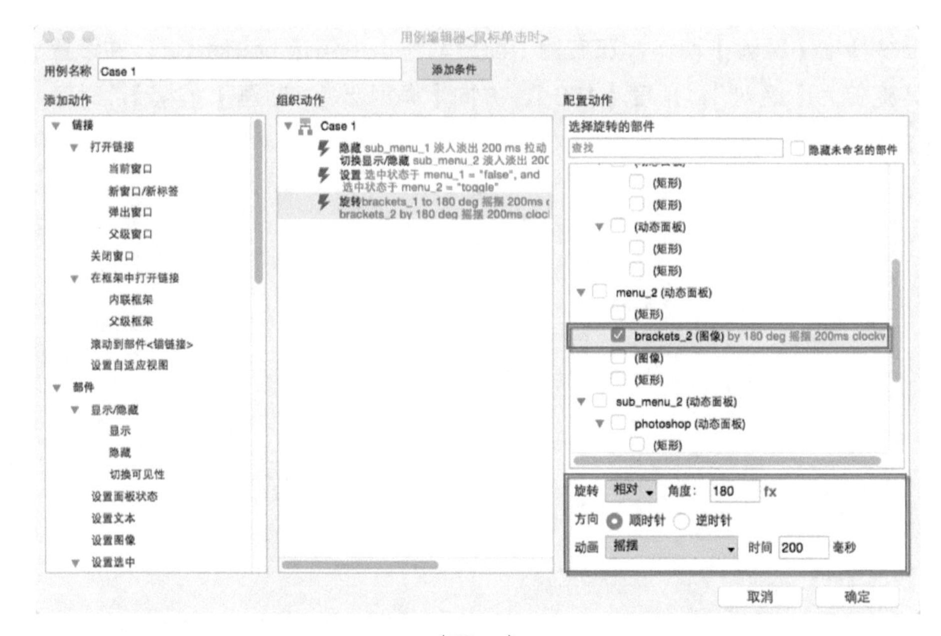

（图 67）

## 挑战 11：请根据案例 18 中所学的知识，独立制作一个包含三个或更多菜单的手风琴菜单。

小提示：在案例 18 中只做了两个菜单，menu_1 和 menu_2 的交互，在添加更多菜单时，要注意不同菜单部件之间的关联和影响。使用 Axure 制作较为复杂的交互时往往是“牵一发而动全身”，所以在动手操作之前考虑清楚不同部件之间的关系是十分必要的。

# 第 4 章

# 流程图

在 Axure 中使用流程图可以对各种过程进行交流，包括用例、页面流程和业务流程，正如笔者在前面章节中解释页面事件和部件事件时所表达的那样。很多人使用流程图来表达不同页面间的交互与层级关系。在流程中，不同的形状可以代表不同的步骤。虽然一些形状的意义是存在公约的，但是 Axure 并不限制它们的使用。一般来说，使用它们的最好方式，就是让你的沟通对象理解它们的意思。

# 4.1 创建流程图

## 4.1.1 流程图形状

在 Axure RP8 中，默认部件库与流程图部件库一样，在每个形状部件的四周都有一个小点，用来匹配连接线。要查看流程图形状，在部件面板的下拉列表中选择【Flow 部件库】。使用方法与默认部件库一样，拖放它们到设计区域，见图 1。

## 4.1.2 连接线模式

在给不同的流程图形状添加连接线之前，必须要将选择模式改变为连接线模式。在工具栏中单击连接线图标或者按下快捷键 Ctrl + 3/Command + 3，见图 2。

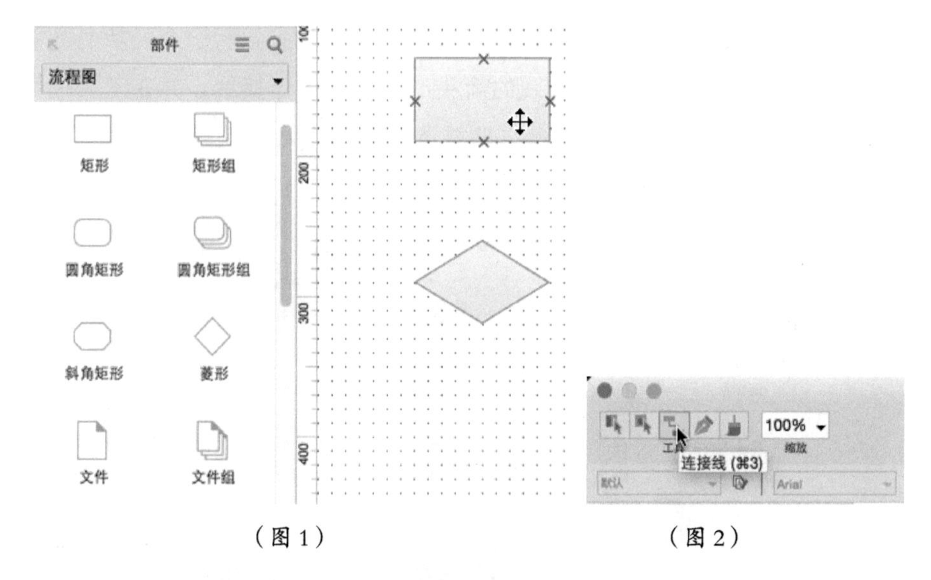


（图 1）　　　　　　　　（图 2）

## 4.1.3 将页面标记为流程图类型

页面流程图是使用站点地图中的页面进行管理的。虽然这并不是必要的操作，但这样做有助于我们将含有流程图的页面与其他页面区分开来。要将页面标记为流程图，右键单击该页面，选择【图表类型 > 流程图】，见图 3，该页的小图标就变成了流程图的样式，见图 4。

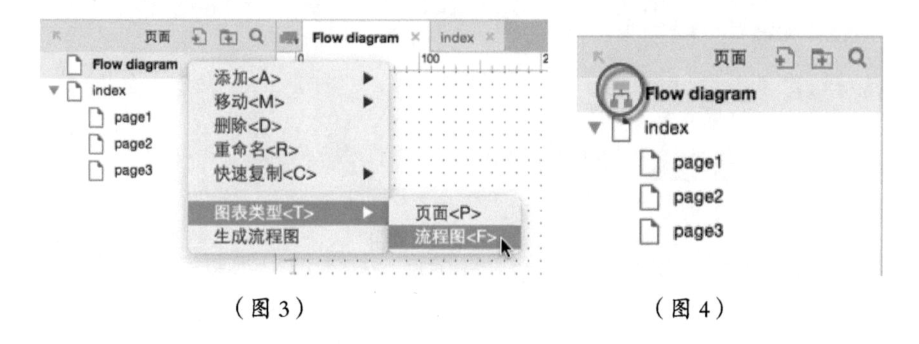


（图 3）　　　　　　　　（图 4）

## 4.1.4 连接线的使用

要连接流程图中的不同形状，首先将选择模式改为连接线模式，然后鼠标指向形状部件上的一个连接点，并单击拖拽。当连接到另一个形状的连接点后，松开鼠标。要改变连接线的箭头形状，选中连接线，并在工具栏中选择箭头形状，也可以修改连接线的线宽和颜色，见图 5。

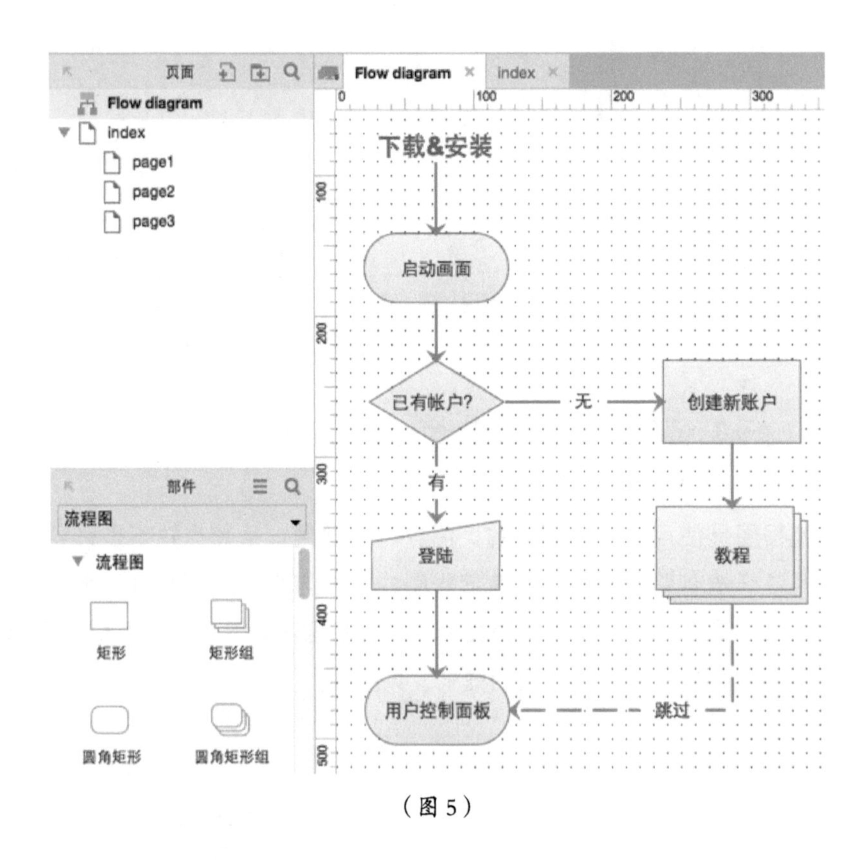


（图 5）

## 4.1.5 给连接线编辑文字

在绘制流程图时，很多情况下都需要给连接线添加提示文字，如果拖放一个标签部件到连接线上，会导致连接线变形，见图 6。正确的方法是双击连接线后再输入文字。

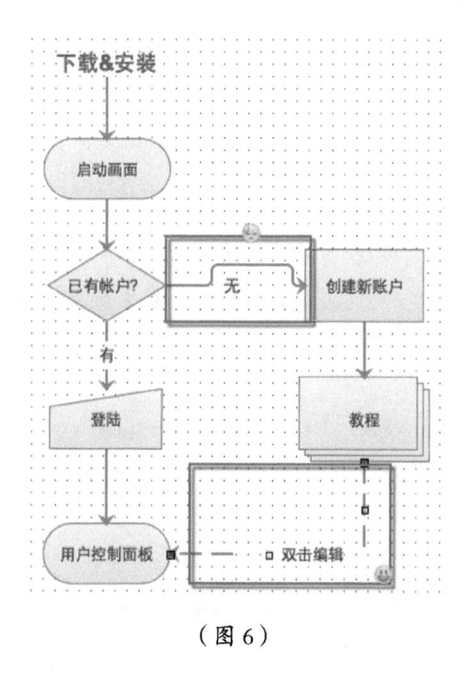


（图 6）

## 4.2 添加参照页

给流程形状添加参照页，允许你单击流程图形状后跳转到站点地图中的指定页面。如果改变了站点地图中页面的名字，那么流程形状上的文本也相应变化，这对流程图页面来说非常有用。单击流程形状会自动跳转到指定的参照页，无需添加事件。

在弹出的关联菜单中要给流程形状指定参照页，右键单击该形状，选择【参照页】，或者在部件【属性】面板中进行设置，然后在弹出的【参照页】对话框中选择对应的页面，单击【确定】按钮。还可以直接在站点地图中拖放一个页面到设计区域，创建一个流程部件的引用页，见图 7。

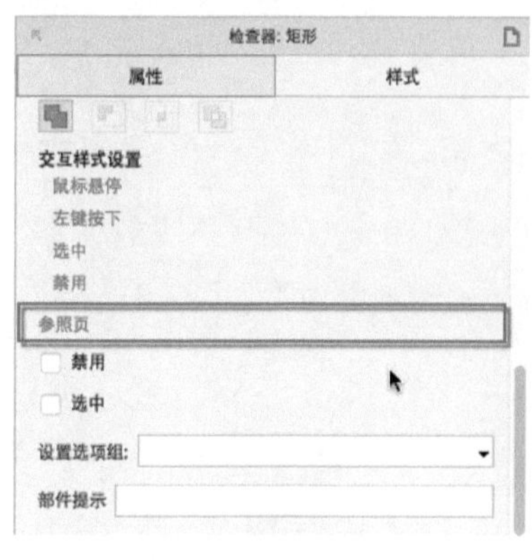


（图 7）

# 4.3 生成流程图

要生成基于站点地图层级关系的流程图，首先打开想要生成流程图的页面（比如要将流程图放置于 Flow diagram 页面，就先双击该页面），然后选择想要生成流程图的站点地图的分支的根页，再单击右键，选择【生成流程图】。在弹出对话框中，可以选择【水平生成】或者【垂直生成】，这会根据你的页面分支自动创建流程图，见图 8。

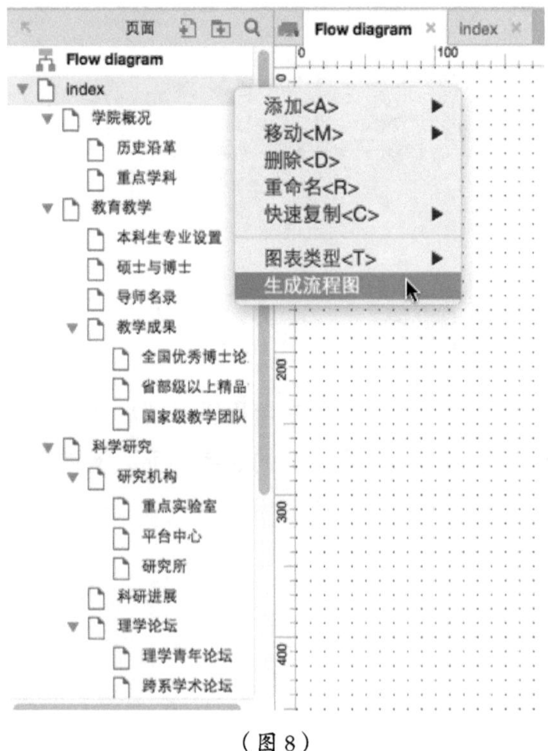


（图 8）

# 第 5 章

# 自定义部件库

# 5.1 自定义部件库概述

自定义部件库功能允许你创建自己的部件，如图标、不同样式的按钮和品牌元素等，并且可以直接在【部件】面板中加载使用它们。自定义部件库是独立的 .rplib 文件（ 与 .rp 文件不同 ），你可以很方便地与团队成员或其他 Axure 用户共享，见图 1。

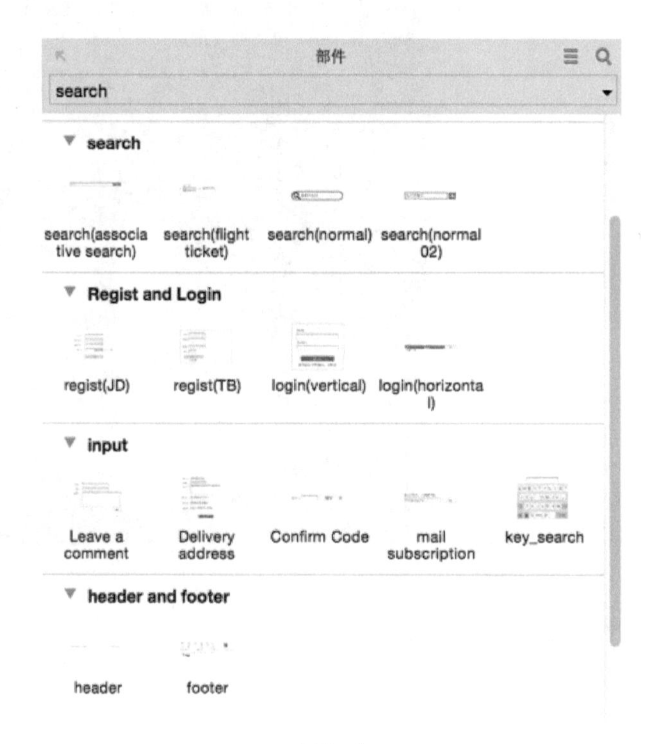


（图 1）

# 5.2 加载和创建自定义部件库

- 载入部件库：要载入自定义部件库，在【部件】面板中单击下拉列表，选择【载入部件库】，然后浏览定位 .rplib 文件即可，见图 2-A。载入部件库后就会出现在【部件】面板中了，你可以像操作默认部件那样，拖放它们到设计区域开始设计。除此之外，还可以对载入的自定义部件库进行编辑，或者卸载不需要的部件库，见图 2-B。

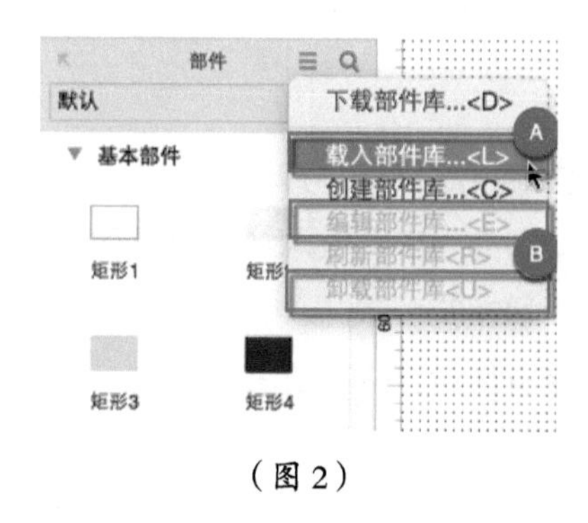


（图 2）

- 创建部件库：要创建自定义部件库，在【部件】面板工具栏中单击选项，然后在下拉列表中选择【创建部件库】，给要创建的部件库指定本地路径位置，并给 .rplib 文件命名，见图 3。单击【保存】按钮后会打开第二个 Axure 软件窗口，你可以在部件面板中添加、删除和管理部件，还可以使用已有的部件来创建自己的部件库，操作方法和平时在设计区域操作部件一样。

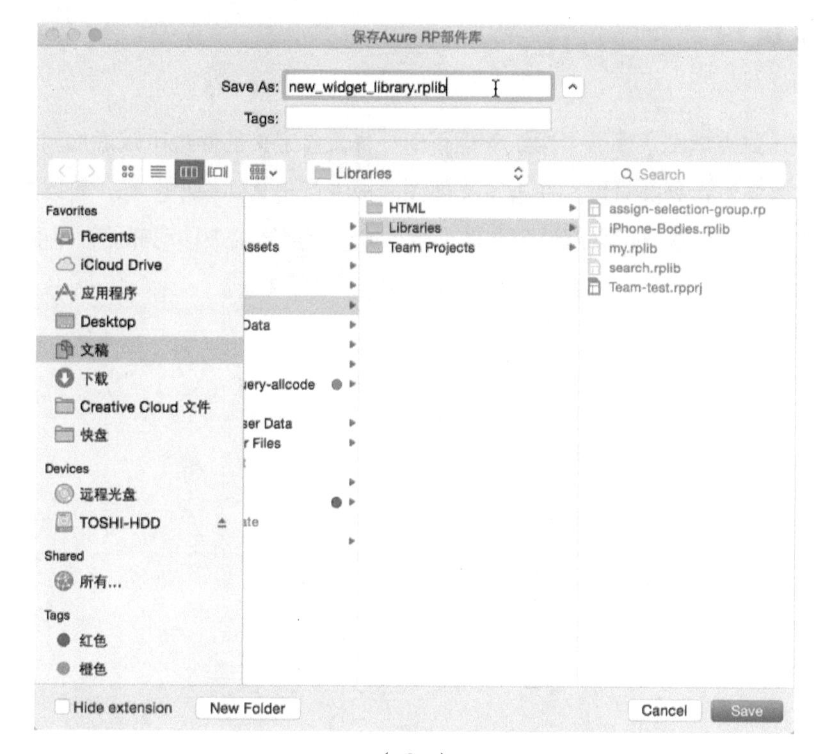


（图 3）

## 5.2.1 添加注释和交互

创建自定义部件库时可以给部件添加注释和交互，当你使用该部件时，注释和交互也会被添加到设计区域。比如，你使用动态面板创建了一个有开 / 关切换交互效果的按钮，当你把这个自定义按钮拖入设计区域时，它依然带有你设计好的交互效果。

> 小提示：要想让创建的自定义部件是组合形式的，请在创建自定义部件的时候将部件选中并设置为组合即可。要查看或使用制作好的自定义部件库，选择【文件 > 保存】，然后回到另一个 Axure APP 窗口，在【部件】面板的下拉列表中选择刚刚创建的部件库就可以了。

## 5.2.2 组织部件库到文件夹

与在【站点地图】面板中组织管理页面一样，自定义部件也可以添加到不同的文件夹中进行分类管理。在自定义部件面板中点击文件夹小图标，可以添加文件夹，然后拖放自定义部件到文件夹中，或者使用箭头来移动部件，见图 4。

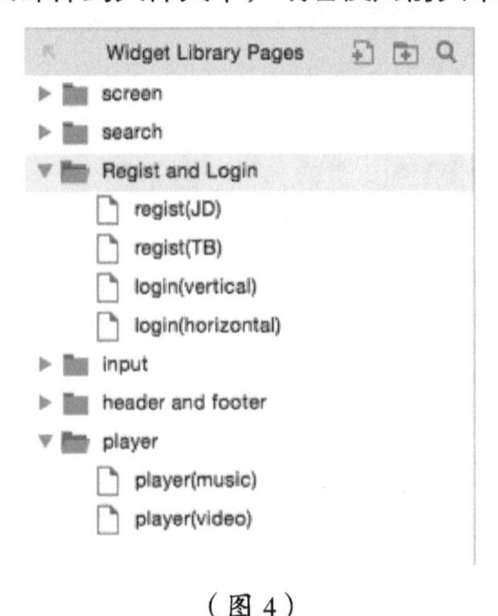


（图 4）

## 5.2.3 使用自定义样式

自定义部件可以指定自定义样式。设计自定义部件时，和操作默认部件一样，可以给部件填充颜色、边框、字体、阴影等样式。当自定义部件添加到项目中时，它的样式也被同步导入项目文件，见图 5。

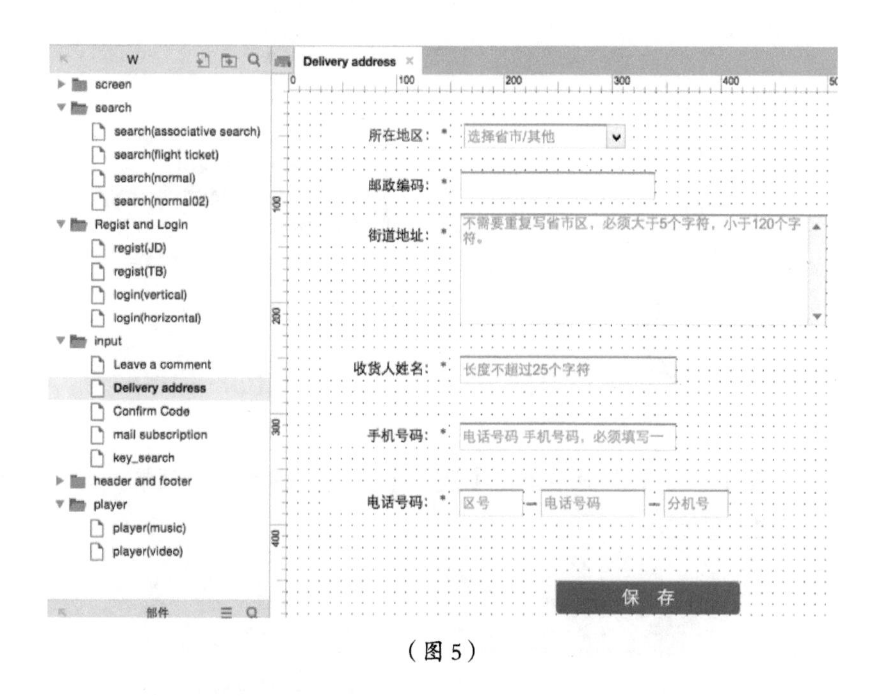


（图 5）

## 5.2.4 编辑自定义部件属性

在创建自定义部件库时，可以编辑自定义部件属性，如部件的小图标、描述和注释。

在 Axure RP8 中，要给自定义部件添加图标和注释，首先在设计区域选中自定义部件，然后单击【检查器】面板右侧的【检查器：页面】小图标，见图 6，然后在【检查器：页面】面板中设置自定义部件的图标、提示信息即可，见图 7。

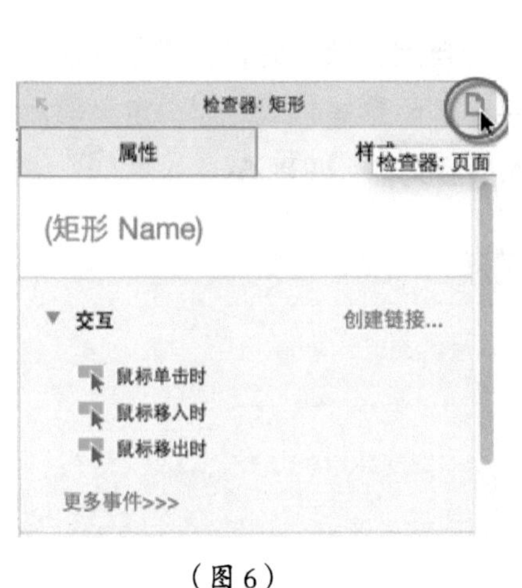


（图 6）

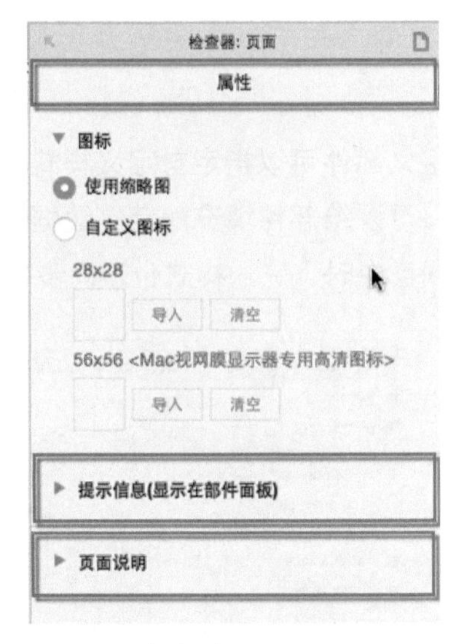


（图 7）

## 案例 19：制作一个可交互 switch button 部件

第一步：在【部件】面板中单击【选项】按钮，在弹出的菜单中选择【创建部件库】，见图 8。

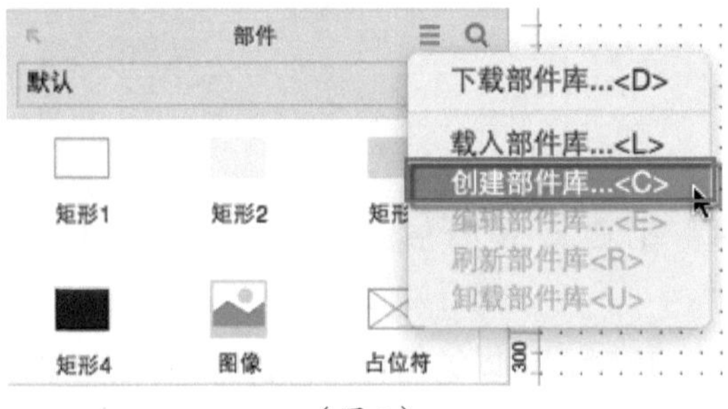


（图 8）

第二步：在弹出的对话框中给自定义部件库指定路径位置，单击【保存】后会打开另一个 Axure APP 窗口，见图 9。

第三步：在左侧【部件库页面】面板中双击【新部件 1】，并给其重命名为 switch button，见图 10。

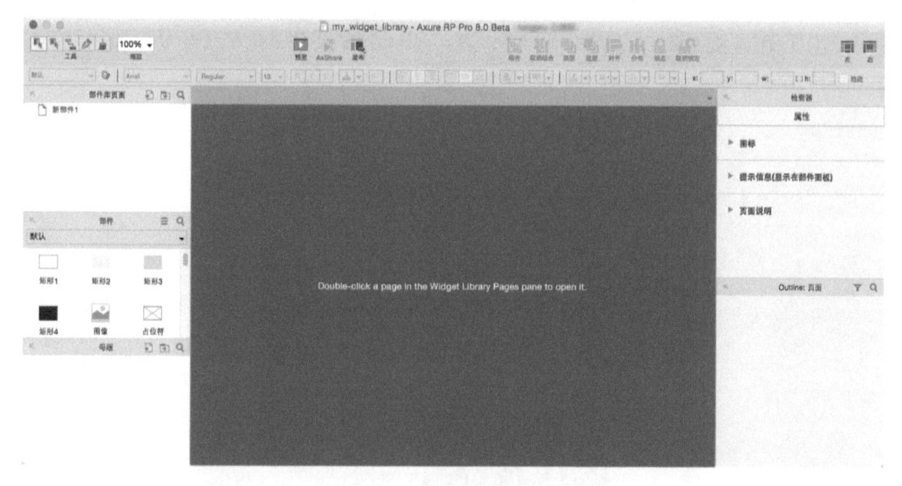


（图 9）

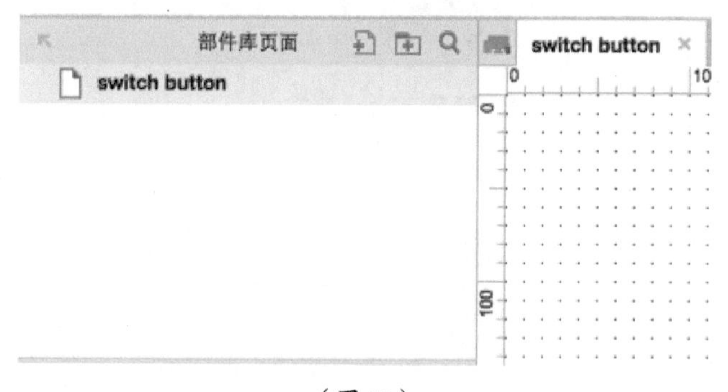


（图 10）

第四步：使用矩形部件调整圆角角度，制作如图 11 所示的形状，部件尺寸可由读者自定。笔者为了演示方便，在此将圆形尺寸设置为 100×100 像素，圆角矩形尺寸为 200×104 像素。并分别给 4 个形状部件命名为 slider_off、bg_off、slider_on 和 bg_on。

第五步：同时选中 slider_on 和 bg_on，单击右键，在弹出的关联菜单中选中【转换为动态面板】，并给动态面板命名为 switch_button，然后同时选中 slider_off 和 bg_off，单击右键，选择【剪切】，双击 switch_button 动态面板，在弹出的【动态面板状态管理】对话框中单击绿色加号图标，新增一个状态 State2。双击 State2，单击右键，选择【粘贴】，将刚刚剪切的

slider_off 和 bg_off 粘贴到设计区域，并设置其坐标为（x:0，y:0），见图 12。

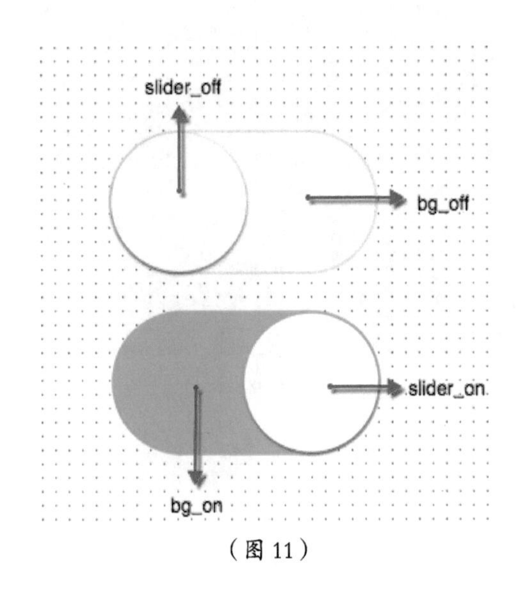


（图 11）

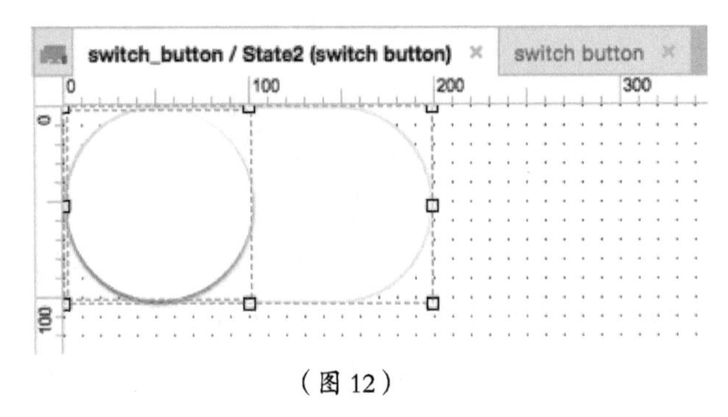


（图 12）

此时，slider_on 坐标为（x:98，y:2），slider_on 坐标为（x:2，y:2）。

第六步：选中 slider_off 部件，在右侧部件【属性】面板中双击【鼠标单击时】事件，在弹出的【用例编辑器】中新增【移动】动作，在【配置动作】中勾选 slider_off，并设置其移动为【绝对】(x:98，y:2)，动画【摇摆】，时间【300】毫秒，见图 13。

继续勾选 slider_on，并设置其移动为【绝对】( x:98，y:2 )，动画【摇摆】，时间【300】毫秒，见图 14。

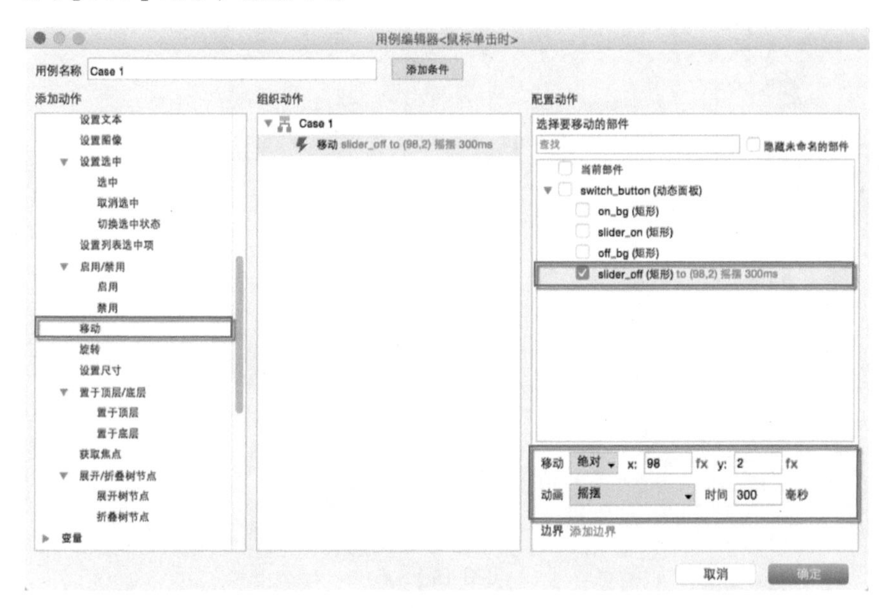


（图 13）

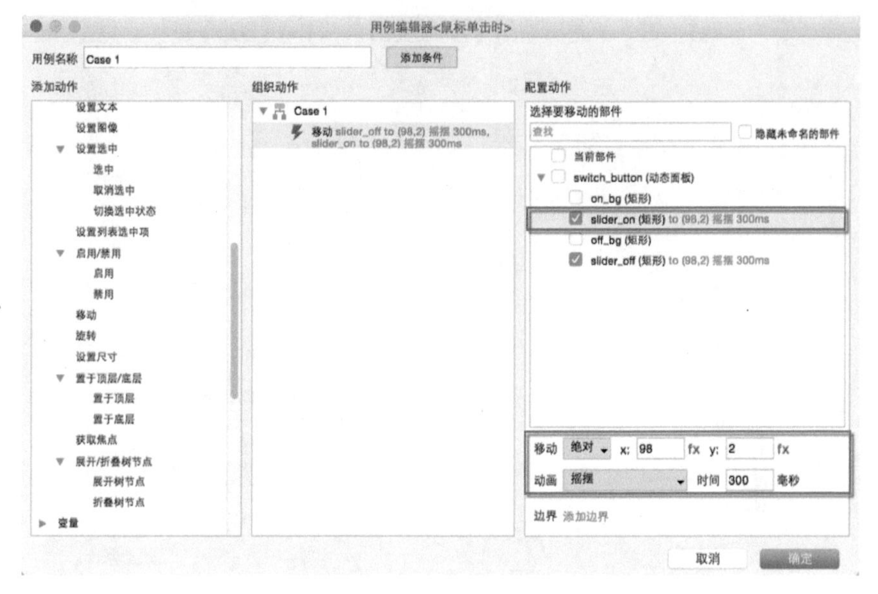


（图 14）

继续新增【等待】动作，在【配置动作】中设置等待时间【300】毫秒，见图 15。

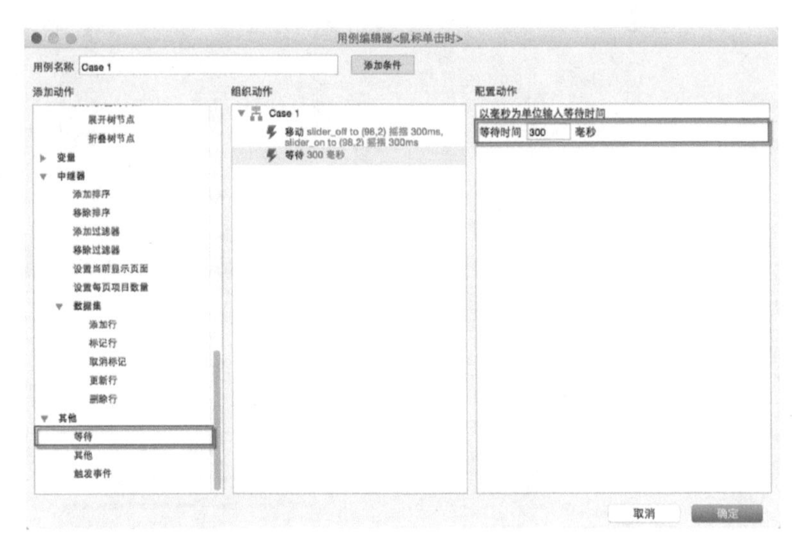


（图 15）

继续新增【设置面板状态】动作，在【配置动作】中勾选 switch_button，并设置其选择状态为 State1，进入 / 退出动画【淡入淡出】，时间【300】毫秒，见图 16。

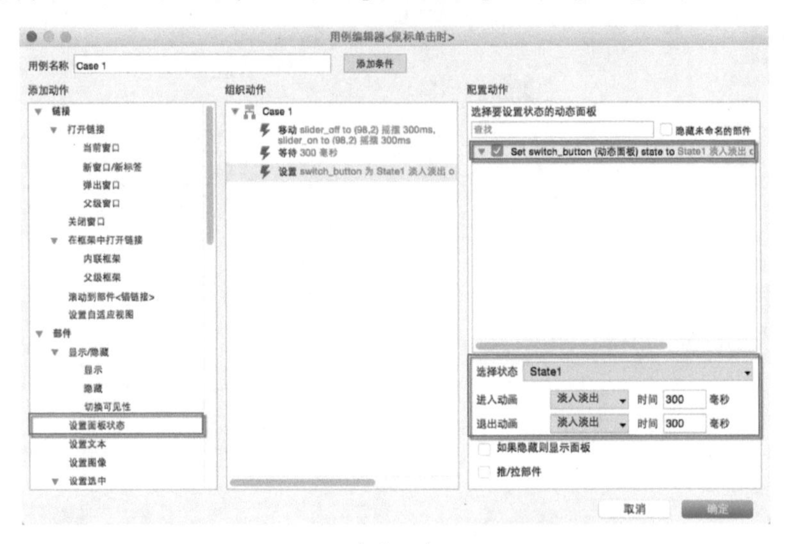


（图 16）

第七步：在【Outline：页面】面板中双击slider_on（快速选择想要的部件），见图17，在部件【属性】面板中双击【鼠标单击时】事件，在弹出的【用例编辑器】中新增【移动】动作，在【配置动作】中勾选slider_on，并设置移动为【绝对】（x:2，y:2），动画【摇摆】，时间【300】毫秒，见图18。

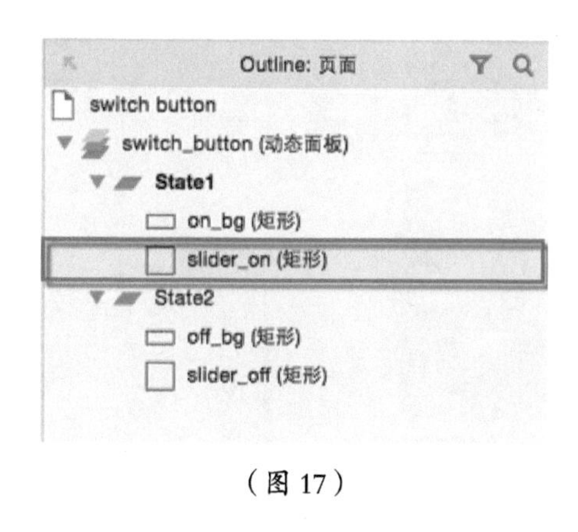


（图17）

继续在右侧【配置动作】中勾选slider_off，并设置移动为【绝对】（x:2，y:2），动画【摇摆】，时间【300】毫秒，见图19。

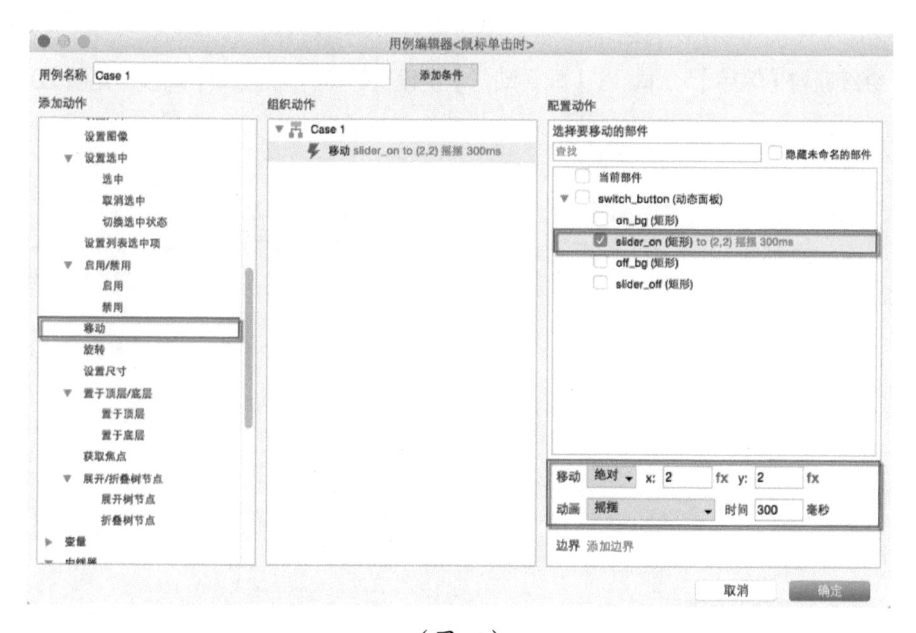


（图18）

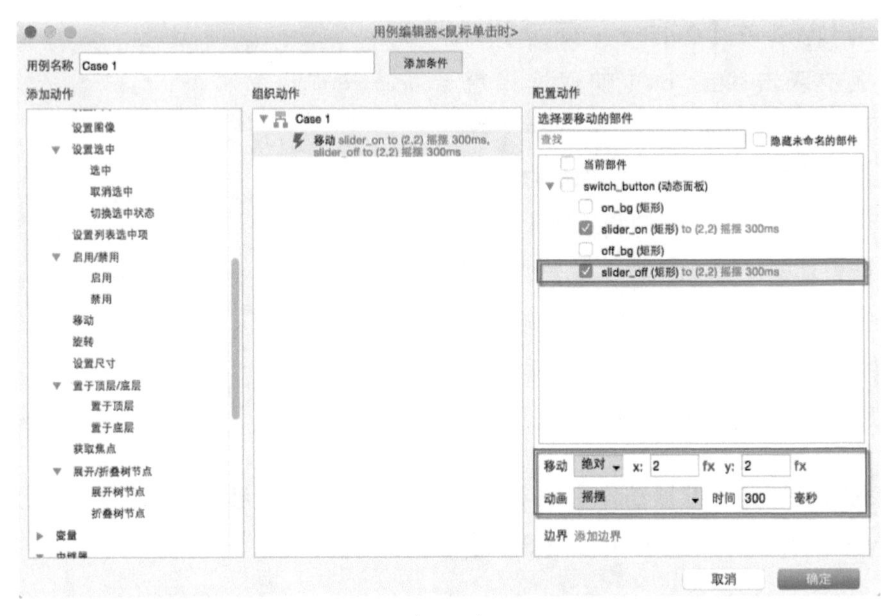


（图 19）

继续新增【等待】动作，在【配置动作】中设置等待时间【300】毫秒，见图 20。

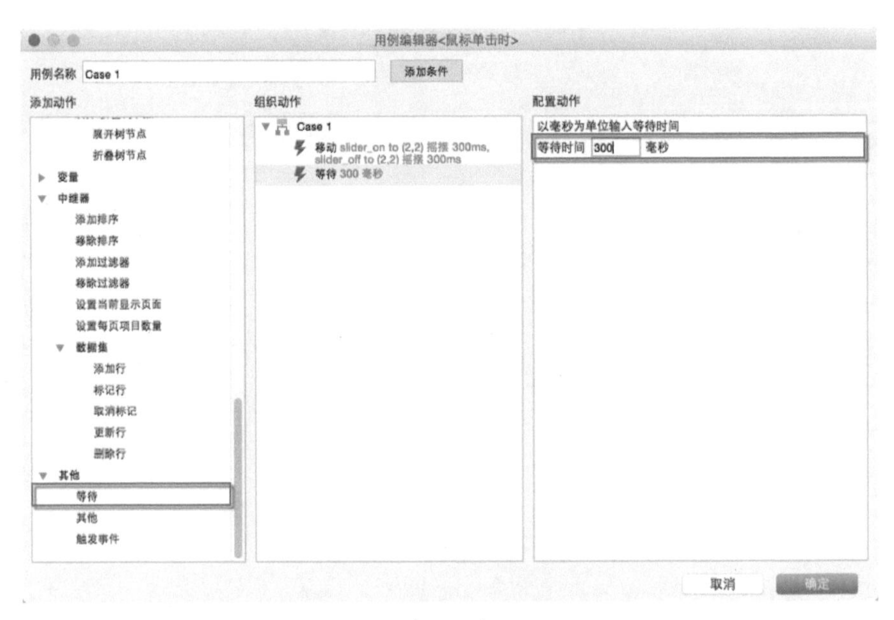


（图 20）

继续新增【设置面板状态】动作，在【配置动作】中勾选 switch_button，并设置其选择状态为 State2，进入 / 退出动画【淡入淡出】，时间【300】毫秒，见图 21。

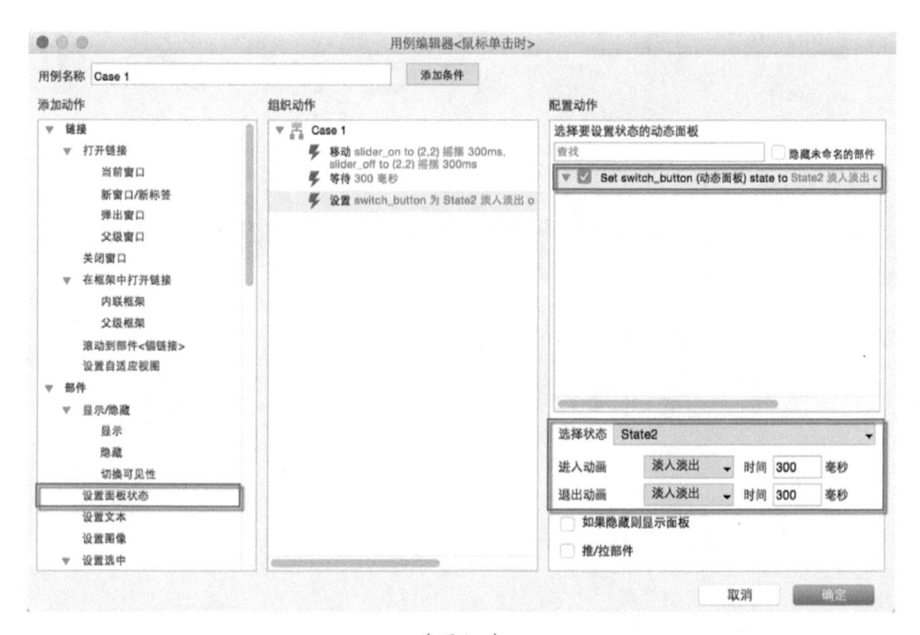


（图 21）

至此，switch_button 开关交互就设置完毕了，单击【预览】按钮快速测试。

第八步：到这里，自定义部件就制作完毕了。在顶部菜单栏中单击【文件 > 保存】，关闭当前的 AxureAPP。当再次打开 AxureAPP 时，在【部件】面板的下拉列表中就可以看到刚刚创建的名为 my_widget_library 的部件库了，见图 22。选择该部件库后可以看到刚刚制作的 switch_button 部件，见图 23。将其拖放到设计区域，单击【预览】按钮，打开浏览器测试，刚刚添加的交互都可以正常执行。

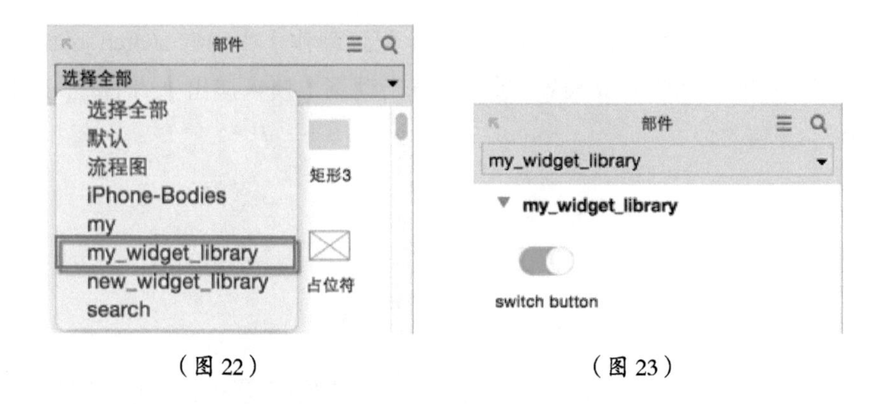


（图 22）　　　　（图 23）

## 挑战 12：请根据工作需求创建一套属于你自己的部件库

注意：该挑战无视频指导，请自行发挥创意。

# 第 6 章

# 高级交互

若要驾驭 Axure 这款工具，随心所欲地制作你想要的原型，高级交互部分一定要付出 200% 的努力与耐心。

# 6.1 条件逻辑

## 6.1.1 条件逻辑概述

到目前为止，你已经熟悉了 Axure 中交互的构成和用例编辑器的操作，只需新增动作并恰当配置动作就可以构建交互，而你唯一要输入的内容只有部件名称和用例名称（当你更加熟悉 Axure 之后，甚至用例名称也可以不用写了）。使用条件生成器或者制作拖放交互时，你会发现操作方法也很简单，并没有想象中那样复杂。在原型中使用条件逻辑，能为工作节省大量开支，因为你可以通过多种方法重复使用已经制作好的条件逻辑模式。逻辑无处不在，我们本身就生活在逻辑中，即使有些结果并不符合逻辑。而在计算机科学和交互设计中，条件逻辑必须适应各种业务规则和例外情况。在我们日常使用的很多软件中都包含着条件逻辑，比如百度高级搜索（网址：http://www.baidu.com/gaoji/advanced.html），见图 1。

Bai度百度 高级搜索

| | | |
|---|---|---|
| 搜索结果 | 包含以下全部的关键词 | 百度一下 |
| | 包含以下的完整关键词 | |
| | 包含以下任意一个关键词 | |
| | 不包括以下关键词 | |
| 搜索结果显示条数 | 选择搜索结果显示的条数 | 每页显示10条 |
| 时间 | 限定要搜索的网页的时间是 | 全部时间 |
| 语言 | 搜索网页语言是 | 全部语言 仅在简体中文中 仅在繁体中文中 |
| 文档格式 | 搜索网页格式是 | 所有网页和文件 |
| 关键词位置 | 查询关键词位于 | 网页的任何地方 仅网页的标题中 仅在网页的URL中 |
| 站内搜索 | 限定要搜索指定的网站是 | 例如：baidu.com |

©2015 Baidu

（图 1）

## IF-THEN-ELSE

IF-THEN-ELSE 语句是最常见的逻辑，用于整个设计过程中，帮助捕捉各种影响系统和用户的行为规则与交互模式。大约 2300 年前，古希腊的亚里士多德发明了逻辑（又称三段论），这条抽象推理至今深刻影响着我们的生活和数字世界。在 Axure 中，良好的用例说明可以将条件流程清晰地表达出来，这样也利于维护和更新。如果你想让原型将用例正确地表达出来，在用例中定义条件逻辑是必不可少的操作。举例来说，假如想要一张水果的图片，单击下拉列表可以选择我们想要显示的水果，你就可以创建一个每个状态中都含有不同水果的动态面板。当下拉列表的选项改变时，你就可以在用例中定义条件逻辑（如果选中的项 = 苹果）就设置相应的动态面板状态显示苹果的图片。

下面用一个简单的小案例详细描述。当下图的文本输入框部件失去焦点时，如果文本框中输入的值等于“Axure”，就打开页面 page1；如果文本输入框中输入的值不等于“Axure”，就打开 page2，见图 2。在 Axure 中实现这个交互的条件用例如图 3。

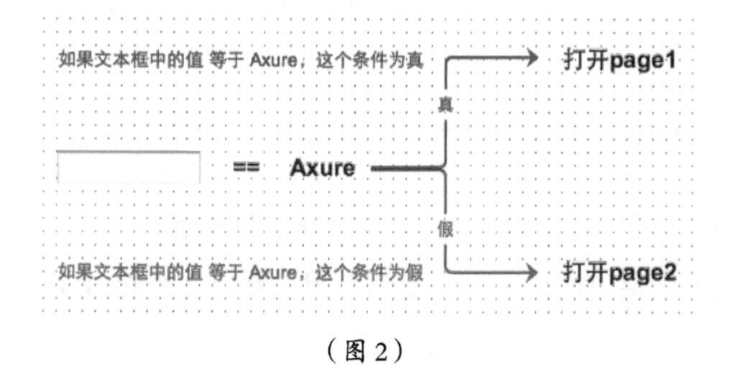


（图 2）

## And/Or

And 和 Or 是条件运算符，用于连接两个或两个以上的句子来创造有意义的复合语句。当有多种情况需要评估时，使用复合语句来确定到底执行哪个动作。

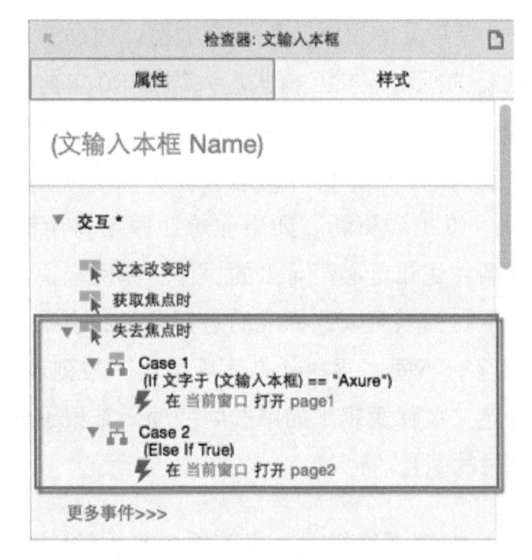


（图 3）

例如，当用户执行会员登录动作时，我们判断用户输入的用户名和密码是否正确。如果（If）用户名 ==Axure，并且（And）密码 ==Axure，Then 显示登录成功；否则，显示登录失败。下面在 Axure 中实现这个交互。

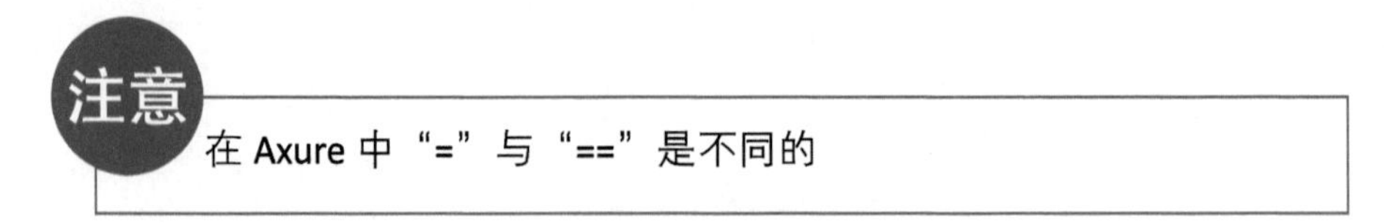


- 等号是设置值，比如 x=8，这是将 x 的值设置为 8。
- 双等号是判断值，比如 x==8，这通常用于判断 X 的值如果等于 8；

## 案例 20：会员登录条件判断

第一步：请使用矩形部件、文本输入框和标签部件制作如图 4 所示的会员登录模块，并分别给用户名、密码、登录按钮和错误提示 4 个部件命名为

name、password、login 和 warning，然后将 warning 部件设置为隐藏。

（图 4）

第二步：选中登录按钮，在部件【属性】面板中双击【鼠标单击时】事件，在弹出的【用例编辑器】顶部单击【添加条件】，在弹出的【条件编辑器】中新增两个条件，见图 5。

- 条件 1：如果部件 name 中的文字等于 Axure。
- 条件 2：如果部件 password 中的文字等于 Axure。

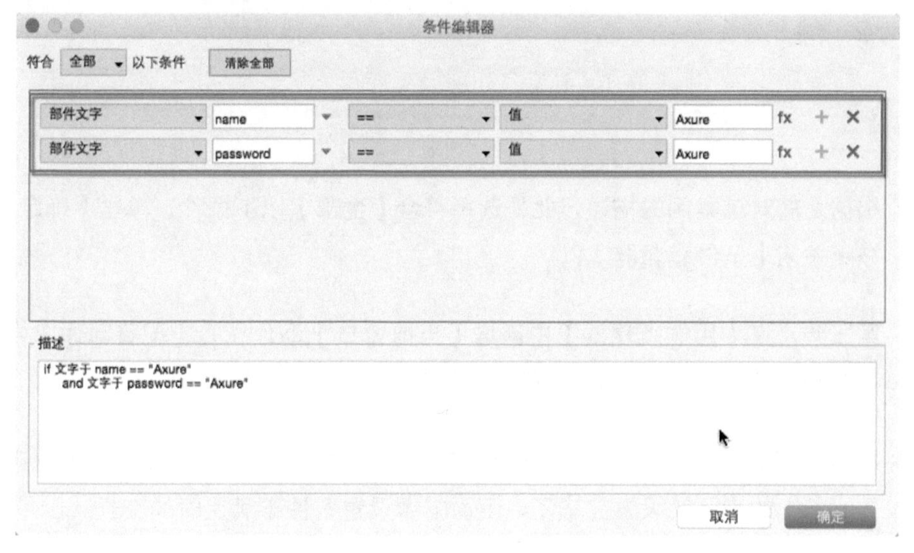


（图 5）

当这两个条件都为 true 时，也就是同时满足两个条件时，会员登录成功，在当前窗口打开 page1; 当这两个条件中的任意一个不为 true 时，也就是两个条件中的任何一个未满足时，会员登录失败，显示 warning 提示。

在 Axure 的【条件编辑器】中，默认选项是符合【全部】以下条件，见图 6，点击下拉列表可以选择符合【任何】以下条件，也就是满足条件中的任意一个时。

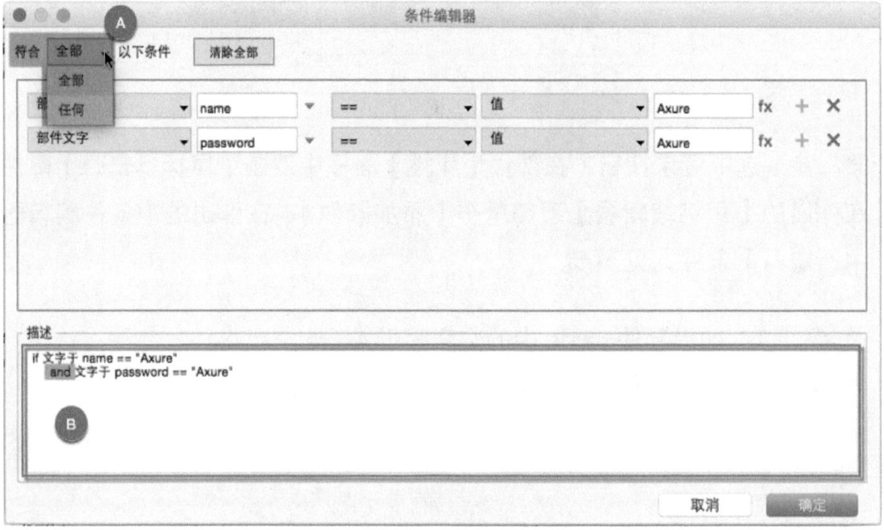

（图 6）

根据之前对该案例的描述，此处选择符合【全部】以下条件，单击【确定】按钮关闭【条件编辑器】。

第三步：在【用例编辑器】中新增【当前窗口】动作，在【配置动作】中勾选 page1，见图 7，单击【确定】按钮关闭【用例编辑器】。

此时，当用户名和密码输入框中的值都等于“Axure”时，就在当前窗口打开 page1 的交互就设置完毕了，下面继续设置条件不满足时的交互。

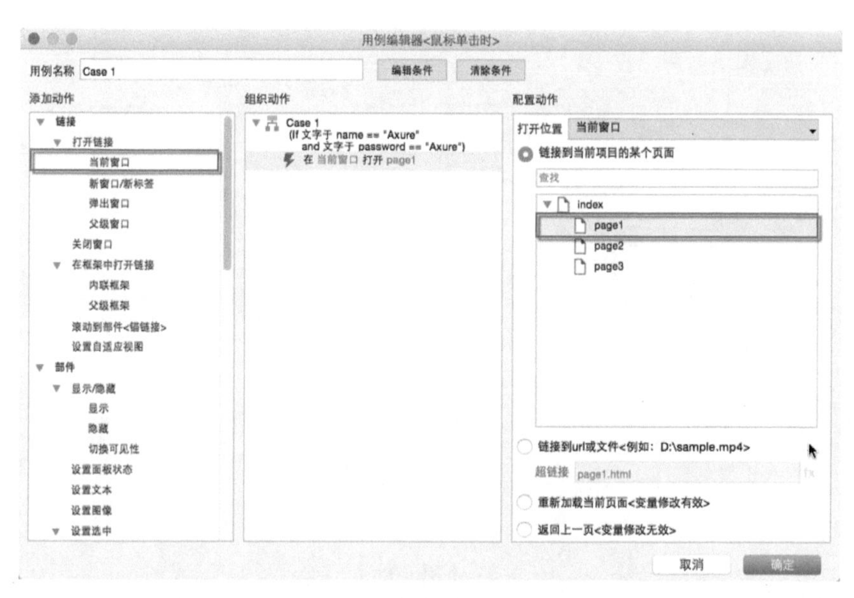


（图 7）

第四步：选中 login 部件，在部件【属性】面板中再次双击【鼠标单击时】事件，或者单击右侧的小加号，继续添加用例，如图 8。在弹出的【用例编辑器】中新增【显示】动作，在右侧【配置动作】中勾选 warning，并设置其可见性为【显示】，动画【淡入淡出】，时间【500】毫秒，见图 9，单击【确定】按钮关闭【用例编辑器】。

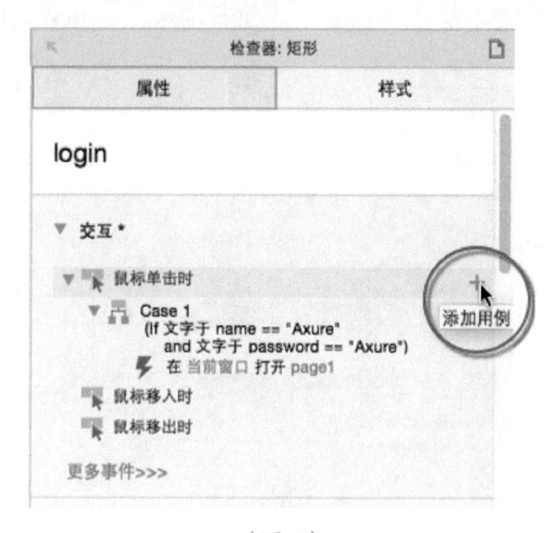


（图 8）

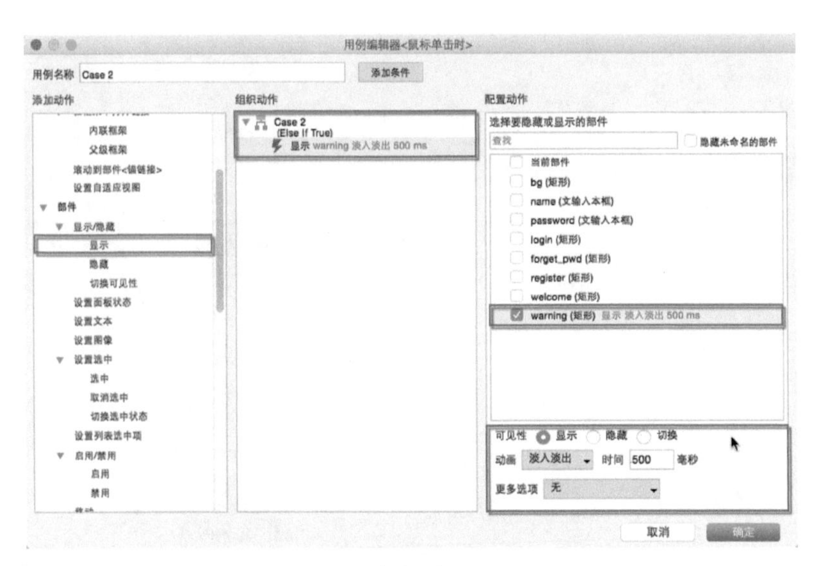


（图 9）

第五步：在顶部的工具栏中单击【预览】按钮，或者按下快捷键 F5/Shift + Command + P，快速预览交互效果。

注意：Axure 中的用例是自上至下按顺序执行的，例如在案例 20 中，单击登录按钮时，先执行 Case1 判断用户名和密码输入框中的值是不是等于 Axure，如果等于 Axure 就执行在当前窗口打开 page1 的动作；如果用户名或密码输入框中的值不等于 Axure，就执行 Case2，见图 10。

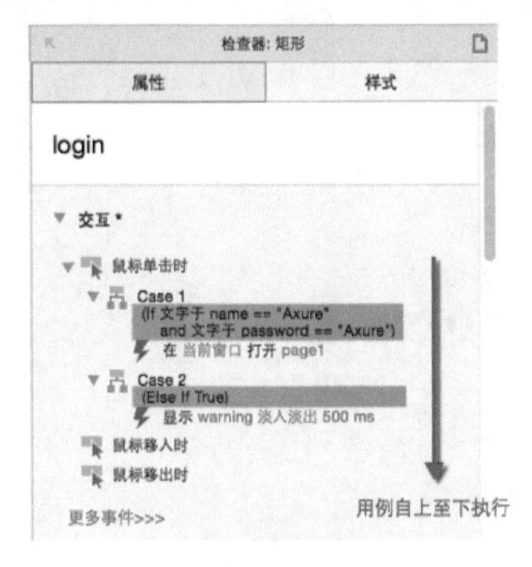


（图 10）

## 6.1.2 交互和条件逻辑

### 1. 条件编辑器

要添加条件到你的交互中，首先要在部件【属性】面板下双击要触发的事件并添加用例。在弹出的【用例编辑器】项部（用例说明右侧）单击【新增条件】，打开【条件编辑器】对话框，见图 11。

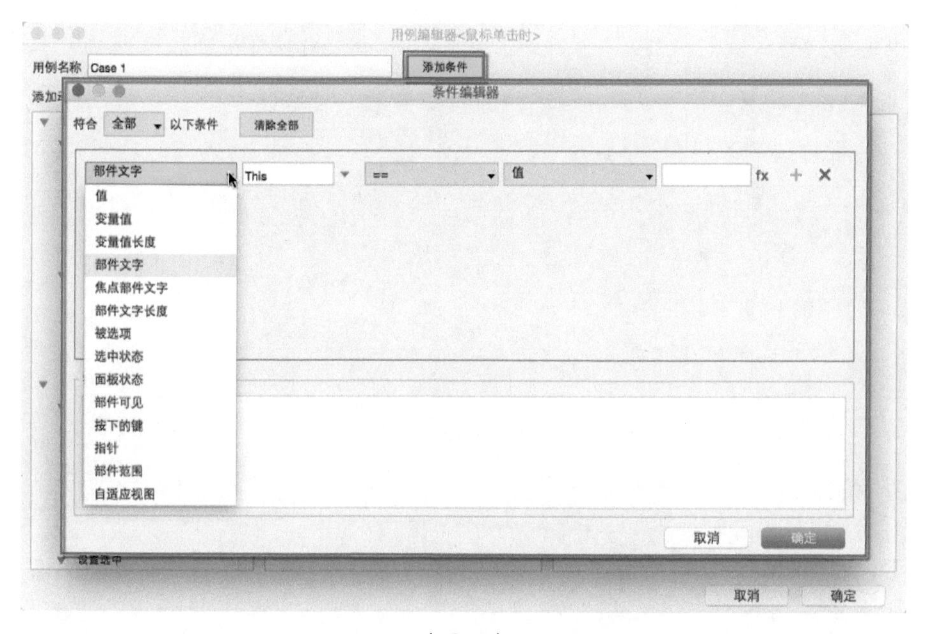


（图 11）

条件生成器允许你创建条件表达式，例如，“如果下拉列表框部件的选项 == 苹果，就显示一张苹果的图像”，这句话的前半句就是一个条件表达式，后半句是满足条件后会触发的动作。

使用【条件编辑器】中下拉列表和输入框，可以轻松创建需要的条件。如果你对条件表达式的创建不太明白，有一个非常简单的办法，把表达式拆成三部分来看：表达式两边是你要对比的两个项，中间是要对比的类型。

换句话说就是 [ 一个值 ]+[ 怎样对比 ]+[ 另一个值 ]，见图 12。每一行条件表达式的第一个和第二个项分别是值的类型和特定的部件或者是你要检查的变量。第三项是要对比的类型，比如等于、不等于、大于、小于、是、不是 ... 第四项和第五项是你要对比的指定部件和值的类型。

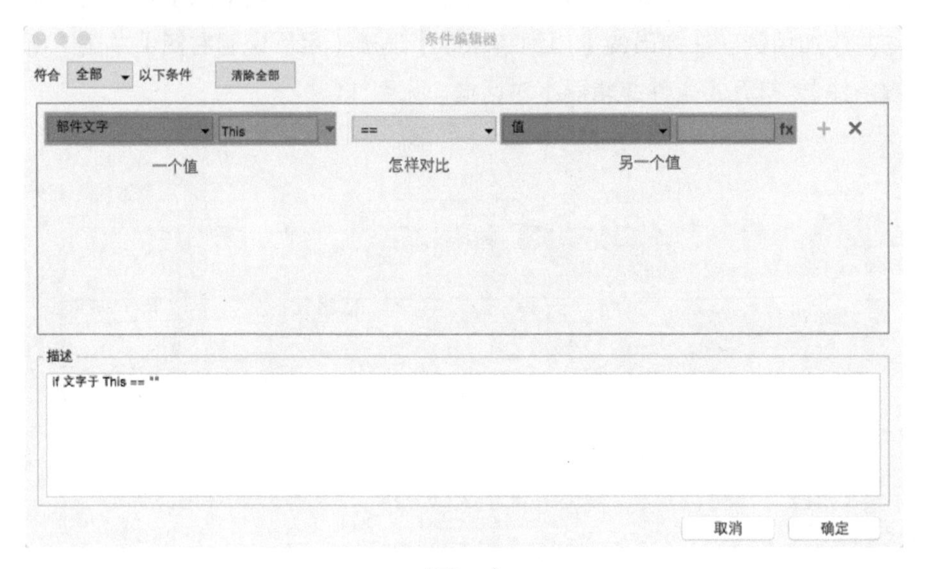


（图 12）

## 2. 条件

下面是 Axure RP8 中所有可用的条件列表，你可以建立基于以下类型的值的条件。

- 值：文本 / 数字的值或变量。
- 变量值：存储在变量中的当前值。
- 变量值长度：一个变量的值的字符数。
- 部件文字：部件中的文字。
- 焦点部件文字：光标焦点所在部件上的文字。
- 部件文字长度：部件中文本的字符数。
- 被选项：下拉列表或列表选择框被选中的项。

- 选中状态：检测复选框或单选按钮是否选中，或者一个部件是否是选中状态。
- 面板状态：动态面板的当前状态。
- 部件可见：部件当前状态是可见还是隐藏。
- 按下的键：键盘上按下的键或组合。
- 指针：拖放过程中鼠标指针（光标）的位置。
- 部件范围：部件之间是否接触（通常用于部件拖放时）。
- 自适应视图：自适应视图当前的视图。

### 3. 创建条件

在一个用例中可以添加多个条件，单击表达式右侧的绿色加号即可。比如，如果部件文字 email 等于 ilove@axure.com，并且部件文字 password 等于 axure。要删除条件，单击表达式右侧的叉号，见图 13。

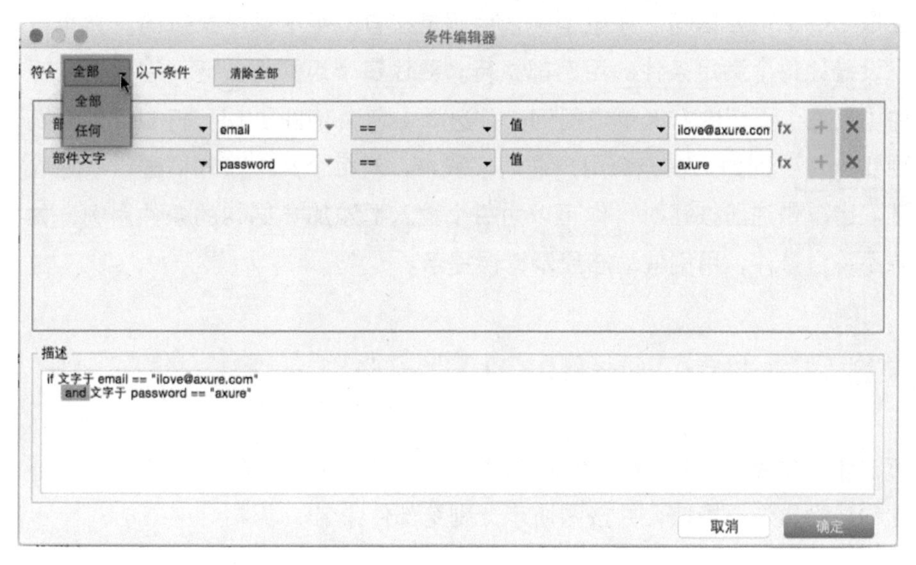


（图 13）

如果所有的条件都必须同时满足（用例表达式描述中是 and），在条件生成器左上角的下拉列表中选择符合【全部】以下条件。如果只需要满足条件中的任何一个（用例表达式描述中是 or），在条件生成器左上角的下拉列表中选择符合【任何】以下条件。默认情况下，条件表达式被设置为符合【全部】以下条件。条件设置完毕之后，单击【确定】按钮回到【用例编辑器】中，选择当条件能够满足的情况下想要执行的动作。比如，如果部件文字 email 等于 ilove@axure.com，and 部件文字 password 等于 axure，就执行在新页面打开 page1 的动作。

## 6.1.3 多条件用例

一个事件下可以添加多个含有条件的用例。举个简单的例子：有一个下拉列表框，其中的项是不同的水果，你可以给【当选项改变时】事件添加多个带有条件的用例，来判断不同的下拉列表项，并执行相应的动作。默认情况下，每个用例都是 Else If 语句。如果添加一个没有条件的用例，它将会是 Else If True 语句。在原型中，用例是按自上至下顺序执行的。你也可以设置让每个满足条件的用例都执行。要让每个用例都执行，你需要在部件【属性】面板中右键单击用例，并选择【切换 If/Else If】，将 Else If 切换到 If 条件。例如，在一个用户注册模块中，对每个文本输入框进行单独验证。当单击注册按钮时，你可以为每个输入框添加 If 结构的条件用例，如果不符合条件，用例就动态显示错误提示。

## 案例 21：会员注册多条件判断

第一步：根据图 14 所示，使用矩形部件、文本输入框、标签和复选框部件创建会员注册模块，并按图所示分别给部件命名。

细心的读者根据图 14 中文本输入框里面的文字提示可以看出，该注册模块对的要求是：用户名长度 5-15 个字符，密码长度 6-20 个字符，确认密码必须与登录密码一致，验证码必须与右侧矩形中的验证码一致。

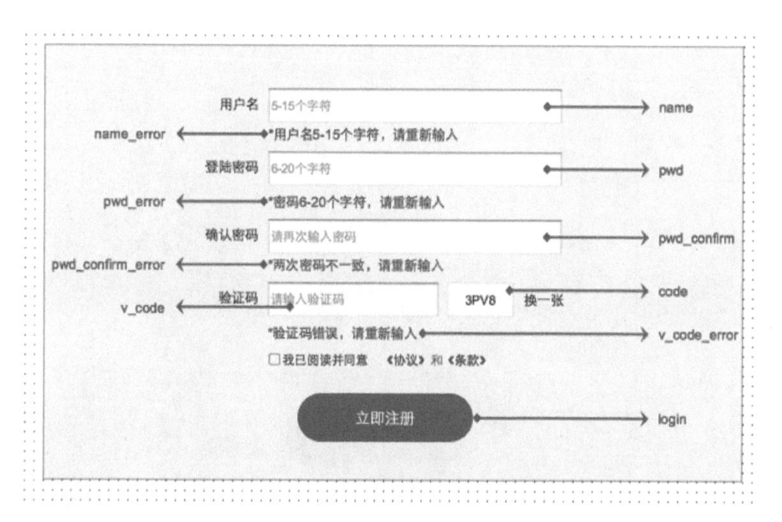


（图 14）

该案例要实现的交互效果是：当用户单击【立即注册】按钮时进行判断，如果某个文本输入框不符合要求则显示红色错误提示；如果某个文本输入框符合要求则隐藏错误提示；如果全部输入框都符合要求，则隐藏错误提示并在当前窗口打开 page1。

根据上面的语言描述我们可以得出实现该交互的思路。

1. 要给每一个文本输入框添加条件判断，因为符合条件的要隐藏错误提示，不符合条件的要显示错误提示。

2. 每次单击登录注册按钮时，所有的文本输入框都要执行判断，因为用户很有可能逐项修正错误，因此会进行多次单击注册按钮的尝试，所以要及时给予反馈。

3. 要对所有文本输入框的条件进行判断，因为只有所有输入框的条件全部符合要求时，才能触发注册成功跳转到 page1 的动作。

第二步：同时选中 4 个红色的错误提示标签，并将其设置为隐藏，因为默认情况下不需要显示错误，见图 15。

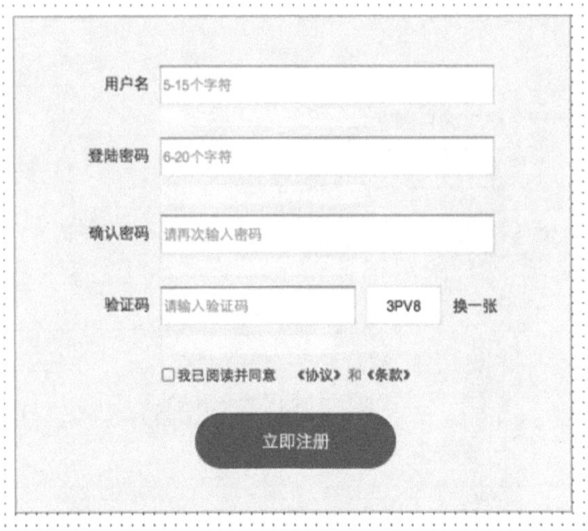

（图 15）

第三步：选中立即注册按钮，在部件【属性】面板中双击【鼠标单击时】事件，在弹出的【用例编辑器】顶部单击【添加条件】，在弹出的【条件编辑器】中创建条件表达式【name 部件文字长度 < 5】或者【name 部件文字长度 > 15】，见图 16，单击【确定】按钮关闭【条件编辑器】。

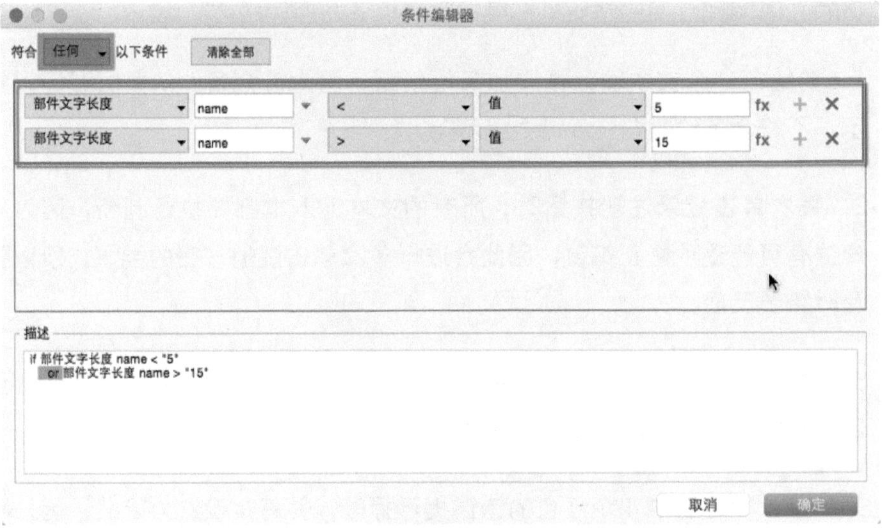

（图 16）

继续在【用例编辑器】中新增【显示】动作，在【配置动作】中勾选 name_error，见图 17，单击【确定】按钮关闭【用例编辑器】。

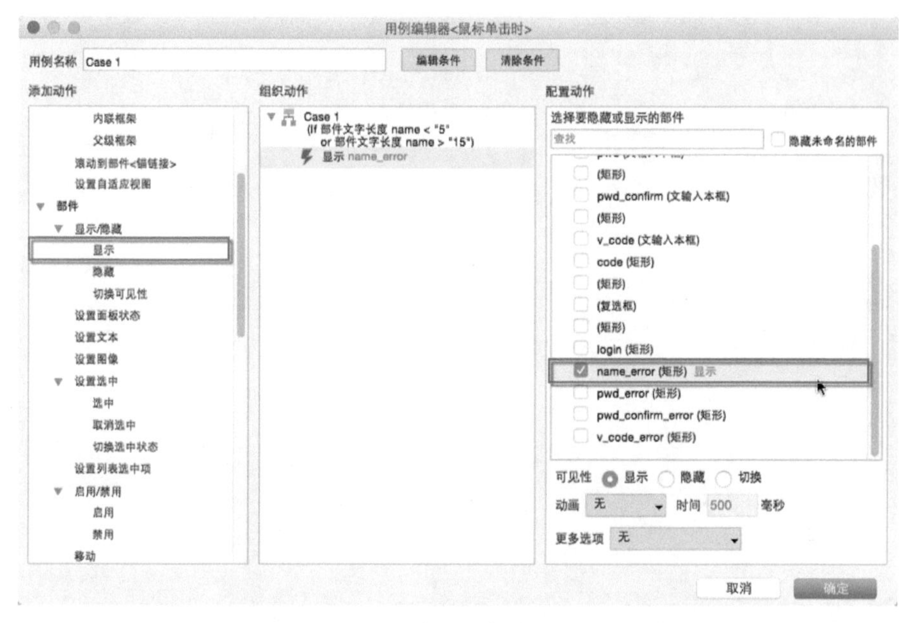


（图 17）

继续给另外几个文本输入框添加条件用例。

第四步：选中【立即注册】按钮，在部件【属性】面板中再次双击【鼠标单击时】事件，在弹出的【用例编辑器】顶部单击【添加条件】，在弹出的【条件编辑器】中创建条件表达式【pwd 部件文字长度 <6】或者【pwd 部件文字长度 > 20】，见图 18，单击【确定】按钮关闭【条件编辑器】。

继续在【用例编辑器】中新增【显示】动作，在【配置动作】中勾选 pwd_error，见图 19，单击【确定】按钮关闭【用例编辑器】。

第五步：继续双击【鼠标单击时】事件，在弹出的【用例编辑器】顶部单击【添加条件】，在弹出的【条件编辑器】中创建条件表达式【pwd_confirm 部件文字不等于 pwd 部件文字】或者【pwd_confirm 部件文字等于空白（未输入）】，见图20，单击【确定】按钮关闭【条件编辑器】。

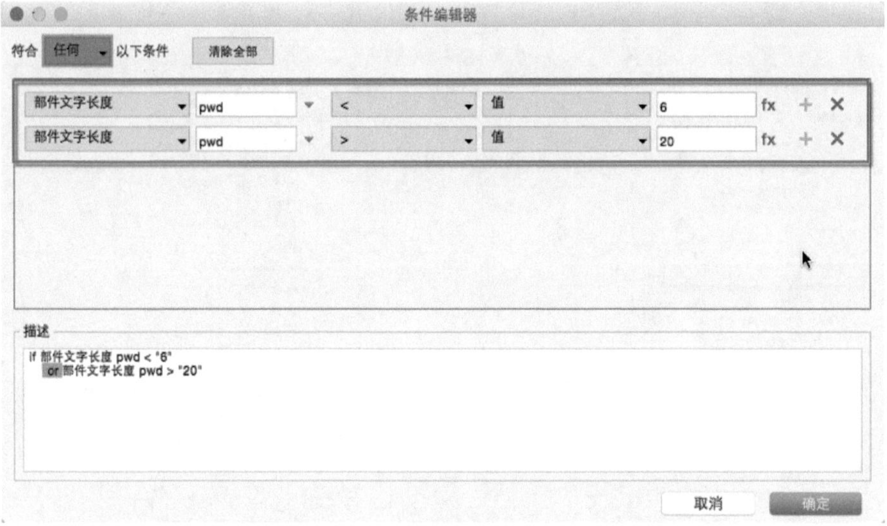

条件编辑器

符合 任何 以下条件 清除全部

| 部件文字长度 | pwd | < | 值 | 6 | fx |
| --- | --- | --- | --- | --- | --- |
| 部件文字长度 | pwd | > | 值 | 20 | fx |

描述

if 部件文字长度 pwd < "6"
or 部件文字长度 pwd > "20"

取消 确定

（图18）

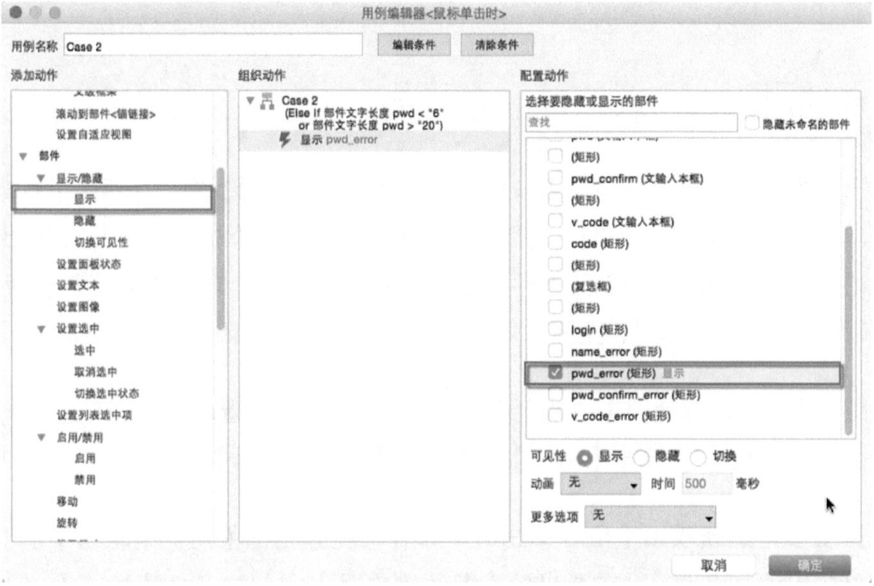

用例编辑器<鼠标单击时>

用例名称 Case 2 编辑条件 清除条件

添加动作

滚动到部件<锚链接>
设置自适应视图
部件
显示/隐藏
显示
隐藏
切换可见性
设置面板状态
设置文本
设置图像
设置选中
选中
取消选中
切换选中状态
设置列表选中项
启用/禁用
启用
禁用
移动
旋转

组织动作

Case 2
(Else If 部件文字长度 pwd < "6"
or 部件文字长度 pwd > "20")
显示 pwd_error

配置动作

选择要隐藏或显示的部件
查找 隐藏未命名的部件
(矩形)
pwd_confirm (文输入本框)
(矩形)
v_code (文输入本框)
code (矩形)
(矩形)
(复选框)
(矩形)
login (矩形)
name_error (矩形)
pwd_error (矩形) 显示
pwd_confirm_error (矩形)
v_code_error (矩形)

可见性 显示 隐藏 切换
动画 无 时间 500 毫秒
更多选项 无

取消 确定

（图19）

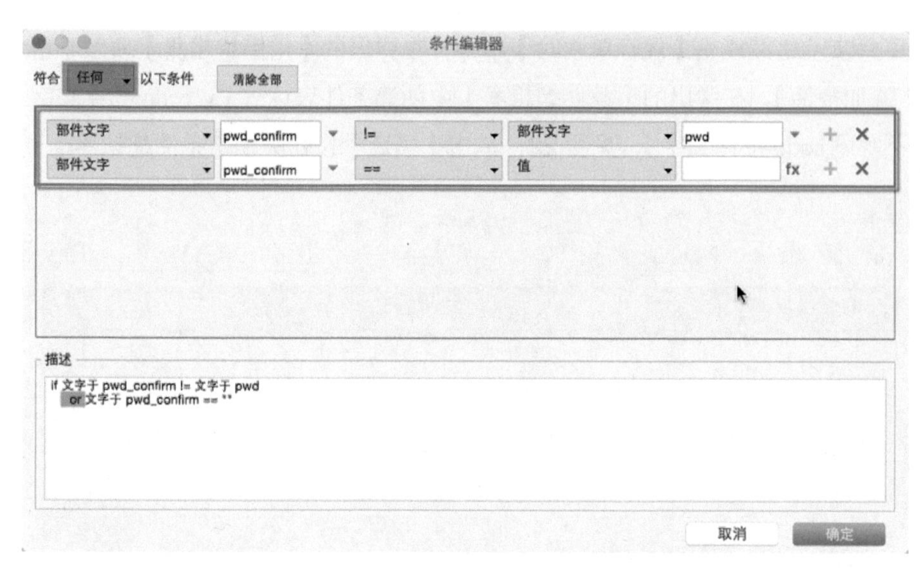


（图 20）

继续在【用例编辑器】中新增【显示】动作，在【配置动作】中勾选 pwd_confirm_error，见图 21，单击【确定】按钮关闭【用例编辑器】。

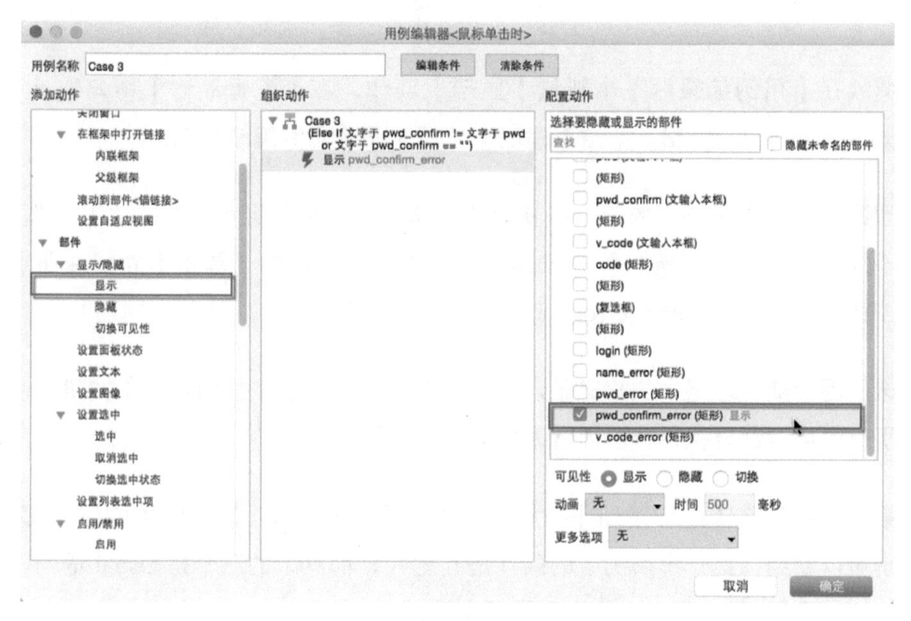


（图 21）

第六步：继续双击【鼠标单击时】事件，在弹出的【用例编辑器】顶部单击【添加条件】，在弹出的【条件编辑器】中创建条件表达式【v_code 部件文字不等于 code 部件文字】，见图 22，单击【确定】按钮关闭【条件编辑器】。

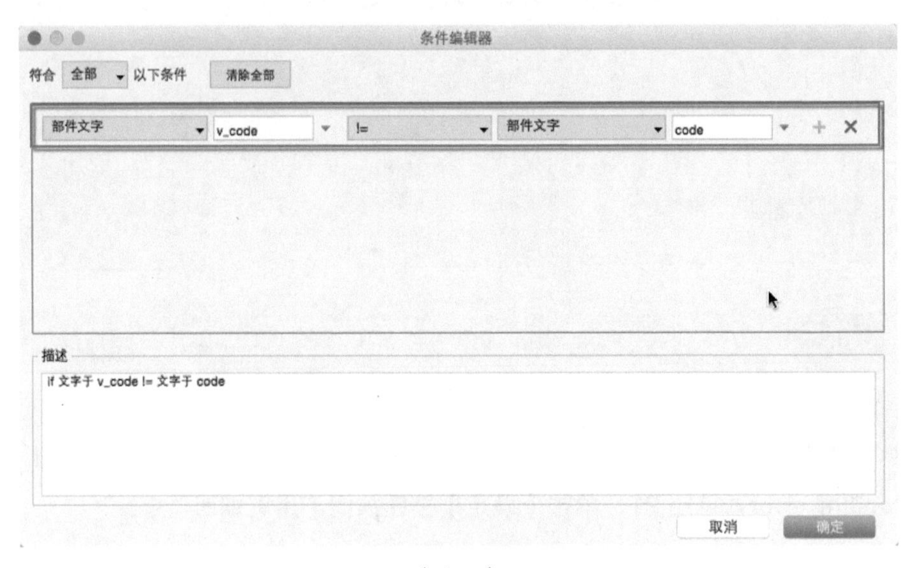


（图 22）

继续在【用例编辑器】中新增【显示】动作，在【配置动作】中勾选 v_code_error，见图 23，单击【确定】按钮关闭【用例编辑器】。

到这里，交互思路中的第一条就设置完毕了，我们已经给每个文本输入框添加了条件判断用例。单击工具栏中的【预览】按钮，单击【立即注册】按钮后只显示了 name_error，这是什么原因呢？

这是因为交互思路中的第二条还没有设置好，当单击【立即注册】按钮时，所有的用例都要执行，下面就来解决这个问题。

第七步：现在【立即注册】按钮的交互如图 24 所示，通过图中的颜色提示可以看到，第一个用例中的条件是 If 语句，而其余的三个是 Else if 语句，这就是只显示 name_error 的问题所在了。

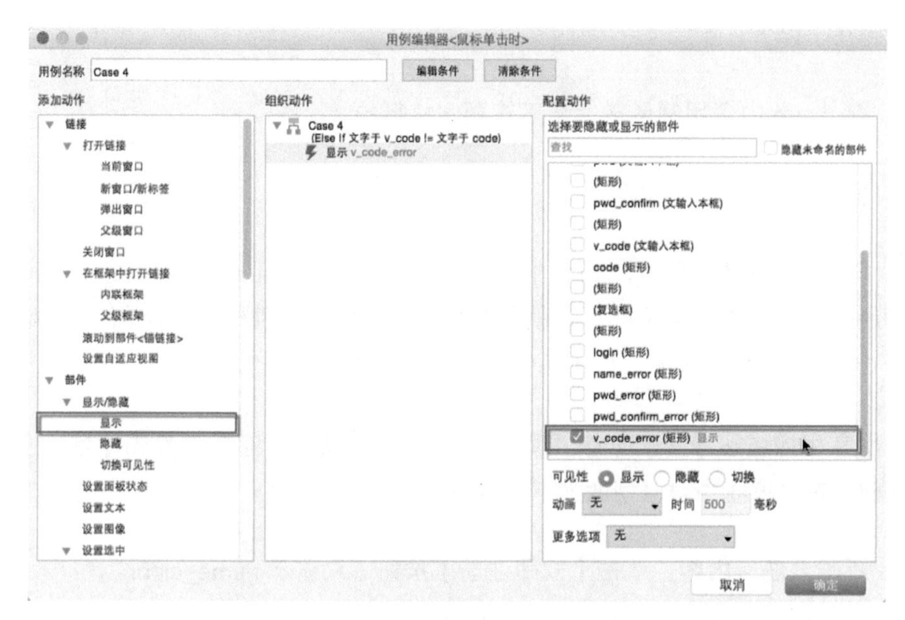
用例编辑器<鼠标单击时>
用例名称 Case 4
编辑条件
清除条件
添加动作
组织动作
配置动作
链接
打开链接
当前窗口
新窗口/新标签
弹出窗口
父级窗口
关闭窗口
在框架中打开链接
内联框架
父级框架
滚动到部件<锚链接>
设置自适应视图
部件
显示/隐藏
显示
隐藏
切换可见性
设置面板状态
设置文本
设置图像
设置选中
Case 4
(Else If 文字于 v_code != 文字于 code)
显示 v_code_error
选择要隐藏或显示的部件
隐藏未命名的部件
(矩形)
pwd_confirm (文输入本框)
(矩形)
v_code (文输入本框)
code (矩形)
(矩形)
(复选框)
(矩形)
login (矩形)
name_error (矩形)
pwd_error (矩形)
pwd_confirm_error (矩形)
v_code_error (矩形) 显示
可见性 显示 隐藏 切换
动画 无 时间 500 毫秒
更多选项 无
取消
确定

（图 23）

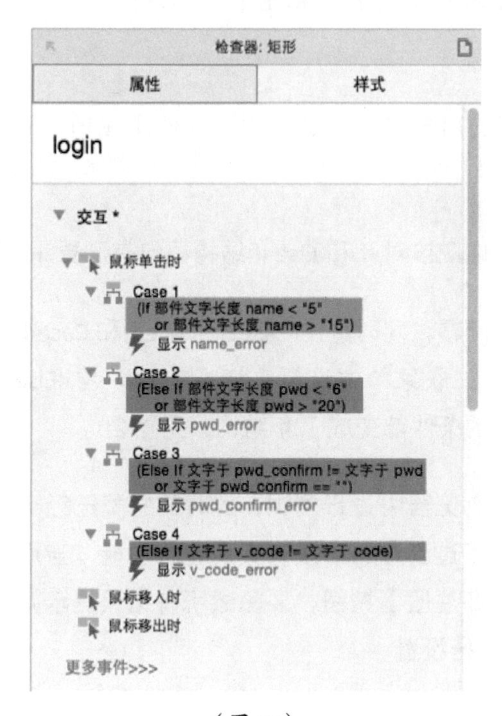
检查器: 矩形
属性
样式
login
交互 *
鼠标单击时
Case 1
(If 部件文字长度 name < "5"
or 部件文字长度 name > "15")
显示 name_error
Case 2
(Else If 部件文字长度 pwd < "6"
or 部件文字长度 pwd > "20")
显示 pwd_error
Case 3
(Else If 文字于 pwd_confirm != 文字于 pwd
or 文字于 pwd_confirm == "")
显示 pwd_confirm_error
Case 4
(Else If 文字于 v_code != 文字于 code)
显示 v_code_error
鼠标移入时
鼠标移出时
更多事件>>>

（图 24）

原因在于以下三点。

1. 在 Axure 中多用例是自上至下按顺序执行的。

2. If 结构语句是始终执行的。

3. Else if 结构语句是它上面一个用例未满足条件时，则执行该用例；如果满足条件就不再向下执行。也就是如果 Case1 满足条件时，就不再向下执行 Case2；如果 Case1 未满足条件时，则向下执行 Case2。

要用文字描述解释 If 和 Else if 逻辑比较拗口，现在请你再次单击【预览】按钮，在浏览器中对原型做如下几次测试。

1. 不输入任何内容，单击【立即注册】按钮（只显示 name_error）。

2. 输入不符合要求的用户名，单击【立即注册】按钮（只显示 name_error）。

3. 输入符合要求的用户名，单击【立即注册】按钮（ name_error 隐藏，pwd_error 显示）。

通过上述操作后，你应该对 If 和 Else if 结构语句有了更深的理解。

下面就来修复这个问题，同时选中 Case2、Case3 和 Case4 这三个用例，单击右键，在弹出的关联菜单中选择【切换为 <If> 或 <Else if>】，见图 25，切换后所有用例中的条件都变成了 If 结构，见图 26。

再次预览效果，在浏览器中进行测试，此时的原型已经实现了我们之前设置的交互效果了，不过到这里还没有实现完整功能，当用户按要求输入所需内容后点击【立即注册】按钮，要隐藏所有错误提示并在当前窗口打开 page1。下面继续进行设置。

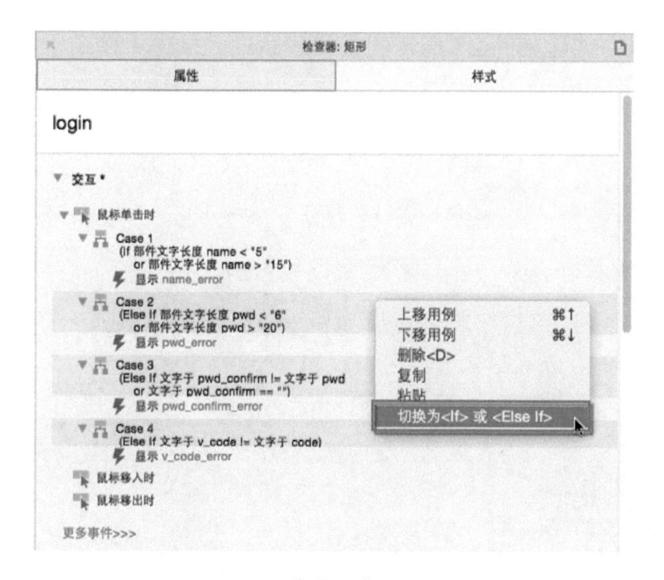


（图 25）

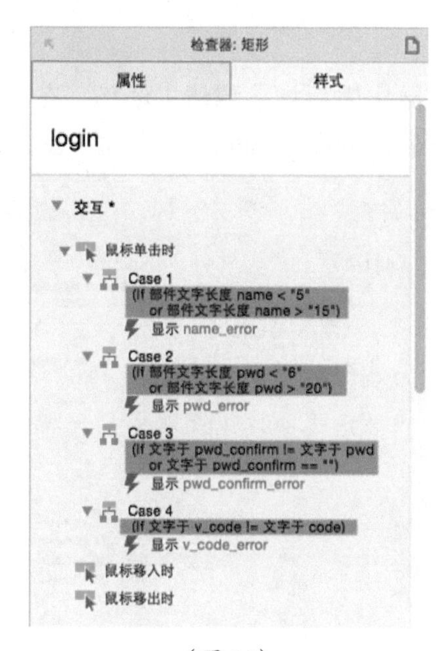


（图 26）

第八步：选中【立即注册】按钮，在部件【属性】面板中再次双击【鼠标单击时】事件，在弹出的【用例编辑器】顶部单击【添加条件】，在弹出的用例编辑器中创建如图 27 所示的条件表达式，单击【确定】按钮关闭【条件编辑器】。

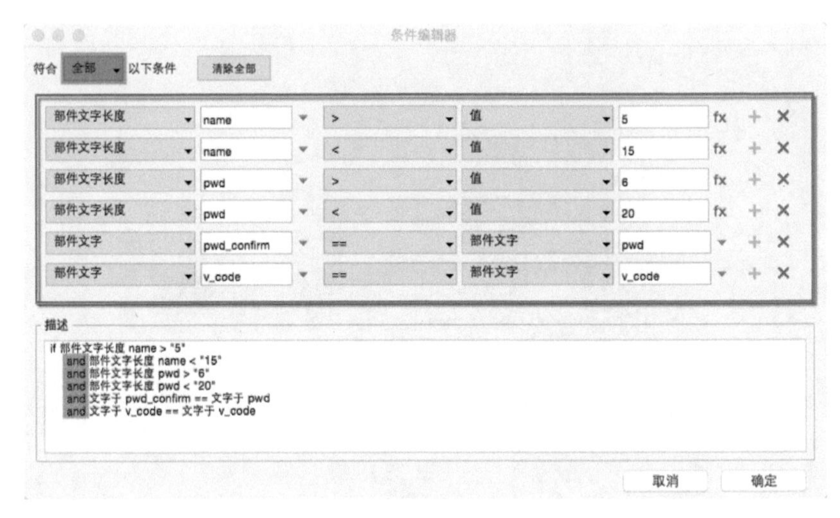


（图 27）

继续在【用例编辑器】中新增【隐藏】动作，在【配置动作】中勾选 name_error、pwd_error、pwd_confirm_error 和 v_code_error，见图 28。

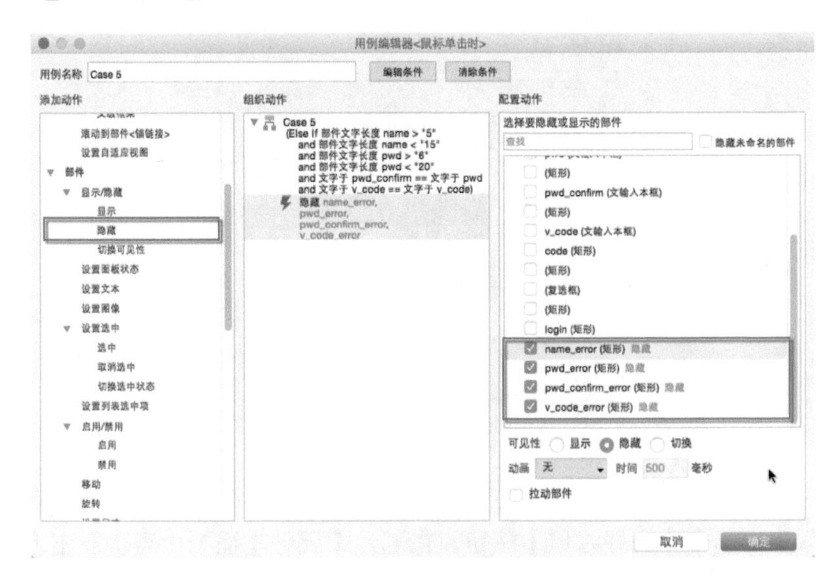


（图 28）

继续新增【当前窗口打开连接】动作，在【配置动作】中选择 page1，见图 29，单击【确定】按钮关闭【用例编辑器】。

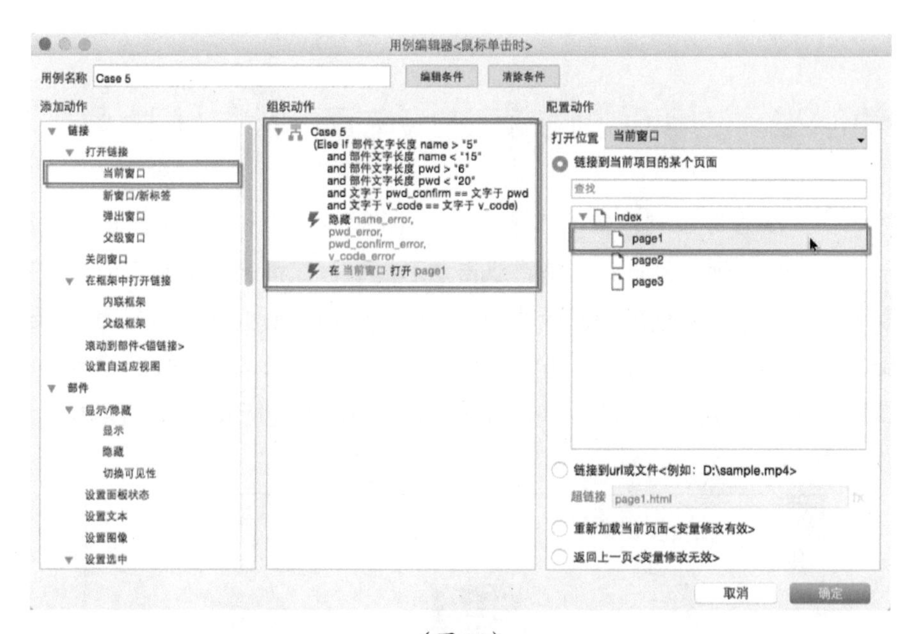


（图 29）

第九步：至此，会员注册多条件判断的案例就制作完毕了。在顶部的工具栏中单击【预览】按钮，或者按下快捷键 F5/Shift + Command + P，快速预览交互效果。

## 案例延伸

为了提升用户在注册过程中的用户体验，有很多细致入微且人性化的设计，其中非常重要的一点就是即时反馈。当我们输入完用户名之后，按下 Tab 键或者用鼠标单击密码输入框时，就应该立即通过反馈告知用户，用户名是否符合要求或者用户名是否已被占用。输入密码、验证码等其他表单时也应该使用这种即时反馈。

## 挑战 13：请尝试制作案例延伸中所描述的会员注册即时反馈交互效果

## 案例 22：使用下拉列表项控制动态面板状态（翻水果）

第一步：准备好案例所需的水果图像，见图 30，在【部件】面板中拖放一个动态面板部件到设计区域，双击动态面板，在弹出的【动态面板状态管理】对话框中新增三个面板状态，分别给这四个面板状态命名为 apple、banana、orange 和 grapes，给动态面板命名为 fruits，见图 31，然后将准备好的 4 张水果图像按照名称分别导入 4 个对应的面板状态，见图 32。

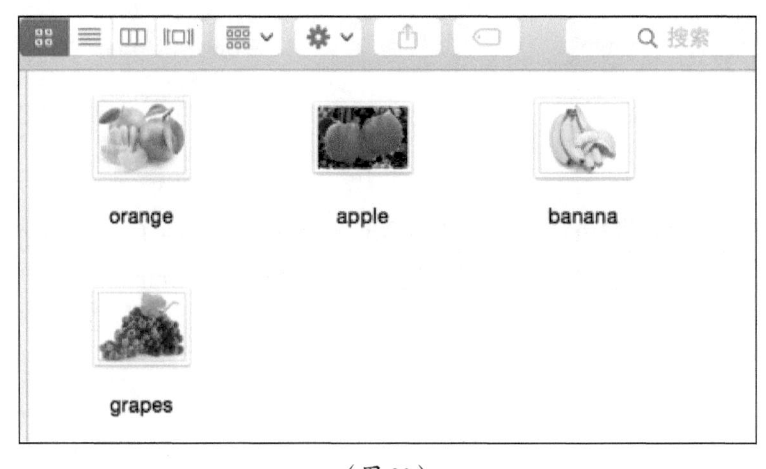


（图 30）

第二步：回到 index 页面，在【部件】面板中拖放一个 下拉列表框 部件到设计区域，给其命名为 fruits_selecotor，见图 33。

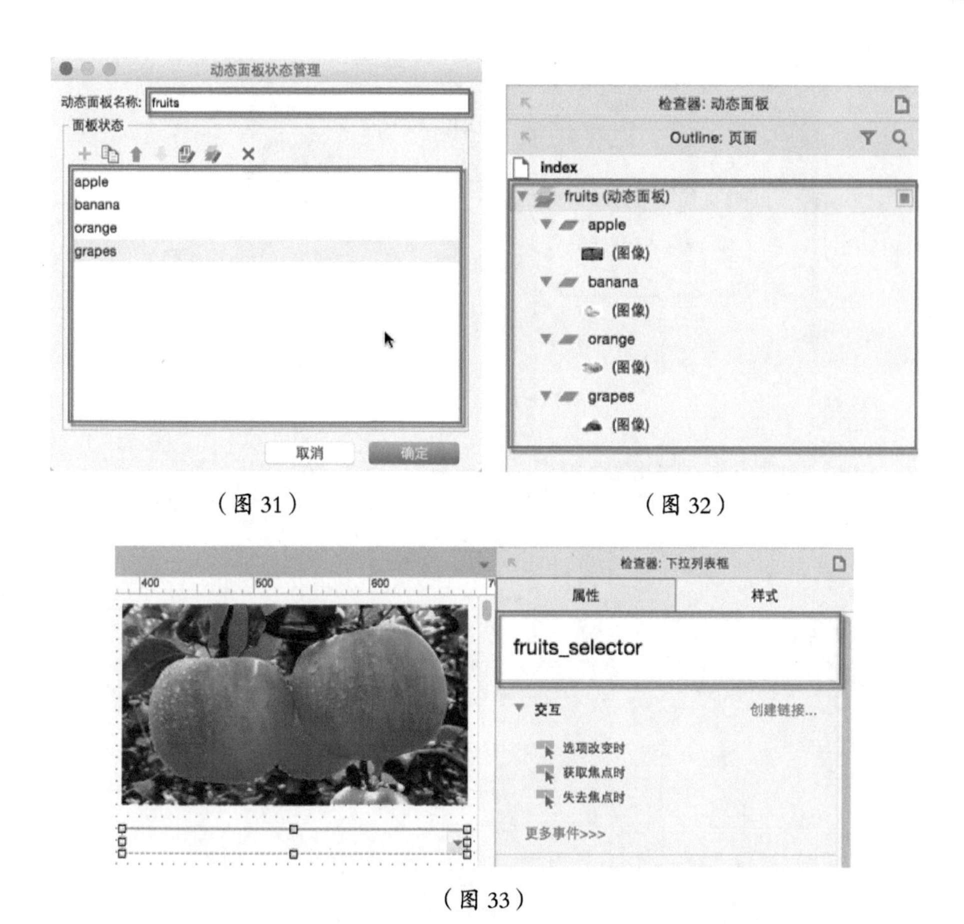


（图 31）

（图 32）

（图 33）

第三步：双击 fruits_selector 部件，在弹出的【编辑列表项】对话框中单击【添加多个】，见图 34-A，然后在弹出的【添加多个】对话框中输入如图 34-B 所示内容。注意，第一行只输入一个空格即可，单击两次【确定】按钮回到设计区域。

第四步：将 fruits 动态面板设置为隐藏。

第五步：选中 fruits_selector 部件，在部件【属性】面板中双击【选项改变时】事件，在弹出的【用例编辑器】顶部单击【添加条件】，在弹出的【条件编辑器】中创建条件表达式【被选项 this（this 就是指当前所选部件）== 空白选项】，见图 35，单击【确定】按钮关闭【条件编辑器】。

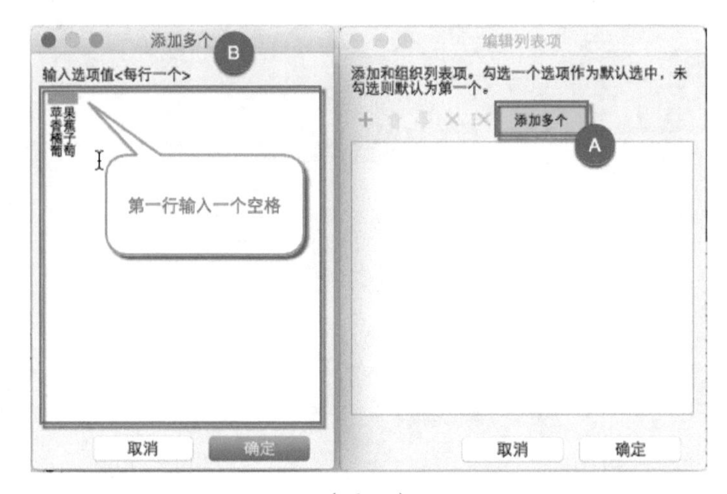


（图 34）

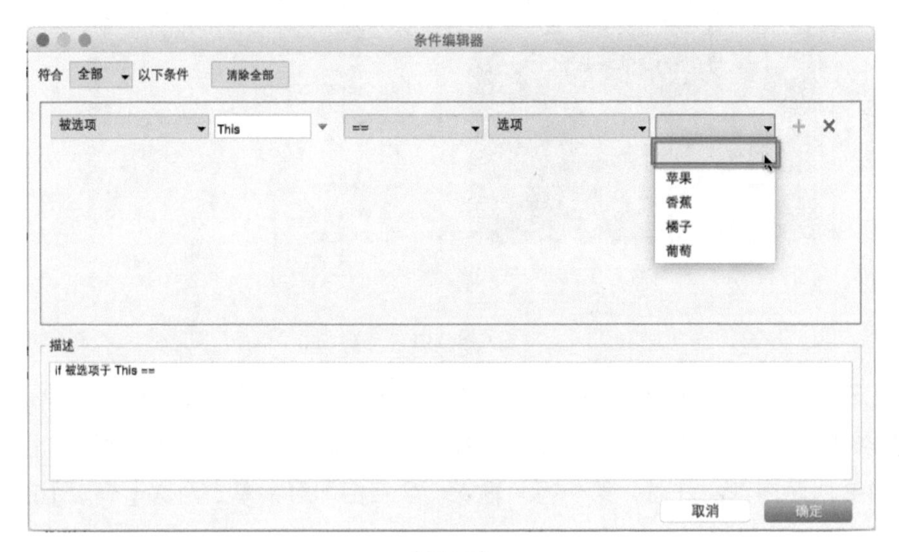


（图 35）

继续，在【用例编辑器】中新增【隐藏】动作，在右侧【配置动作】中勾选 fruits 动态面板，见图 36，单击【确定】按钮关闭【用例编辑器】。

第六步：再次双击【选项改变时】事件，在弹出的【用例编辑器】顶部单击【添加条件】，在弹出的【条件编辑器】中创建条件表达式【被选项 this == 选项 苹果】，见图 37，单击【确定】按钮关闭【条件编辑器】。

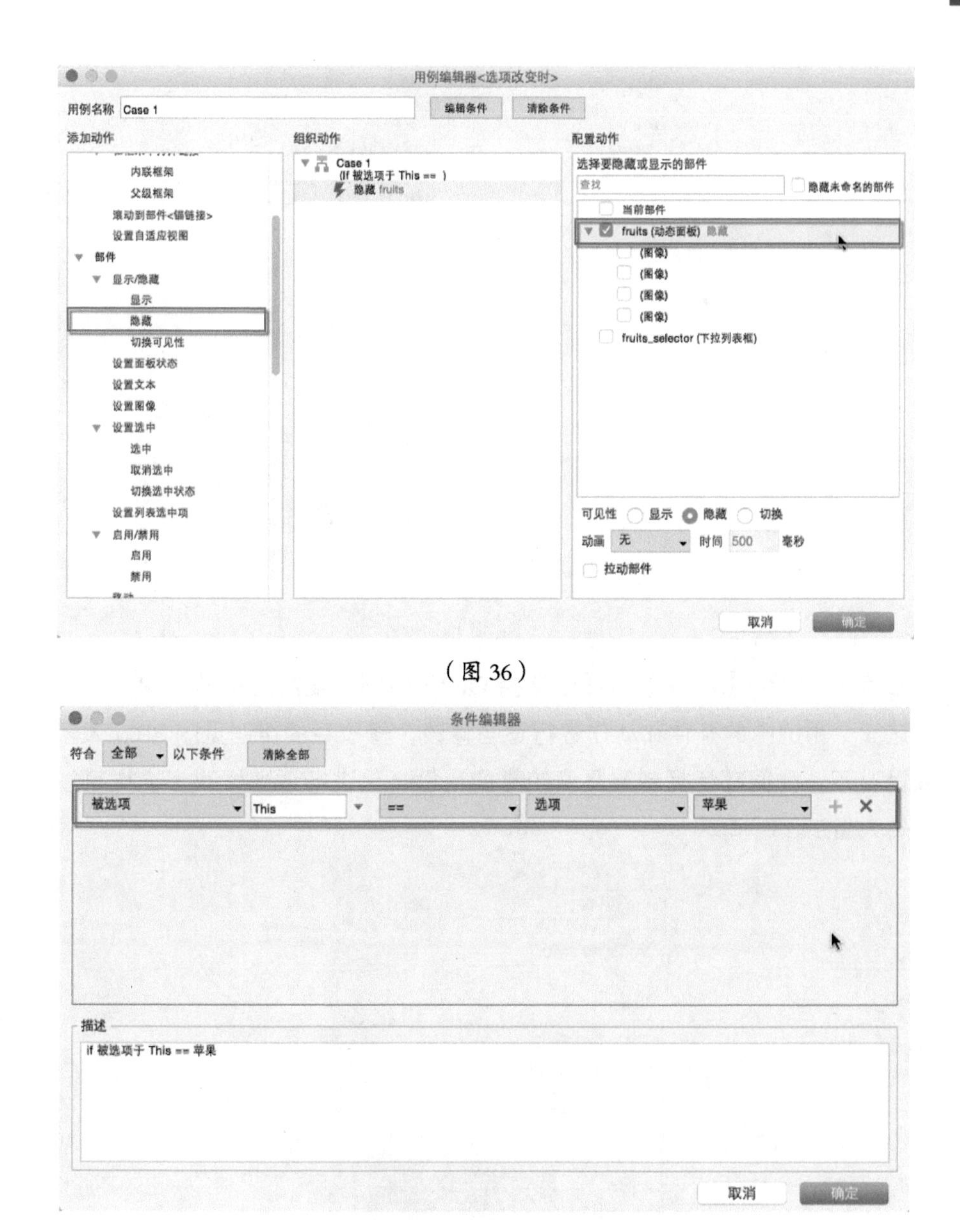


（图 36）

（图 37）

继续在【用例编辑器】中新增【设置面板状态】动作，在【配置动作】中勾选 fruits 动态面板，并设置其选择状态为 apple，勾选【如果隐藏则显示面板】，见图 38。

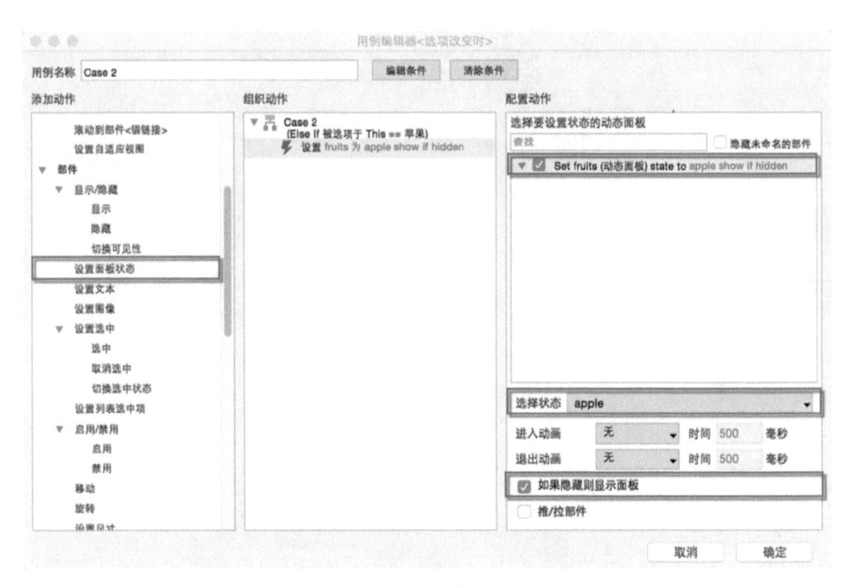


（图 38）

第七步：在部件【属性】面板中选择 Case2 用例，复制后粘贴三次，然后对这三个用例中的条件和动作进行适当修改，修改后的用例见图 39。大多数情况下，我们都会复制重复度较高的用例，再进行适当修改，这样可以节省大量工作时间。

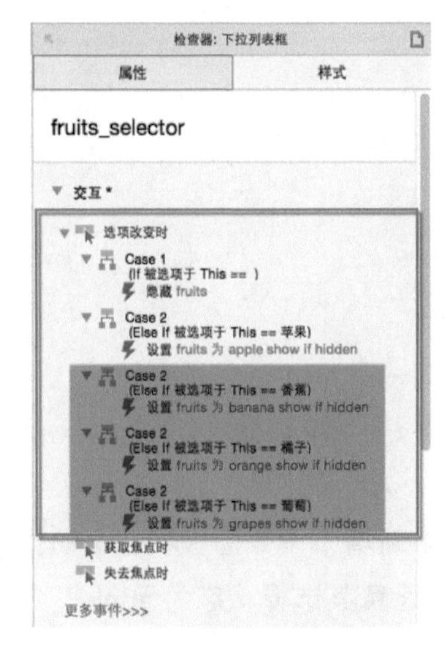


（图 39）

第八步：在顶部的工具栏中单击【预览】按钮，或者按下快捷键 F5/Shift + Command + P，快速预览交互效果。

# 6.2 设置部件值

使用交互，你可以动态地设置部件的值，比如文本框中的内容或者下拉列表项中的内容。这对于一些交互来说非常有用，比如要设置一个文本框的值内容等于变量值中存储的内容，或者动态地检测复选框是否符合条件。你还可以使用函数和变量值来计算部件的值。

## 6.2.1 设置文本

在用例编辑器中，使用【设置文本】动作可以动态编辑一个部件上的文本内容，在用例编辑器的【配置动作】中选择你想要修改的部件，然后单击【fx】，见图 40。

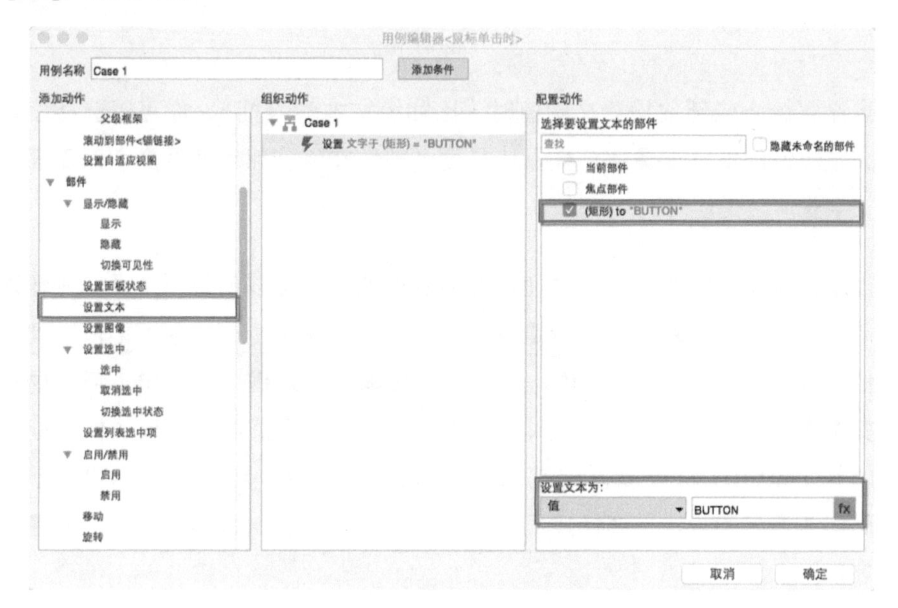


（图 40）

单击【fx】之后，在弹出的【编辑文本】对话框中可以看到部件上已有的文字。这些文字可以替换、删除或增加，还可以插入变量值、函数，需要注意的是，插入的值和函数都是被两个中括号（[[]]）包括起来的，见图 41。

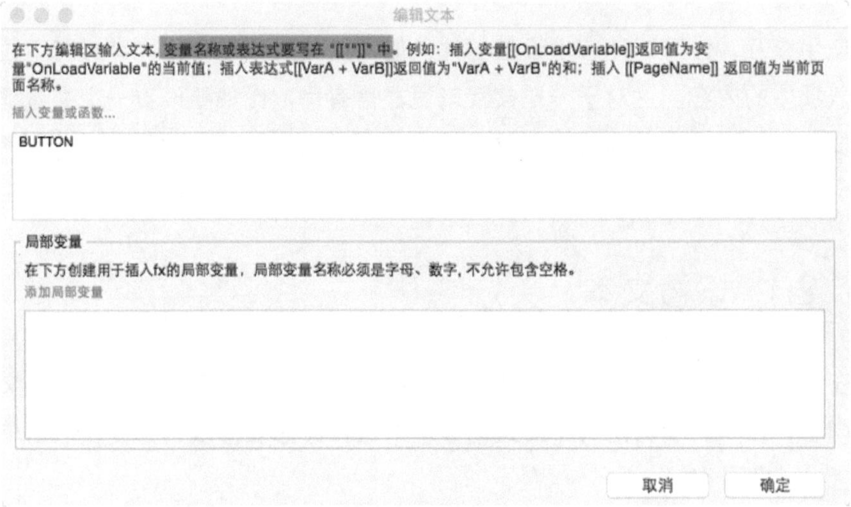

（图 41）

当你要给一些部件设置文本值时（比如给文本输入框），你可以选择设置文本部件的值、变量值、变量值长度、部件文字、焦点部件文字以及部件文字长度，见图 42。

当设置文本的时候，如果想使用其他部件的值，可以创建一个局部变量来储存那个值（注意，局部变量只存在于一个动作范围内，并不能传递到其他页面），要插入局部变量，在【编辑文本】对话框下面单击【新增局部变量】，然后给文本部件插入局部变量。你可以设置局部变量的值为默认的 [[LVAR1]]，也可以自定义局部变量名称，见图 43。在该图中，A 是局部变量名称，B 是要使用局部变量的部件类型，C 是要使用局部变量的部件。

用例编辑器<鼠标单击时>
用例名称 Case 1
添加条件
添加动作
组织动作
配置动作
显示/隐藏
显示
隐藏
切换可见性
设置面板状态
设置文本
设置图像
设置选中
选中
取消选中
切换选中状态
设置列表选中项
启用/禁用
启用
禁用
移动
旋转
设置尺寸
置于顶层/底层
置于顶层
置于底层
Case 1
设置 文字于 input = ""
选择要设置文本的部件
隐藏未命名的部件
当前部件
焦点部件
button (矩形)
input (文输入本框) to ""
值
变量值
变量值长度
部件文字
焦点部件文字
部件文字长度
被选项
选中状态
面板状态
fx
取消
确定

（图 42）

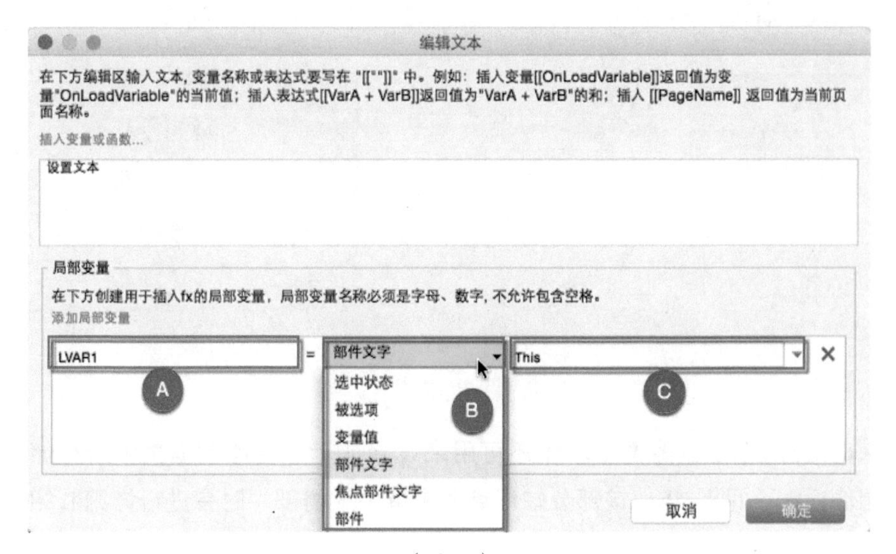
编辑文本
在下方编辑区输入文本，变量名称或表达式要写在 "[[""]]" 中。例如：插入变量[[OnLoadVariable]]返回值为变量"OnLoadVariable"的当前值；插入表达式[[VarA + VarB]]返回值为"VarA + VarB"的和；插入 [[PageName]] 返回值为当前页面名称。
插入变量或函数...
设置文本
局部变量
在下方创建用于插入fx的局部变量，局部变量名称必须是字母、数字，不允许包含空格。
添加局部变量
LVAR1
部件文字
This
A
B
C
选中状态
被选项
变量值
部件文字
焦点部件文字
部件
取消
确定

（图 43）

## 6.2.2 设置图像

【设置图像】动作，可以动态地更新页面中的图像，见图 44。

- 默认：当前显示的图片。
- 鼠标悬停时：鼠标悬停在部件上时显示的图片。
- 鼠标按键按下时：鼠标按键按下还没释放时显示的图片。
- 选中：当部件为选中时显示的图片。
- 禁用：当部件禁用时显示的图片。

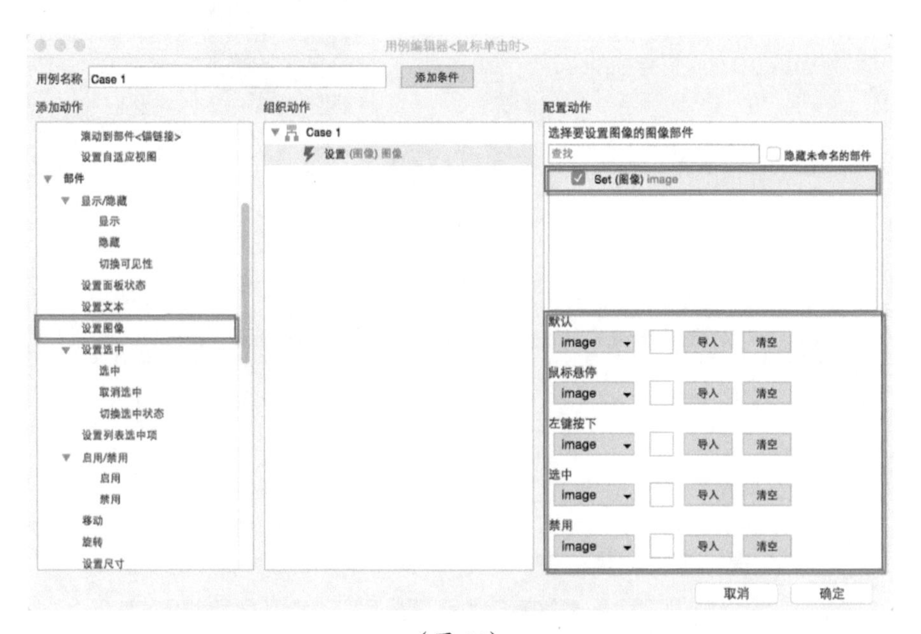


（图 44）

除此之外，【设置图像】动作还可用来设置显示中继器数据集中所存储的图像数据，见图 45。该部分知识点在讲解中继器部件时会进行详细介绍。

（图 45）

## 6.2.3 设置选中

【设置选中】动作，可以动态设置一个部件到选中或取消选中状态，或者检测单选按钮 / 复选框的选中状态，见图 46。

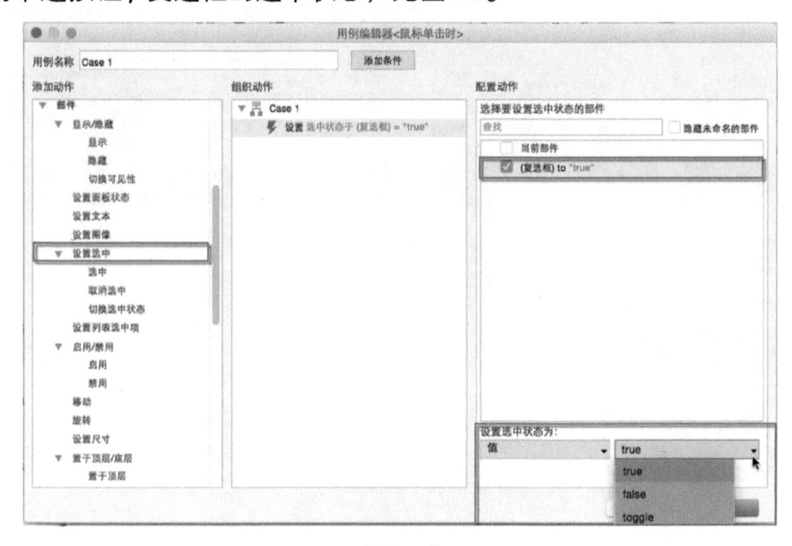


（图 46）

- 真：设置一个部件为选中状态。
- 假：设置一个部件为默认状态。
- 切换：基于一个部件当前的状态来切换选中 / 默认。

### 6.2.4 设置列表选中项

设置列表选中项动作，可以动态的选择下拉列表框或列表框中的选项，见图 47。

（图 47）

## 6.3 变量

### 6.3.1 变量概述

在我们的日常生活中，时时刻刻都在使用变量。比如，当我们想到自己银行卡里的账户余额时，“账户余额”就是一个变量；今天测一下体重，和一个月前的体重对比，“体重”也是一个变量。虽然账户余额和体重都是在变化的，但是我们对它们的引用并没有改变。变量除了用于存储数据以外，经常用于将数据从一个事件中传递到另一个事件，并影响另外一个事件中的值。当你使用条件逻辑时，变量就显得十分必要了，因为它可以检查变量的值，以确定应该执行哪个路径中的动作。

下面就来认识一下 Axure 中的变量。

- 局部变量：仅在使用该局部变量的动作中有效，在这个动作之外就无效了，因此局部变量不能与原型中其他动作里的函数一起使用。不同的动作可以使用相同的局部变量名称，因为它们的作用范围不同，并且都是只在其当前动作中有效，所以即使局部变量名称重复也不会相互干扰。
- 全局变量：在整个原型中都是有效的，因此全局变量的命名不能重复。当你想要将某些数据从一个页面传递到另一个页面时，就要使用全局变量。

上面的描述也许不容易理解，下面我们使用大脑的记忆力来加以说明。比如，今天早晨你出门后发现自己忘记带手机了，你的大脑立刻会在记忆中搜索你昨天晚上或今天早晨（总之，是你最后一次接触手机）把手机丢在了什么位置，而不是告诉你上个月或者去年某个时候你把手机丢在哪里了，这就是短期记忆（局部变量）。在此之后，你的大脑就会把它忘掉（过滤掉），避免在你下一次又忘记带手机的时候与这次的回忆造成混淆，这个短期记忆就可以理解为局部变量；而长期记忆（全局变量）就是那些在你一生中都无法忘怀的事情（在整个原型中都有效）。

## 6.3.2 创建和设置变量值

要管理项目中的变量，单击菜单栏中的【项目 > 全局变量】。在【全局变量】

对话框中，你可以对全局变量进行添加、删除、重命名和排序操作。默认情况下有一个名为 OnLoadVariable 的变量。在创建变量名时，请使用字母或数字组合，并少于 25 个字符，不能包含中文。

> 提示：创建变量时建议使用描述性名称，如 Name_Var 或 Price_Var 和 Var1、Var2 对比起来更有意义且容易区分，见图 48。

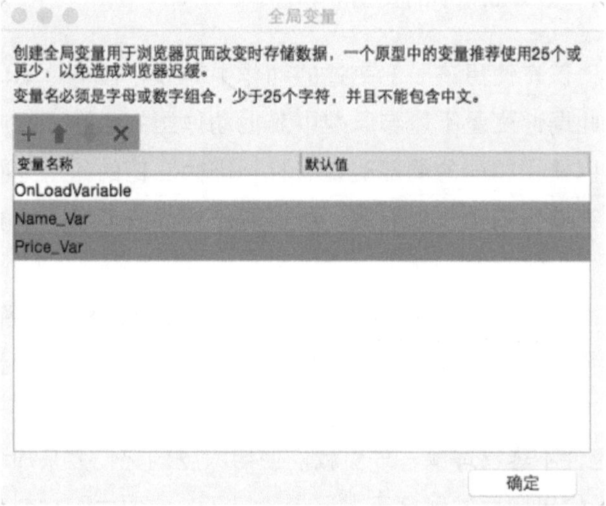

（图 48）

## 6.3.3 在动作中设置变量值

在【用例编辑器】左侧，新增【设置变量值】动作，在右侧【配置动作】中选择你想设置的变量值，然后在底部的下拉列表中选择你要怎样设置变量值，见图 49-A。如果没有提前新增全局变量，在【用例编辑器】中选择【设置变量值】动作之后，在右侧的配置动作中可以单击【添加全局变量】，见图 49-B。

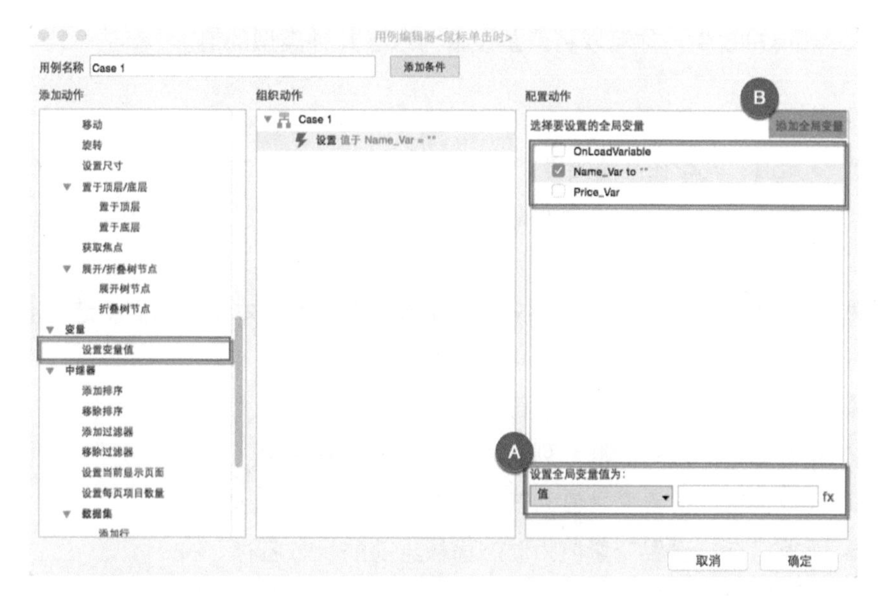


（图 49）

在【用例编辑器】中使用【设置变量值】动作时，通过“设置全局变量值为：”下面的下拉列表中的选项可以快捷创建需要的变量，见图 50。

（图 50）

在 Axure RP8 中，你可以将变量设置为以下几种类型的值。

- 值：一个手动输入的值。
- 变量值：装载在其他变量中的值，可以从变量列表中选择，也可以新增。
- 变量值长度：另外一个变量值的长度（数字），可以从变量列表中选择，也可以新增。
- 部件文字：文本部件中的文字，在当前页面的文本部件列表中选择。
- 焦点部件文字：当前获取焦点部件中的文字。
- 部件文字长度：部件中字符的长度（ 数字 )。
- 被选项：下拉列表框或列表框中被选中项的文字。
- 选中状态：设置变量值为部件的选中状态值（true/false）。
- 面板状态：设置变量值为动态面板当前的状态名称。

例如，设置变量值 Name_Var= 用户名文本输入框部件（UserName）中的文字，换句话来解释：当用户单击【登录】按钮时，就将用户名这个文本输入框中的值存储到全局变量 Name_Var 中。一旦全局变量值被设置，这个变量值就可以在整个原型中传递使用了。这样描述也许读者依然觉得比较困惑，笔者从上一本书的反馈中也了解到大量读者对局部变量和全局变量的理解都比较模糊，下面就通过案例来更加详细地讲解。

## 案例 23：全局变量的简单应用（用户登录后的欢迎提示）

第一步：请使用矩形部件、文本输入框、文本标签部件制作如图 51 所示的会员登录模块。并给账号和密码文本输入框和登录按钮分别命名为：username、pwd 和 login。

第二步：在【页面】面板也就是站点地图面板中，双击 Page1，然后拖放一个文本标签部件到设计区域，并给其命名为 welcome。

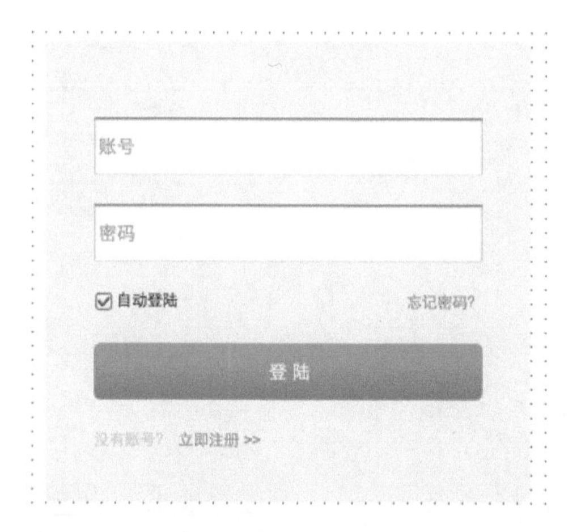


（图 51）

第三步：单击设计区域上方的 index 标签，回到 index 页面。如果在原型中打开了很多标签，可通过设计区域右上角的【选择和管理标签】进行快捷选择和管理，见图 52。

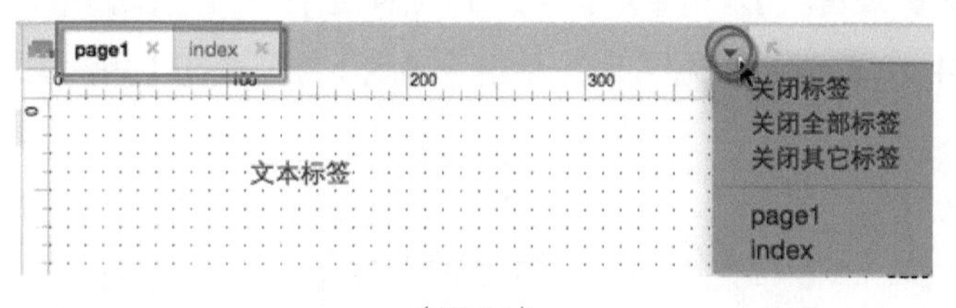


（图 52）

第四步：回到 index 页面，选中登录按钮，在右侧部件【属性】面板中双击【鼠标单击时】事件，在弹出的【用例编辑器】中新增【设置变量值】动作，在【配置动作】中勾选 Name_Var，如果你还未创建该变量，单击【添加全局变量】添加即可，见图 53-A，然后在配置动作底部的下拉列表中选择【部件文字】，在右侧下拉列表中选择【username】，也就是账号文本输入框，见图 53-B。

这个动作的意思是：将 username 文本输入框中的部件文字存储到 Name_Var 这个全局变量中；也可理解为将 Name_Var 这个全局变量值设置为 username 文本输入框中的部件文字。

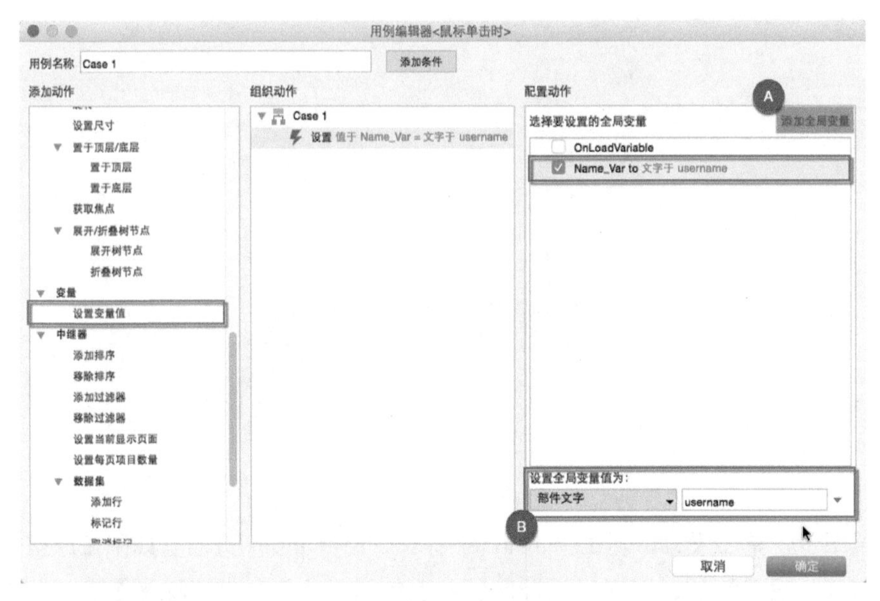


（图 53）

继续在【用例编辑器】左侧新增【新窗口/新标签】打开链接动作，并在右侧【配置动作】中选择 page1，见图 54。单击【确定】按钮关闭【用例编辑器】。

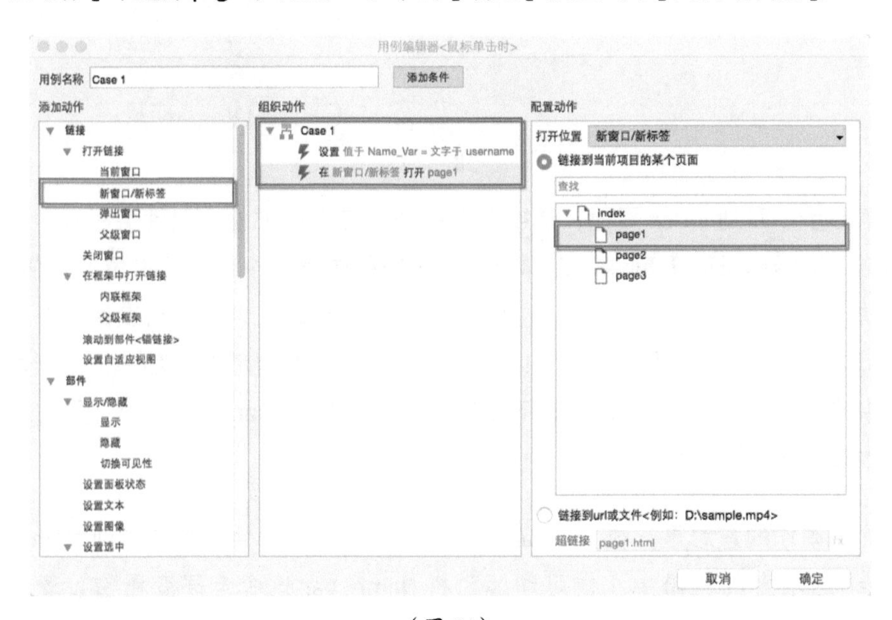


（图 54）

第五步：双击 page1 页面，在部件【属性】面板中双击【页面载入时】事件，在弹出的【用例编辑器】中新增【设置文本】动作，在【配置动作】中勾选 welcome，并在底部设置文本为：【富文本】，然后单击【编辑文本…】，见图 55。

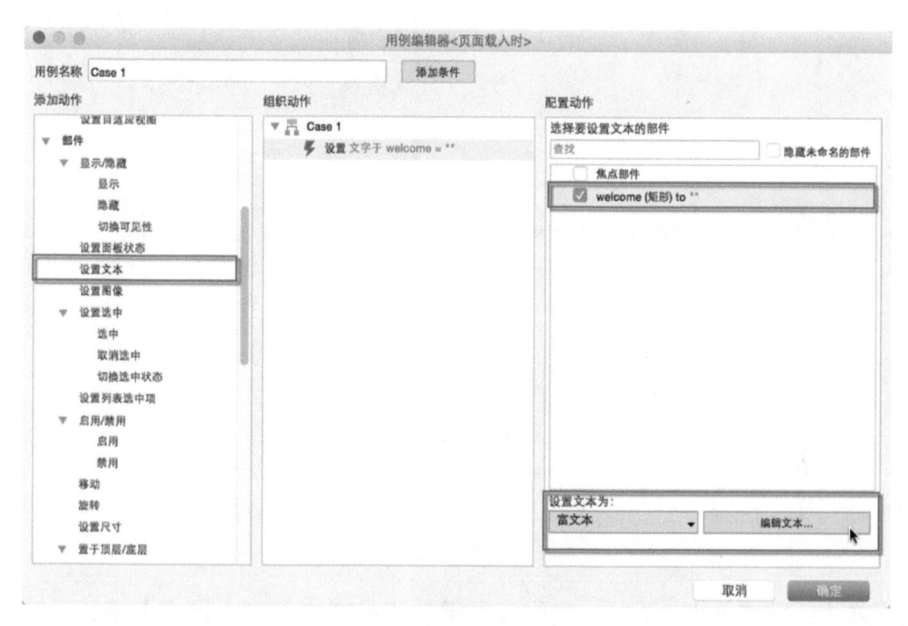


（图 55）

在弹出的【输入文本】对话框中输入【欢迎回来，】，然后单击【插入变量或函数…】。在下拉列表中选择 Name_Var 这个全局变量，见图 56，单击两次【确定】按钮关掉对话框回到设计区域。

这里选择【富文本】，是可以对变量值的显示进行自定义修改的，比如我们给全局变量 Name_Var 前面加了【欢迎回来，】，还可以调整字体、颜色、对齐等。

这个动作的意思是：当 page1 这个页面载入时，就设置 welcome 这个文本标签部件的值为全局变量 Name_Var 中所存储的值。

（图 56）

第六步：双击 index 页面，然后在顶部的工具栏中单击【预览】按钮，或者按下快捷键 F5/Shift + Command + P，快速预览交互效果，见图 57。

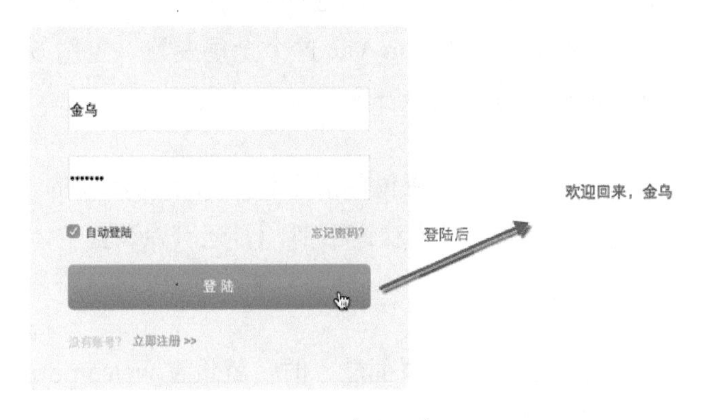


（图 57）

小提示：在设置变量时应注意动作的执行顺序，如图441组织动作中所示，设置变量动作在打开新窗口动作上面，也就是先执行设置变量再打开新窗口，如果将他们的位置互换，先执行打开新窗口再执行设置变量的话，这个案例就会失败了。

# 6.4 函数

## 6.4.1 函数列表

在制作原型的过程中，保真程度越高，使用函数的频率就越高。若要完全掌握所有这些函数确实有些困难，但其中使用频率较高的函数建议大家一定要牢记于心，其他一些使用频率低的（甚至很少使用到）函数我们也要对其有所了解，避免“书到用时方恨少”的尴尬局面出现。下面是Axure RP8中所有函数列表，大家也可以到http://www.w3school.com.cn进行查阅。

■ 字符串

| | |
|---|---|
| length | 字符串的长度 |
| charAt() | 返回在指定位置的字符 |
| charCodeAt() | 返回在指定的位置的字符的 Unicode 编码 |
| concat() | 连接字符串 |
| indexOf() | 检索字符串 |
| lastIndexOf() | 搜索字符串中最后一个出现的指定文本 |
| replace() | 替换与正则表达式匹配的子串 |
| slice() | 提取字符串的片断，并在新的字符串中返回被提取的部分 |
| split() | 把字符串分割为字符串数组 |

续表

| | |
|---|---|
| substr() | 在字符串中抽取从 start 下标开始的指定数目的字符 |
| substring() | 提取字符串中两个指定的索引号之间的字符 |
| toLowerCase() | 把字符串转换为小写 |
| toUpperCase() | 把字符串转换为大写 |
| trim() | 删除字符串中开头和结尾多余的空格 |
| toString() | 返回字符串 |

## 数学

| | |
|---|---|
| + : 加 | 返回数的和 |
| - : 减 | 返回数的差 |
| / : 除 | 返回数的商 |
| * : 乘 | 返回数的积 |
| % : 余 | 返回数的余数 |
| abs（x）: | 返回数的绝对值 |
| acos（x）: | 返回数的反余弦值 |
| asin（x）: | 返回数的反正弦值 |
| atan（x）: | 以介于 -PI/2 与 PI/2 弧度之间的数值来返回 x 的反正切值 |
| atan2（y，x）: | 返回从 x 轴到点（x，y）的角度（介于 -PI/2 与 PI/2 弧度之间） |
| ceil（x）: | 对数进行上舍入 |
| cos（x）: | 返回数的余弦 |
| exp（x）: | 返回 e 的指数 |
| floor（x）: | 对数进行下舍入 |
| log（x）: | 返回数的自然对数（底为 e） |
| max（x，y）: | 返回 x 和 y 中的最高值 |
| min（x，y）: | 返回 x 和 y 中的最低值 |
| pow（x，y）: | 返回 x 的 y 次幂 |
| random() | 返回 0 ~ 1 之间的随机数 |
| sin（x）: | 返回数的正弦 |

续表

| | |
|---|---|
| sqrt（x）: | 返回数的平方根 |
| tan（x）: | 返回角的正切 |

## 日期

| | |
|---|---|
| now | 根据计算机系统设定的日期和时间返回当前的日期和时间值 |
| genDate | 输出 AxureRP 原型生成的日期和时间值 |
| getDate() | 从 Date 对象返回一个月中的某一天(1 ~ 31) |
| getDay() | 从 Date 对象返回一周中的某一天(0 ~ 6) |
| getDayOfWeek() | 返回基于计算机系统的时间周 |
| getFullYear() | 从 Date 对象以 4 位数字返回年份 |
| getHours() | 返回 Date 对象的小时(0 ~ 23) |
| getMilliseconds() | 返回 Date 对象的毫秒（0 ~ 999） |
| getMinutes() | 返回 Date 对象的分钟(0 ~ 59) |
| getMonth() | 从 Date 对象返回月份(0 ~ 11) |
| getMonthName() | 基于与当前 系统时间 对象关联的区域性，返回指定月中特定于区域性的完整名称 |
| getSeconds() | 返回 Date 对象的秒数(0 ~ 59) |
| getTime() | 返回 1970 年 1 月 1 日至今的毫秒数 |
| getTimezoneOffset() | 返回本地时间与格林威治标准时间(GMT)的分钟差 |
| getUTCDate() | 根据世界时从 Date 对象返回月中的一天（1 ~ 31） |
| getUTCDay() | 根据世界时从 Date 对象返回周中的一天（0 ~ 6） |
| getUTCFullYear() | 根据世界时从 Date 对象返回四位数的年份 |
| getUTCHours() | 根据世界时返回 Date 对象的小时（0 ~ 23） |
| getUTCMilliseconds() | 根据世界时返回 Date 对象的毫秒（0 ~ 999） |
| getUTCMinutes() | 根据世界时返回 Date 对象的分钟（0 ~ 59） |
| getUTCMonth() | 根据世界时从 Date 对象返回月份（0 ~ 11） |
| getUTCSeconds() | 根据世界时返回 Date 对象的秒钟（0 ~ 59） |
| parse() | 返回 1970 年 1 月 1 日午夜到指定日期（字符串）的毫秒数 |

续表

| | |
|---|---|
| toDateString() | 把 Date 对象的日期部分转换为字符串 |
| toISOString() | 以字符串值的形式返回采用 ISO 格式的日期 |
| toJSON() | 用于允许转换某个对象的数据以进行 JavaScript Object Notation（JSON）序列化 |
| toLocaleDateString() | 根据本地时间格式，把 Date 对象的日期部分转换为字符串 |
| toLocaleTimeString() | 根据本地时间格式，把 Date 对象的时间部分转换为字符串 |
| toLocaleString() | 根据本地时间格式，把 Date 对象转换为字符串 |
| toTimeString() | 把 Date 对象的时间部分转换为字符串 |
| toUTCString() | 根据世界时，把 Date 对象转换为字符串 |
| UTC() | 根据世界时返回 1970 年 1 月 1 日到指定日期的毫秒数 |
| valueOf() | 返回 Date 对象的原始值 |
| addYears（years） | 返回一个新的 DateTime，它将指定的年数加到此实例的值上 |
| addMonths（months） | 返回一个新的 DateTime，它将指定的月数加到此实例的值上 |
| addDays（days） | 返回一个新的 DateTime，它将指定的天数加到此实例的值上 |
| addHours（hours） | 返回一个新的 DateTime，它将指定的小时数加到此实例的值上 |
| addMinutes(minutes） | 返回一个新的 DateTime，它将指定的分钟数加到此实例的值上 |
| addseconds(seconds） | 返回一个新的 DateTime，它将指定的秒数加到此实例的值上 |
| addMilliseconds（ms） | 返回一个新的 DateTime，它将指定的毫秒数加到此实例的值上 |

■ 数字

| | |
|---|---|
| toExponential（DecimalPoints） | 把对象的值转换为指数计数法 |
| toFixed（decimalPoints） | 把数字转换为字符串，结果的小数点后有指定位数的数字 |
| toPrecision（length） | 把数字格式化为指定的长度 |

## 部件

| | |
|---|---|
| this | 当前部件，指在设计区域中被选中的部件 |
| target | 目标部件，指在用例编辑器中配置动作时选中的部件 |
| widget.x | 部件的 x 轴坐标 |
| widget.y | 部件的 y 轴坐标 |
| widget.width | 部件的宽度 |
| widget.height | 部件的高度 |
| widget.scrollX | 动态面板 x 轴的坐标 |
| widget.scrollY | 动态面板 y 轴的坐标 |
| widget.text | 部件上的文字内容 |
| widget.name | 部件的名称 |
| widget.top | 部件的顶部 |
| widget.left | 部件的左侧 |
| widget.right | 部件的右侧 |
| widget.bottom | 部件的底部 |

## 页面

| | |
|---|---|
| PageName | pagename 方法可把当前页面名称转换为字符串 |

## 窗口

| | |
|---|---|
| Window.width | 可返回浏览器窗口的宽度 |
| Window.height | 可返回浏览器窗口的高度 |
| Window.scrollX | 可返回鼠标滚动（滚动栏拖动）x 轴的距离 |
| Window.scrollY | 可返回鼠标滚动（滚动栏拖动）y 轴的距离 |

## 鼠标指针

| | |
|---|---|
| Cursor.x | 鼠标指针的 x 轴坐标 |
| Cursor.y | 鼠标指针的 y 轴坐标 |
| DragX | 部件延 x 轴瞬间拖动的距离（拖动速度） |
| DragY | 部件延 y 轴瞬间拖动的距离（拖动速度） |
| TotalDragX | 部件延 x 轴拖动的总距离 |
| TotalDragY | 部件延 y 轴拖动的总距离 |
| DragTime | 部件拖动的总时间 |

## 中继器 / 数据集

| | |
|---|---|
| Item | 中继器的项 |
| Item.Column0 | 中继器数据集的列名 |
| index | 中继器项的索引 |
| isFirst | 中继器的项是否为第一个 |
| isLast | 中继器的项是否最后一个 |
| isEven | 中继器的项是否为偶数 |
| isOdd | 中继器的项是否为奇数 |
| isMarked | 中继器的项是否被标记 |
| isVisible | 中继器的项是否可见 |
| repeater | 返回当前项的父中继器 |
| visibleItemCount | 当前页面中所有可见项的数量 |
| itemCount | 当前过滤器中的项的个数 |
| datacount | 中继器数据集中所有项的个数 |
| pagecount | 中继器中总共的页面数 |
| pageindex | 当前的页数 |

■ 布尔

<table>
<tr><td>==</td><td>等于</td></tr>
<tr><td>!=</td><td>不等于</td></tr>
<tr><td><</td><td>小于</td></tr>
<tr><td><=</td><td>小于等于</td></tr>
<tr><td>></td><td>大于</td></tr>
<tr><td>>=</td><td>大于等于</td></tr>
<tr><td>&&</td><td>并且</td></tr>
<tr><td>||</td><td>或者</td></tr>
</table>

## 案例 24：账单计算器

要计算这个账单应付金额，首先根据消费项目计算出总金额，然后根据折扣率计算出折扣额，最后用总金额减掉折扣额就得到应付金额了。本案是针对局部变量和数学函数的应用练习。

第一步：使用文本标签、按钮和水平线部件制作如图 58 所示的结账单，并按红线提示分别给部件命名。

当制作的原型中部件数量过多时，可将关联部件和无关部件设置为组合的方法将原型变得扁平化。如在本案例中，笔者将介绍性内容部件全部设置为一个组合，见图 59，这样当我们添加用例时选择部件会清晰很多。

第二步：选中计算按钮，在部件【属性】面板中双击【鼠标单击时】事件，在弹出的【用例编辑器】中新增【设置文本】动作，在右侧的配置动作中勾选 subtotal，然后在底部选择【设置文本为：值】，并单击右侧的【fx】，见图 60。

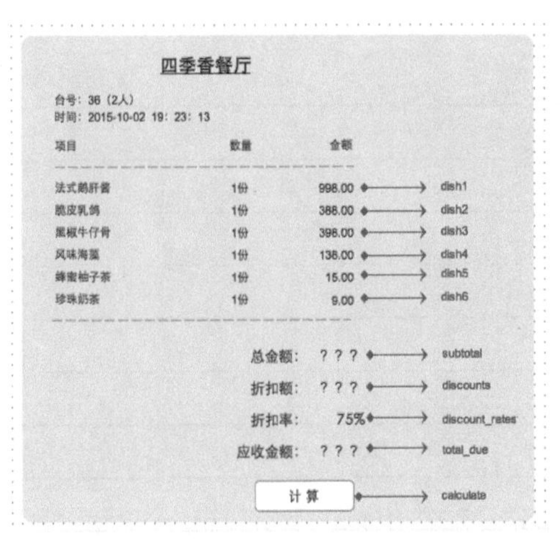


（图 58）

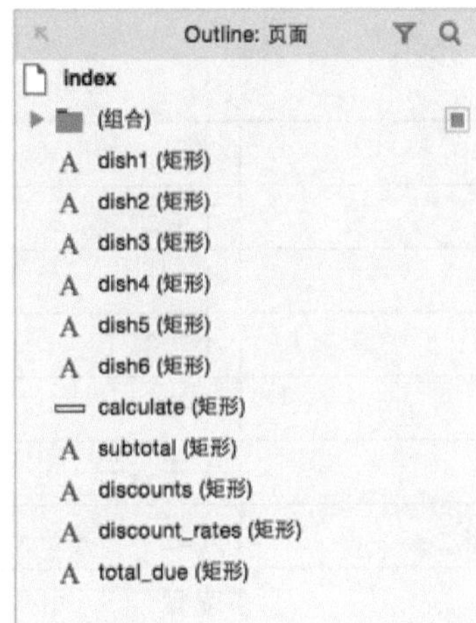


（图 59）

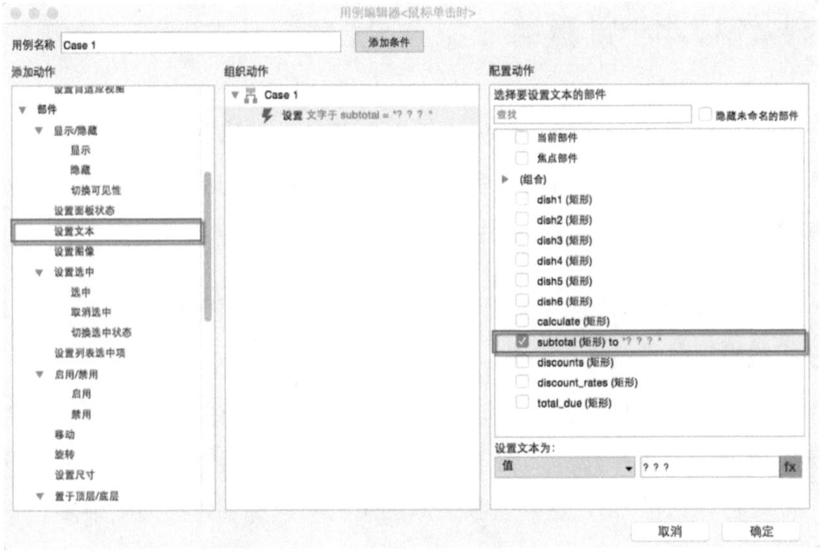

（图 60）

在弹出的【编辑文本】对话框底部，单击【添加局部变量】，分别将 6 道莱肴添加到局部变量中，见图 61。

继续在【编辑文本】对话框中单击【插入变量或函数…】，将刚刚添加的 6 个局部变量插入并相加，见图 62。单击【确定】按钮关闭【编辑文本】

对话框。

编辑文本

在下方编辑区输入文本，变量名称或表达式要写在 "[[""]]" 中。例如：插入变量[[OnLoadVariable]]返回值为变量"OnLoadVariable"的当前值；插入表达式[[VarA + VarB]]返回值为"VarA + VarB"的和；插入 [[PageName]] 返回值为当前页面名称。

插入变量或函数...

? ? ?

局部变量

在下方创建用于插入fx的局部变量，局部变量名称必须是字母、数字，不允许包含空格。

添加局部变量

| | | | | |
|---|---|---|---|---|
| LVAR1 | = | 部件文字 | dish1 | ✕ |
| LVAR2 | = | 部件文字 | dish2 | ✕ |
| LVAR3 | = | 部件文字 | dish3 | ✕ |
| LVAR4 | = | 部件文字 | dish4 | ✕ |
| LVAR5 | = | 部件文字 | dish5 | ✕ |
| LVAR6 | = | 部件文字 | dish6 | ✕ |

取消 确定

（图 61）

编辑文本

在下方编辑区输入文本，变量名称或表达式要写在 "[[""]]" 中。例如：插入变量[[OnLoadVariable]]返回值为变量"OnLoadVariable"的当前值；插入表达式[[VarA + VarB]]返回值为"VarA + VarB"的和；插入 [[PageName]] 返回值为当前页面名称。

插入变量或函数...

[[LVAR1+LVAR2+LVAR3+LVAR4+LVAR5+LVAR6]]

局部变量

在下方创建用于插入fx的局部变量，局部变量名称必须是字母、数字，不允许包含空格。

添加局部变量

| | | | | |
|---|---|---|---|---|
| LVAR1 | = | 部件文字 | dish1 | ✕ |
| LVAR2 | = | 部件文字 | dish2 | ✕ |
| LVAR3 | = | 部件文字 | dish3 | ✕ |
| LVAR4 | = | 部件文字 | dish4 | ✕ |
| LVAR5 | = | 部件文字 | dish5 | ✕ |
| LVAR6 | = | 部件文字 | dish6 | ✕ |

取消 确定

（图 62）

这里需要注意的是插入表达式的格式，因为在此处要计算 6 道菜肴相加的和，所以要使用加法运算。在 Axure 中插入 [[VarA+VarB]] 返回这两个变量相加的和；如果插入 [[VarA]]+[[VarB]]，并不会使两个变量进行加法运算，而是在两个变量之间添加了一个加号。

此时，单击计算按钮已经可以计算出账单总金额了。

继续在【用例编辑器】中勾选 discounts，并单击下方的【fx】，在弹出的【编辑文本】对话框中单击【添加局部变量】，将刚刚计算好的 subtotal 插入到局部变量中，见图 63。

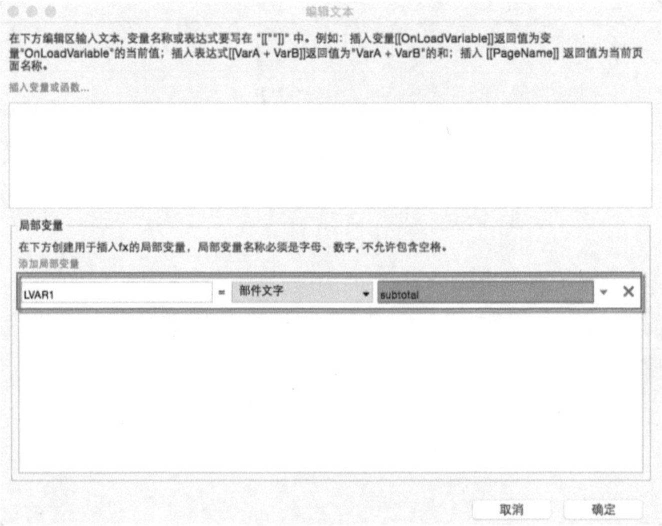

（图 63）

继续在顶部单击【插入变量或函数…】，在下拉列表中选择局部变量 LVAR1，根据案例开始图 58 给出的信息，我们知道折扣率是 75%，要计算折扣额，使用：总金额 - 总金额 * 折扣率 即可。所以这里的表达式设置为：LVAR1-LVAR1*0.75，见图 64，单击【确定】按钮关闭【编辑文本】对话框。

到这里，我们已经计算出了总金额和折扣额，应付金额等于：总金额减去折扣额，也就是，总金额 -（总金额 - 总金额 * 折扣率）。

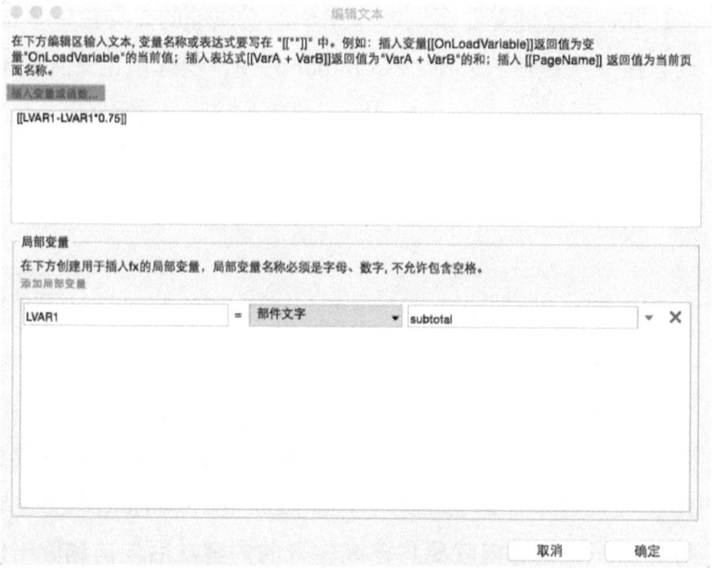

（图 64）

继续在【用例编辑器】中勾选 total_due，单击下方的【fx】，在弹出的【编辑文本】对话框中进行设置，见图 65，单击两次【确定】按钮回到设计区域。

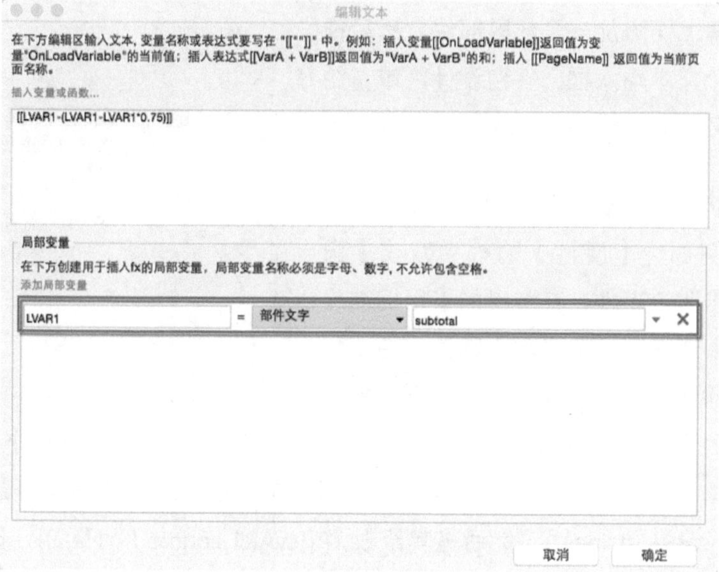

（图 65）

第三步：至此，账单计算器案例制作完毕，在顶部的工具栏中单击【预览】按钮，或者按下快捷键 F5/Shift + Command + P，快速预览交互效果。

## 挑战 14：制作一个可四舍五入且保留两位小数的账单计算器

## 案例 25：模拟手机按键输入

介绍：要实现模拟手机按键输入交互效果，要让每个按下键的内容与之前已有的内容连接起来，这要用到字符串函数中的 concat()，更重要的是删除键，每点击一次删除键就要将已经输入的内容从后向前删除一位，这要使用到字符串函数中的 substring()。综合来看，这个案例就是针对字符串函数的应用进行练习。

第一步：将已经准备好的按键图像素材拖放到设计区域，给每个数字键和删除键上面添加一个热区部件。然后拖放一个文本输入框部件到设计区域，给其命名为 input，见图 66。

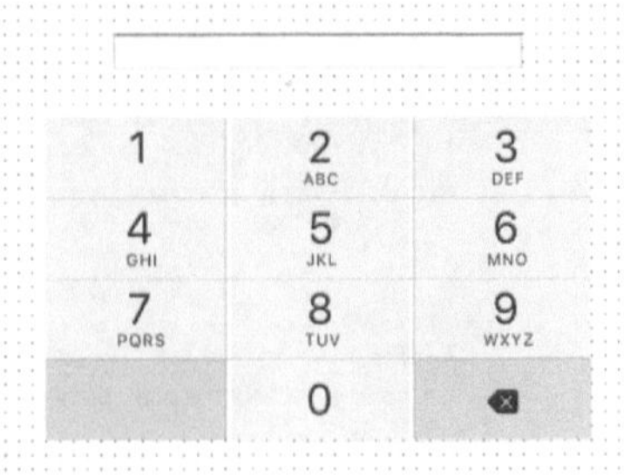

（图 66）

第二步：选中数字 1 上面的热区部件，在右侧部件【属性】面板中双击【鼠标单击时】事件，在弹出的【用例编辑器】中新增【设置文本】动作，在【配置动作】中勾选 input，见图 67。单击下方的【fx】，在弹出的【编辑文本】对话框中单击【添加局部变量】，见图 68，继续单击【插入变量或函数…】，在下拉列表中选择字符串函数中的 concat（'string'），然后将其修改为 [[LVAR1.concat（'1'）]]，见图 69，这个动作的意思是：当单击数字键 1 的时候，让 input 部件中已有的内容连接上数字 1。单击两次【确定】按钮回到设计区域。

（图 67）

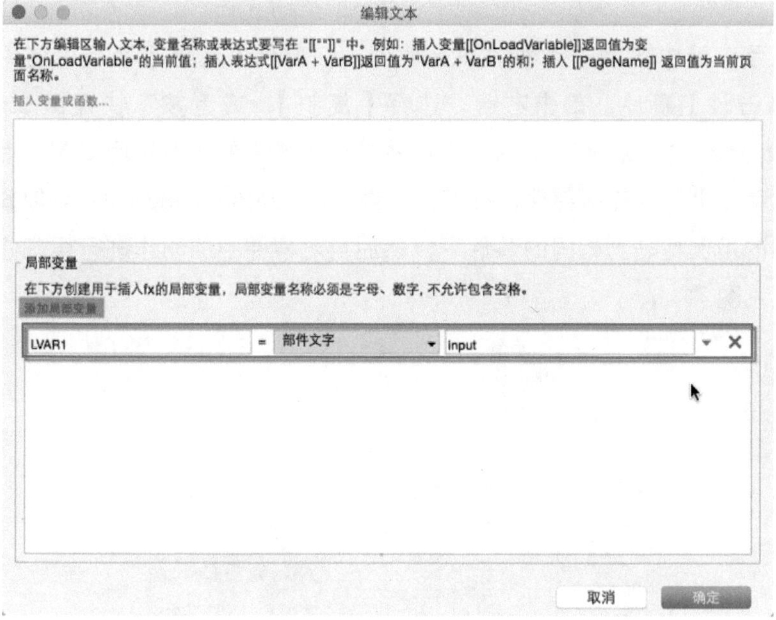

编辑文本

在下方编辑区输入文本，变量名称或表达式要写在 "[[""]]" 中。例如：插入变量[[OnLoadVariable]]返回值为变量"OnLoadVariable"的当前值；插入表达式[[VarA + VarB]]返回值为"VarA + VarB"的和；插入 [[PageName]] 返回值为当前页面名称。

插入变量或函数...

局部变量

在下方创建用于插入fx的局部变量，局部变量名称必须是字母、数字，不允许包含空格。

添加局部变量

LVAR1 = 部件文字 input

取消 确定

（图 68）

（图 69）

现在单击【预览】按钮打开浏览器测试，数字 1 键已经可以正常输入了。

第三步：选中数字 1 上面的热区部件，在部件【属性】面板中选中【鼠标单击时】事件，单击右键，选择【复制】，或者按下快捷键 Ctrl + C/Command + C，见图 70。这样可以将这个事件中的所有用例复制，然后选中数字 2 上面的热区部件，按下快捷键 Ctrl + V/Command + V，可以直接将复制的用例粘贴到相同的事件下，然后再对事件中的动作进行相应修改即可，见图 71。

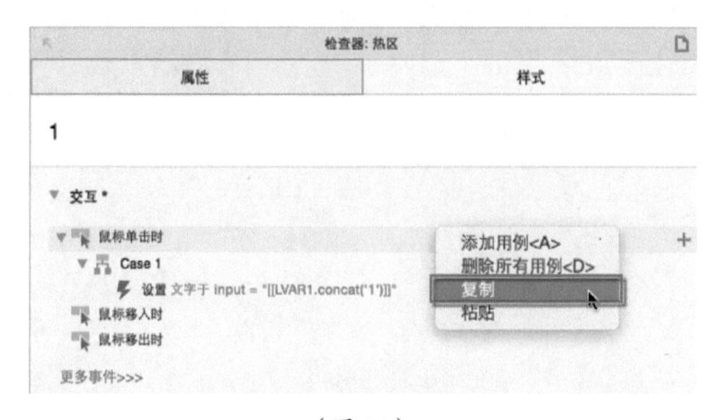


（图 70）

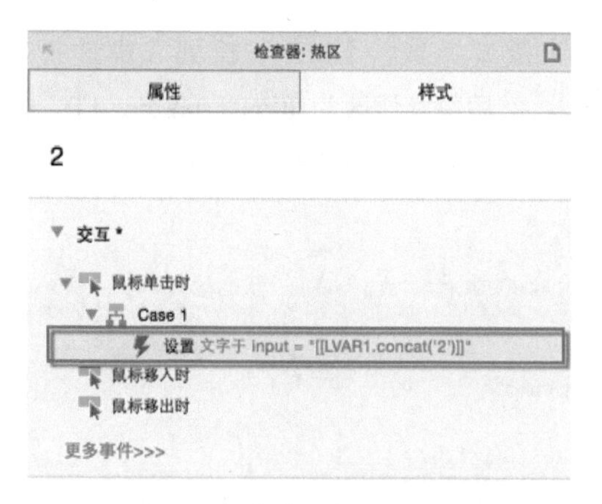


（图 71）

这样数字 2 键也可以正常输入了。

第四步：参考前几步的操作，继续给数字 3 到 0 添加交互。

第五步：选中删除键上面的热区部件，在部件【属性】面板中双击【鼠标单击时】事件，在弹出的【用例编辑器】中添加局部变量，见图 72。

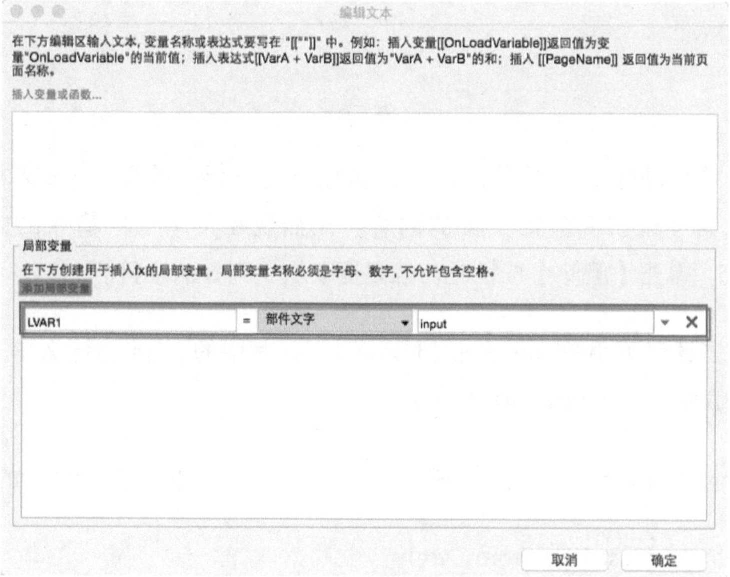

（图 72）

继续单击【插入变量或函数…】，在下拉列表中选择字符串函数下的 substring（from，to），然后将其修改为 [[LVAR1.substring（0，LVAR1.length-1）]]，见图 73，然后连续单击两次【确定】按钮回到设计区域。

编辑文本
在下方编辑区输入文本，变量名称或表达式要写在 "[[""]]" 中。例如：插入变量[[OnLoadVariable]]返回值为变量"OnLoadVariable"的当前值；插入表达式[[VarA + VarB]]返回值为"VarA + VarB"的和；插入 [[PageName]] 返回值为当前页面名称。
插入变量或函数...
[[LVAR1.substring(0,LVAR1.length-1)]]
局部变量
在下方创建用于插入fx的局部变量，局部变量名称必须是字母、数字，不允许包含空格。
添加局部变量
LVAR1 = 部件文字 input
取消 确定

（图 73）

解释：这个动作的意思是，当单击删除键的时候，提取 input 文本输入框中从第一位到倒数第二位的内容。比如现在文本框中输入的内容是 123456，单击【删除】按钮时，就要提取从 1 到 5 的字符。

相信有些读者不明白 substring（from，to），其中的 from 为什么是 0？这要详细介绍一下 substring() 的语法。

substring( from，to ) 方法用于提取字符串中介于两个指定下标之间的字符。

语法：LVAR1.substring（from，to）

| 参数 | 描述 |
| --- | --- |
| from | 必需。一个非负的整数，规定要提取的子串的第一个字符在 LVAR1 中的位置。 |
| to | 可选。一个非负的整数，比要提取的子串的最后一个字符在 LVAR1 中的位置多 1。<br>如果省略该参数，那么返回的子串会一直到字符串的结尾。 |

返回值：一个新的字符串，该字符串值包含 LVAR1 的一个子字符串，其内容是从 from 处到 to-1 处的所有字符，其长度为 to 减 from。

说明：substring() 方法返回的子串包括 from 处的字符，但不包括 to 处的字符。

如果参数 from 与 to 相等，那么该方法返回的就是一个空串（即长度为 0 的字符串）。如果 from 比 to 大，那么该方法在提取子串之前会先交换这两个参数。

根据上面的说明可以得知：使用 substring() 方法提取字符时，第一个字符位置是从 0 开始的，第二个字符位置是 1，第三个字符位置是 2，以此类推。

其中 length 函数，用来返回字符串的长度，当单击删除键时，我们要提取从第一位到倒数第二位的字符，所以 to 参数是当前 input 文本输入框字符串长度减 1。

希望上面的解释能够帮助你更加深入地了解这几个函数，通过在工作中不断地查询、使用和练习，你会逐渐掌握这些常用的函数，多一些耐心。

第六步：至此，模拟手机按键输入的交互就制作完毕了，在顶部的工具栏中单击【预览】按钮，或者按下快捷键 F5/Shift+Command+P，快速预览交互效果。

## 挑战 15：模拟 iOS 数字和英文键盘切换输入

该挑战不提供视频辅导，请各位读者根据案例 25 中所介绍的知识独立制作。

# 第 7 章

# 团队项目

# 7.1 团队项目概述

在本章中，我们一起来探索 Axure 团队项目功能（注意，Axure RP Pro 版本中才有此功能）。针对本章内容，笔者想引用一句亨利·福特的名言作为开场：

“相会在一起只是开始，凝聚在一起只是过程，工作在一起才是成功。”

因为，接下来要讲解的内容与这句名言紧密相连：“相会在一起”涉及工作中的计划与训练；“凝聚在一起”涉及工作中的沟通与同步；“工作在一起”涉及个体间的衔接与配合。

如果用户体验设计团队还在使用以文件为中心的工具（如 Word 或 Visio），时刻都需要关注线框图或者其他任何相关的内容是否已经同步。而且每个文件只能由一个人进行编辑，这就意味着如果多名设计师同时编辑一个文件的话，就需要把一个文件拆成多个部分。要完整体验这个项目，就要不停地将每个分离的文件整合到一起。团队越大，项目越复杂，就越难以保证每个设计师手中文件交互模式和小部件的一致性。此外，用户体验设计团队还面临着从客户、投资人、老板、用户等人群获取反馈的巨大挑战。

比较常见的做法是，用户体验团队会将最终制作的线框图设计成 PPT 或者 Word 格式，并配以大量的文字说明，来描述静态线框图的交互应该是什么样子的，然后将报告发送给客户、投资人或其他相关者，等待他们的书面反馈。等投资人或客户收到报告后再结合自己的想象力阅读你的 PPT 或 Word 文档，制作这类演示文档需要花费很多额外的努力，但效果往往不尽如人意，尤其是有多个股东、投资人、老板的情况下。挑战还没有结束，当投资人或客户针对你的报告表达完自己的反馈意见后，你还需要将这些信息专业化地传递给团队中的每个成员，商讨修改工作。由此可见，在用户体验设计团队中使用传统工具进行协作面临着巨大的沟通障碍。

Axure RP Pro 8 支持两种形式的合作，非常巧妙、高效地解决了上述问题。

- 团队项目：允许用户体验设计团队之间在同一个项目文件中协作，也可以与项目中其他成员沟通协作，如业务分析师。
- 讨论面板：在生成的 HTML 原型文件中，每个页面左侧的讨论面板都可以添加对原型的反馈，团队中的其他成员或者客户也可以回复反馈并添加截图，这种问答的设计形式可以帮助用户体验设计师与客户、用户或投资人更加顺畅地沟通。和其他重要的功能一样，这个功能可以帮助用户体验团队甚至整个项目节省大量成本。不过有一点需要注意，讨论功能是要将制作好的原型上传 Axshare 云服务时才可以使用的，这个功能可以在发布原型时设置为开启或关闭。

团队项目允许多个用户同时编辑同一个项目文件，并且同时保存项目的历史版本，我们随时可以调用并恢复任意历史版本。团队中的成员通过编辑团队项目的本地副本并使用签入和签出进行管理更新。团队项目是建立在 Subversion（SVN）上的版本控制系统。下面是一个典型的工作流程，编辑、分享和获取 Axure RP 团队项目的变化，主原型文件存放于 SVN 服务器或共享驱动器中（A），团队中的每个成员都可以在 PC 或 Mac 中使用 Axure 与服务器连接，并且可以对以下元素签出。

- 页面
- 母版
- 注释字段
- 全局变量
- 页面样式
- 部件样式
- 生成器

如果团队中的 UX 设计师 C 要编辑存放于服务器版本库中的原型文件，首先要签出该元素（B），此时团队中的其他成员无法对已经签出的元素再次进行签出。当 UX 设计师 C 编辑完毕后，将该元素签入服务器（C）之后，其他成员才可以签出该元素进行编辑，见图 1。

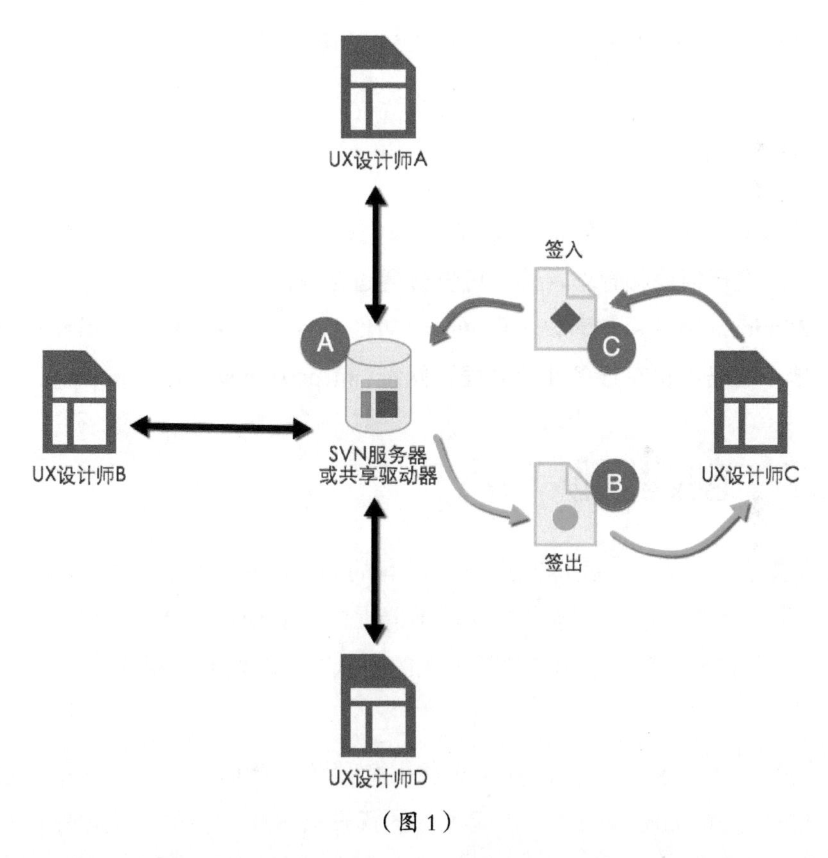


（图 1）

团队项目可以存储在共享驱动器或 SVN 服务器中。共享驱动器通常更容易安装，适用于局域网内小型办公网络。但是如果你的团队规模较大或者团队成员分散于不同的省市甚至其他国家，需要通过 VPN 进行远程连接，建议你创建一个 SVN 服务器存储团队项目目录，使用 VPN 访问网络驱动器通常都很慢。也不推荐将团队项目放在 Onedrive、Dropbox 之类的云服务器上，不仅同步的速度慢而且还会给 SVN 带来问题。

小提示：团队项目功能也可以供个人使用，比如当你要创建一个大型的复杂性较高的项目时，可以在自己的电脑中创建团队项目，这样你可以保存整个项目的所有历史版本，在有需求的情况下可以随时调用并恢复到之前的任意历史版版本，这是非常便捷的。

SVN 服务器的搭建

- 苹果电脑的新版系统中集成了 SVNServer，但是需要使用 Command Line 进行创建和管理，读者可自行通过互联网搜索参考。
- Windows 系统用户建议使用 VisualSVNServer，软件的界面和操作都很简单，网络中也有很多使用教程，网址：https://www.visualsvn.com。

# 7.2 创建团队项目

团队项目可以从一个新的文件或从已有的 RP 文件创建。一个团队项目是由一个存储在共享驱动器或 SVN 服务器上的团队项目目录（每个用户都可以访问）和一个在每个用户的机器上的团队项目本地副本组成的。

小提示：Axure RP8 将 Axsahre 云服务集成到了团队项目中，这是一项非常贴心的服务，但对于中国大陆的用户来说该功能的体验依然很糟糕。因为 Axshare 服务器使用的是美国华盛顿州亚马逊的数据服务，当我们上传较大的原型文件或者预览原型时会发生较为严重的延迟卡顿，所以，如果你的项目较大请谨慎考虑使用该功能。

要创建团队项目，在 Axure 菜单中选择【文件 > 新建团队项目】。或者将已有的 RP 文件创建为团队项目，选择菜单栏中的【团队 > 从当前文件创建团队项目】。在打开【创建团队项目】对话框之后，只需通过几个简单的步骤就可以完成团队项目的创建。

下面分别介绍如何使用 AxShare 和 SVN 创建团队项目。

### 1. 使用 AxShare 创建团队项目

第一步：选择菜单栏中的【团队 > 从当前文件创建团队项目】，在弹出的【创建团队项目】对话框中单击【AxShare】，然后单击左上角的【登录】，见图 2。继续在弹出的【登录】对话框中输入已有的 Axure 账号，或者创建一个新的账号，见图 3。

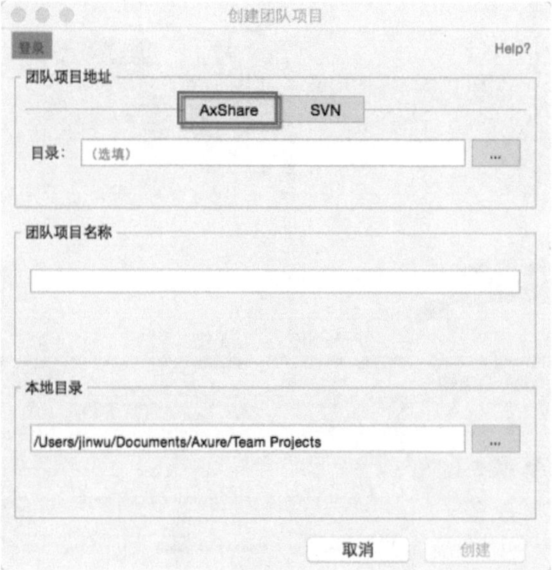

（图 2）

第二步：登录成功后要设置如下内容。

- 团队项目地址：就是团队项目在 AxShare 中的位置，单击右侧的浏览小图标，然后在下拉列表中选择目标文件夹即可，见图 4-A 和图 5。注意：AxShare 会在后面的章节中详细介绍。

创建团队项目

登录 Help?

登录

请登录你的Axure账号。

登录 创建账号

Email 97051162@qq.com

密码

自动登录 Forgot password?

取消 确定

取消 创建

（图 3）

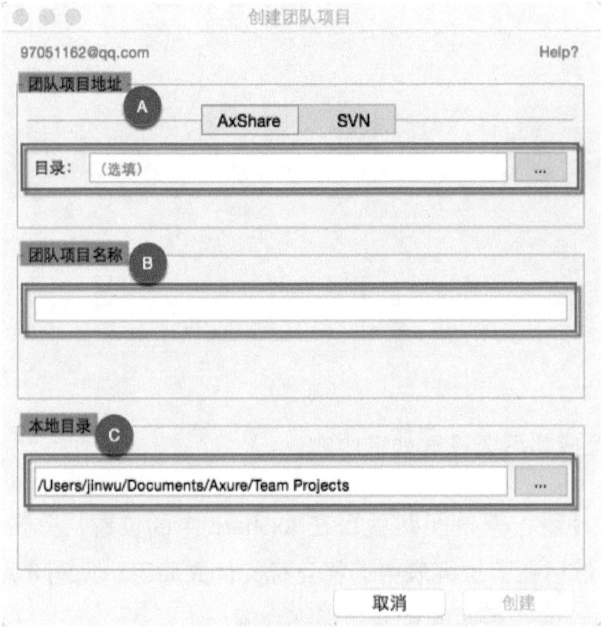

创建团队项目

97051162@qq.com Help?

团队项目地址 A

AxShare SVN

目录：（选填） ...

团队项目名称 B

本地目录 C

/Users/jinwu/Documents/Axure/Team Projects ...

取消 创建

（图 4）

（图 5）

■ 团队项目名称：顾名思义，就是团队项目的名称标识。

■ 本地目录：即团队项目的本地副本。

输入完毕后单击【创建】按钮，创建成功后会出现如图 6 所示的提示。

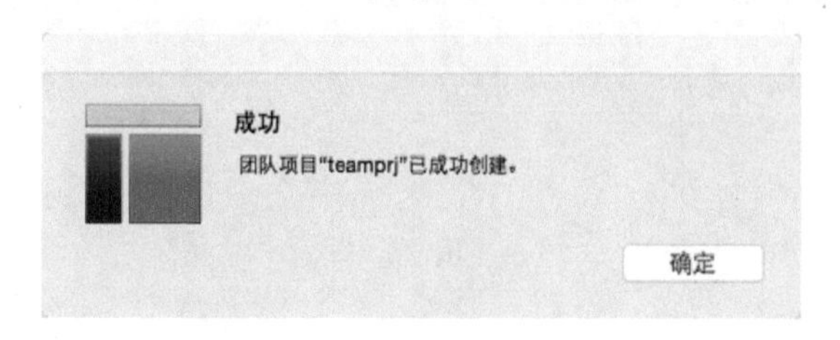


（图 6）

单击【确定】按钮后，会打开一个新的 Axure APP 窗口，这就是团队项目的工作环境了。

### 2. 使用 SVN 创建团队项目

第一步：选择菜单栏中的【团队 > 从当前文件创建团队项目】，在弹出的

【创建团队项目】对话框中单击【SVN】，见图 7，设置如下内容。

- 团队目录：此处可以选择 SVN 服务器中所设置的共享目录中，也可以选择局域网中的共享驱动器。如果是个人使用团队项目功能，此处选择本地磁盘中的某个文件夹即可。
- 团队项目名称：顾名思义，就是团队项目的名称标识。
- 本地目录：即团队项目的本地副本。

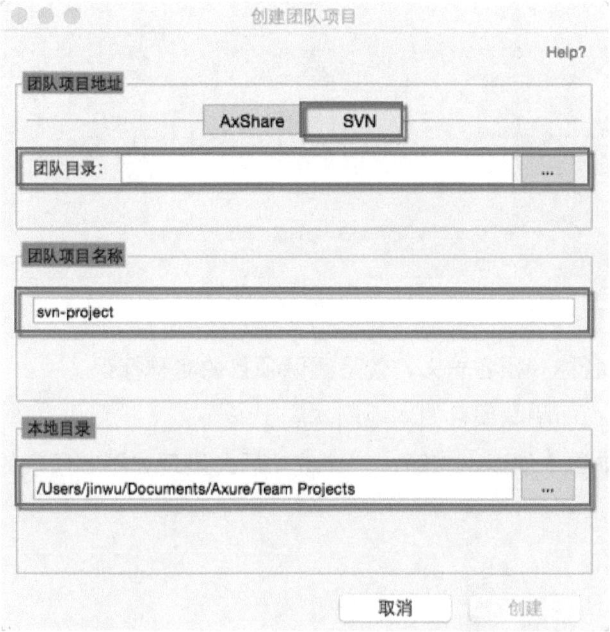

（图 7）

# 7.3 团队项目环境和本地副本

当创建完团队项目后，Axure 会打开本地副本，你会发现 Axure 的工作环境发生了一些变化。

- 站点地图面板和母版面板：在页面和母版列表的左侧出现了不同的小

图标，而不同的图标样式代表着当前页面或当前母版的状态，见图 8。

- 设计区域和 Outline 面板：设计区域右上角出现了签出提示，告诉我们要对当前页面进行修改首先要将该页面签出；Outline 面板中也可以通过当前页面缩略图中小图标的颜色，看出当前页面的签出状态，见图 9。

（图 8）

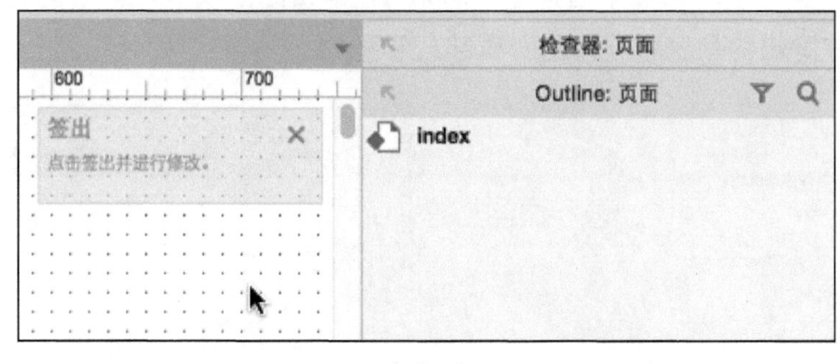


（图 9）

- 团队项目的本地副本：包含一个 .rpprj 文件和一个 DO_NOT_EDIT 文件夹。这个文件夹包含项目数据和版本控制信息，不要用 Axure 以外的软件修改。如果移动 .rpprj 文件的话，要确保与 DO_NOT_EDIT 文件夹一起移动，见图 10。

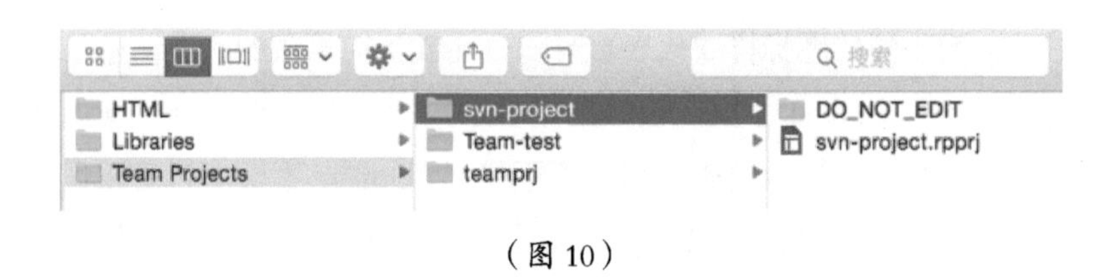


（图 10）

## 7.4 获取并打开已有团队项目

要使用其他电脑打开一个已经创建团队项目，选择菜单栏中的【团队 > 获取并打开团队项目】，在弹出的获取团队项目向导中，分别选择团队项目目录、本地副本目录，并单击【获取】按钮。完成后，可以在本地目录中看到 .rpprj 文件和 DO_NOT_EDIT 文件夹。

下面以获取 AxShare 中的团队项目为例演示。

第一步：在菜单栏中选择【团队 > 获取并打开团队项目】，在弹出的【获取团队项目】对话框中选择【AxShare】，单击团队项目地址右侧的浏览按钮，在弹出的列表中选择团队项目，见图 11。

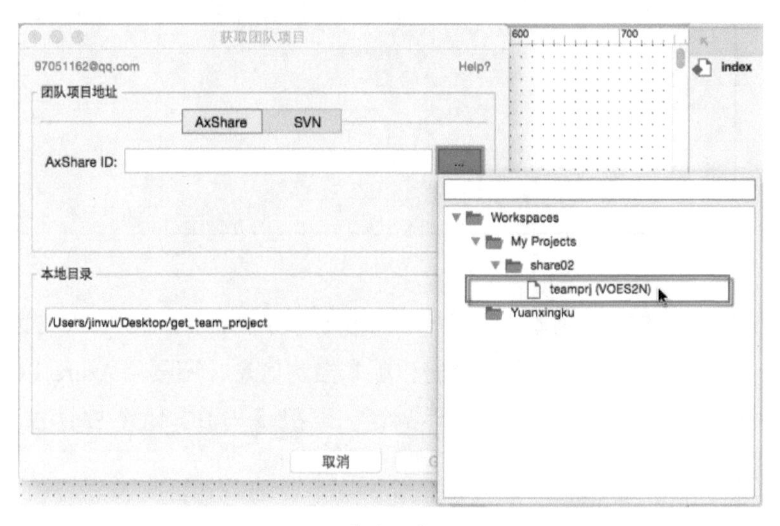


（图 11）

第二步：单击【获取】按钮即可。

需要注意的是，在获取团队项目时，本地目录中不能包含其他团队项目的本地副本。也就是说，如果你要对多个团队项目进行操作，这些团队项目的本地副本目录不可以放在同一个文件夹下。

**不同电脑项目协作**

要使用不同的电脑进行项目协作，应该给每台电脑都按照上面介绍的操作流程获取本地副本。不要复制某台电脑中的本地副本到另一台电脑，也不要使用邮件将创建好的本地副本传送给其他人，这样会导致项目冲突。

# 7.5 使用团队项目

要熟练使用团队项目工作，首先要来了解一下签入/签出的不同状态，见图12。

- 签出（绿色圆形）：要编辑页面、母版或其他元素，必须先使用签出操作。这个操作会检测当前项目的所有改变，并为你保留编辑权，然后你就可以在设计区域进行设计了，见图12。更加通俗一些来讲，签出page1就是先判断page1页面此时是否有其他成员正在编辑，如果有，就反馈提示，如果没有，就赋予你page1的编辑权限。在你编辑的时候其他成员就无法签出编辑了。你还可以选择菜单栏中的【团队 > 全部签出】，来签出所有页面和母版。
- 签入（蓝色菱形）：当要提交你对页面或母版做出的修改到团队项目中，并释放编辑权，以便让其他队友执行签出操作时，就要使用签入操作了。单击【签入】后会弹出【签入】对话框，在这里你可以对本次的签入信息进行备注说明，比如这次编辑做出了哪些修改或者进行到了什么进度，这样便于在历史版本中进行索引，见图 13。要签入所有的页面和母版，选择菜单栏中的【团队 > 全部签入】。

（图 12）　　（图 13）

- 新增（绿色加号）：当创建新元素时，这些元素是在你的本地副本中第一次被创建，就会显示这个绿色加号。执行签入后，团队中的其他成员才可以看到并使用这些新元素，见图 14。
- 冲突（红色矩形）：当本地副本项目中的元素与服务器中团队项目文件里的元素相冲突的时候，就会显示这个红色矩形状态。这种情况通常发生于团队中的其他成员已经签出了某个页面或母版，却对其进行强制编辑后再签入导致的，见图 15 和图 16。

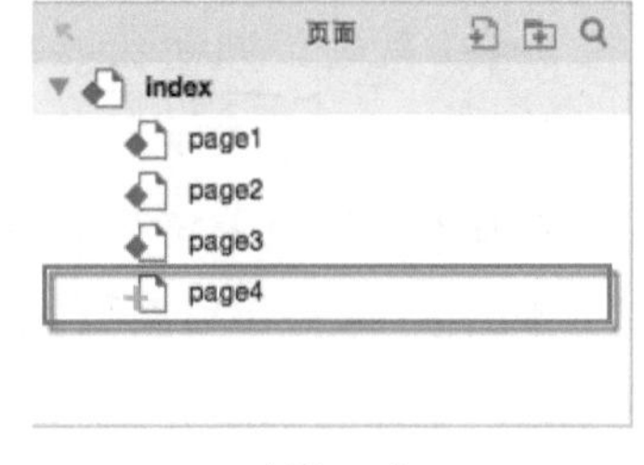


（图 14）

- 非安全签出（黄色三角形）：如果你正在签出一个已经被其他队友签出的项目，就会出现【无法签出】对话框，并提示你强制签出或放弃签出，如图 17 和图 18。

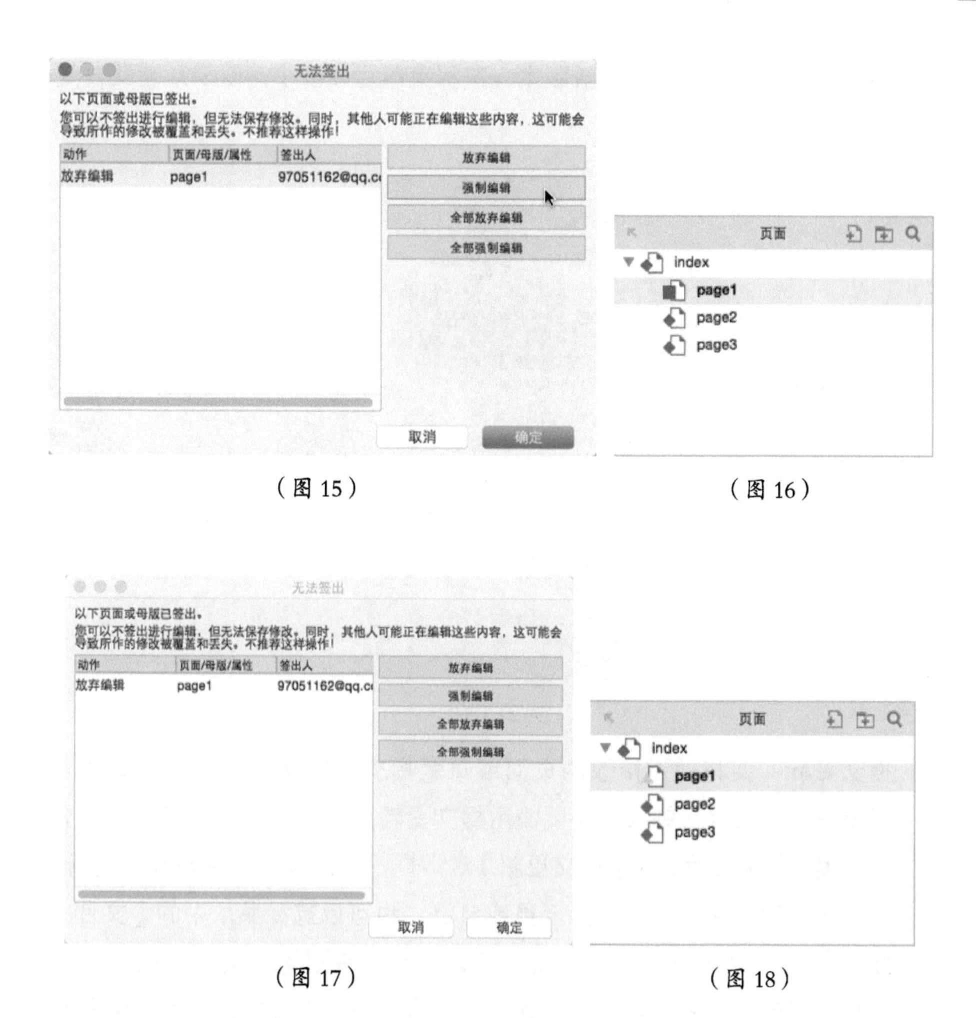


（图 15）　（图 16）

（图 17）　（图 18）

强制编辑允许你编辑一个已经被其他团队成员签出的项目，通常也被称为“非安全签出”。笔者不建议使用非安全签出，因为这会导致冲突。当多个人在同一时间签出同一个页面或母版时，冲突就会出现。而且团队项目目录只能接受其中一个改变，其他的改变将被覆盖。然而，非安全签出有些时候是很有用的。比如你无法从本地副本签入一个已经签出的项目；或者当你暂时无法连接到团队项目目录进行签出的时候。

■ 获取更新：要获取团队项目中最新的页面和母版，使用获取更新操作。

要检索整个团队项目的最新版本，选择菜单栏中的【团队 > 从团队目录获取全部更新】，见图 19。

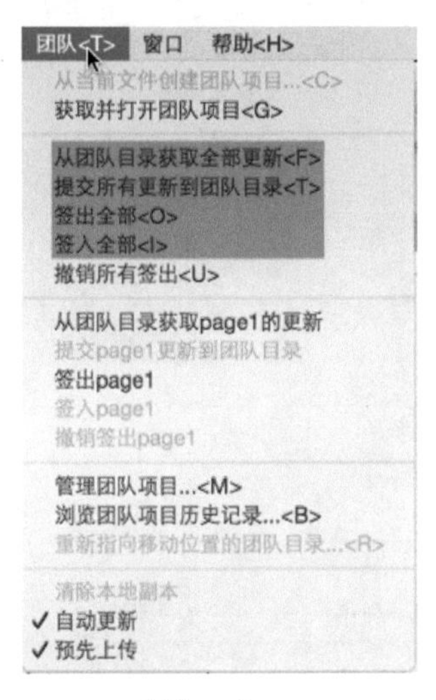


（图 19）

- 提交更新：要将做过修改的页面或母版提交到团队项目，但还要继续保留编辑权限进行编辑，就要使用提交更新操作。选择菜单栏中的【文件 > 提交更新】后弹出【提交更新】对话框，可以添加备注到本次更新，用于在历史版本中提示团队成员或自己。也可以选择菜单中的【文件 > 保存】来保存本地副本的修改，但这不会上传到团队项目目录中。要提交所有的修改到团队项目，选择【团队 > 提交所有更新到团队目录】。每次发送更新时，在团队项目目录文件中都会新增一个版本，可以选择菜单栏【团队 > 浏览团队项目历史记录】查看，见图 20。
- 撤销签出：当签出后，又想取消对页面和母版做出的修改，就要使用撤销签出操作。这能使项目回到签出之前的版本。要取消你签出后的所有修改，选择【团队 > 撤销所有签出】。
- 编辑站点地图和母版：与编辑页面和母版不同，【站点地图】面板和【母版】面板不需要签出。这允许多名团队成员同时编辑站点地图和母版列表，并且团队项目会合并这些变化。要提交对站点地图和母版列表做出的变化，选择【团队 > 提交所有更新到团队目录】，或者【团队 > 签入全部】。要撤销对站点地图和母版列表做出的修改，选择【团队 > 从团队目录获取全部更新】即可。

（图 20）

- 将团队项目文件导出为 RP 文件：要将团队项目导出为 RP 文件，选择菜单栏中的【文件 > 导出团队项目到文件】。在导出为 RP 文件之后，可以打开并编辑它，但无法再连接到团队项目目录了。要将 RP 文件中的改变提交到团队项目目录，首先打开 .rpprj 文件，然后选择【文件 > 从 RP 文件导入】，在弹出的【导入向导】对话框中可以选择导入哪些页面、母版和项目属性到你的团队项目中，见图 21。如果一个项目在导入过程中被替换或正在编辑，它需要签出才可以成功导入。

（图 21）

- 团队项目历史：要浏览并恢复团队项目以前的版本，选择【团队 > 浏览团队项目历史记录】，打开【团队项目历史】对话框。单击获取历史记录，可以查看所有以前的版本。选择一个版本，可以查看该版本的修改注释和签入摘要，如签入的页面、母版或项目属性。要将该历史记录版本保存为 RP 文件，单击【导出 RP 文件】，见图 480。
- 管理团队项目：要查看团队项目的所有页面、母版和项目属性，点击菜单栏中的“团队 > 管理团队项目”，在弹出的管理团队项目对话框中点击“刷新”，就可以获取到所有页面、母版和项目属性的状态了。要改变其中某个项目的状态，右键点击，选择想要的操作即可，见图 22。

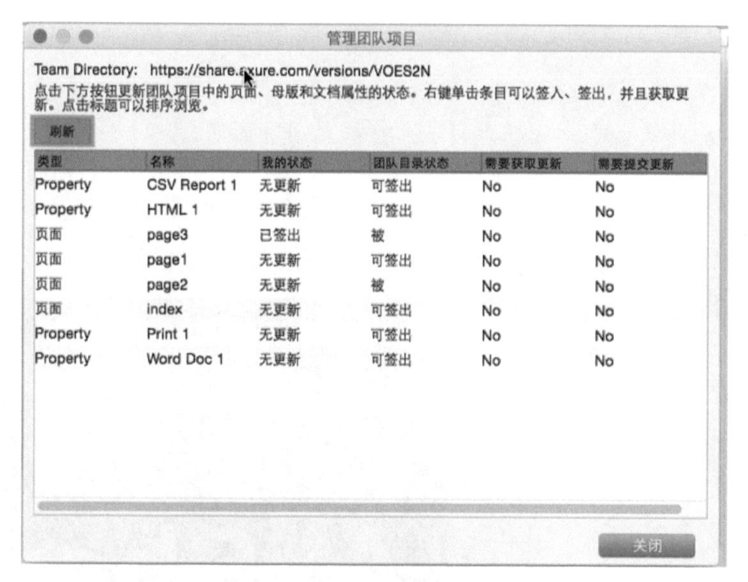


（图 22）

- 移动团队项目文件夹：在移动团队项目目录之前，强烈建议所有成员进行全部签入的操作。在移动团队项目目录之后，已经存在的本地副本不再指向正确的地址。你需要重新指定团队项目的位置，选择【团队 > 重新指向移动位置的团队目录】，下面要做的就是选择【团队 > 获取并打开团队项目】。如果在移动团队项目目录之前，没有签入你的改变，那么这些改变在新的本地副本中是没有的，你就需要做非安全签出并重新编辑这些项目了。

# 第 8 章
# AxShare

使用 AxShare 可以轻松地与团队成员或客户共享你的原型，AxShare 新增的截图功能与增强的消息提醒也让沟通变得更加便捷、通畅。

# 8.1 Axshare 概述

Axshare 是 Axure 官方推出的云托管解决方案，提供了与他人分享 Axure RP 原型的简单方法，包括团队或客户。AxShare 也可以把你的原型转换为自定义的站点，可以对站点进行自定义标题、支持 SEO 等。Axshare 是一项免费服务，允许上传大小在 100MB 以内的 1000 个项目。

Axshare 访问网址：http://share.axure.com，见图 1。

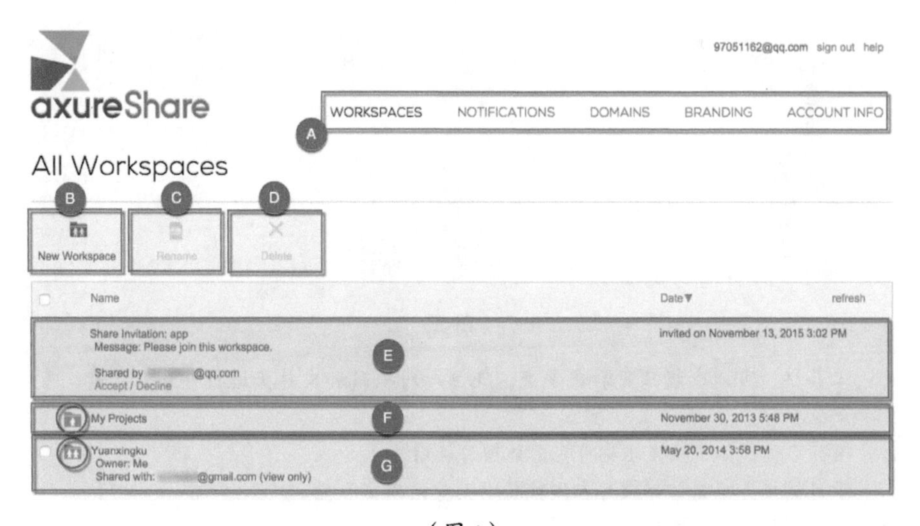


（图 1）

A：菜单栏，从左到右，如下所示。

- 工作区：即图 1 显示的内容。
- 提示：对项目评论进行设置，可设置当某项目被评论时发送提示。
- 域名：添加独立域名。
- 品牌：自定义项目访问时的登录页，可增强项目的品牌感。
- 账户信息：查看当前账户信息。

B：创建工作区，不同的项目可以分别放入不同的工作区，便于维护和管理。
C：重命名，给创建的工作区重新命名。
D：删除，删除工作区。
E：其他 AxShare 用户可以通过账号邀请你加入他的工作区，共同管理项目。
F：工作区，项目都在工作区里面。
G：共享的工作区，共享给其他成员的工作区。

单击工作区后如图 2 所示。

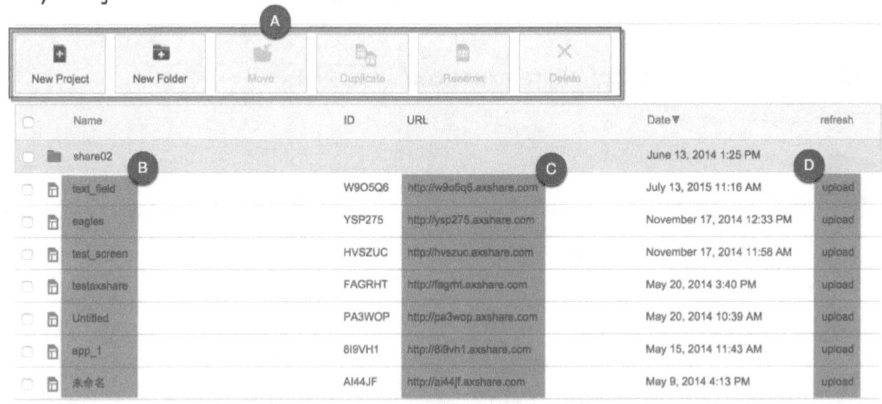


（图 2）

A：工具栏，可以新增项目和文件夹，还可以对项目和文件夹进行移动、复制、重命名和删除操作。
B：项目名称，单击项目名称可查看该项目详情。
C：项目链接，单击该链接可在浏览器中浏览该项目原型。
D：重新上传该项目。

单击项目名称后见图 3。

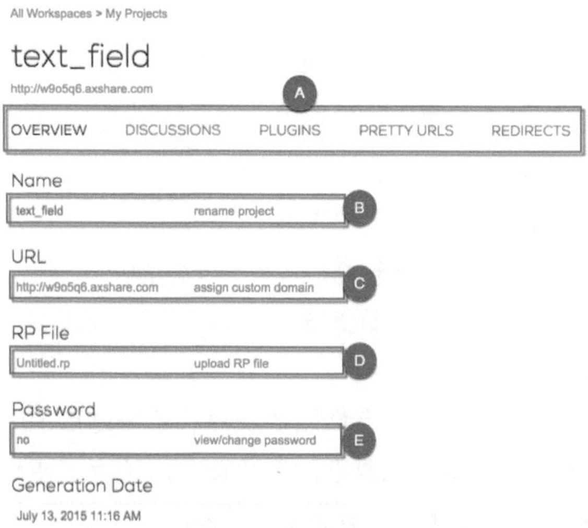

（图 3）

A：该项目详情工具栏包含如下内容。

- 概述：该项目的概要信息。
- 讨论：可查阅该项目的讨论内容并且控制该项目讨论功能的开启与关闭。
- 插件：可以给该项目的 head、body 或者页面中的动态面板插入 HTML 或 JavaScript。
- 漂亮的 URL：可以自定义该项目的默认启动页面，还可以自定义 404 页面。
- 重定向：可以将项目中的某个老页面重定向到新页面。比如该项目在浏览器中访问时默认显示 home.html，将 home.html 重定向到 new_home.html 后，再到浏览器中访问该项目时会跳转到 new_home.html。

B：项目名称：可重命名该项目名称。

C：该项目 URL，可绑定独立域名。比如你申请一个 www.iloveaxure.com 的域名，经过解析后再到这里绑定成功后，直接访问 www.iloveaxure.com 就可以浏览这个项目了。

D：项目文件，可重新上传 RP 文件。

E：可查看、设置和改变项目访问密码。

## 8.2　如何使用 AxShare 生成原型

单击项目中的 URL 可以访问已生成的原型，见图 4。在打开的浏览器左侧，站点地图下面的小图标自左至右的功能如下所示。

■ 切换显示脚注。

■ 突出显示交互元素：如果找不到页面中可交互的元素，单击该按钮后可交互的元素将会突出显示。

■ 查看和重置变量：可以查看和重置全局变量，在制作复杂度较高的原型时，可通过这里监控全局变量是否按设置正常工作。

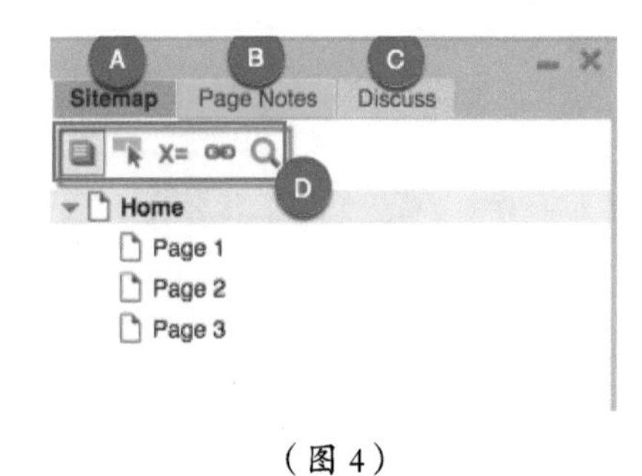


（图 4）

■ 获取链接：可以得到带有站点地图的链接和不带站点地图的链接。复制链接，发送给想要查看此原型的客户即可。注意，使用移动设备浏览原型时，通常都使用不带站点地图的链接。

■ 搜索：如果原型中页面非常多，可通过搜索快速查找指定页面。

# 8.3 上传原型到 AxShare

有两种方法可以上传原型到 AxShare。

■ 选择菜单栏中的【发布 > 发布到 AxShare】，见图 5，在弹出的【发布到 AxShare】对话框中可以选择创建一个新项目或者替换一个已有项目，见图 6。当原型上传完毕后，复制提示框里的 url，发送给他人即可浏览你的原型了，见图 7。

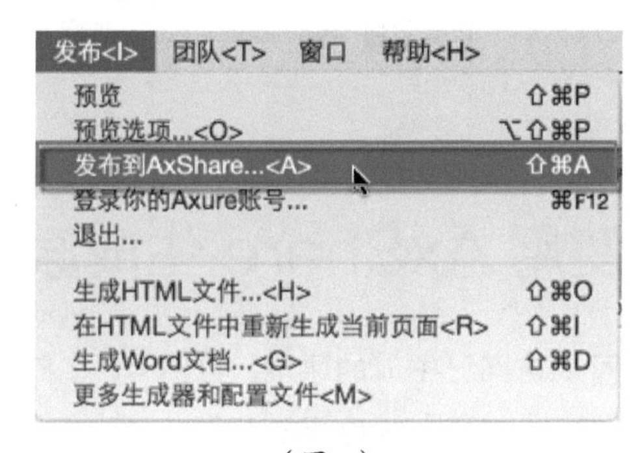


（图 5）

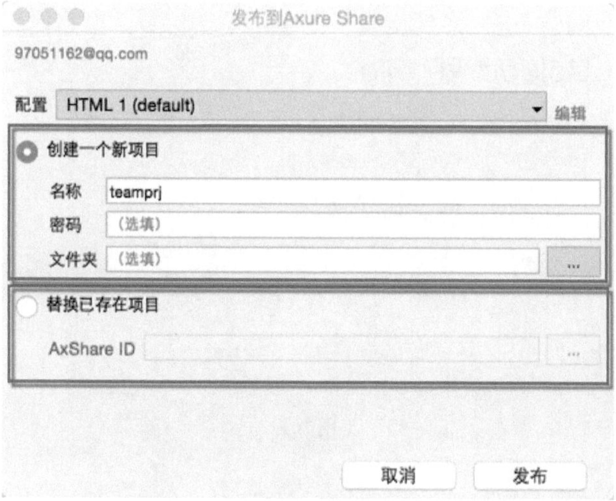

（图 6）

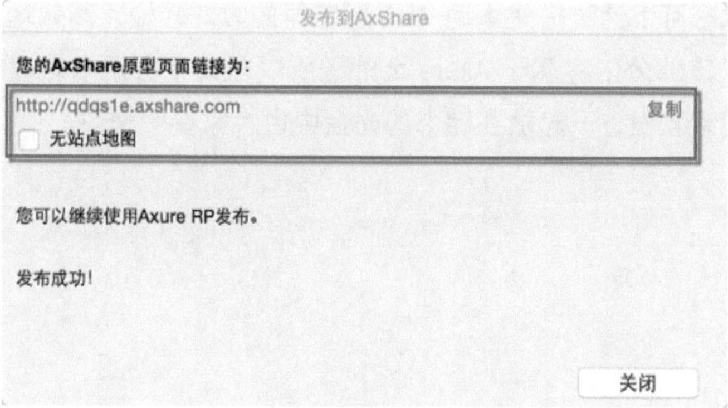

（图 7）

■ 使用 share.axure.com 上传。如果你已经上传了原型，但是由于对原型做了更新需要重新上传，单击项目右侧的【Upload】，在弹出的对话框中选择新的 RP 文件，上传成功后即可覆盖老项目文件，见图 8。

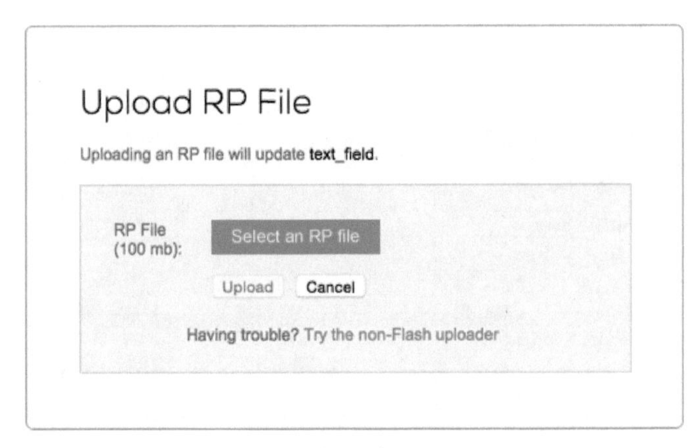


（图 8）

## 8.4 在局域网中共享原型

由于 AxShare 访问速度比较慢，在局域网中反复发送接收原型文件效率也比较低，大家可以通过搭建本地 Web 服务器的方法轻松、高效地解决这个问题。由于该部分内容属于 Axure 之外，所以在此不占用书籍篇幅，笔者会录制好视频教程，一起放在随书的光盘中供大家参考学习。

# 第 9 章

# 自适应视图

在移动设备已经融入日常生活的今天，网站和 APP 适应不同尺寸的屏幕已成为设计中的首要考虑因素。使用 Axure 自适应视图功能，可以轻松设计出能够适应不同屏幕尺寸的原型。

# 9.1 自适应视图概述

自适应视图允许你的设计适应不同屏幕尺寸的原型，这看上去和响应式设计（Responsive Design）很像。在想要改变到不同样式或布局的页面上添加响应点（Breakpoints），当在不同屏幕尺寸的设备中（如 PC、平板电脑或手机）浏览原型时，如果屏幕尺寸符合设计的响应点，原型的布局或样式就会产生响应而变化。

在 Axure RP8 中要创建自适应视图，在坐标（0，0）左面单击【管理自适应视图】小图标，见图 1；或者选择菜单栏中的【项目 > 自适应视图】，在弹出的【自适应视图】对话框中，可以使用 Axure 预定义设置来设置你的自适应视图（如手机横屏、手机竖屏和 PC 机等）或者输入自定义宽高，见图 2。

（图 1）

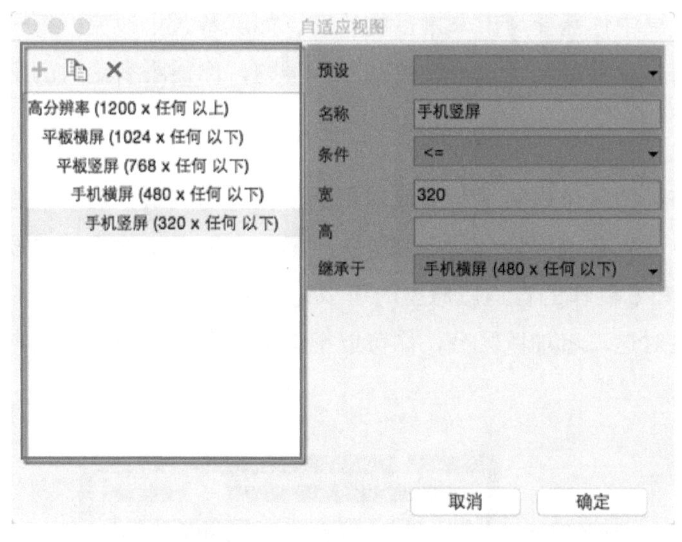


（图 2）

## 9.2 自适应设计与响应式设计

在继续深入讲解 Axure 自适应视图功能之前，有必要介绍一下自适应设计（Adaptive Design）与响应式设计（Responsive Design）这两个术语。因为很多读者都误以为 Axure 自适应视图功能就是常见的那种流动布局（fluid grid）设计，这是比较严重的误解，甚至有些读者在详细了解该功能之后而觉得沮丧。继续读下去会帮助你正确理解它们两个之间的差异和优劣，并且你会发现，有些情况下使用自适应设计更加切合实际情况。

目前互联网中有很多关于响应式设计和自适应设计的参考资料，但通过百度的搜索结果会发现，其中很大一部分资料依然将自适应设计与响应式设计混为一谈，这也是很多读者对这两个词的概念不太清晰的主要原因之一。而且在维基百科中这两个术语共用一个关键词，但是这二者之间是有明显区别的。自适应布局可以让你的设计更加可控，因为你只需要考虑几种状态（设置适用于某几个屏幕尺寸大小的响应点）就万事大吉了。而在响应式布局中你需要考虑非常多的状态，如屏幕大小改变，每一个像素都要考虑到，这就带来了设计和测试上的难题，你很难有绝对的把握预测它会怎样。

自适应布局的优势是实现起来成本更低，更容易测试，这也就是为什么有些时候自适应布局更切合项目的解决方案，在使用不同尺寸的设备浏览使用 Axure RP8 制作的自适应原型时可以达到和响应式相同的效果，见图 3。为了方便对这二者加以区分，你可以把自适应布局看做响应式布局的“穷兄弟”。

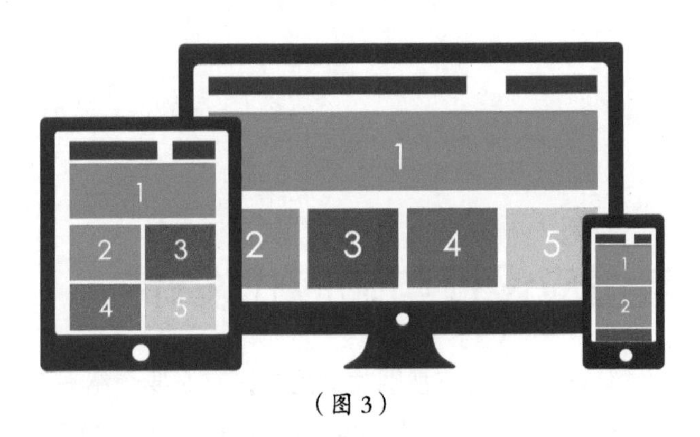


（图 3）

# 9.3 创建和设置自适应视图

要打开【自适应视图】对话框，在坐标（0，0）左面单击【管理自适应视图】小图标或者在菜单栏中选择【项目 > 自适应视图】，然后使用右侧这些选项来设置自适应视图，见图 2。

- 预设：使用 Axure RP8 预设尺寸选择一个屏幕宽度。
- 名称：自定义视图的名称。
- 条件：响应自适应视图的条件。
- 宽度：一个浏览器窗口的像素宽度。

- 高度：一个浏览器窗口的像素高度。
- 继承于：视图的部件和格式属性将继承于哪个视图。
- 继承：当创建自定义视图之后，每个视图必须是另一个视图的子视图。其中一些属性会从父级继承下来，而一些属性不会。这个“父 / 子”的关系就称为“继承”。在自适应视图中，部件的位置、尺寸、样式和交互样式会根据你在不同的视图中的设计而不同；而部件的文字内容、交互事件、默认勾选的禁用或选中是不会被继承的，在所有的视图中都是一样的。
- 基本：基本视图是你所设计自适应项目的默认视图。使用基本视图开始设计你的项目，然后在子视图中根据需求调整部件，其他的每一个视图都将是基本视图的子视图或孙视图等。

# 9.4 编辑自适应视图

在创建完一个或多个自适应视图之后，会看到这些视图按照继承顺序排列在设计区域上方的工具栏中，见图 4。如果你有多个视图继承自【基本】，你将会看到多个工具栏，见图 5。单击其中一个视图，被点击的视图就会在设计区域中显示。在开始编辑自适应视图之前，要了解部件的属性在不同视图中的不同影响。接下来就看一下不同的编辑属性以及它们将如何影响整个页面。

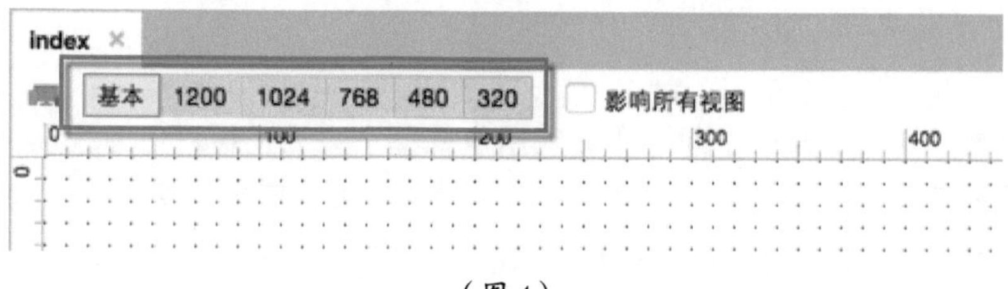


（图 4）

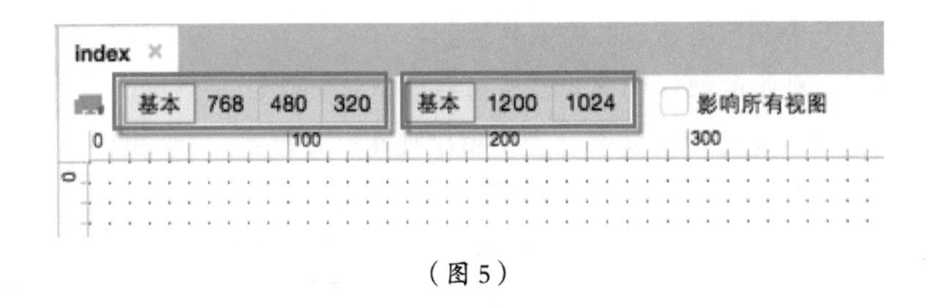


（图 5）

## 9.4.1 编辑自适应视图

在正式使用自适应视图设计项目之前，一定要清晰理解 9.3 小节中所讲述的“继承”与“基本”两个词所代表的含义。在编辑自定义视图时修改某些部件的内容将会影响所有视图，如部件的文字内容、交互事件、默认勾选的禁用或选中。而另一些只会影响当前视图和子视图，如部件的位置、尺寸、样式和交互样式。

要编辑不同的自适应视图，在自适应视图工具栏中选择目标尺寸的视图，然后在设计区域对部件进行编辑操作即可。根据自己的项目需求，可以选择“移动优先”，即从小屏幕尺寸的移动设备布局开始设计，如先设计手机页面布局，再设计平板电脑页面布局，最后设计 PC 端页面布局。也可以按常规方法从大屏幕到小屏幕设计。诚实地说，这两种方法没有任何区别，根据个人喜好进行选择即可。

## 9.4.2 影响所有视图

在自适应视图工具栏中勾选【影响所有视图】之后，再对任意视图中的部件进行编辑，被编辑部件的位置、尺寸、样式在所有视图中都会改变。也就是说勾选【影响所有视图】会忽略不同视图之间的继承关系，见图 6。

例如，勾选【影响所有视图】后，单击手机竖屏视图，即 320 视图，将其中一个矩形部件（A）的颜色修改为红色，那么其他所有视图中的（A）的颜色都会变为红色；如果未勾选【影响所有视图】，对部件进行编辑仅会影响当前视图和子视图。

例如，在自适应视图工具栏中单击平板竖屏视图，即 768 视图，将其中一个矩形部件（B）的颜色填充为蓝色，那么继承于 768 视图的 480 视图和 320 视图中的（B）部件也会变为蓝色，但是并不会影响 1024 视图。因为 480 和 320 视图都是 768 的子视图，而 1024 是 768 的父级视图，并不会受到 768 视图的影响。

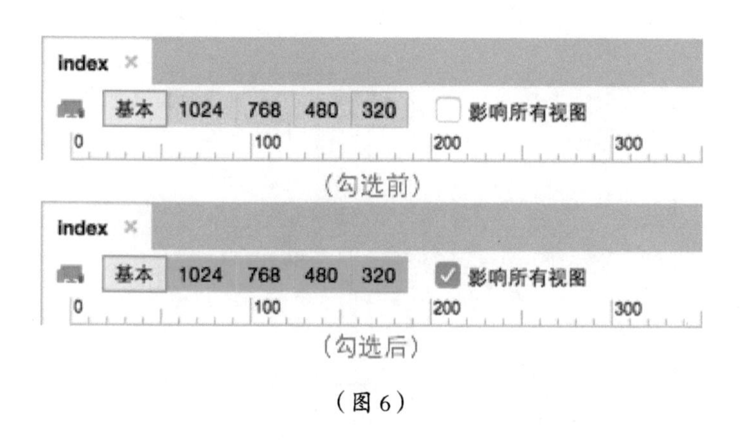


（图 6）

### 9.4.3 在自适应视图中添加或删除部件

#### ■ 在自适应视图中添加部件

当我们在子视图中添加新部件后，这个部件会根据继承关系在当前视图和子视图中显示，但是并不会在父视图中显示。

例如，在 768 视图中新增两个文本输入框，见图 7，然后单击 480 视图，在文本框下面新增一个【登录】按钮，见图 8。

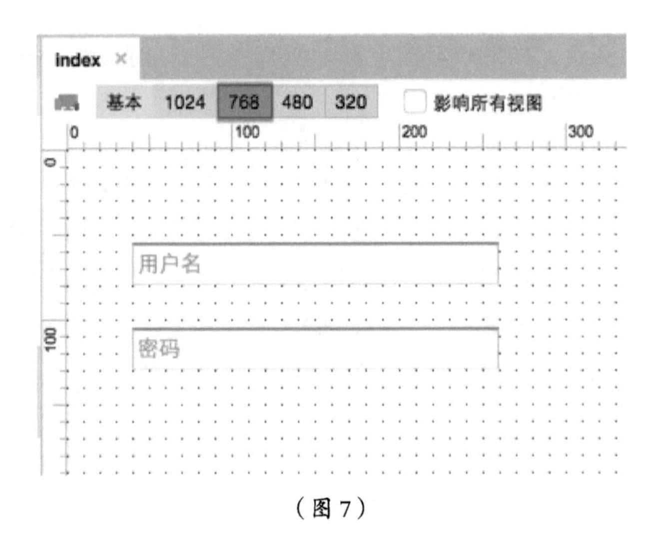


（图 7）

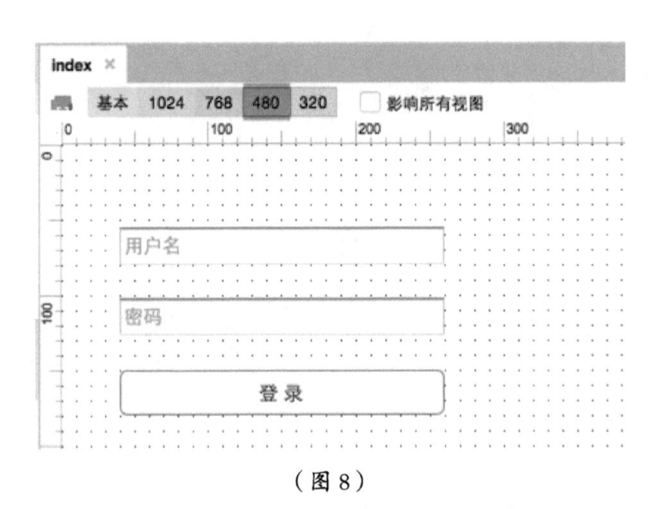


（图 8）

然后回到 768 视图，【登录】按钮并没有显示，但是在【Outline：页面】面板中可以看到【登录】按钮部件，以红色名称显示，见图 9，右键单击该部件可将其设置为【在视图中显示】，见图 10。由此可见，我们在任意自适应视图添加的部件其实添加到了所有视图中，只是根据继承关系或者特定设置在指定视图中隐藏了。

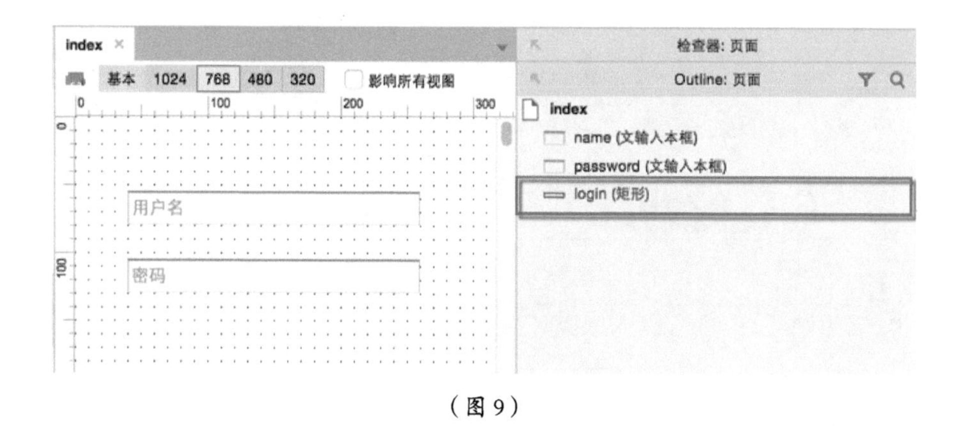


（图 9）

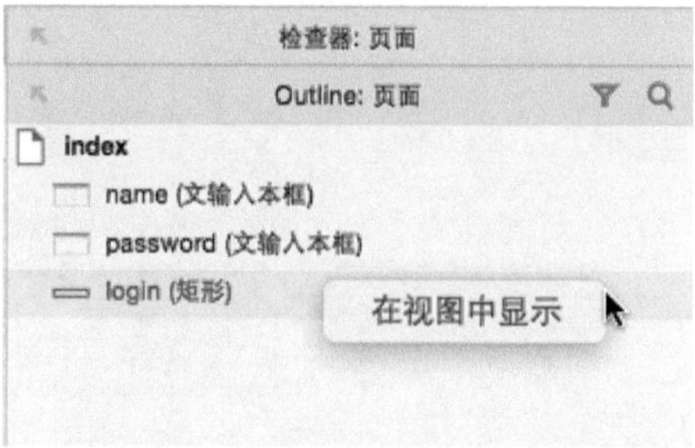

（图 10）

## ■ 在自适应视图中删除部件

当我们在子视图中删除一个部件的时候，这个部件就会在当前视图和子视图中被标记为【在视图中隐藏】。但是，在父视图中该部件依然显示。

例如，在 768 视图中添加一个标签部件，将其文字内容修改为【会员登录】，见图 11，然后单击 480 视图，选中该部件并按下 Delete 键删除，见图 12。此时，通过【Outline：页面】面板可以观察到，在 480 视图和 320 视图中，该标签部件都被标记为【在视图中隐藏】，并没有被彻底删除。

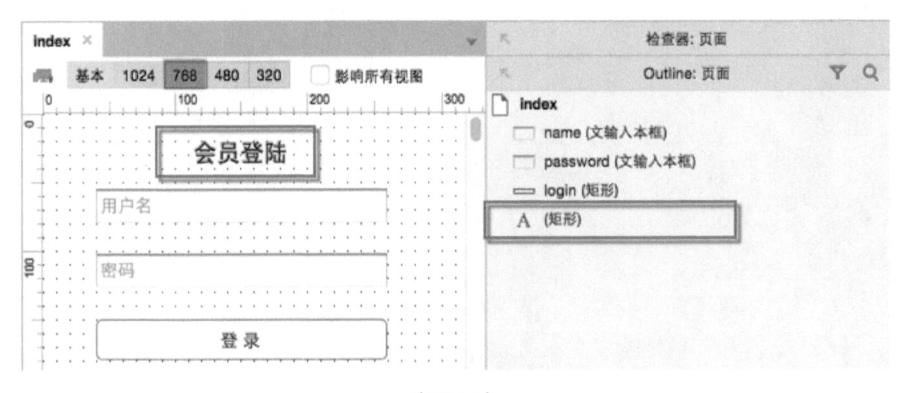


（图 11）

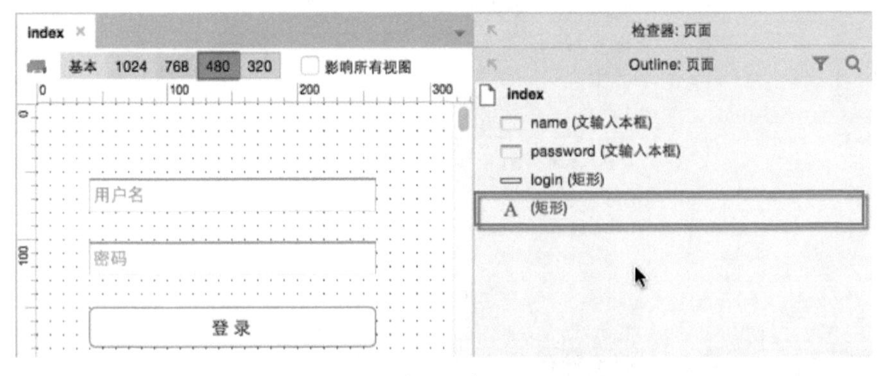


（图 12）

要在自适应视图中彻底删除一个部件，可以右键单击该部件，在弹出的关联菜单中选择【在所有视图中删除】。或者，在添加该部件的视图中选中该部件，再按下 Delete 键也可以在所有视图中删除该部件。

## 案例 26：制作一个简单的自适应着陆页

在这个案例中将制作三个不同尺寸的视图，分别是 1200、768 和 480 像素。首先使用纸笔画出草图，见图 13（1200 像素视图）、图 14（左侧

768 平板竖屏视图，右侧 480 手机竖屏视图 )。

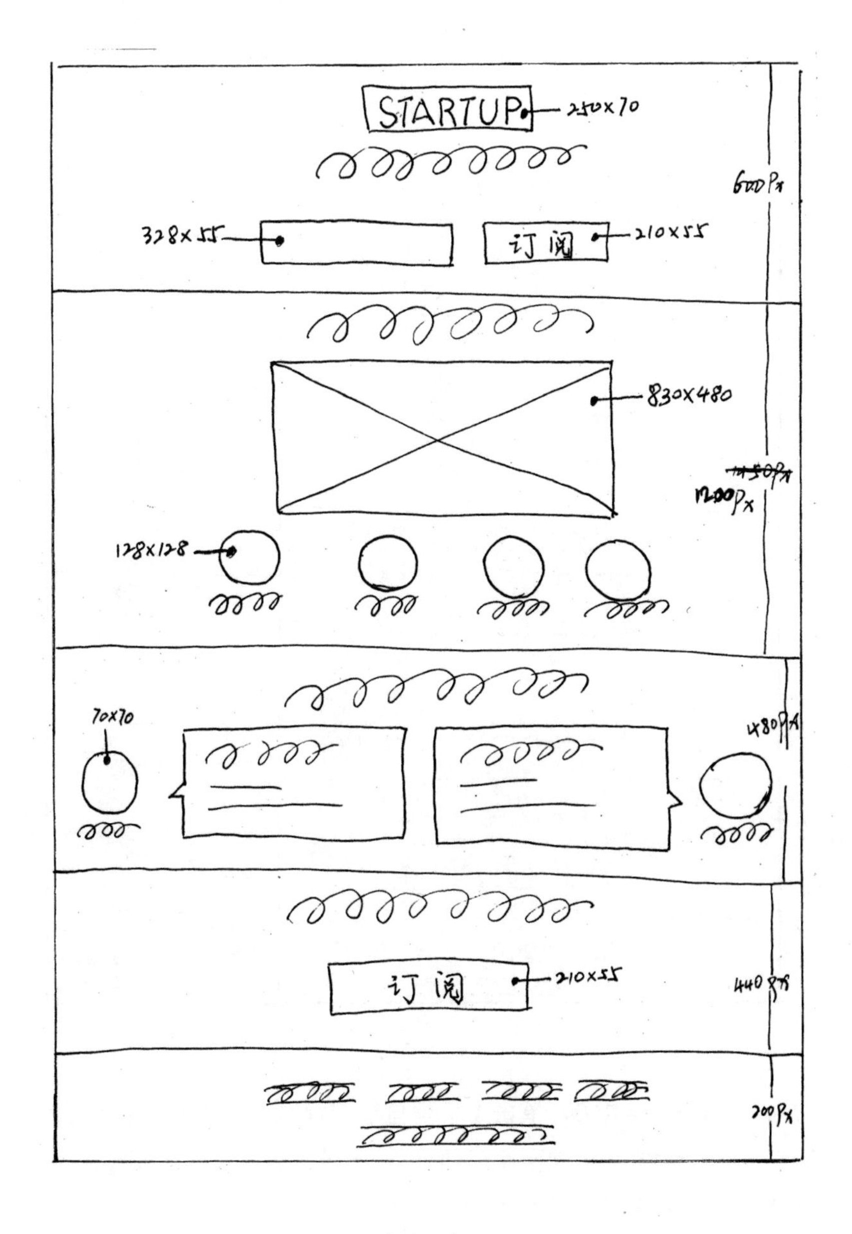


（图 13）

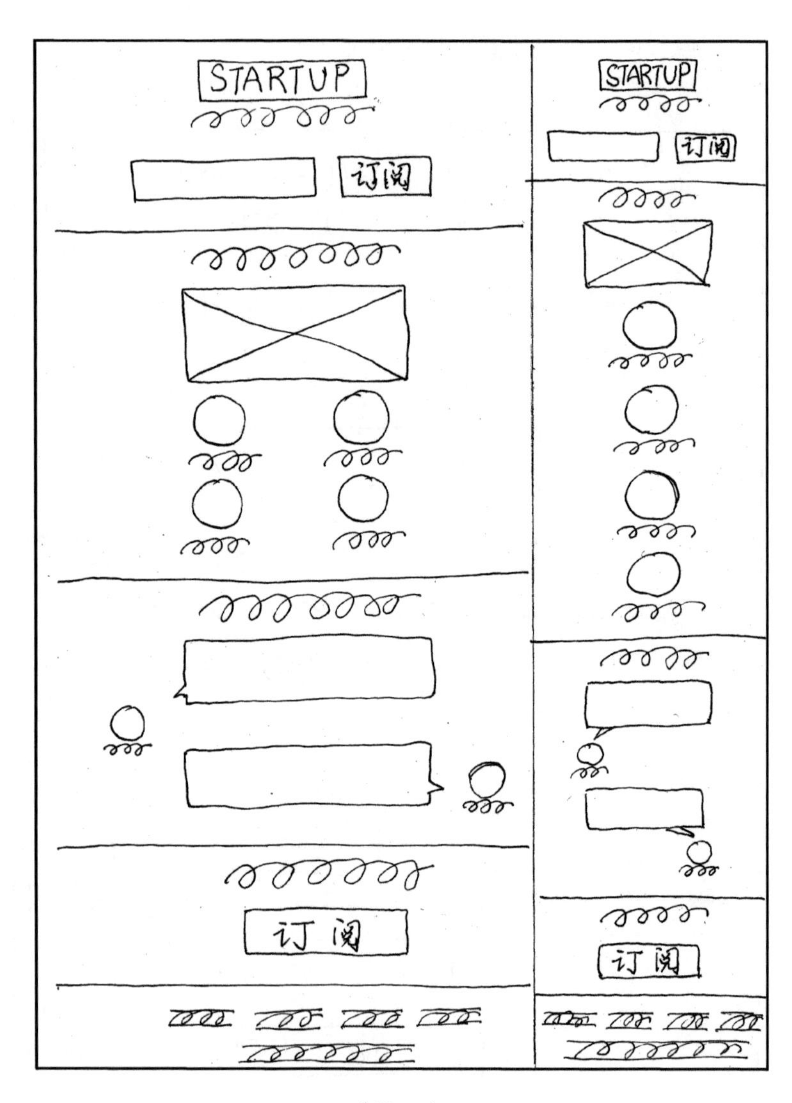


（图14）

第二步：打开 Axure RP8，单击【管理自适应视图】小图标，在弹出的【自适应视图】对话框中新增两个子视图，分别是768（继承于【基本】）和480（继承于【768】），见图15和图16。

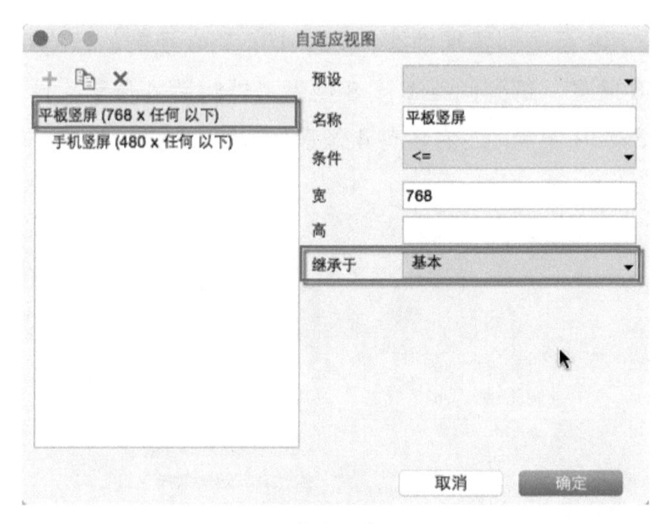


（图 15）

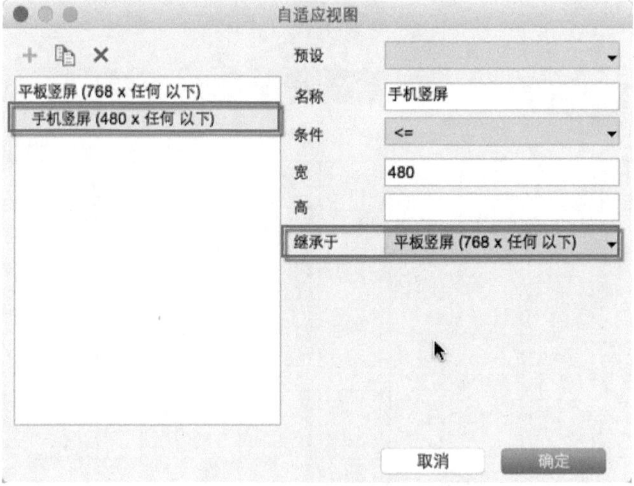

（图 16）

第三步：在自适应视图上方的工具栏中单击【基本】视图，然后右键单击设计区域任意空白处，在弹出的关联菜单中选择【网格和辅助线 > 创建辅助线】，在弹出的【创建辅助线】对话框中单击预设右侧的下拉列表，选择【1200Grid：15Column】，见图 17。

然后继续给 768 视图创建辅助线，见图 18。768 视图的网格系统是 12 列，列宽 56 像素，每列间距宽度 8 像素，外边距 4 像素，计算方式是：12*56+12*8=768 像素，左右各有 4 像素外边距，见图 19。

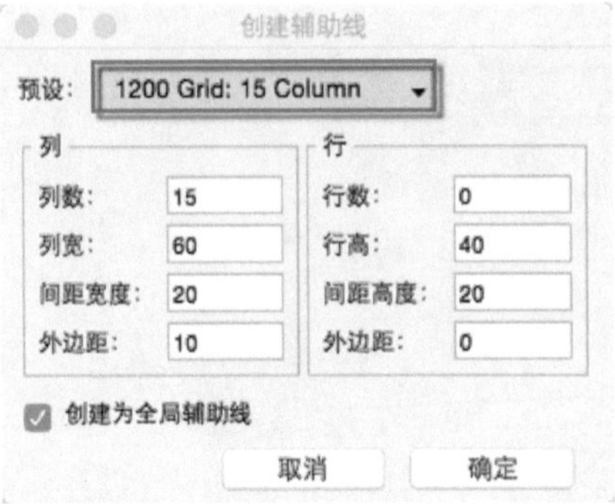

创建辅助线
预设：
1200 Grid: 15 Column
列
列数： 15
列宽： 60
间距宽度： 20
外边距： 10
行
行数： 0
行高： 40
间距高度： 20
外边距： 0
创建为全局辅助线
取消
确定

（图 17）

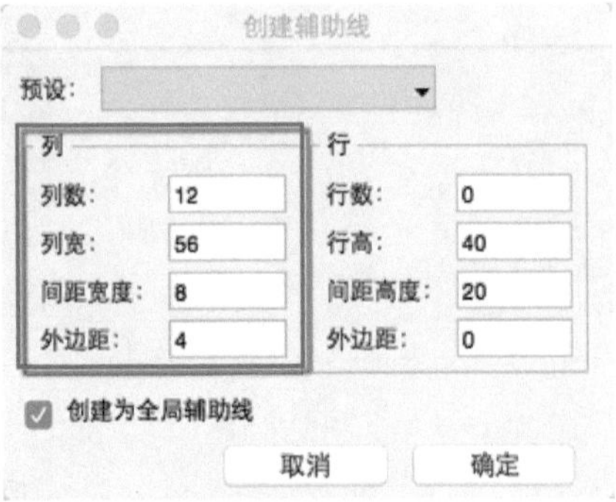

创建辅助线
预设：
列
列数： 12
列宽： 56
间距宽度： 8
外边距： 4
行
行数： 0
行高： 40
间距高度： 20
外边距： 0
创建为全局辅助线
取消
确定

（图 18）

page1
index
基本
768
480
影响所有视图
0
125
250
375
500
625
750

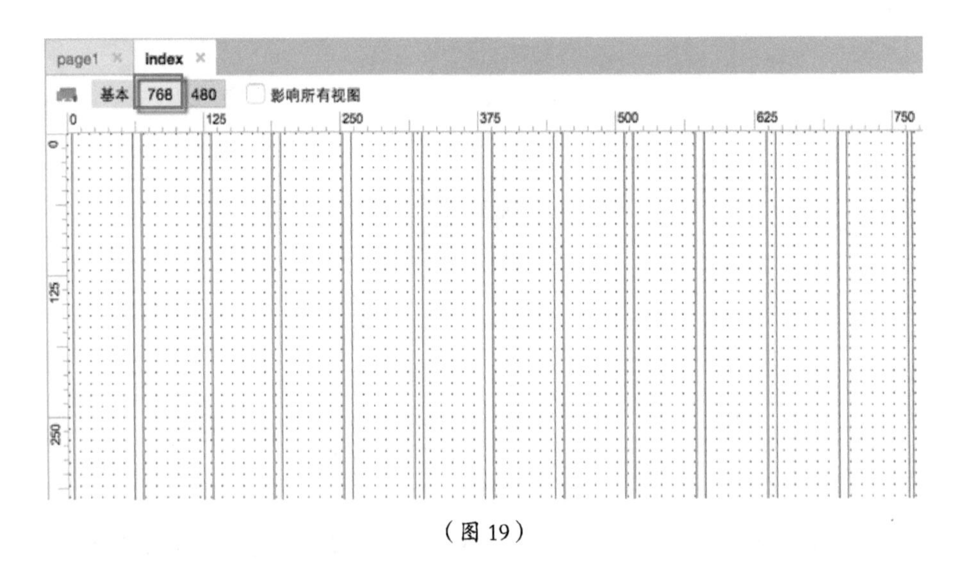

（图 19）

继续给 480 视图创建辅助线，见图 20。480 视图依然使用 12 列，列宽 36 像素，列间距 4 像素，外边距 2 像素，计算方式是：12*36+12*4=480，左右各有 2 像素外边距，见图 21。

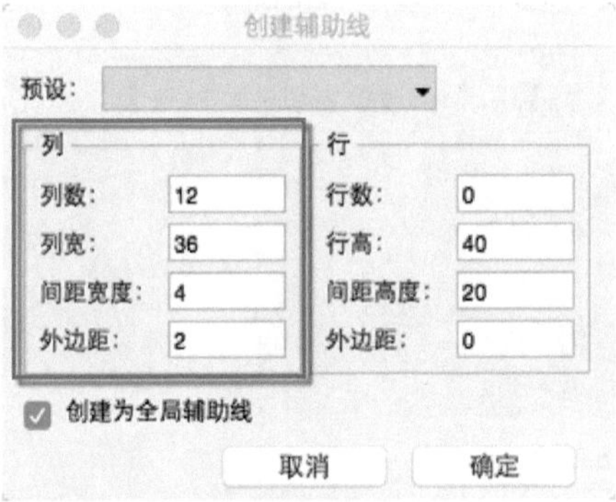

创建辅助线

预设：

列

列数： 12

列宽： 36

间距宽度： 4

外边距： 2

行

行数： 0

行高： 40

间距高度： 20

外边距： 0

创建为全局辅助线

取消 确定

（图 20）

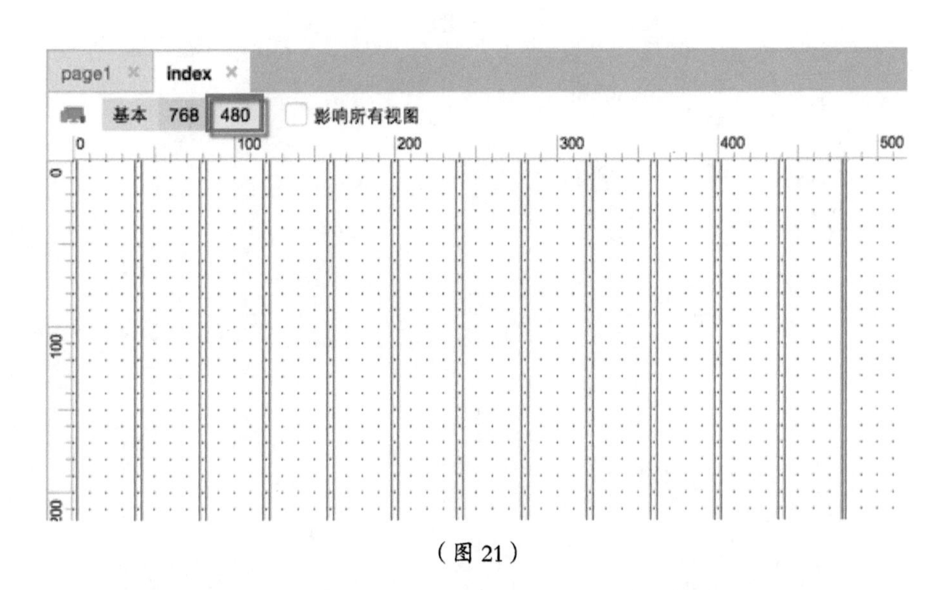


（图 21）

第四步：参考图 22，使用矩形、文本标签、占位符等部件在基本视图中绘制着陆页。

第五步：在自适应视图工具栏中单击 768 视图，然后根据辅助线提示适当修改该视图中部件的尺寸和位置，见图 23。

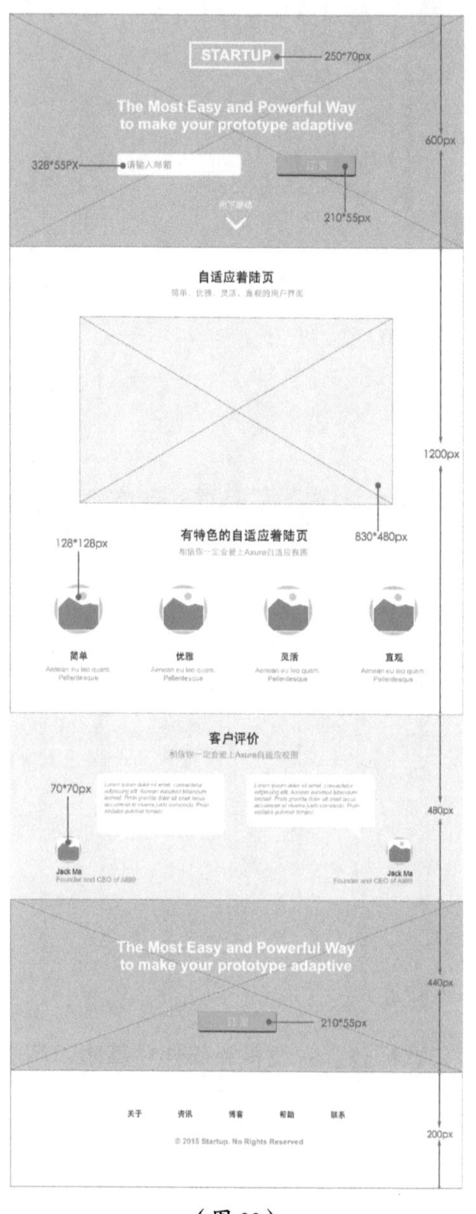


（图 22）

（图 23）

继续在自适应视图上方工具栏中单击 480 视图，根据辅助线提示适当修改该视图中部件的尺寸和位置，见图 24。

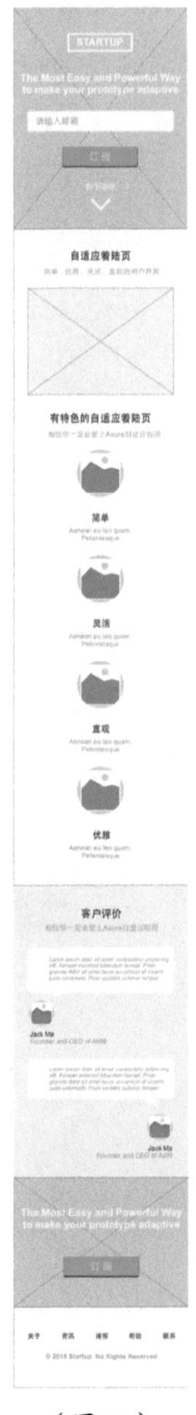


（图 24）

第六步：在顶部的工具栏中单击【预览】按钮，然后调整浏览器宽度，观察自适应视图变化。当浏览器宽度大于等于 1200 像素时会显示【基本】视图，当浏览器宽度小于等于 768 像素时会显示 768 平板竖屏视图，当浏览器宽度小于等于 480 像素时则会显示 480 手机竖屏视图。

# 第 10 章

# 中继器部件高级应用

# 10.1 制作天猫商城商品列表页

前面的章节中对中继器部件做了简单的介绍，现在就来深入体验一下中继器部件在 Axure 中的强大作用。我们可以把中继器部件理解为“模拟数据库”功能，它可以对中继器数据集中的数据按条件进行增加、删除、修改、排序和过滤等操作。

但是请注意，我们无法让中继器部件扮演真正的数据库角色，也无法将外部真实数据库中的数据导入 Axure 中继器部件。另外，如果在原型设计中使用了中继器，当模拟原型关闭浏览器之后，中继器中的所有数据都会被重置为默认状态。

下面使用天猫商城商品列表页对中继器的使用进行详细介绍。不过，首先要将准备工作做好。

第一步，在【部件】面板中拖放一个中继器部件到设计区域，给其命名为 products。双击该中继器，在右侧【中继器 检查器】面板中单击【数据集】标签，将默认的列名称 Column0 修改为 id，然后添加如下几个列：brands、prices、sales、reviews、names 和 images，见图 1。

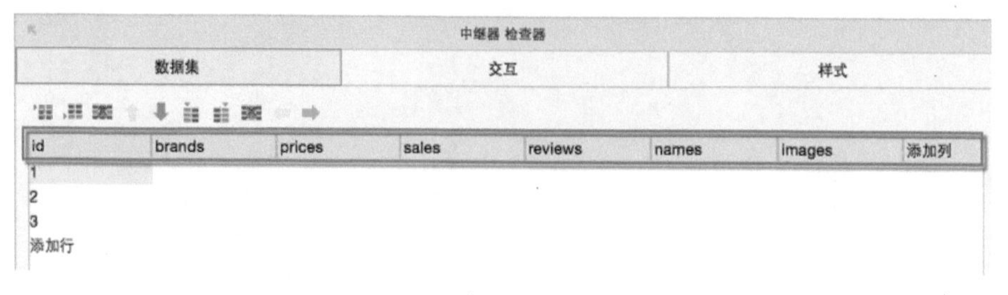


（图 1）

第二步：打开案例 27 中的 TV.xlsx 文件，复制单元格中所需的数据内容，见图 2，然后回到中继器数据集中，点击 id 列下面的第一个单元格，按下快捷键 Ctrl + V/Command + V，见图 3。

A2 fx 1

| | A | B | C | D | E | F |
|---|---|---|---|---|---|---|
| 1 | id | brands | prices | sales | reviews | names |
| 2 | 1 | samsung | 3389 | 35681 | 2984 | Samsung/三星 UA55JU6800JXXZ |
| 3 | 2 | samsung | 3899 | 26594 | 6997 | Samsung/三星 UA65JU5900JXXZ |
| 4 | 3 | samsung | 5699 | 22395 | 4561 | Samsung/三星 UA65JU6900JXXZ |
| 5 | 4 | samsung | 8999 | 6998 | 3397 | Samsung/三星 UA55JU7800JXXZ |
| 6 | 5 | samsung | 13899 | 5982 | 1997 | Samsung/三星 UA65JS9800JXXZ |
| 7 | 6 | samsung | 15899 | 3976 | 1056 | Samsung/三星 UA50JS7200JXXZ |
| 8 | 7 | philips | 4699 | 39647 | 30761 | Philips/飞利浦 49PFL3043/T3 |
| 9 | 8 | philips | 6999 | 23819 | 18039 | Philips/飞利浦 32PHF5050/T3 |
| 10 | 9 | philips | 8799 | 15573 | 11003 | Philips/飞利浦 55PUF6050/T3 |
| 11 | 10 | philips | 9688 | 10223 | 7803 | Philips/飞利浦 50PFF5050/T3 |
| 12 | 11 | philips | 11988 | 9873 | 5973 | Philips/飞利浦 57PUF6850/T3 |
| 13 | 12 | philips | 5788 | 2199 | 599 | Philips/飞利浦 55PFL6340/T3 |
| 14 | 13 | sony | 13800 | 1931 | 631 | Sony/索尼 KD-55X8000C |
| 15 | 14 | sony | 12999 | 889 | 205 | Sony/索尼 KDL-48R550C |
| 16 | 15 | sony | 8999 | 3655 | 1105 | Sony/索尼 KD-49X8000C |
| 17 | 16 | sony | 6599 | 2199 | 609 | Sony/索尼 KDL-65R580C |
| 18 | 17 | sony | 5799 | 3477 | 1592 | Sony/索尼 KD-65X8000C |
| 19 | 18 | sony | 6688 | 2697 | 1024 | Sony/索尼 KDL-48W600B |
| 20 | 19 | sharp | 7999 | 2664 | 1119 | Sharp/夏普 LCD-80UD30A |
| 21 | 20 | sharp | 6899 | 1988 | 997 | Sharp/夏普 LCD-80XU35A |
| 22 | 21 | sharp | 5599 | 993 | 69 | SHARP/夏普 LCD-80LX842A |
| 23 | 22 | sharp | 4999 | 1339 | 503 | Sharp/夏普 LCD-70XU30A |
| 24 | 23 | sharp | 8888 | 1009 | 345 | SHARP/夏普 LCD-60LX850A |
| 25 | 24 | sharp | 14599 | 871 | 183 | Sharp/夏普 LCD-70UD30A |
| 26 | 25 | sharp | 11899 | 1128 | 994 | Sharp/夏普 LCD-60UD30A |
| 27 | 26 | sharp | 12599 | 999 | 433 | Sharp/夏普 LCD-60UG30A |
| 28 | | | | | | |

（图 2）

中继器 检查器

数据集 交互 样式

| id | brands | prices | sales | reviews | names | images | 添加列 |
|---|---|---|---|---|---|---|---|
| 1 | samsung | 3389 | 35681 | 2984 | Samsung/三星 | | |
| 2 | samsung | 3899 | 26594 | 6997 | Samsung/三星 | | |
| 3 | samsung | 5699 | 22395 | 4561 | Samsung/三星 | | |
| 4 | samsung | 8999 | 6998 | 3397 | Samsung/三星 | | |
| 5 | samsung | 13899 | 5982 | 1997 | Samsung/三星 | | |
| 6 | samsung | 15899 | 3976 | 1056 | Samsung/三星 | | |
| 7 | philips | 4699 | 39647 | 30761 | Philips/飞利浦 | | |
| 8 | philips | 6999 | 23819 | 18039 | Philips/飞利浦 | | |
| 9 | philips | 8799 | 15573 | 11003 | Philips/飞利浦 | | |
| 10 | philips | 9688 | 10223 | 7803 | Philips/飞利浦 | | |
| 11 | philips | 11988 | 9873 | 5973 | Philips/飞利浦 | | |
| 12 | philips | 5788 | 2199 | 599 | Philips/飞利浦 | | |
| 13 | sony | 13800 | 1931 | 631 | Sony/索尼 | | |
| 14 | sony | 12999 | 889 | 205 | Sony/索尼 | | |
| 15 | sony | 8999 | 3655 | 1105 | Sony/索尼 | | |
| 16 | sony | 6599 | 2199 | 609 | Sony/索尼 | | |
| 17 | sony | 5799 | 3477 | 1592 | Sony/索尼 | | |
| 18 | sony | 6688 | 2697 | 1024 | Sony/索尼 | | |
| 19 | sharp | 7999 | 2664 | 1119 | Sharp/夏普 | | |
| 20 | sharp | 6899 | 1988 | 997 | Sharp/夏普 | | |

（图 3）

第三步：右键单击 images 列名下的单元格，在弹出的关联菜单中选择【导入图像】，见图 4，然后将案例 27 中对应的图像导入，见图 5。

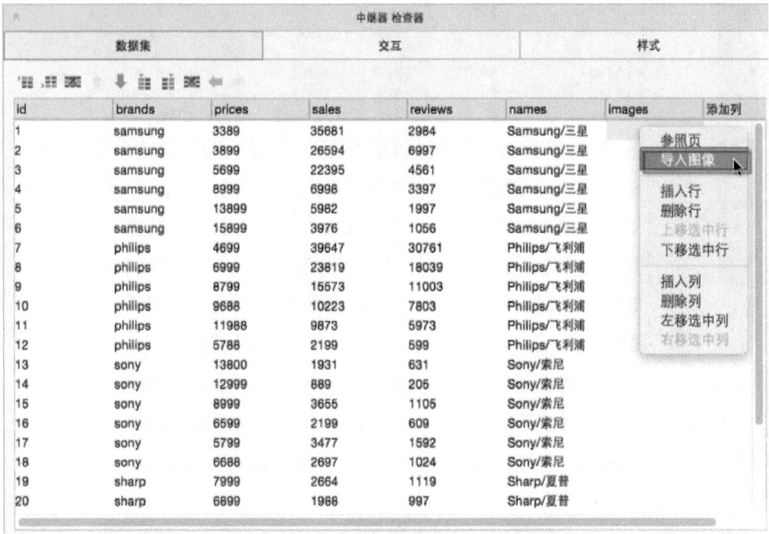

中继器 检查器

数据集 交互 样式

| id | brands | prices | sales | reviews | names | images | 添加列 |
|---|---|---|---|---|---|---|---|
| 1 | samsung | 3389 | 35681 | 2984 | Samsung/三星 | | |
| 2 | samsung | 3899 | 26594 | 6997 | Samsung/三星 | | |
| 3 | samsung | 5699 | 22395 | 4561 | Samsung/三星 | | |
| 4 | samsung | 8999 | 6998 | 3397 | Samsung/三星 | | |
| 5 | samsung | 13899 | 5982 | 1997 | Samsung/三星 | | |
| 6 | samsung | 15899 | 3976 | 1056 | Samsung/三星 | | |
| 7 | philips | 4699 | 39647 | 30761 | Philips/飞利浦 | | |
| 8 | philips | 6999 | 23819 | 18039 | Philips/飞利浦 | | |
| 9 | philips | 8799 | 15573 | 11003 | Philips/飞利浦 | | |
| 10 | philips | 9688 | 10223 | 7803 | Philips/飞利浦 | | |
| 11 | philips | 11988 | 9873 | 5973 | Philips/飞利浦 | | |
| 12 | philips | 5788 | 2199 | 599 | Philips/飞利浦 | | |
| 13 | sony | 13800 | 1931 | 631 | Sony/索尼 | | |
| 14 | sony | 12999 | 889 | 205 | Sony/索尼 | | |
| 15 | sony | 8999 | 3655 | 1105 | Sony/索尼 | | |
| 16 | sony | 6599 | 2199 | 609 | Sony/索尼 | | |
| 17 | sony | 5799 | 3477 | 1592 | Sony/索尼 | | |
| 18 | sony | 6688 | 2697 | 1024 | Sony/索尼 | | |
| 19 | sharp | 7999 | 2664 | 1119 | Sharp/夏普 | | |
| 20 | sharp | 6899 | 1988 | 997 | Sharp/夏普 | | |

参照页
导入图像
插入行
删除行
上移选中行
下移选中行
插入列
删除列
左移选中列
右移选中列

（图 4）

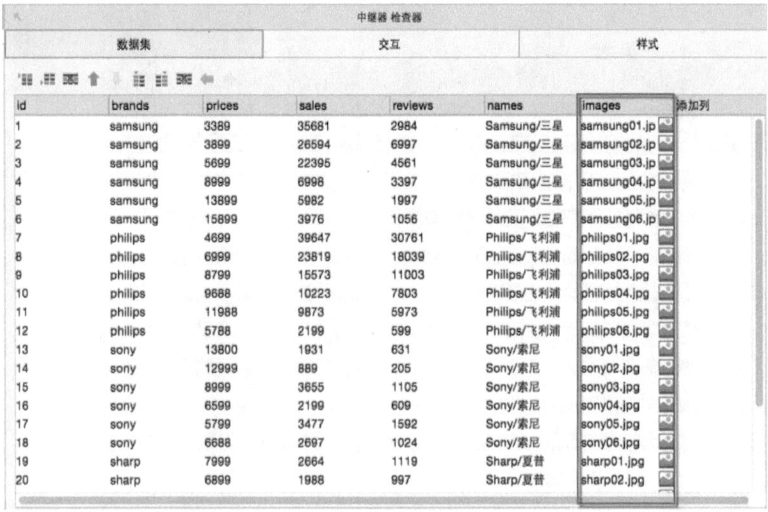

中继器 检查器

数据集 交互 样式

| id | brands | prices | sales | reviews | names | images | 添加列 |
|---|---|---|---|---|---|---|---|
| 1 | samsung | 3389 | 35681 | 2984 | Samsung/三星 | samsung01.jp | |
| 2 | samsung | 3899 | 26594 | 6997 | Samsung/三星 | samsung02.jp | |
| 3 | samsung | 5699 | 22395 | 4561 | Samsung/三星 | samsung03.jp | |
| 4 | samsung | 8999 | 6998 | 3397 | Samsung/三星 | samsung04.jp | |
| 5 | samsung | 13899 | 5982 | 1997 | Samsung/三星 | samsung05.jp | |
| 6 | samsung | 15899 | 3976 | 1056 | Samsung/三星 | samsung06.jp | |
| 7 | philips | 4699 | 39647 | 30761 | Philips/飞利浦 | philips01.jpg | |
| 8 | philips | 6999 | 23819 | 18039 | Philips/飞利浦 | philips02.jpg | |
| 9 | philips | 8799 | 15573 | 11003 | Philips/飞利浦 | philips03.jpg | |
| 10 | philips | 9688 | 10223 | 7803 | Philips/飞利浦 | philips04.jpg | |
| 11 | philips | 11988 | 9873 | 5973 | Philips/飞利浦 | philips05.jpg | |
| 12 | philips | 5788 | 2199 | 599 | Philips/飞利浦 | philips06.jpg | |
| 13 | sony | 13800 | 1931 | 631 | Sony/索尼 | sony01.jpg | |
| 14 | sony | 12999 | 889 | 205 | Sony/索尼 | sony02.jpg | |
| 15 | sony | 8999 | 3655 | 1105 | Sony/索尼 | sony03.jpg | |
| 16 | sony | 6599 | 2199 | 609 | Sony/索尼 | sony04.jpg | |
| 17 | sony | 5799 | 3477 | 1592 | Sony/索尼 | sony05.jpg | |
| 18 | sony | 6688 | 2697 | 1024 | Sony/索尼 | sony06.jpg | |
| 19 | sharp | 7999 | 2664 | 1119 | Sharp/夏普 | sharp01.jpg | |
| 20 | sharp | 6899 | 1988 | 997 | Sharp/夏普 | sharp02.jpg | |

（图 5）

第五步：删掉设计区域中的矩形部件，见图 6，然后参考图 7，使用图

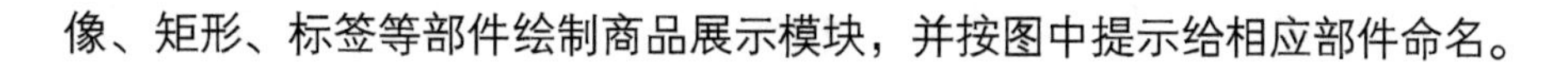

像、矩形、标签等部件绘制商品展示模块，并按图中提示给相应部件命名。

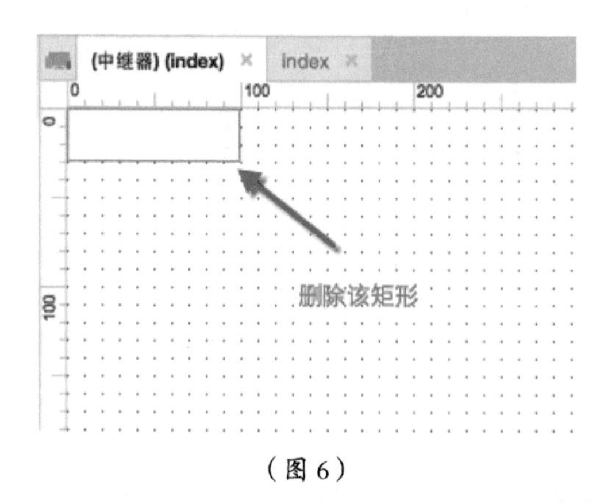


（图 6）

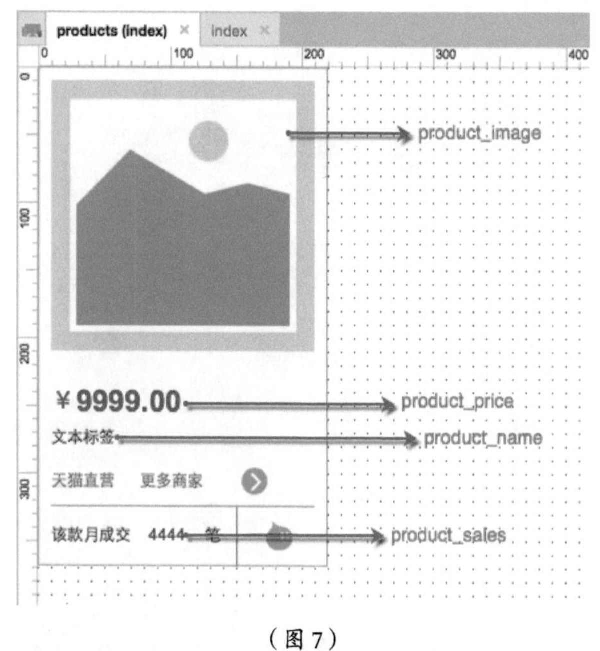


（图 7）

第六步：在【中继器 检查器】面板中单击【交互】标签，然后双击【每项加载时】事件下的 Case1，见图 8，在弹出的【用例编辑器】中编辑【设置文本】动作，在右侧【配置动作】中勾选 product_price，见图 9，然后单击右下角的【fx】，在弹出的【编辑文本】对话框中单击【插入变量或函数…】，在弹出的列表中选择 item.prices，单击插入后见图 10，单击【确定】按钮关闭【编辑文本】对话框。

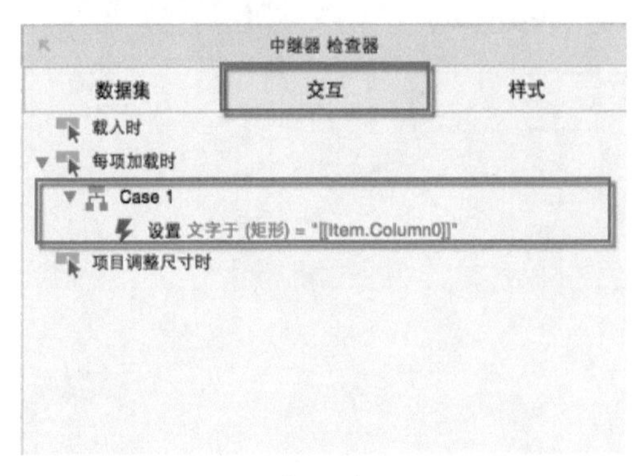


（图 8）

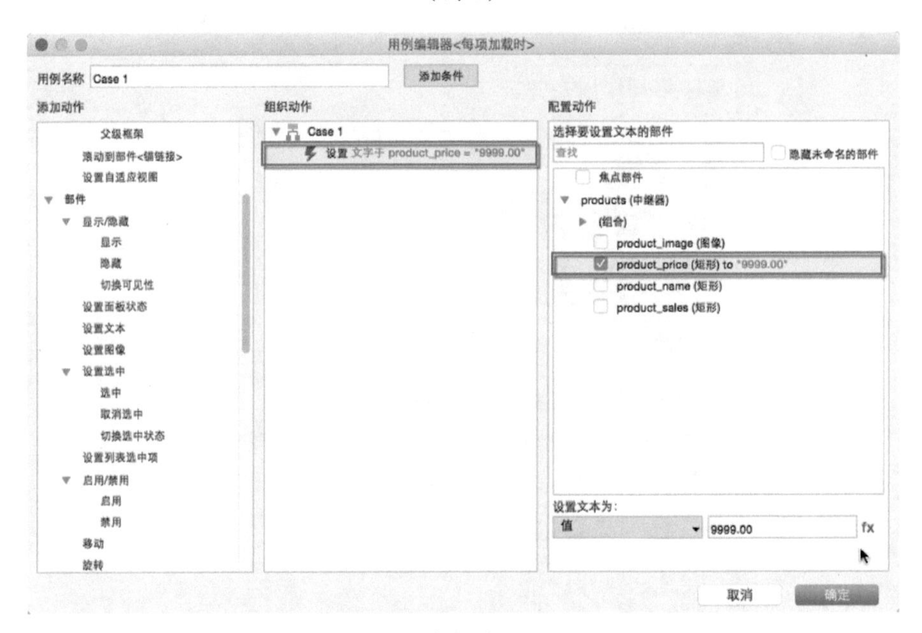


（图 9）

继续在【用例编辑器】右侧的配置动作中勾选 product_name，单击【fx】，在弹出的【编辑文本】对话框中插入 item.names，见图 11。单击【确定】按钮关闭【编辑文本】对话框。

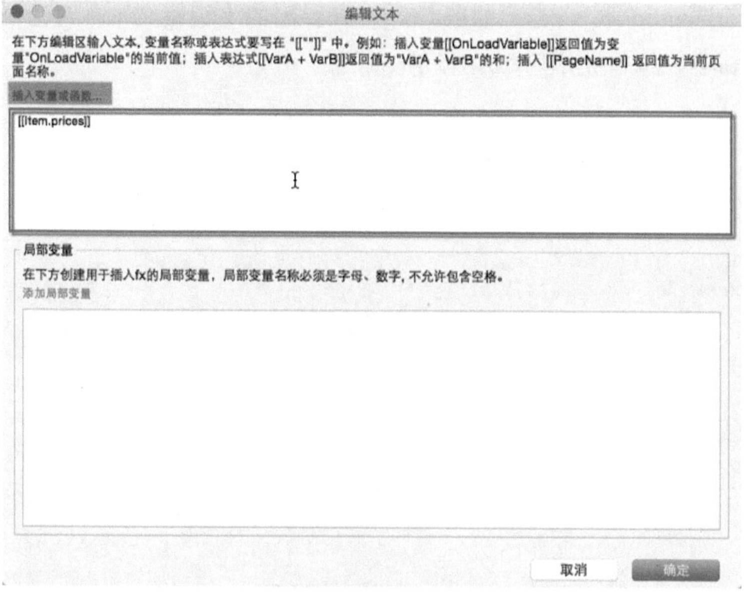

编辑文本

在下方编辑区输入文本, 变量名称或表达式要写在 "[[""]]" 中。例如：插入变量[[OnLoadVariable]]返回值为变量"OnLoadVariable"的当前值；插入表达式[[VarA + VarB]]返回值为"VarA + VarB"的和；插入 [[PageName]] 返回值为当前页面名称。

插入变量或函数...

[[Item.prices]]

局部变量

在下方创建用于插入fx的局部变量，局部变量名称必须是字母、数字，不允许包含空格。

添加局部变量

取消 确定

（图 10）

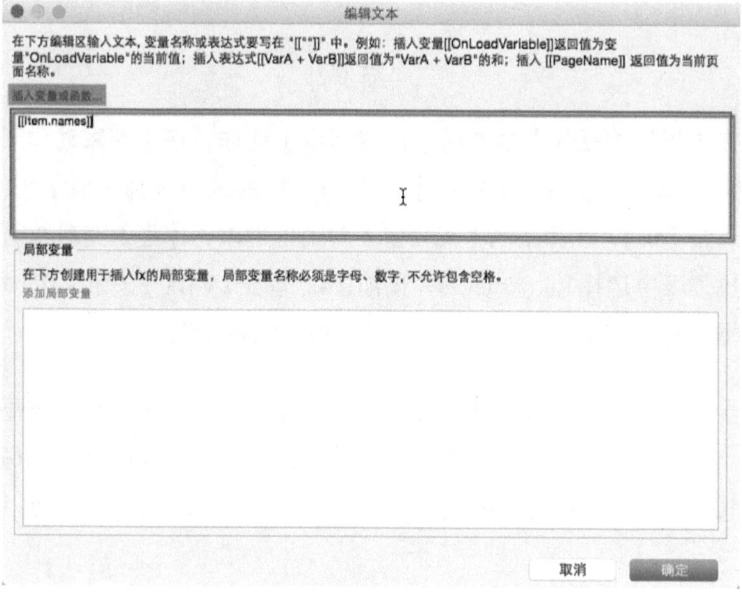

编辑文本

在下方编辑区输入文本, 变量名称或表达式要写在 "[[""]]" 中。例如：插入变量[[OnLoadVariable]]返回值为变量"OnLoadVariable"的当前值；插入表达式[[VarA + VarB]]返回值为"VarA + VarB"的和；插入 [[PageName]] 返回值为当前页面名称。

插入变量或函数...

[[Item.names]]

局部变量

在下方创建用于插入fx的局部变量，局部变量名称必须是字母、数字，不允许包含空格。

添加局部变量

取消 确定

（图 11）

继续勾选 product_sales，单击【fx】，在弹出的【编辑文本】对话框中插入 item.sales，编辑完毕后如图 12 所示。

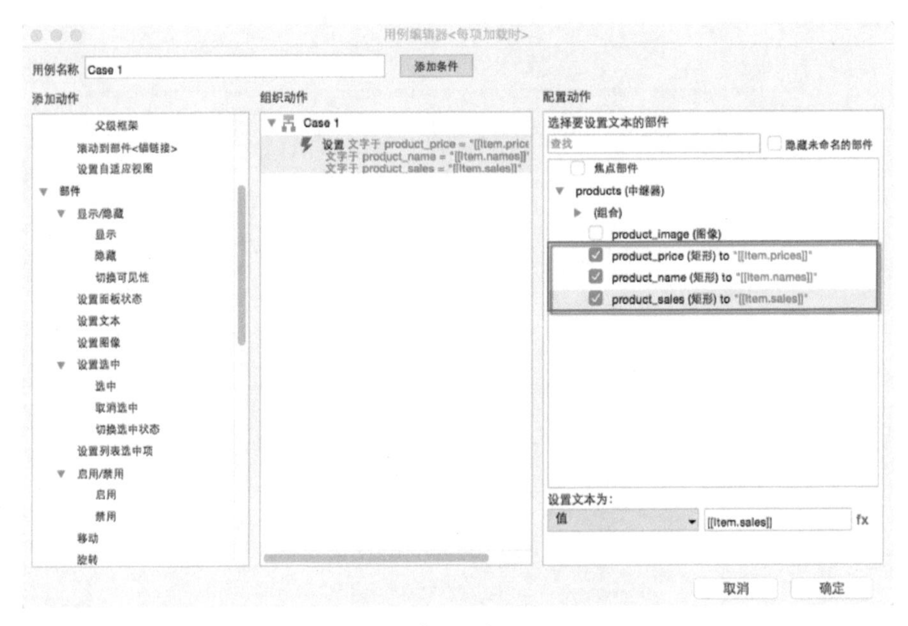


（图 12）

继续在【用例编辑器】中新增【设置图像】动作，在【配置动作】中勾选 product_image，然后在【默认】下面的下拉列表中选择【值】，见图 13，然后单击【fx】，在弹出的【编辑值】对话框中单击【插入变量或函数…】，在下拉列表中选择 item.images，见图 14。单击【确定】按钮关闭【编辑值】对话框，再次单击【确定】按钮关闭【用例编辑器】。

第七步：单击【中继器 检查器】面板中的【样式】标签，设置布局为【水平】，勾选【排列显示】，每行项目数【5】，勾选【分页显示】，每页项目数【10】，起始页【1】，并设置行间距和列间距为 20 像素，见图 15。

用例编辑器<每项加载时>
用例名称 Case 1
添加条件
添加动作
组织动作
配置动作
滚动到部件<锚链接>
设置自适应视图
部件
显示/隐藏
显示
隐藏
切换可见性
设置面板状态
设置文本
设置图像
设置选中
选中
取消选中
切换选中状态
设置列表选中项
启用/禁用
启用
禁用
移动
旋转
设置尺寸
Case 1
设置 product_image 图像
选择要设置图像的图像部件
查找
隐藏未命名的部件
products (中继器)
(组合)
Set product_image (图像) image
默认
值
fx
鼠标悬停
左键按下
选中
禁用
image
导入
清空
取消
确定

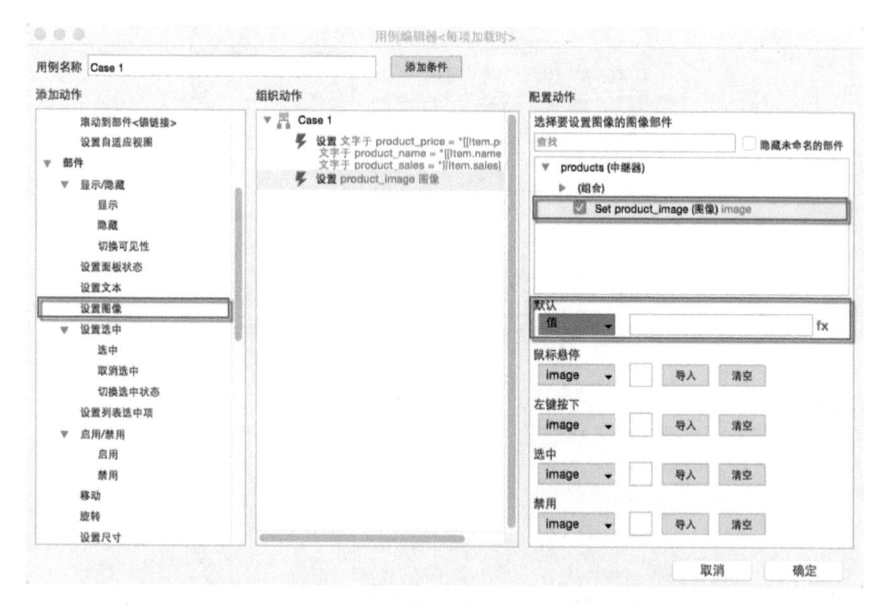

（图 13）

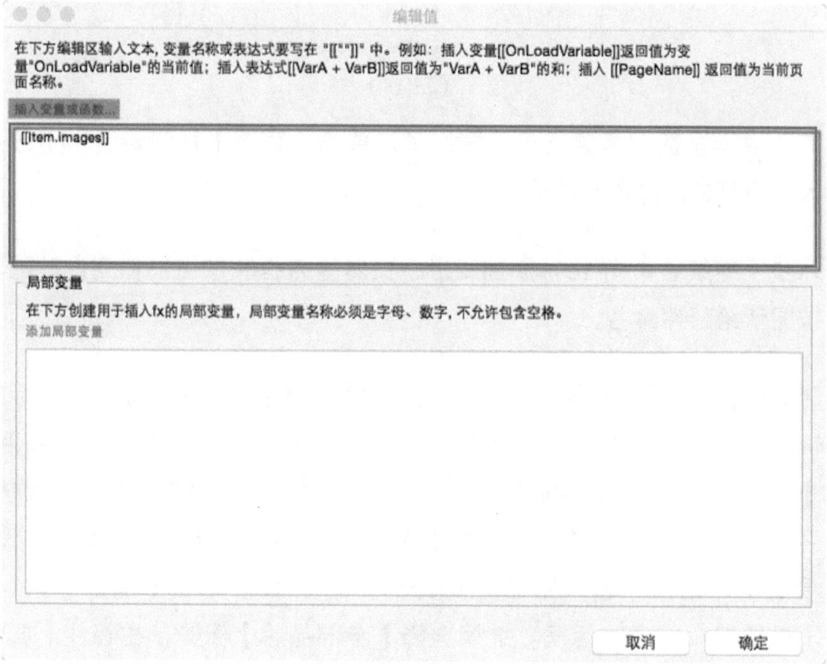

编辑值
在下方编辑区输入文本，变量名称或表达式要写在 "[[""]]" 中。例如：插入变量[[OnLoadVariable]]返回值为变量"OnLoadVariable"的当前值；插入表达式[[VarA + VarB]]返回值为"VarA + VarB"的和；插入 [[PageName]] 返回值为当前页面名称。
插入变量或函数...
[[Item.images]]
局部变量
在下方创建用于插入fx的局部变量，局部变量名称必须是字母、数字，不允许包含空格。
添加局部变量
取消
确定

（图 14）

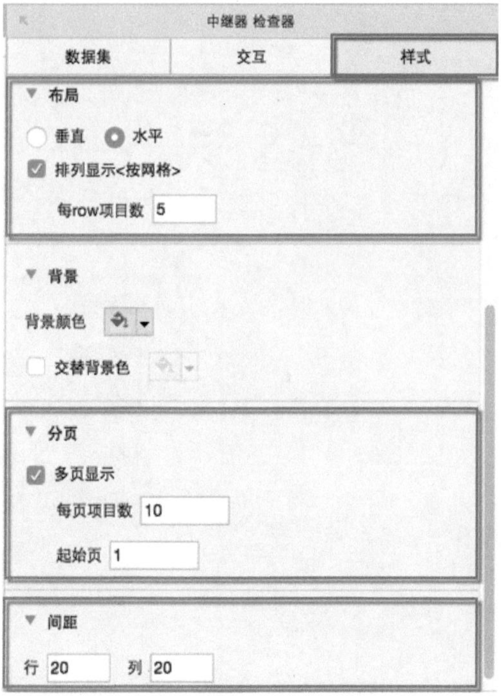

（图 15）

目前，中继器数据集填充已经做好了，单击【预览】按钮查看一下效果，和天猫商城的商品展示很像吧!

第八步：继续参考图 16，添加矩形、文本输入框和按钮部件到设计区域，并按图示给部件命名。

同时选中【三星】、【飞利浦】、【索尼】、【夏普】和【全部品牌】这 5 个标签，在部件【属性】面板中单击【选中】交互样式，在弹出的【设置交互样式】对话框中勾选【字体颜色】并选择红色，见图 17，然后右键单击任意标签，在弹出的关联菜单中选择【设置选项组】，在弹出的【设置选项组】对话框中输入组命名 brands，见图 18。单击【确定】按钮关闭【设置选项组】对话框。继续选择【全部品牌】标签，在部件【属性】面板中勾选【选中】。

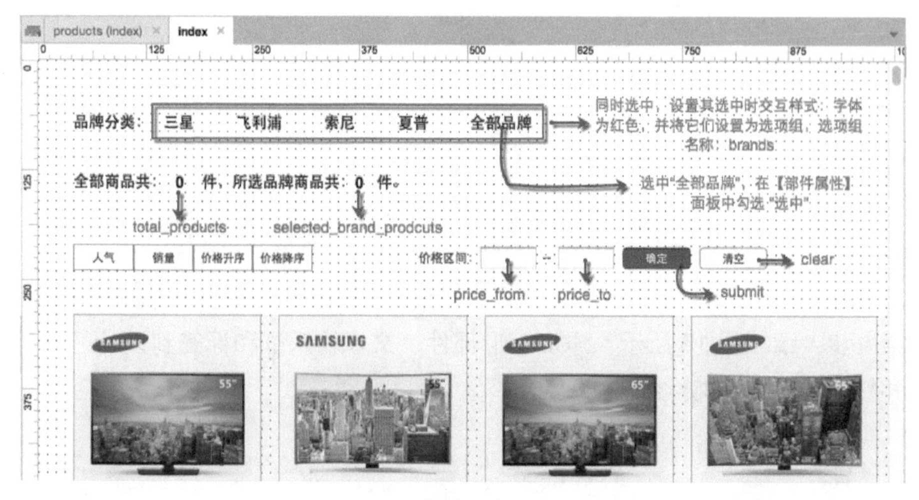


（图 16）

设置交互样式

鼠标悬停 左键按下 选中 禁用

部件样式 默认

字体 Arial

字型 Regular

字体大小 13

粗体 (点击切换为粗体)

斜体 (点击切换为斜体)

下划线 (点击切换为下划线)

字体颜色

线条颜色

预览

取消 确定

（图 17）

（图 18）

第九步：请按图 19 所示，添加矩形部件、文本输入框和标签到设计区域，并按图中提示给部件命名。

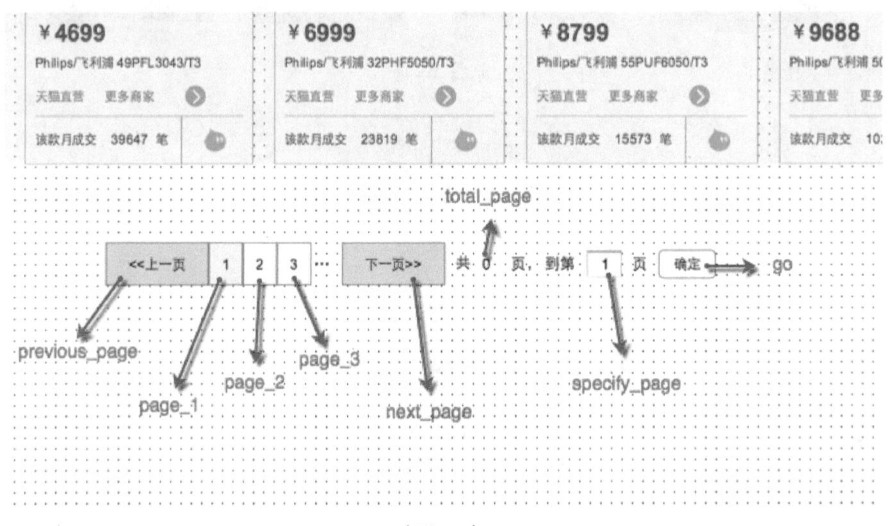


（图 19）

至此，案例的准备工作全部完毕，下面就来详细讲解中继器部件的高级应用。

# 10.2 过滤数据

过滤可以只显示符合一定条件的数据，数据过滤通常是由不包含在中继器内的部件触发的（也就是中继器外部的部件）。下面介绍一下如何对中继器中的数据进行按条件过滤。

第一步：在设计区域中选中【三星】，在右侧部件【属性】面板中双击【鼠标单击时】事件，在弹出的【用例编辑器】中新增【添加过滤器】动作，在【配置动作】中勾选 products 中继器，在底部勾选【移除其他过滤器】，给该过滤器命名为【过滤出三星品牌商品】，见图 20。然后单击条件右侧的【fx】，在弹出的【编辑值】对话框中单击【插入变量或函数…】。在下拉列表中选择 item.brands，并将其修改为 [[Item.brands == 'samsung']]。该表达式的意思是，将中继器数据集里面 brands 这一列数据中所有 samsung 的数据过滤出来，见图 21。单击【确定】按钮关闭【编辑值】对话框。

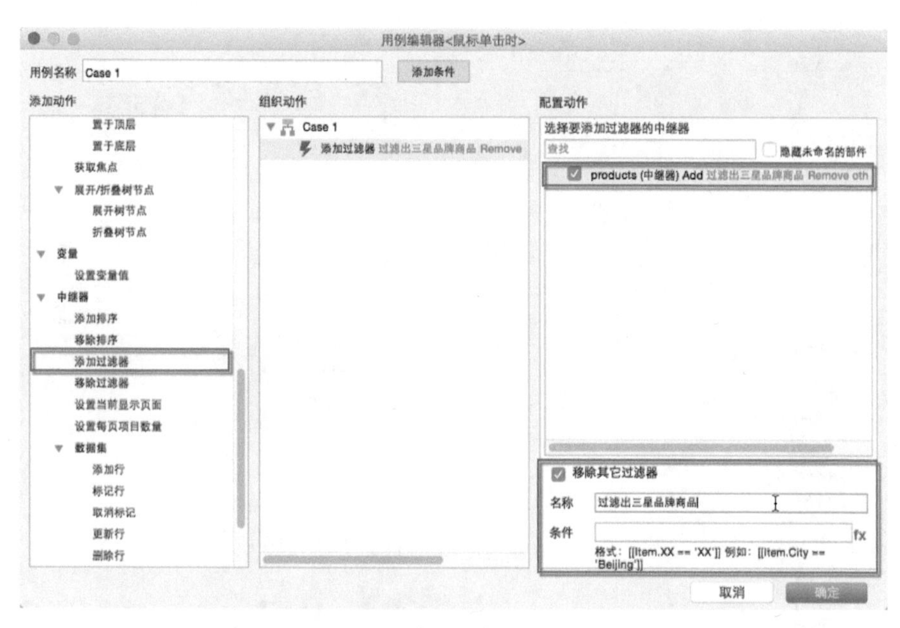


（图 20）

继续在【用例编辑器】中新增【选中】动作，在【配置动作】中勾选【当前部件】，见图 22。单击【确定】按钮关闭【用例编辑器】。

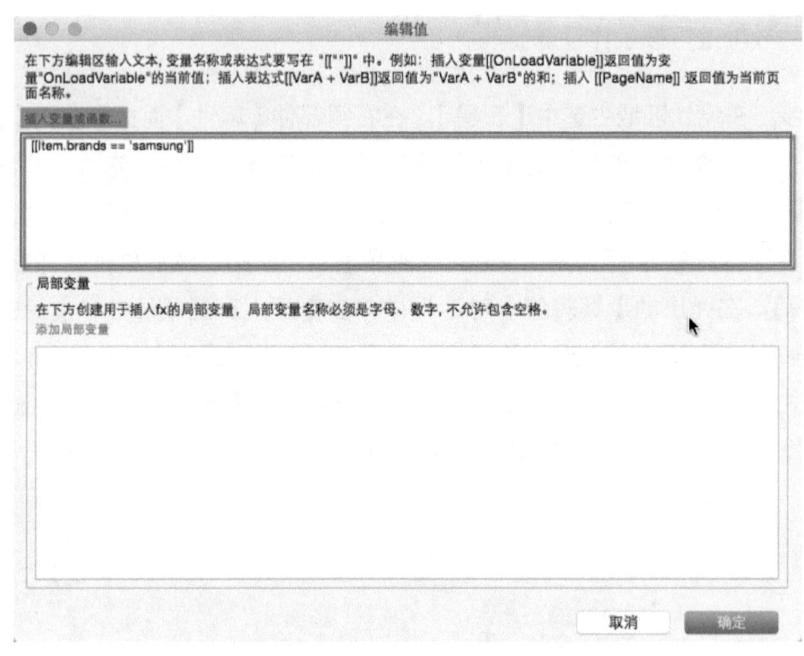
编辑值
在下方编辑区输入文本，变量名称或表达式要写在 "[[""]]" 中。例如：插入变量[[OnLoadVariable]]返回值为变量"OnLoadVariable"的当前值；插入表达式[[VarA + VarB]]返回值为"VarA + VarB"的和；插入 [[PageName]] 返回值为当前页面名称。
插入变量或函数...
[[Item.brands == 'samsung']]
局部变量
在下方创建用于插入fx的局部变量，局部变量名称必须是字母、数字，不允许包含空格。
添加局部变量
取消
确定

（图 21）

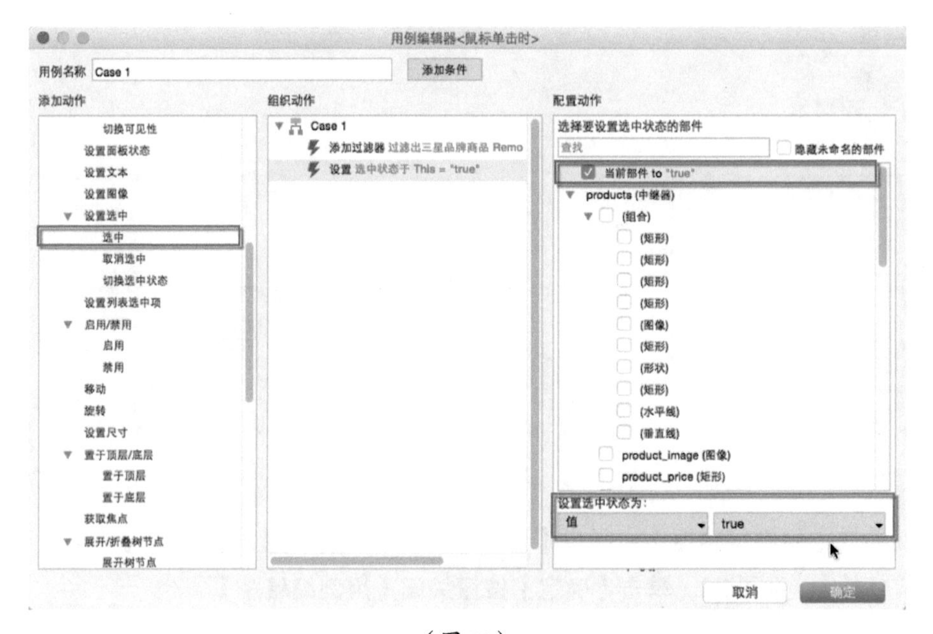
用例编辑器<鼠标单击时>
用例名称
Case 1
添加条件
添加动作
组织动作
配置动作
切换可见性
设置面板状态
设置文本
设置图像
设置选中
选中
取消选中
切换选中状态
设置列表选中项
启用/禁用
启用
禁用
移动
旋转
设置尺寸
置于顶层/底层
置于顶层
置于底层
获取焦点
展开/折叠树节点
展开树节点
Case 1
添加过滤器 过滤出三星品牌商品 Remo
设置 选中状态于 This = "true"
选择要设置选中状态的部件
查找
隐藏未命名的部件
当前部件 to "true"
products (中继器)
(组合)
(矩形)
(图像)
(形状)
(水平线)
(垂直线)
product_image (图像)
product_price (矩形)
设置选中状态为：
值
true
取消
确定

（图 22）

> 小提示：如果要对中继器中的数据进行多次过滤，那么在【用例编辑器】中配置动作时一定要勾选【移除其他过滤器】，否则会因为过滤条件冲突而导致出现问题。

第二步：参考第一步操作，继续给【飞利浦】、【索尼】和【夏普】添加过滤和选中动作，并进行恰当配置。

第三步：选中【所有品牌】标签，在右侧部件【属性】面板中双击【鼠标单击时】事件，在弹出的【用例编辑器】中添加【移除过滤器】动作。在【配置动作】中勾选 products 中继器，在底部勾选【移除所有过滤器】。继续新增【选中】动作，在【配置动作】中勾选【当前部件】，见图 23。单击【确定】按钮关闭【用例编辑器】对话框。

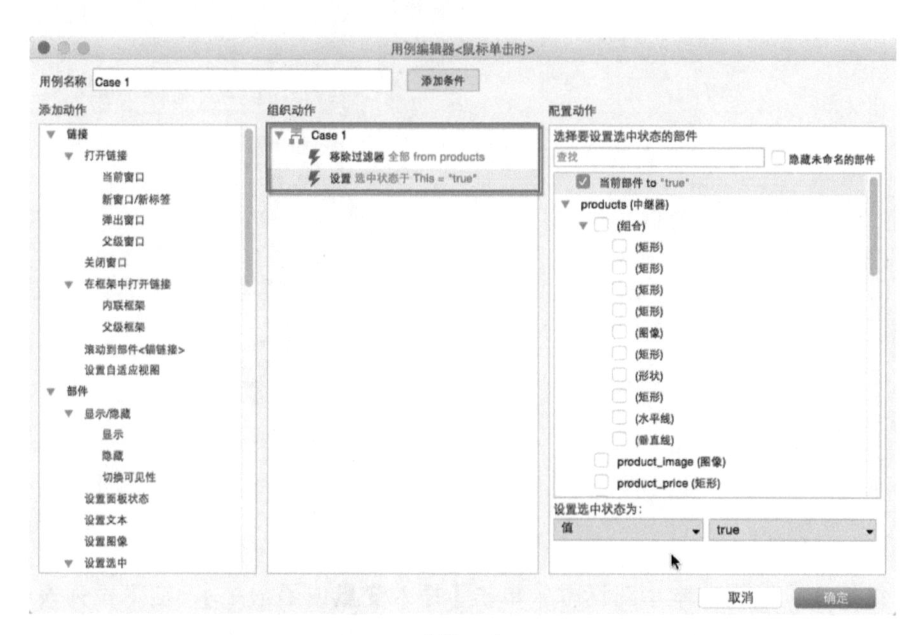


（图 23）

至此，过滤器的添加和移除设置完毕，在顶部的工具栏中单击【预览】按钮，或者按下快捷键 F5/Shift + Command + P，快速预览交互效果。

# 10.3 过滤器中项的数量和中继器中所有项的数量

接下来设置：全部商品共：X 件，所选品牌商品共：X 件。

第一步：选中 total_products 部件，在右侧部件【属性】面板中单击【更多事件 >>>】，在下拉列表中选择【载入时】事件，在弹出的【用例编辑器】中添加【设置文本】动作，在右侧【配置动作】中勾选【当前部件】，在底部设置文本为：【值】，见图 24，然后单击右侧的【fx】。在弹出的【编辑文本】对话框中单击【添加局部变量】，在中间的下拉列表中选择【部件】，在右侧下拉列表中选择 products 中继器，意思是将中继器部件作为局部变量，见图 25。

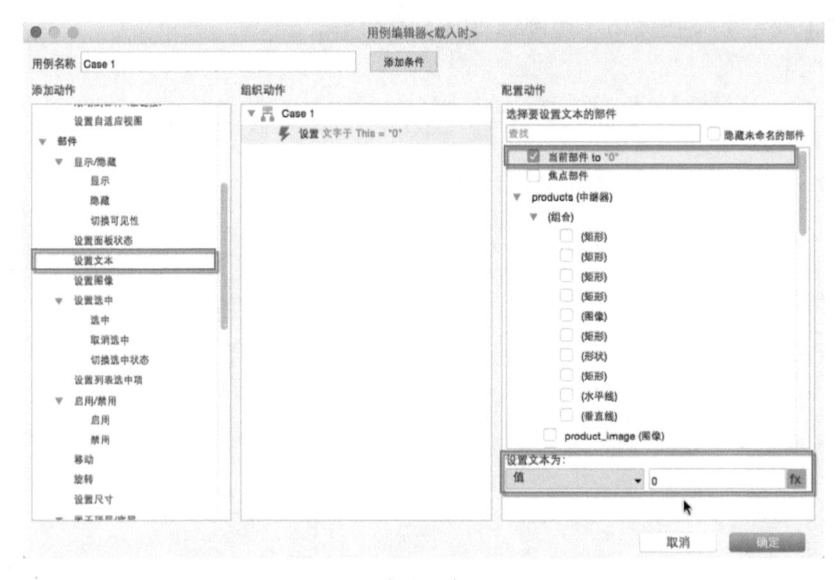


（图 24）

继续在【编辑文本】对话框中单击【插入变量或函数…】，在下拉列表中选择【中继器 / 数据集】下面的 datacount，插入后如图 26 所示。单击两次【确定】按钮回到设计区域。

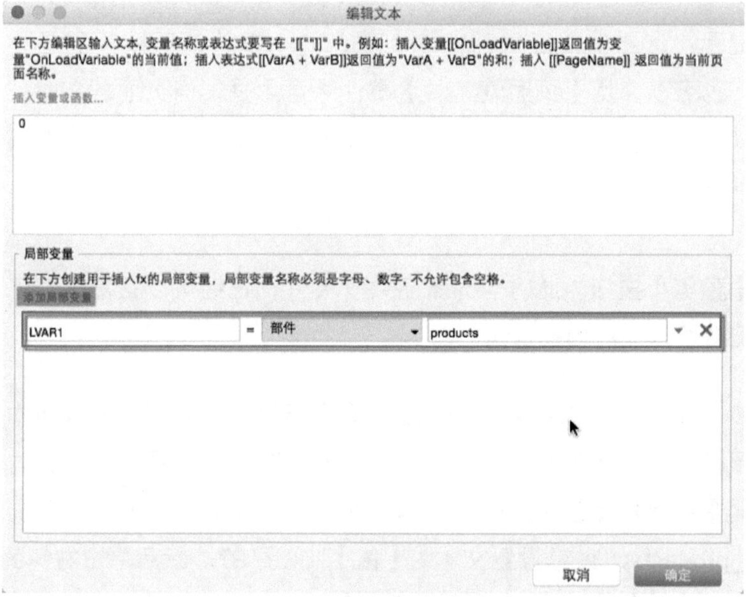

编辑文本

在下方编辑区输入文本，变量名称或表达式要写在 "[[""]]" 中。例如：插入变量[[OnLoadVariable]]返回值为变量"OnLoadVariable"的当前值；插入表达式[[VarA + VarB]]返回值为"VarA + VarB"的和；插入 [[PageName]] 返回值为当前页面名称。

插入变量或函数...

0

局部变量

在下方创建用于插入fx的局部变量，局部变量名称必须是字母、数字，不允许包含空格。

添加局部变量

LVAR1 = 部件 products

取消 确定

（图 25）

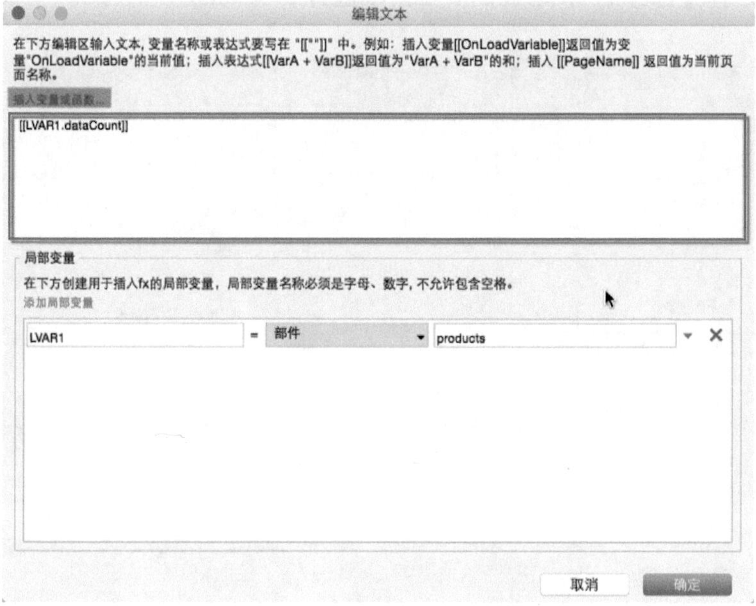

编辑文本

在下方编辑区输入文本，变量名称或表达式要写在 "[[""]]" 中。例如：插入变量[[OnLoadVariable]]返回值为变量"OnLoadVariable"的当前值；插入表达式[[VarA + VarB]]返回值为"VarA + VarB"的和；插入 [[PageName]] 返回值为当前页面名称。

插入变量或函数...

[[LVAR1.dataCount]]

局部变量

在下方创建用于插入fx的局部变量，局部变量名称必须是字母、数字，不允许包含空格。

添加局部变量

LVAR1 = 部件 products

取消 确定

（图 26）

> 小提示：这里使用任意部件的【载入时】事件都可以实现想要的效果，也可以使用【页面载入时】事件。意思是，当页面载入时，设置 total_products 标签的值为中继器中所有项的数量，也就是中继器中共有多少件商品。

单击【预览】按钮，此时全部商品共有 X 件，已经可以正常显示了，下面继续配置所选品牌商品数量。

第二步：在设计区域中单击【三星】文本标签，在右侧【配置动作】中双击【鼠标单击时】事件下的 Case1，对该用例进行编辑。在弹出的【用例编辑器】中新增【设置文本】动作，在右侧【配置动作】中勾选 selected_brand_products，底部 设置文本为【值】，见图 27。然后单击右侧的【fx】，在弹出的【编辑文本】对话框中单击【添加局部变量】，在中间的下拉列表中选择【部件】，在右侧的下拉列表选择 products，见图 28。

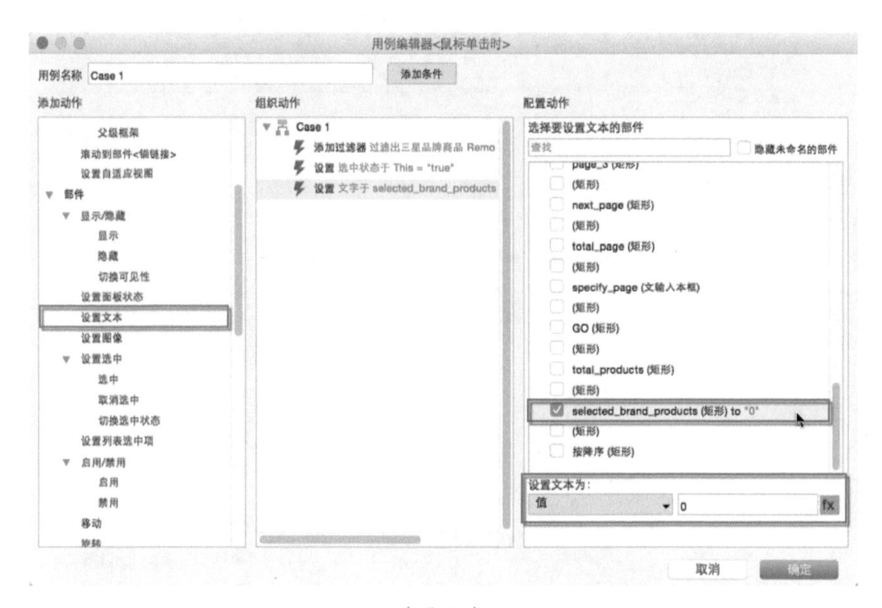


（图 27）

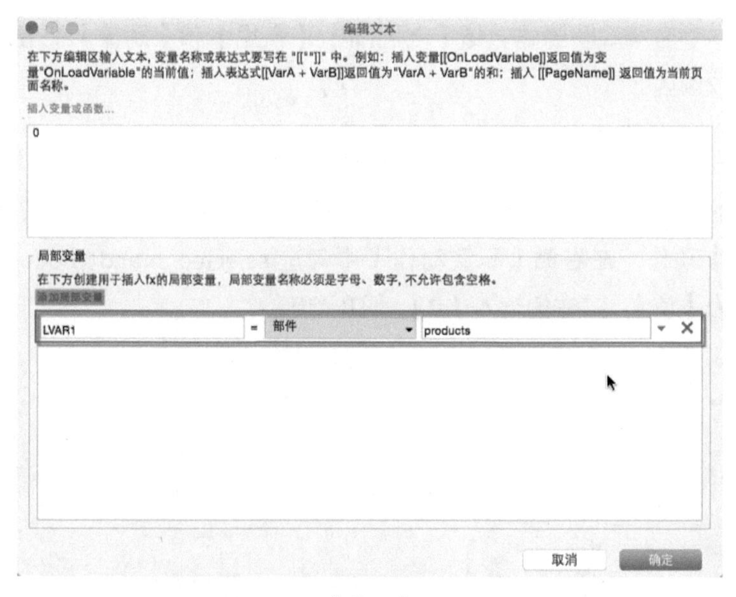


（图 28）

继续单击【插入变量或函数…】，在下拉列表中选择 itemCount，插入后见图 29。单击两次【确定】按钮回到设计区域。

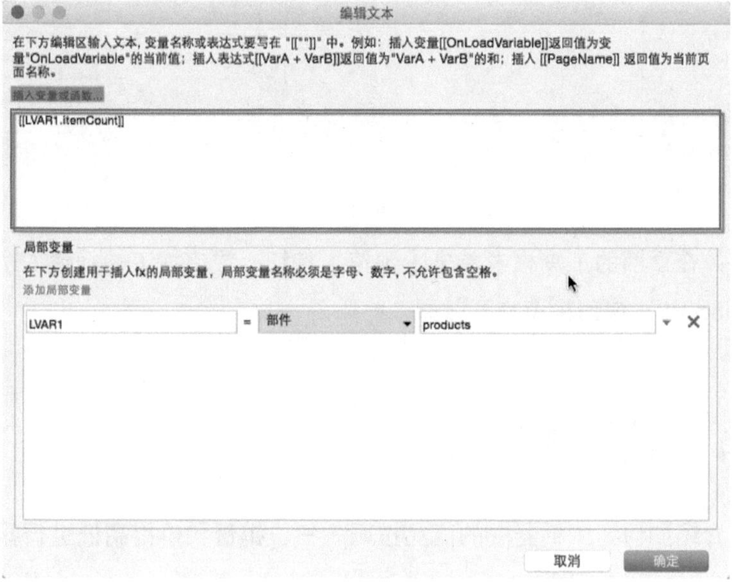

编辑文本
在下方编辑区输入文本，变量名称或表达式要写在 "[[""]]" 中。例如：插入变量[[OnLoadVariable]]返回值为变量"OnLoadVariable"的当前值；插入表达式[[VarA + VarB]]返回值为"VarA + VarB"的和；插入 [[PageName]] 返回值为当前页面名称。
插入变量或函数...
[[LVAR1.itemCount]]
局部变量
在下方创建用于插入fx的局部变量，局部变量名称必须是字母、数字，不允许包含空格。
添加局部变量
LVAR1 = 部件 products
取消 确定

（图 29）

第三步：参考第二步操作，给【飞利浦】、【索尼】和【夏普】配置所选品牌商品数量。

第四步：选中【全部品牌】标签，在部件【属性】面板中双击【鼠标单击时】事件下的 Case1，对该用例进行编辑。在弹出的【用例编辑器】中新增【设置文本】动作，在右侧【配置动作】中勾选 selected_brand_products，设置文本为【值】，在右侧输入【0】，见图 30。

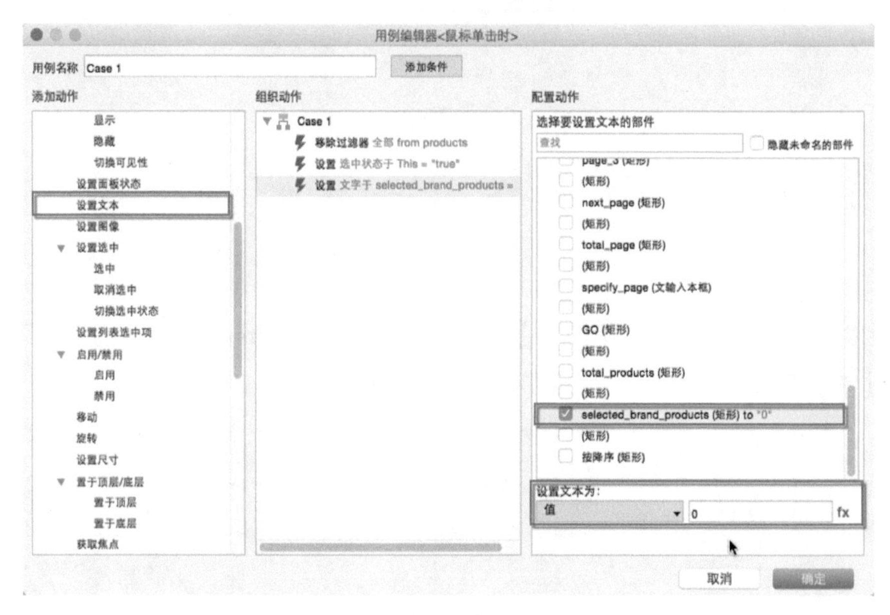


（图 30）

第四步：在顶部的工具栏中单击【预览】按钮，或者按下快捷键 F5/Shift + Command + P，快速预览交互效果。

## 10.4　数据排序

本小节介绍如何将中继器中的商品按照人气、销量和价格高低进行排序。

第一步：在设计区域中单击【人气】部件，在部件【属性】面板中双击【鼠标单击时】事件，在弹出的【用例编辑器】中新增【添加排序】动作，在【配置动作】中勾选 products 中继器，名称:【按人气】，属性:【reviews】，排序类型:【Number】，顺序:【降序】，见图 31。单击【确定】按钮关闭【用例编辑器】。

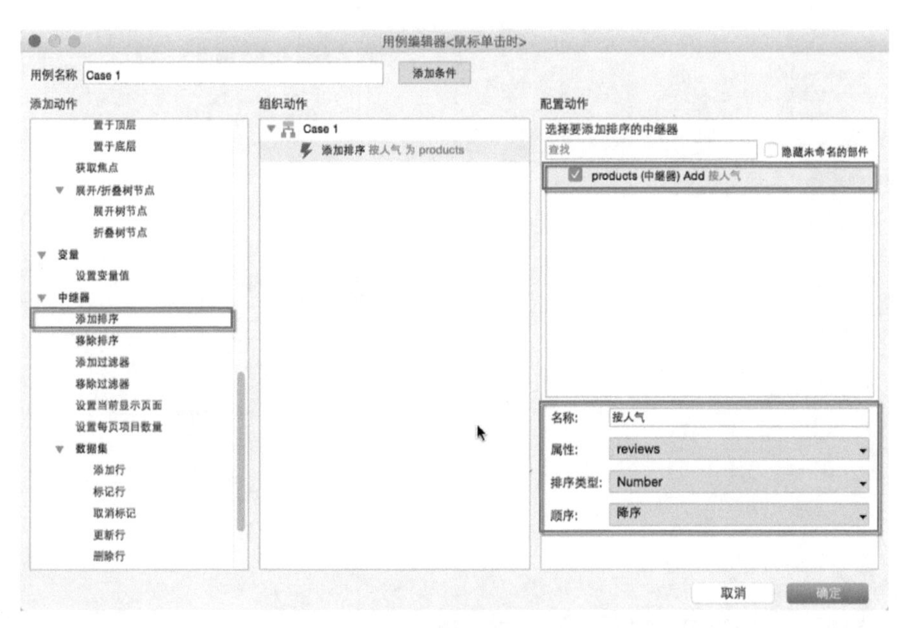


（图 31）

单击【预览】按钮，打开浏览器测试，此时商品已经可以按人气由高到低排序了。

继续单击【销量】部件，在部件【属性】面板中双击【鼠标单击时】事件，在弹出的【用例编辑器】中新增【添加排序】动作，在【配置动作】中勾选 products 中继器，名称:【按销量】，属性:【sales】，排序类型:【Number】，顺序:【降序】，见图 32。单击【确定】按钮关闭【用例编辑器】。

第二步：参考第一步的操作，给【价格升序】和【价格降序】两个部件分别添加数据排序的交互效果。

第三步：在顶部的工具栏中单击【预览】按钮，或者按下快捷键 F5/Shift +

Command + P，快速预览交互效果。

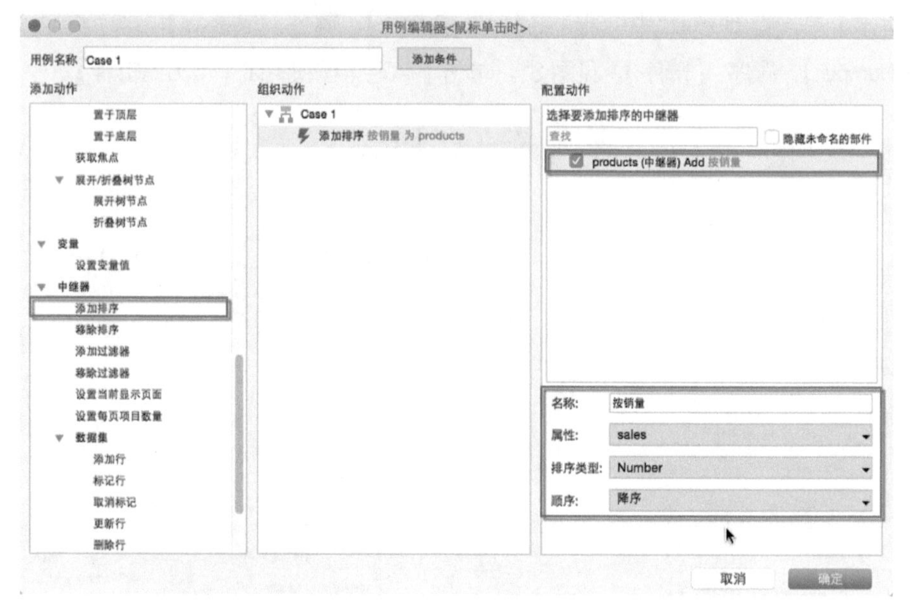


（图 32）

# 10.5 按价格区间过滤

第一步：在设计区域中单击确定（submit）部件，在部件【属性】面板中双击【鼠标单击时】事件，在弹出的【用例编辑器】中新增【添加过滤器】动作，在右侧【配置动作】中勾选 products 中继器，勾选【移除其他过滤器】，名称【按价格区间过滤】，见图 33。然后单击【fx】，在弹出的【编辑值】对话框中单击两次【插入局部变量】，分别插入 部件文字 price_from 和 部件文字 price_to，见图 34。

继续在【编辑值】对话框中单击【插入变量或函数…】，在下拉列表中选择 item.prices，然后按图 35 所示将表达式编辑为 [[Item.prices >= LVAR1 && Item.prices <= LVAR2]]。意思是，过滤出中继器中价格 大于等于局部变量 LVAR1 并且小于等于局部变量 LVAR2 的商品。单击两次【确定】按钮回到设计区域。

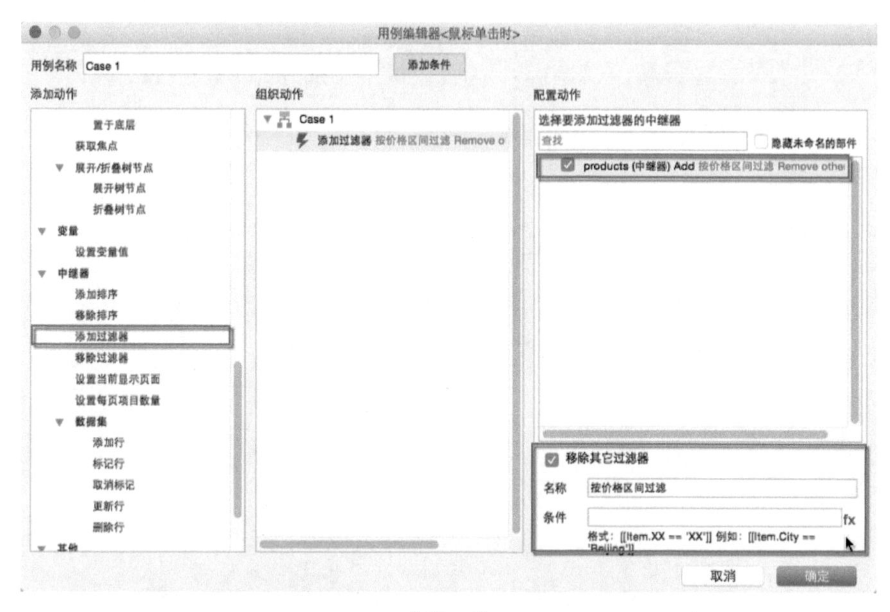


（图 33）

编辑值

在下方编辑区输入文本，变量名称或表达式要写在 "[[""]]" 中。例如：插入变量[[OnLoadVariable]]返回值为变量"OnLoadVariable"的当前值；插入表达式[[VarA + VarB]]返回值为"VarA + VarB"的和；插入 [[PageName]] 返回值为当前页面名称。

插入变量或函数...

局部变量

在下方创建用于插入fx的局部变量，局部变量名称必须是字母、数字，不允许包含空格。

添加局部变量

| LVAR1 | = | 部件文字 | price_from |
| --- | --- | --- | --- |
| LVAR2 | = | 部件文字 | price_to |

取消 确定

（图 34）

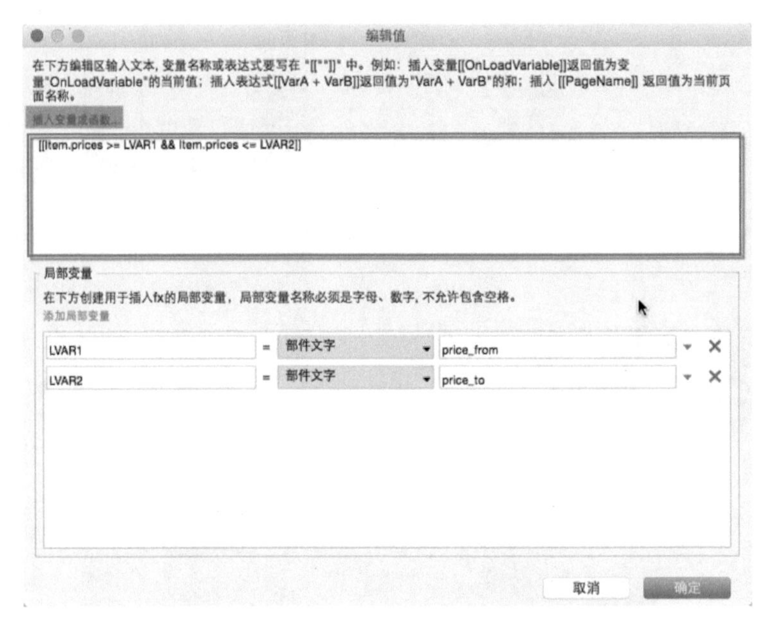


（图 35）

第二步：单击清空（clear）部件，在部件【属性】面板中双击【鼠标单击时】事件，在弹出的【用例编辑器】中新增【移除过滤器】动作。在【配置动作】中勾选 products 中继器，并勾选【移除全部过滤器】，见图 36。

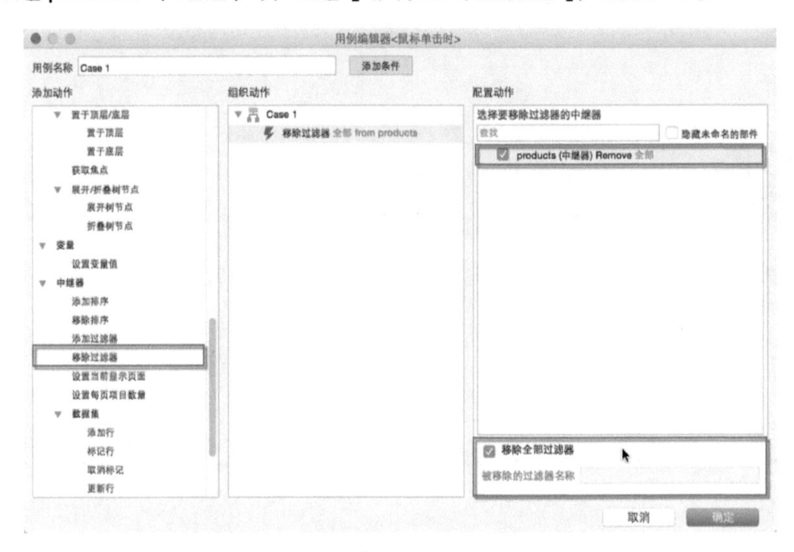


（图 36）

第三步：至此，按价格区间过滤商品的交互效果设置完毕，在顶部的工具栏中单击【预览】按钮，或者按下快捷键 F5/ Shift + Command + P，快速预览交互效果。

# 10.6 中继器分页和翻页

第一步：同时选中 page1、page2 和 page3 三个部件，在部件【属性】面板中单击【选中】交互样式，在弹出的【设置交互样式】对话框中将选中时的字体设置为白色，填充颜色设置为红色，见图 37。然后将这三个部件设置为选项组，组名为 pages。单击【确定】按钮关闭对话框。

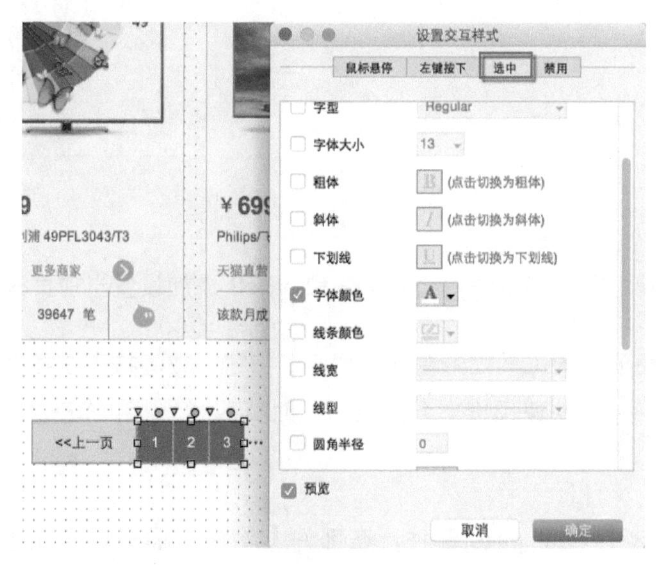


（图 37）

然后选中 page1，在部件【属性】面板中勾选【选中】。

第二步：选中 page1，在部件【属性】面板中双击【鼠标单击时】事件，在弹出的【用例编辑器】中新增【设置当前显示页面】动作。在【配置动作】中勾选 products 中继器，并在底部 选择页面为【Value】，输入页码【1】，继续新增【选中】动作，在【配置动作】中勾选【当前部件】，见图 38，单击【确定】按钮关闭【用例编辑器】。

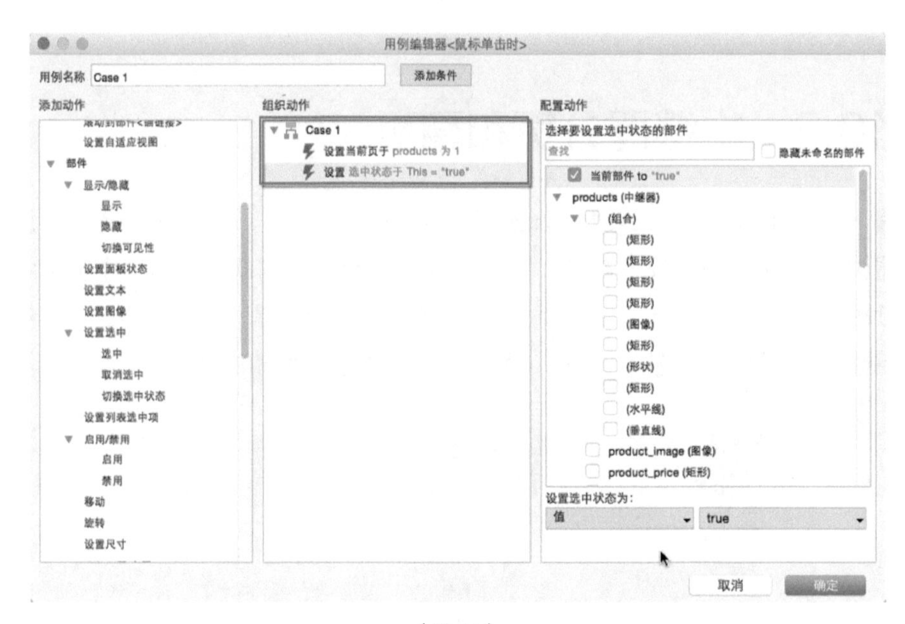


（图 38）

第二步：参考第一步操作，给 page2 和 page3 添加设置当前页码的交互。

第三步：在顶部的工具栏中单击【预览】按钮，或者按下快捷键 F5/Shift + Command + P，快速预览交互效果。此时页码 1、2 和 3 已经可以正常交互了。

第四步：选中 total_page 部件，在部件【属性】面板中单击【更多事件 >>>】。在下拉列表中选择【载入时】事件，在弹出的【用例编辑器】中新增【设置文本】动作，在【配置动作】中勾选【当前部件】，见图 39，然后单击【fx】，在弹出的【编辑文本】对话框中单击【插入局部变量】，在中间的下拉列表中选择【部件】，在右侧下拉列表中选择 products 中继器，见图 40。

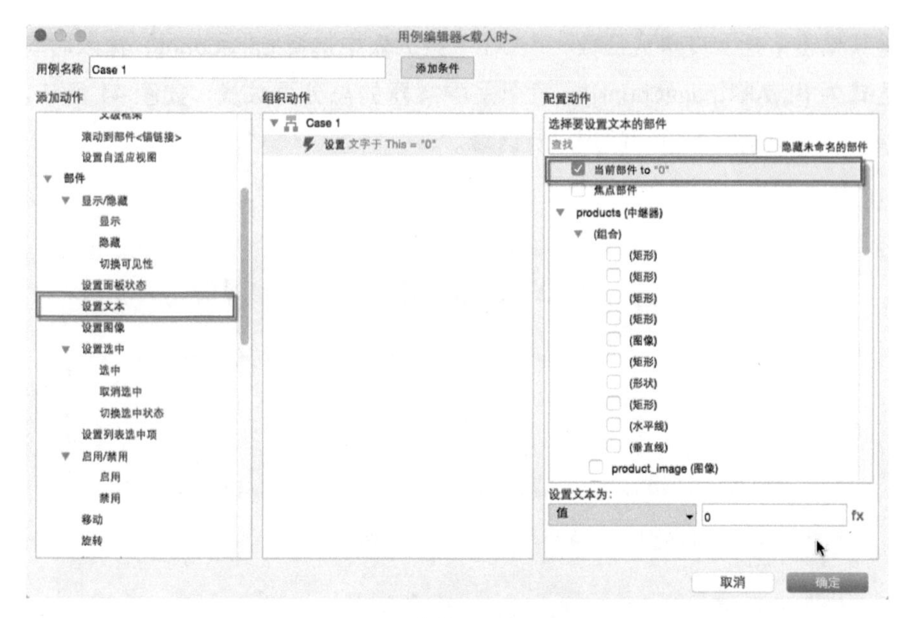


（图 39）

编辑文本

在下方编辑区输入文本，变量名称或表达式要写在 "[[""]]" 中。例如：插入变量[[OnLoadVariable]]返回值为变量"OnLoadVariable"的当前值；插入表达式[[VarA + VarB]]返回值为"VarA + VarB"的和；插入 [[PageName]] 返回值为当前页面名称。

插入变量或函数...

0

局部变量

在下方创建用于插入fx的局部变量，局部变量名称必须是字母、数字，不允许包含空格。

添加局部变量

LVAR1 = 部件 products

取消　确定

（图 40）

继续单击【插入变量或函数…】，在下拉列表中选择 pageCount，插入后表达式为 [[LVAR1.pageCount]]，意思是中继器的总分页数量，如图 41 所示。单击两次【确定】按钮回到设计区域。

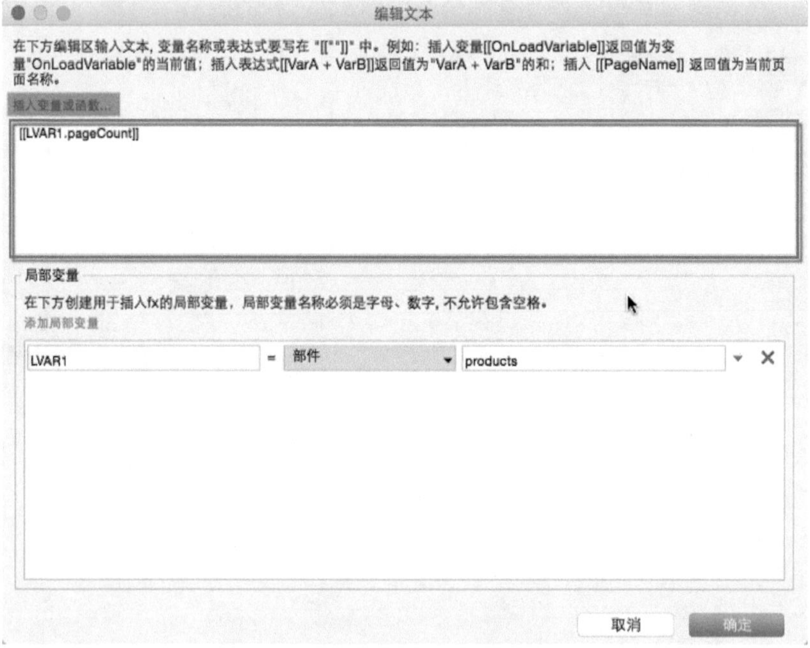

（图 41）

此时单击【预览】按钮，在浏览器中已经可以看到全部页数了。

第五步：选中确定（GO）部件，在部件【属性】中双击【鼠标单击时】事件，在弹出的【用例编辑器】中新增【设置当前显示页面】动作在【配置动作】中勾选 products，底部选择页面为【Value】，见图 42。然后单击【fx】，在弹出的【编辑值】对话框中单击【添加局部变量】，在中间下拉列表选择【部件文字】，在右侧下拉列表选择 specify_page，意思是将 specify_page 部件中的文字当做局部变量插入，见图 43。

（图 42）

编辑值

在下方编辑区输入文本，变量名称或表达式要写在 "[[""]]" 中。例如：插入变量[[OnLoadVariable]]返回值为变量"OnLoadVariable"的当前值；插入表达式[[VarA + VarB]]返回值为"VarA + VarB"的和；插入 [[PageName]] 返回值为当前页面名称。

插入变量或函数...

1

局部变量

在下方创建用于插入fx的局部变量，局部变量名称必须是字母、数字，不允许包含空格。

添加局部变量

LVAR1 = 部件文字 specify_page

取消 确定

（图 43）

继续单击【插入变量或函数…】，在下拉列表中选择刚刚插入的局部变量 LVAR1，见图 44。单击两次【确定】按钮回到设计区域。

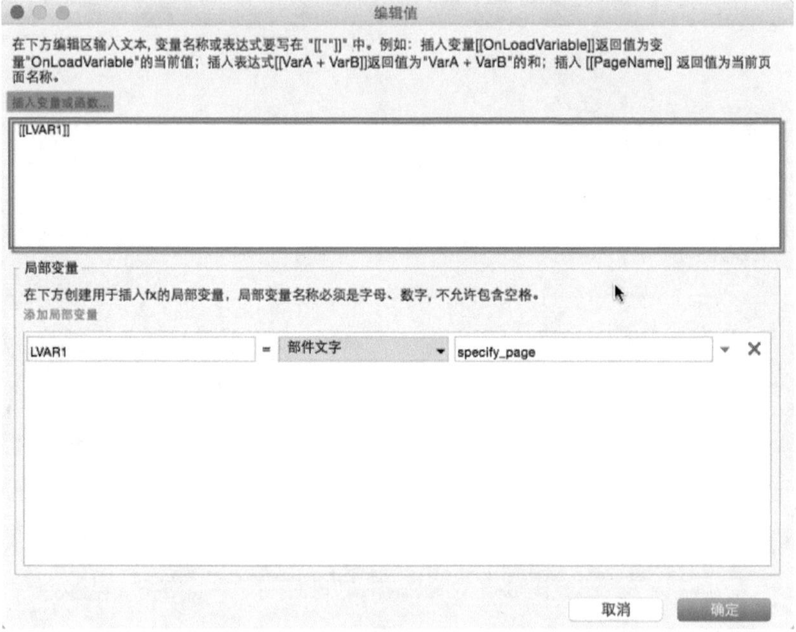

（图 44）

单击工具栏中的【浏览】按钮，此时输入指定页面后单击【确定】按钮，已经可以正常交互了。

但是，这里会出现一个问题，就是当跳转到指定页面时，page1、page2 和 page3 的选中状态并没有和输入的页面一起改变。比如，当前显示 page1，在 specify_page 部件中输入 2，单击【确定】按钮后，虽然显示页面 2，但 page2 部件并没有变为红色，下面就来纠正这个问题。

第六步：选中确定（GO）部件，在部件【属性】面板中双击【鼠标单击时】事件，在弹出的【用例编辑器】顶部单击【添加条件】。在弹出的【条件编辑器】中创建条件表达式：【部件文字 specify_page == 值 1】，意思是，如果部件 specify_page 部件中的文字内容等于 1，见图 45。单击【确定】

按钮关闭【条件编辑器】。继续在【用例编辑器】中新增【选中】动作，在【配置动作】中勾选 page1，见图 46。单击【确定】按钮关闭【用例编辑器】。

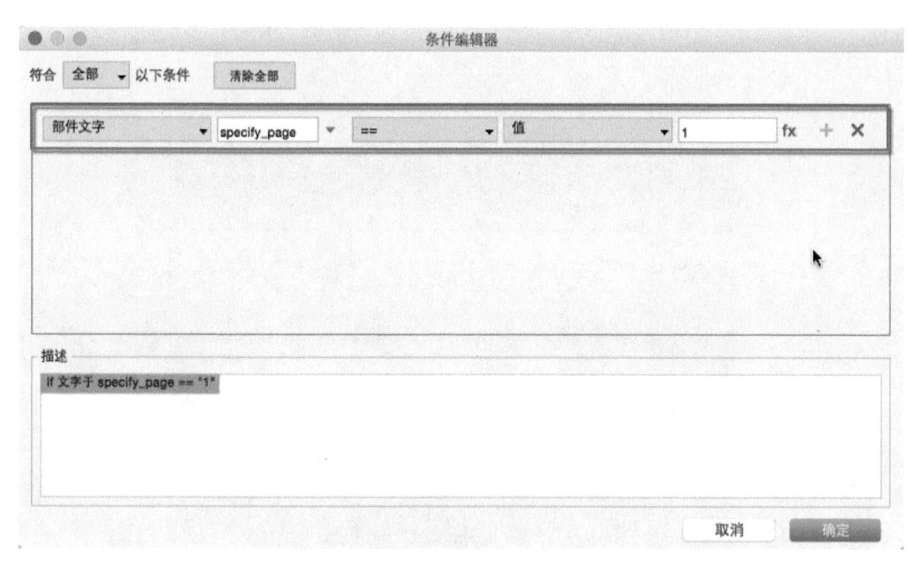


（图 45）

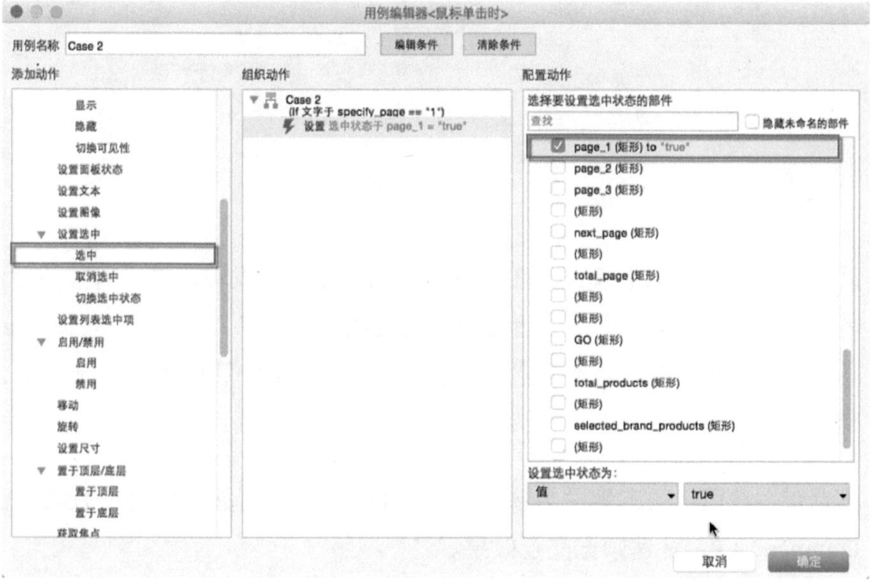

（图 46）

第七步：参考第六步操作，继续添加两个用例。如果 specify_page 部件中的文字等于 2，就选中 page2；如果 specify_page 部件中的文字等于 3，就选中 page3，见图 47。

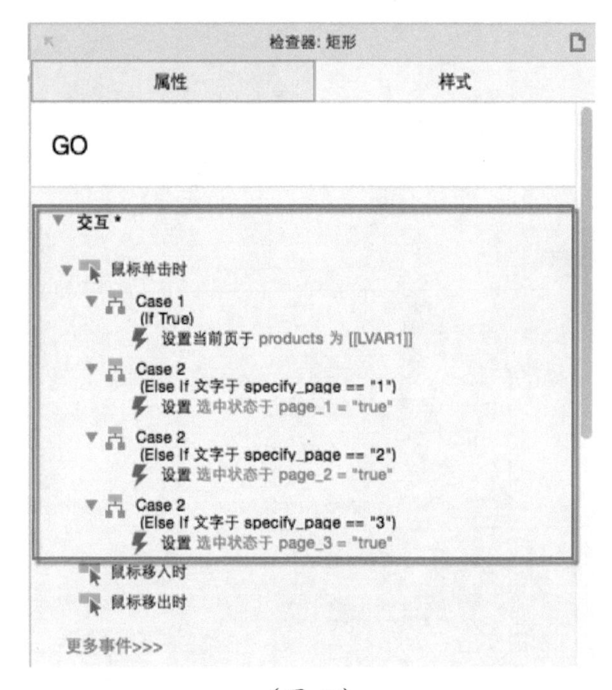


（图 47）

此时，单击【预览】按钮，在浏览器中测试原型会发现，并没有按照我们的设置进行交互。细心的读者应该已经发现问题所在了，是的，If 和 Else If 语句结构存在问题。当单击【确定】按钮时，这 4 个用例都要执行。所以，需要将 Else If 切换为 If，见图 48。

第八步：在顶部的工具栏中单击【预览】按钮，或者按下快捷键 F5/Shift + Command + P，快速预览交互效果。

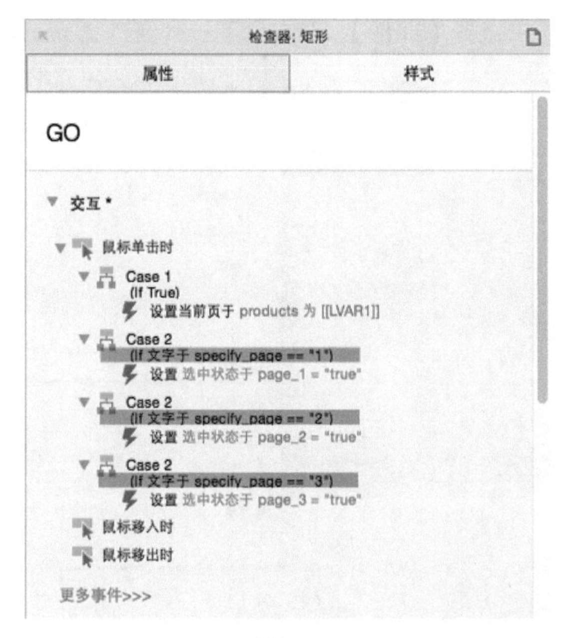


（图 48）

# 10.7　上一页 / 下一页交互

第一步：同时选中 previous_page 和 next_page 两个部件，设置填充颜色为 #FF0033，字体颜色为 #FFFFFF，然后在部件【属性】面板中设置【禁用】时的交互样式。禁用时填充颜色为 #999999，见图 49。单击【确定】按钮关闭【设置交互样式】对话框。

然后选中 previous_page，在部件【属性】面板中勾选【禁用】。因为该原型默认显示第一页，此时是无法向上翻页的，所以默认将上一页设置为禁用。

第二步：选中 next_page 部件，在部件【属性】面板中双击【鼠标单击时】事件，在弹出的【用例编辑器】中新增【设置当前显示页面】动作。在【配置动作】中勾选 products 中继器，并设置选择页面为【Value】，见图 50。然后点击右侧的【fx】，在弹出的【编辑值】对话框中单击【添加局部变量】，在中间下拉列表中选择【部件】，在右侧下拉列表选择 products，见图 51。

（图 49）

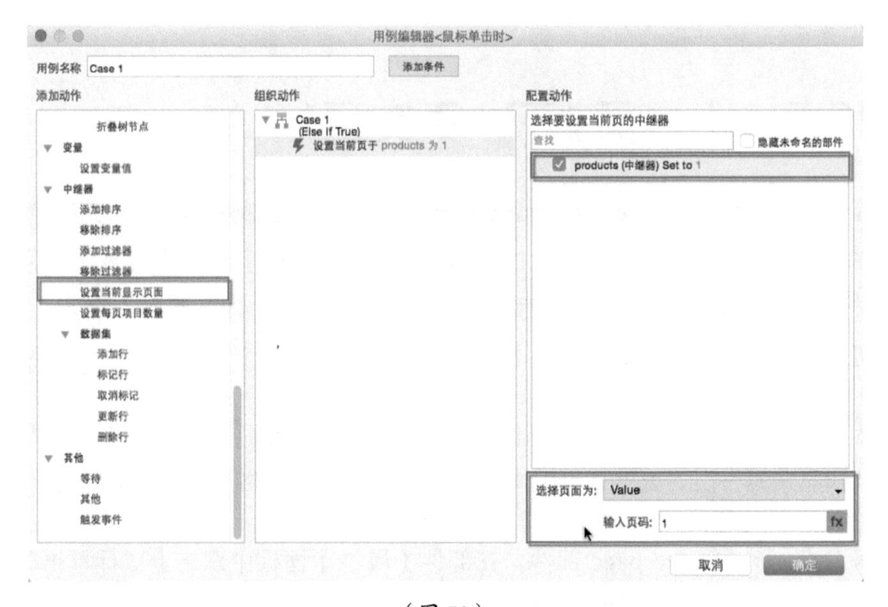


（图 50）

继续单击【插入变量或函数…】，在下拉列表中选择刚刚添加的局部变量，并按图 52 所示编辑表达式为 [[LVAR1.pageIndex + 1]]。单击【确定】按钮关闭【编辑值】对话框。该动作的意思是，当点击【下一页】按钮时，就设置中继器的当前页面等于当前页面加1。

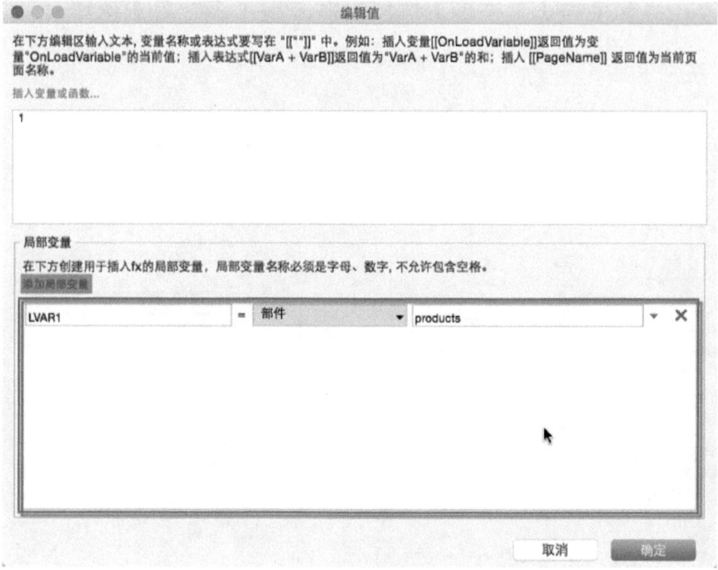

编辑值

在下方编辑区输入文本，变量名称或表达式要写在 "[[""]]" 中。例如：插入变量[[OnLoadVariable]]返回值为变量"OnLoadVariable"的当前值；插入表达式[[VarA + VarB]]返回值为"VarA + VarB"的和；插入 [[PageName]] 返回值为当前页面名称。

插入变量或函数...

1

局部变量

在下方创建用于插入fx的局部变量，局部变量名称必须是字母、数字，不允许包含空格。

添加局部变量

LVAR1 = 部件 products

取消 确定

（图51）

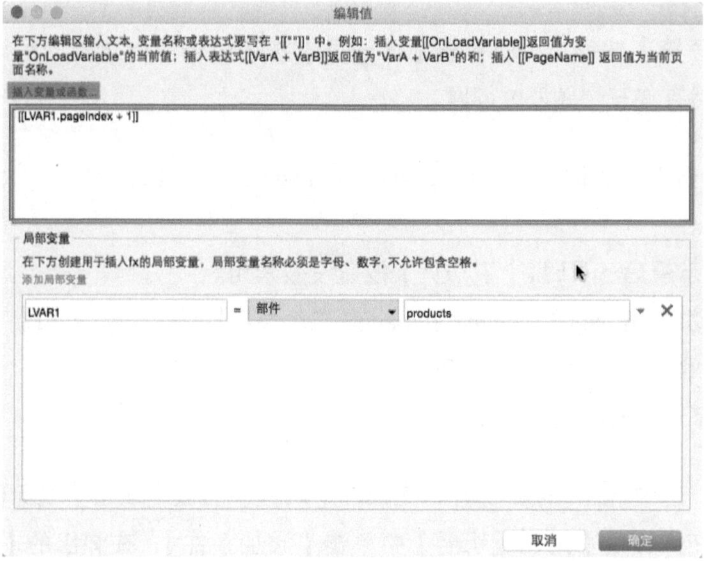

编辑值

在下方编辑区输入文本，变量名称或表达式要写在 "[[""]]" 中。例如：插入变量[[OnLoadVariable]]返回值为变量"OnLoadVariable"的当前值；插入表达式[[VarA + VarB]]返回值为"VarA + VarB"的和；插入 [[PageName]] 返回值为当前页面名称。

插入变量或函数...

[[LVAR1.pageIndex + 1]]

局部变量

在下方创建用于插入fx的局部变量，局部变量名称必须是字母、数字，不允许包含空格。

添加局部变量

LVAR1 = 部件 products

取消 确定

（图52）

继续在【用例编辑器】中新增【启用】动作，在【配置动作】中勾选 previous_page，见图 53。单击【确定】按钮关闭【用例编辑器】。该动作的意思是，只要单击【下一页】按钮，就启用【上一页】按钮。

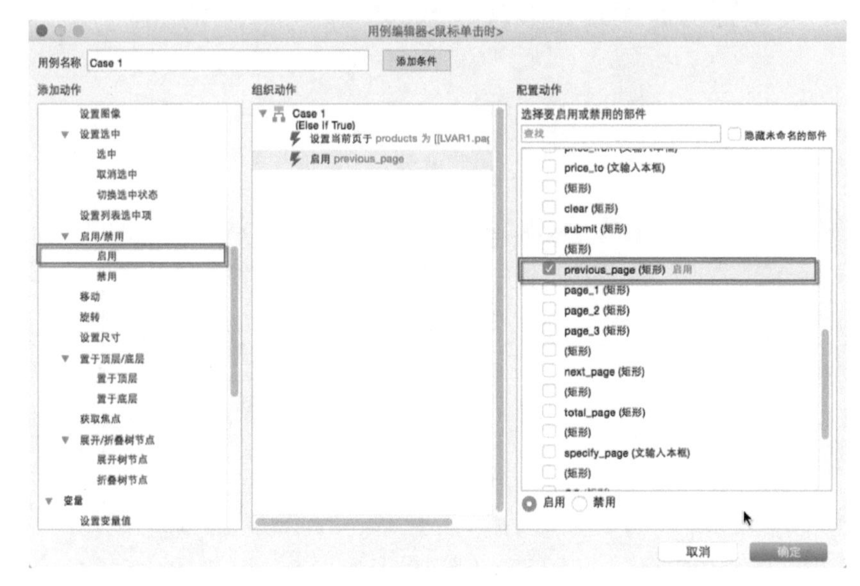

（图 53）

单击【预览】按钮，此时单击【下一页】按钮已经可以正常向后翻页了，但是仍然存在三个关联性问题。

- 当点击下一页时，page1、page2 和 page3 这三个部件的选中状态没有改变。
- 当显示最后一页时，【下一页】按钮没被禁用。
- 当再次点击 page1、page2 和 page3 三个页码时，【上一页】和【下一页】按钮的启用、禁用没有响应。

下面就来逐一解决这几个问题。

第三步：选中 next_page 部件，在部件【属性】面板中双击【鼠标单击时】事件。在弹出的【用例编辑器】中单击【添加条件】，在弹出的【条件编辑器】对话框左侧下拉列表中选择【值】，见图 54。然后单击左侧的【fx】，在弹出的【编辑文本】对话框中单击【添加局部变量】，将部件 products 插入，然后单击【插入变量或函数…】。在下拉列表中选择 pageIndex，见图 55。单击【确定】按钮关闭【编辑文本】。

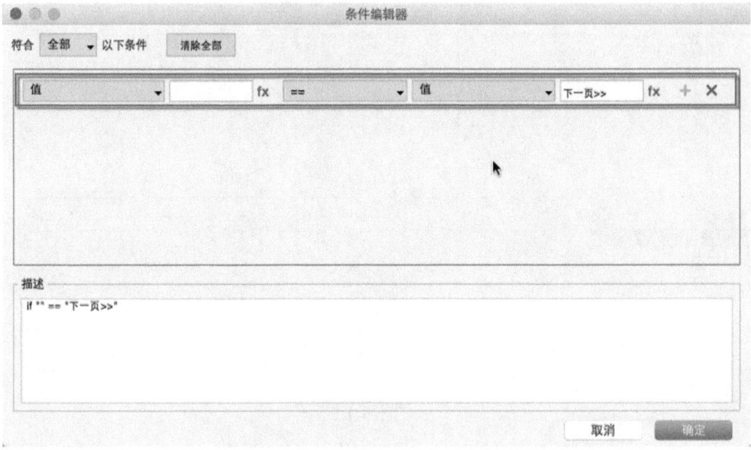

条件编辑器

符合 全部 以下条件 清除全部

值 fx == 值 下一页>> fx

描述

if "" == "下一页>>"

取消 确定

（图 54）

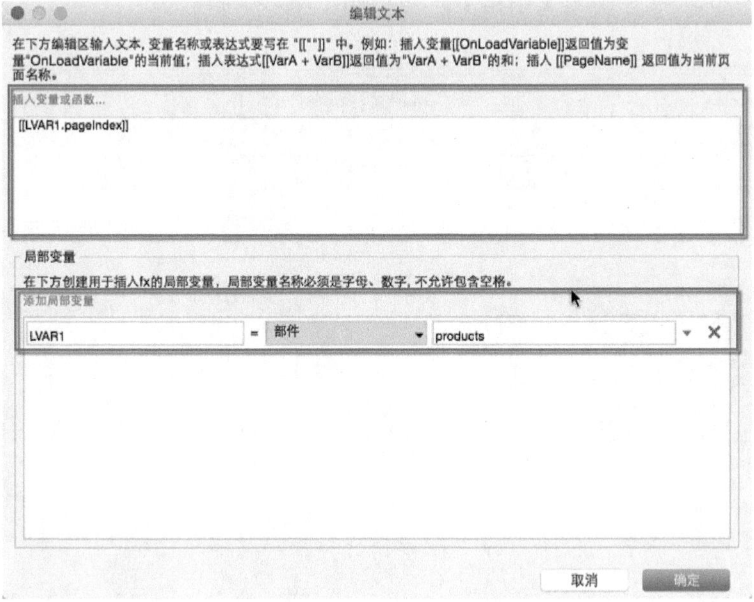

编辑文本

在下方编辑区输入文本，变量名称或表达式要写在 "[[""]]" 中。例如：插入变量[[OnLoadVariable]]返回值为变量"OnLoadVariable"的当前值；插入表达式[[VarA + VarB]]返回值为"VarA + VarB"的和；插入 [[PageName]] 返回值为当前页面名称。

插入变量或函数...

[[LVAR1.pageIndex]]

局部变量

在下方创建用于插入fx的局部变量，局部变量名称必须是字母、数字，不允许包含空格。

添加局部变量

LVAR1 = 部件 products

取消 确定

（图 55）

继续在条件编辑器右侧输入值【2】，见图 56。意思是，如果当前页面是 2。单击【确定】按钮关闭【条件编辑器】。

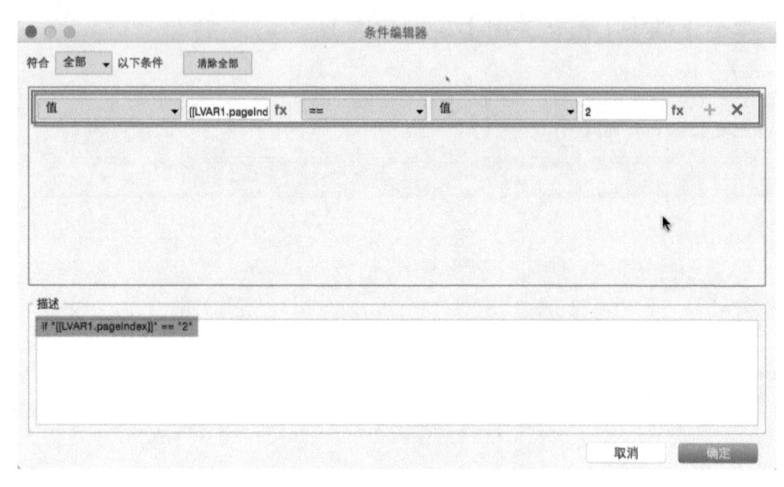


（图 56）

继续在【用例编辑器】中新增【选中】动作，在【配置动作】中勾选 page2，见图 57，单击【确定】按钮关闭【用例编辑器】。

（图 57）

同样的道理，如果当前页面是3，就要选中 page3，用例添加完毕后见图 58。

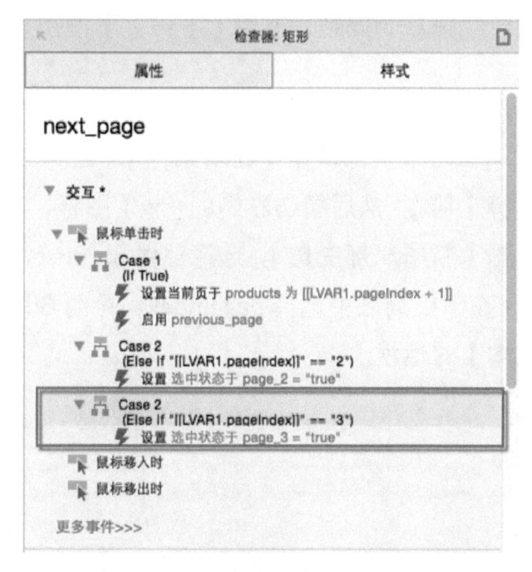


（图 58）

细心的同学在看到带有条件的多用例时，一定会留意观察 If 和 Else If 的逻辑关系。这里应该是每次单击【下一页】按钮都会判断当前页面并执行动作，所以需要将这两个用例切换为 If 结构，见图 59。

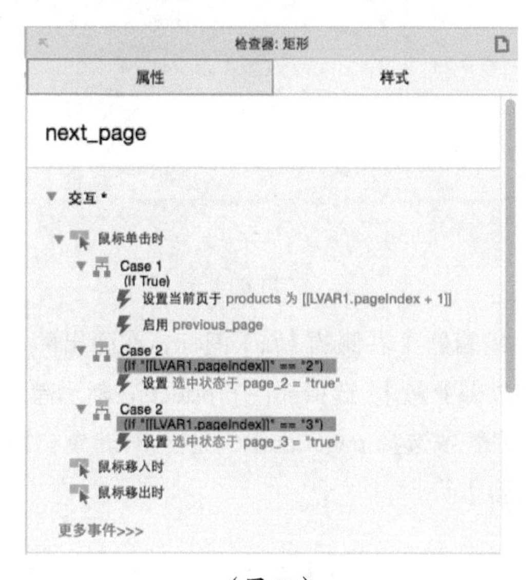


（图 59）

单击【预览】按钮，打开浏览器测试。单击【下一页】按钮已经可以正常交互了，接下来解决第二个问题，禁用【下一页】按钮。

第四步：选中【下一步】按钮，在部件【面板】中双击【鼠标单击时】事件。在弹出的【用例编辑器】顶部单击【新增条件】，在弹出的【条件编辑器】左侧下拉列表选择【值】。然后单击左侧的【fx】图标，在弹出的【编辑文本】对话框中单击【新增局部变量】。选择部件 products，然后单击【插入变量或函数…】，在下拉列表中选择 pageIndex，见图 60。单击【确定】按钮关闭【编辑文本】对话框。

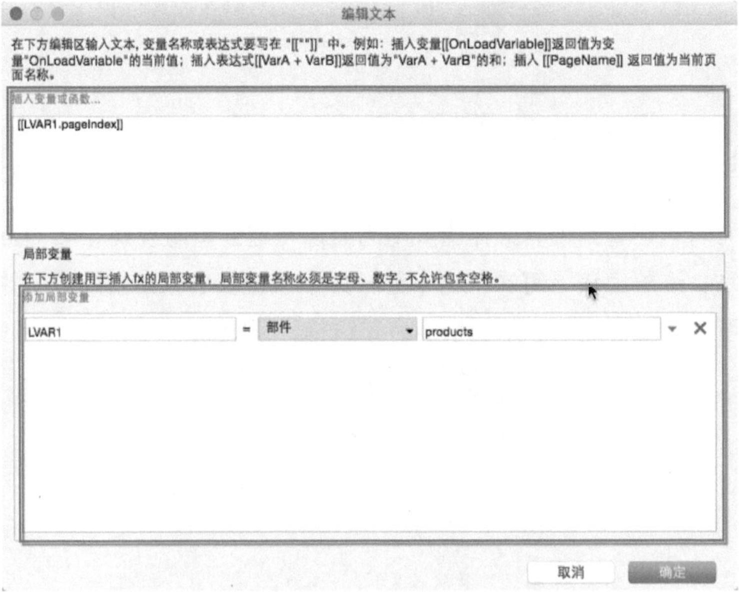

（图 60）

继续单击【条件编辑器】右侧的【fx】图标，在弹出的【编辑文本】对话框中单击【添加局部变量】。选择部件 products，然后单击【插入变量或函数…】，在下拉列表中选择 pageCount，见图 61。单击两次【确定】按钮回到【用例编辑器】。

继续在【用例编辑器】中新增【禁用】动作，在【配置动作】中勾选 next_

page，见图 62。单击【确定】按钮关闭【用例编辑器】。

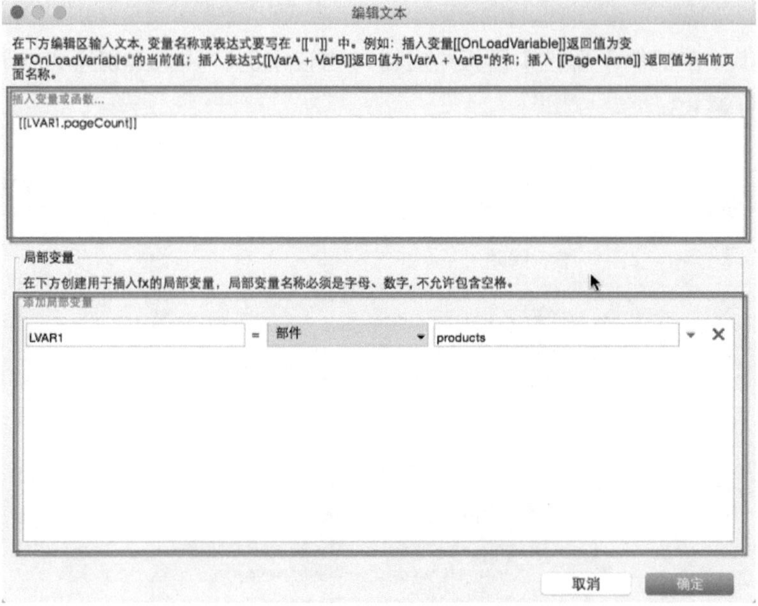

编辑文本

在下方编辑区输入文本，变量名称或表达式要写在 "[[""]]" 中。例如：插入变量[[OnLoadVariable]]返回值为变量"OnLoadVariable"的当前值；插入表达式[[VarA + VarB]]返回值为"VarA + VarB"的和；插入 [[PageName]] 返回值为当前页面名称。

插入变量或函数...

[[LVAR1.pageCount]]

局部变量

在下方创建用于插入fx的局部变量，局部变量名称必须是字母、数字，不允许包含空格。

添加局部变量

LVAR1 = 部件 products

取消 确定

（图 61）

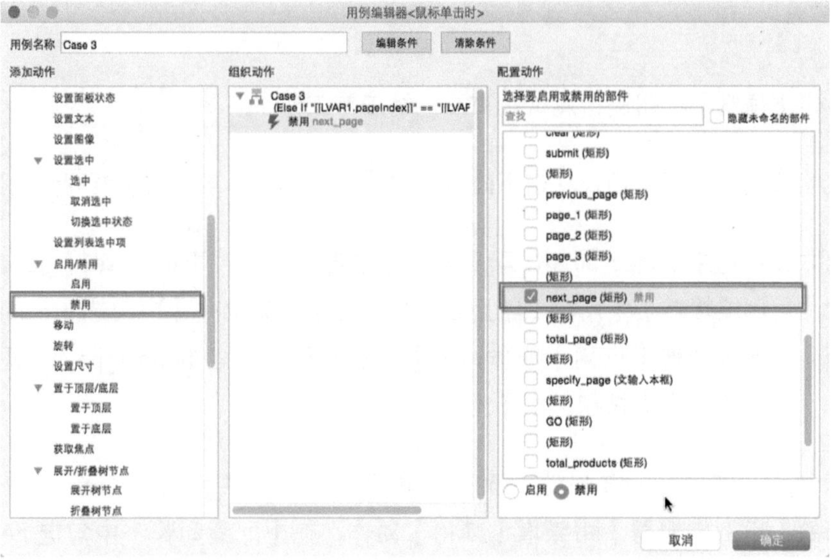

用例编辑器<鼠标单击时>

用例名称 Case 3 编辑条件 清除条件

添加动作

设置面板状态
设置文本
设置图像
设置选中
选中
取消选中
切换选中状态
设置列表选中项
启用/禁用
启用
禁用
移动
旋转
设置尺寸
置于顶层/底层
置于顶层
置于底层
获取焦点
展开/折叠树节点
展开树节点
折叠树节点

组织动作

Case 3
(Else If "[[LVAR1.pageIndex]]" == "[[LVAF
禁用 next_page

配置动作

选择要启用或禁用的部件

查找 隐藏未命名的部件

clear (矩形)
submit (矩形)
(矩形)
previous_page (矩形)
page_1 (矩形)
page_2 (矩形)
page_3 (矩形)
(矩形)
next_page (矩形) 禁用
(矩形)
total_page (矩形)
(矩形)
specify_page (文输入本框)
(矩形)
GO (矩形)
(矩形)
total_products (矩形)

启用 禁用

取消 确定

（图 62）

该用例的意思是，如果当前页面等于中继器中所包含所有页面，也就是页面的最大值，则禁用【下一页】按钮。

第五步：在部件【属性】面板中右键单击该用例，并将其切换为 If 语句结构，见图 63。

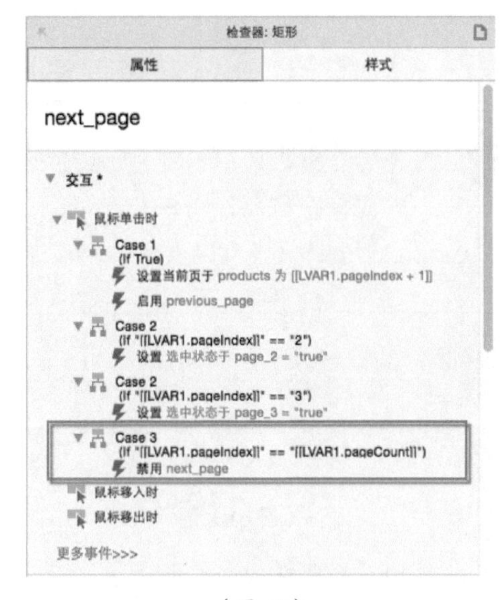


（图 63）

单击【预览】按钮进行测试，交互已经正常工作了。

继续解决第三个问题，单击不同页码时,【上一页】、【下一页】要同步响应。

第六步：选中 page1 部件，双击【鼠标单击时】事件下的 Case1，在弹出的【用例编辑器】中新增【禁用】动作，在【配置动作】中勾选 previous_page。继续新增【启用】动作，在【配置动作】中勾选 next_page，见图 64。单击【确定】按钮关闭【用例编辑器】。

第七步：选中 page3 部件，双击【鼠标单击时】事件下的 Case1，在弹出的【用例编辑器】中新增【禁用】动作，在【配置动作】中勾选 next_page。继续新增【启用】动作，在【配置动作】中勾选 previous_page，见

图 65。单击【确定】按钮关闭【用例编辑器】。

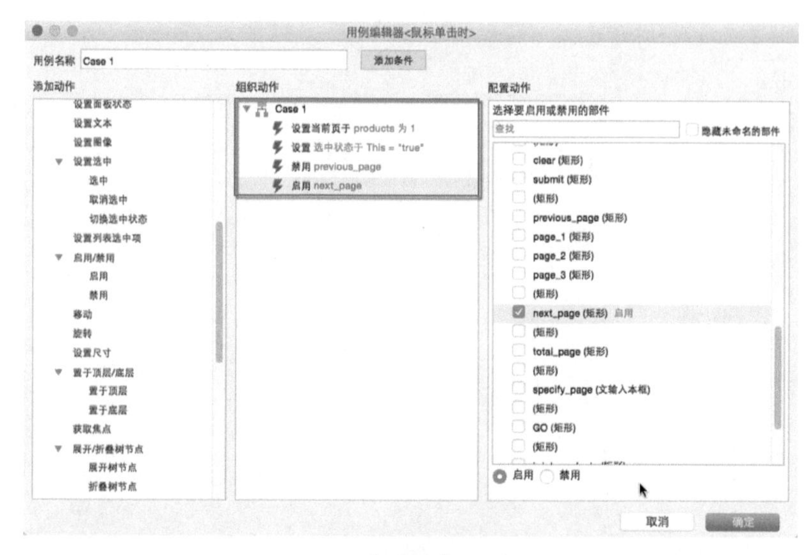


（图 64）

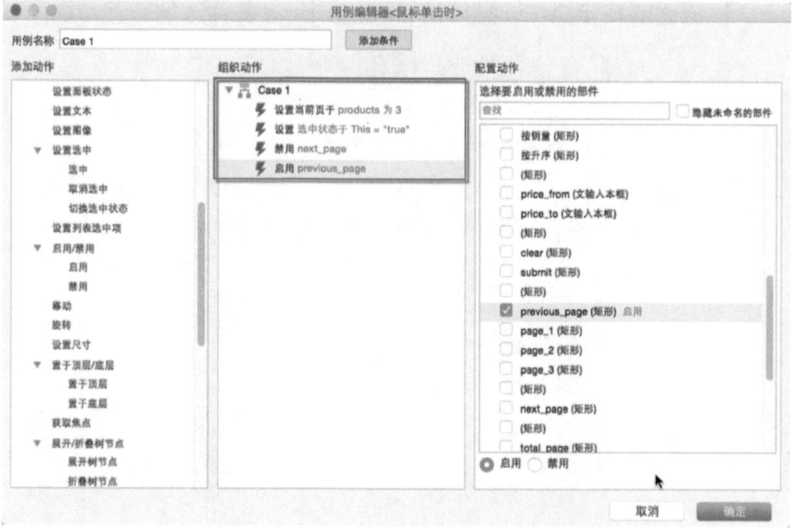

（图 65）

第八步：选中 page2 部件，双击【鼠标单击时】事件下的 Case1，在弹出的【用例编辑器】中新增【启用】动作，在【配置动作】中勾选 previous_ page 和 next_page，见图 66。单击【确定】按钮关闭【用例编辑器】。

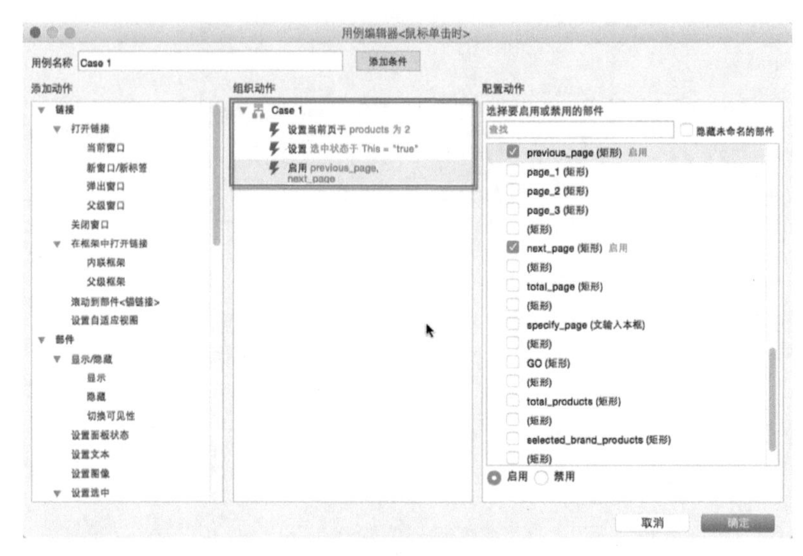


（图 66）

第九步：根据之前几步操作，继续给 previous_page 部件添加交互，如图 67。

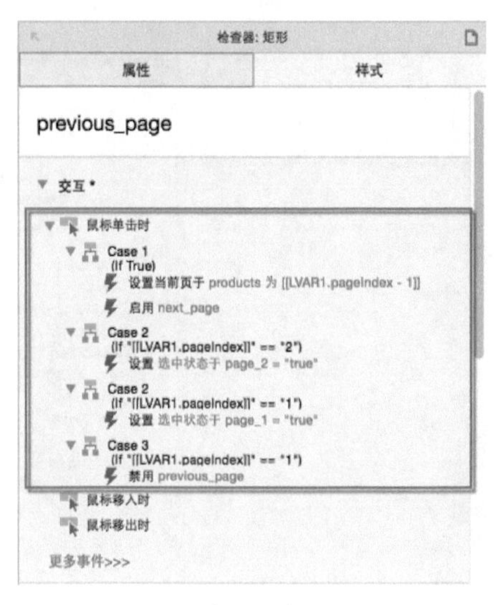


（图 67）

第十步：在顶部的工具栏中单击【预览】按钮，或者按下快捷键 F5/Shift + Command + P，快速预览交互效果。

# 第 11 章 APP 原型模板

本章节详细讲解 APP 原型中内容的不同显示方法，以及如何在真实的 iPhone 设备中预览原型，其中 APP 原型的设计尺寸和 Viewport 工作原理值得读者深入学习。

# 11.1 概述

在本节开始之前，十分有必要和各位读者讲述一下 Axure 的学习方法，因为有很多读者都非常急切地寻找使用 Axure 设计“APP”原型的知识，往往对 Web 原型的制作并不重视甚至忽视。对于 Axure 来说，这种学习方法是不合理的，因为在我们使用 Axure 设计原型时所使用的知识点是相同的，而且 Web 原型的设计（尤其是可交互的自适应网站设计）比 APP 原型更加复杂，设计过程中需要考虑的条件逻辑和使用的技能综合性更强。因此，强烈建议各位刚刚开始学习 Axure 的读者按顺序阅读本书。不积跬步无以至千里，当你对 Axure 的基础知识打下牢固的基础后再学习 APP 原型制作，就会事半功倍了。

# 11.2 APP 原型模板

APP 原型模板是专门为设计 APP 原型而设置的 RP 文件，它包含一个专门用来查看设计效果的页面，由移动设备的“机身外壳”和“内联框架”组成，还有用来设计 APP 原型的辅助线和屏幕页面。各位读者可以到论坛下载 iPhone APP 和 Android APP 原型模板，当然也可以根据本节内容自己动手制作。笔者在此以 iPhone APP 原型模板为例进行讲解。

第一步：在【站点地图】面板中新增页面，并调整页面顺序，见图 1。

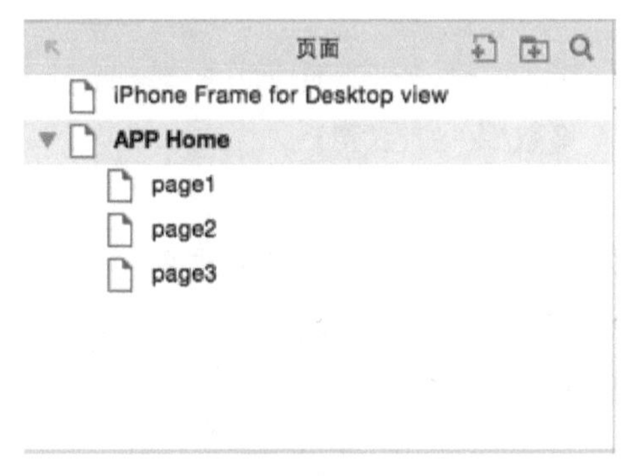


（图 1）

第二步：双击 iPhone Frame for Desktop view 页面，然后拖放 iPhone 机身外壳部件到设计区域，见图 2。

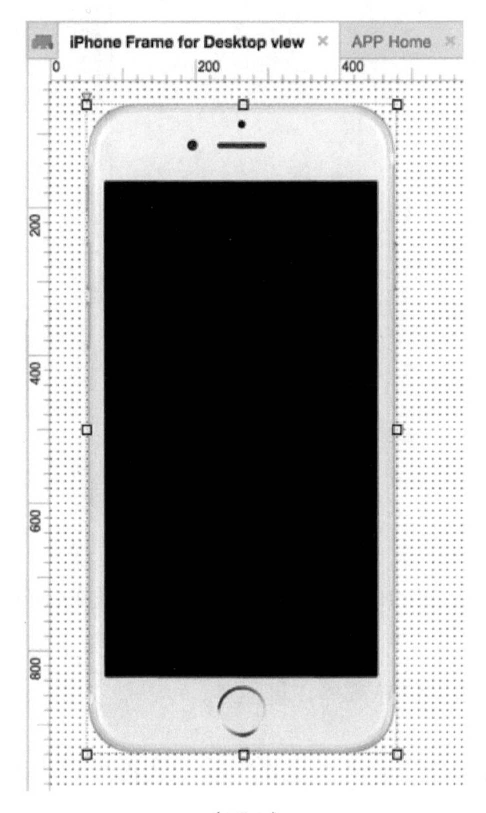


（图 2）

小 提 示：iPhone 机身外壳部件库下载地址：http://yunpan.cn/cLUhDx4tAbJFM（提取码：27e3）

第三步：在【部件】面板中拖放一个内联框架部件，将其放置于 iPhone6 机身外壳部件库的屏幕上方，并调整内联框架部件尺寸为 375×667 像素，给其命名为 iphone_frame，见图 3。

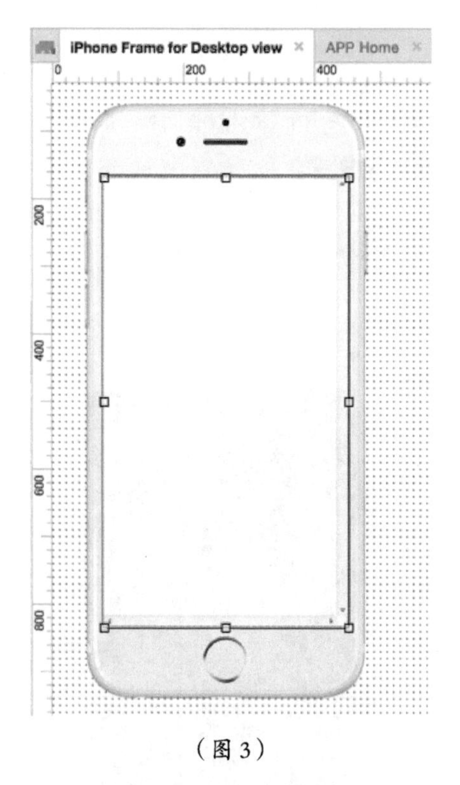


（图 3）

第四步：右键单击 iphone_frame，在弹出的关联菜单中选择【滚动条 > 从不显示滚动条】，然后再次右键单击该部件，选择【切换边框可见性】，将内部框架部件的边框也隐藏掉，见图 4。

第五步：双击 iphone_frame，在弹出的【链接属性】对话框中选择【APP Home】页面，见图 5，单击【确定】按钮。

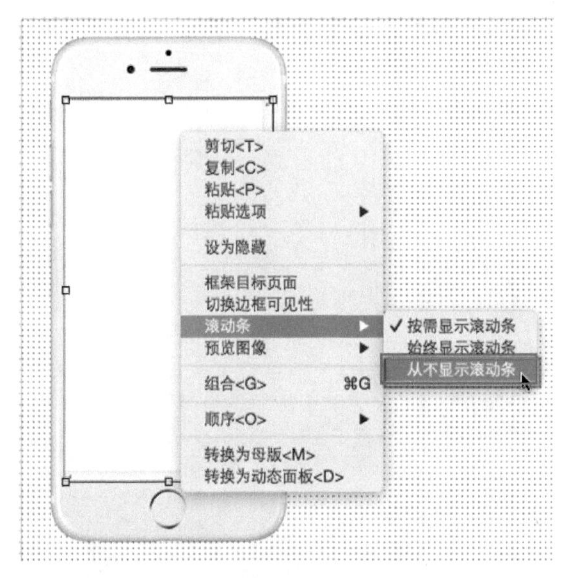


（图 4）

（图 5）

第六步：双击【APP Home】页面，添加一条垂直的全局辅助线，坐标

（375），再添加一条水平的全局辅助线，坐标（667），见图 6。

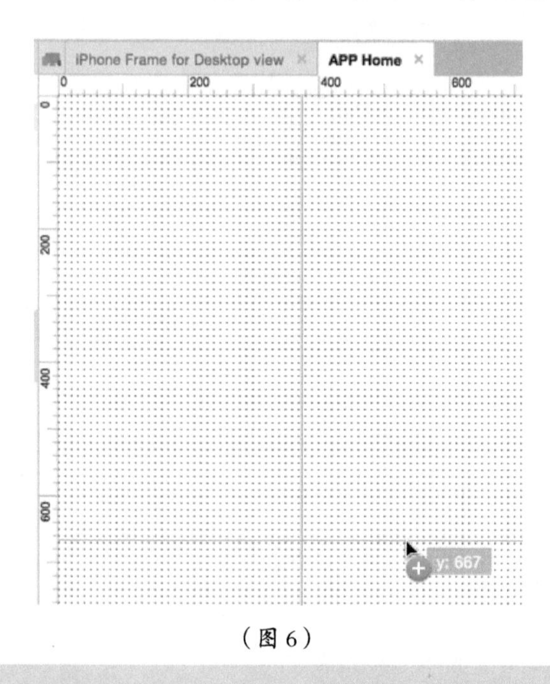


（图 6）

小提示：添加辅助线时，按住 Ctrl / Command，添加后就是全局辅助线。当添加完全局辅助线之后，其他所有页面中都会显示。

第七步：在其他页面中开始 APP 设计时，一定要在两条全局辅助线范围内，【iPhone Frame for Desktop View】页面才可以正常显示。

小提示：在【iPhone Frame for Desktop View】页面中，包含一张 iPhone 机身外壳图像和一个内联框架部件 iphone_frame（注意，要将内联框架置于机身外壳图像的顶层）。内联框架是用来载入【APP Home】页面的，内联框架和机身外壳可以放置于任何位置，但是 APP 内容在其他页面中的设计，必须在全局辅助线范围内。

当在浏览器中预览原型时，在【iPhone Frame for Desktop View】页面看上去整个原型是在 iPhone 手机中运行的，如图 7。也可以在浏览器中单击站点地图中的其他页面直接访问原型，就不会显示手机外壳了。

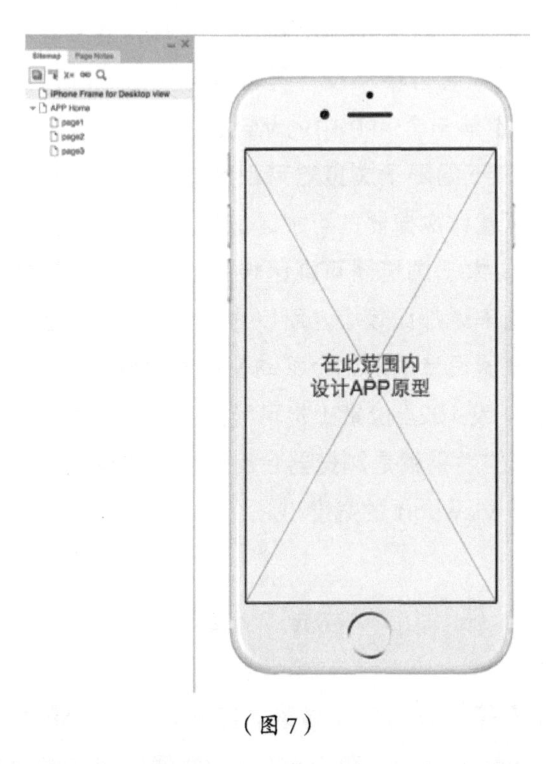


（图 7）

安卓 APP 原型模板的制作方法和 iOS APP 原型制作方法一样，此处不再赘述。

# 11.3 APP 原型的尺寸设计

在使用 Axure 设计 APP 原型时，如果要在一个或者多个移动设备中测试 APP 原型，则需要提前获取移动设备的屏幕分辨率，再根据屏幕分辨率来设计 APP（自适应）原型的大小。如 iPhone6 的屏幕分辨率是 750×1334 像素，但我们在 Axure 的原型中设计适用于 iPhone6 的 APP 原型尺寸却是 375×667 像素，这是为什么呢？要讲清楚这个问题，首先要了解移动设备中的 Viewport 概念。

## 11.3.1 Viewport 概述

通俗地讲，移动设备上的 Viewport 就是设备的屏幕上能用来显示网页的一块区域，也可以理解为移动设备屏幕的可视区域。再具体一点，就是浏览器上（也可能是一个 APP 中的 Webview）用来显示网页的那部分区域，但 Viewport 又不局限于浏览器可视区域的大小，它可能比浏览器的可视区域大，也可能比浏览器的可视区域小。在默认情况下，移动设备上的 Viewport 都是要大于浏览器可视区域的，这是考虑到移动设备的分辨率相对于桌面电脑来说都比较小，所以为了能在移动设备上正常显示那些传统的为桌面浏览器设计的网站，移动设备上的浏览器都会把自己默认的 Viewport 设为 980 或 1024 像素（也可能是其他值，这个是由移动设备自己决定），但带来的后果就是浏览器会出现横向滚动条，因为浏览器可视区域的宽度比默认 Viewport 的宽度小。

## 11.3.2 CSS 中的 px 与移动设备中的 px

CSS 中的 1px 并不等于设备的 1 像素。我们使用 Axure 生成的原型是由 HTML+CSS+JavaScript 构成的。在 CSS 中，通常使用 px（pixel 的缩写，即像素）作为单位，在桌面浏览器中，CSS 的 1px 往往都是对应着电脑屏幕的一个物理像素，这就是造成我们产生误解的原因：CSS 中的 px 就是设备的物理像素。但实际情况并非如此，CSS 中的像素只是一个抽象的单位，在不同的设备或不同的环境中，CSS 中的 1px 所代表的设备物理像素是不同的。在为桌面浏览器设计的网页中，这样理解是正确的，但在移动设备上并非如此，各位读者必须清楚这一点。在较早期的移动设备中，屏幕的像素密度都比较低，比如 iPhone3，它的屏幕分辨率是 320×480 像素。在 iPhone3 上，CSS 中 1px 确实是等于一个屏幕物理像素的。但是随着技术的发展，移动设备的屏幕像素密度越来越高，从 iPhone4 开始，苹果公司便推出了 Retina 屏幕，分辨率提高了一倍，变成 640×960 像素，但屏幕尺寸却没变化（在大家使用 iPhone4 截取屏幕时就能深切体会到这一点，屏幕截图尺寸是 640×960 像素，截图的尺寸比视觉上看到的屏幕尺寸大出了一倍）。也就是说，在同样大小的屏幕上，像素却高出了一倍。此时，CSS 中 1px 就等于两个物理像素。

其他品牌的移动设备也是这个道理。例如，安卓设备根据屏幕像素密度可分为 ldpi、mdpi、hdpi、xhdpi 等不同的等级，分辨率也是五花八门。安卓设备上的 CSS 中 1px 相当于多少个屏幕物理像素，也因设备的不同而不同，没有一个标准。

还有一个因素也会引起 CSS 中 px 的变化，那就是用户缩放。例如，当用户把页面放大一倍，那么 CSS 中 1px 所代表的物理像素也会增加一倍；反之把页面缩小一倍，CSS 中 1px 所代表的物理像素也会减少一倍。

看到这里，相信大家心中的谜团已经解开了。大家根据本节内容的讲解也可以深入理解“包含视图接口标记”（Include Viewport Tag）是何含义了。

关于移动设备中 Viewport 的专业文献，各位读者可参考 PPK 的文章，受篇幅所限，这里不再赘述，请参考网址：http://www.quirksmode.org/。

为了方便各位读者更加清晰、便捷地设计适用于不同屏幕尺寸的 APP 原型，本书附录中列出了 APP 原型尺寸速查表。

# 11.4 在真实的移动设备中预览原型

Axure 官方发布了用来预览原型的 AxShare APP，安装该 APP 后就可以轻松地在移动设备中预览原型，来获取最真实的用户体验。到 APP Store 或安卓市场中搜索 AxShare 下载安装即可。不过有一点需要注意，根据 11.3 小节中的提示，大家在设计 APP 原型时就应该计划好原型尺寸。比如，当你的原型设计完毕后想要放到 iPhone6 中预览效果，那么就要按照 iPhone6

的尺寸 375×667 像素设计原型；如果要放到 iPad Air 中预览原型，那么就要按照 768×1024 像素设计原型；如果你想让设计的原型能够适应多种不同屏幕尺寸的设备，那就要参考自适应视图一章中所讲述的内容，创建多个不同尺寸的视图分别设计。其他不同的移动设备在 Axure 中的设计尺寸也不尽相同，读者可参考本书附录中的 APP 原型尺寸速查表。

除了上述内容需要引起读者注意以外，下面的内容也需要格外注意，否则会出现莫名其妙的错误。

在我们将设计好的原型发布到 AxShare 之前，还需要进行如下设置。

第一步：单击顶部菜单栏中的【发布 > 生成 HTML 文件】，在弹出的【生成 HTML】对话框左侧，选择【移动设备】，勾选【包含 Viewport 标签】，见图 8。

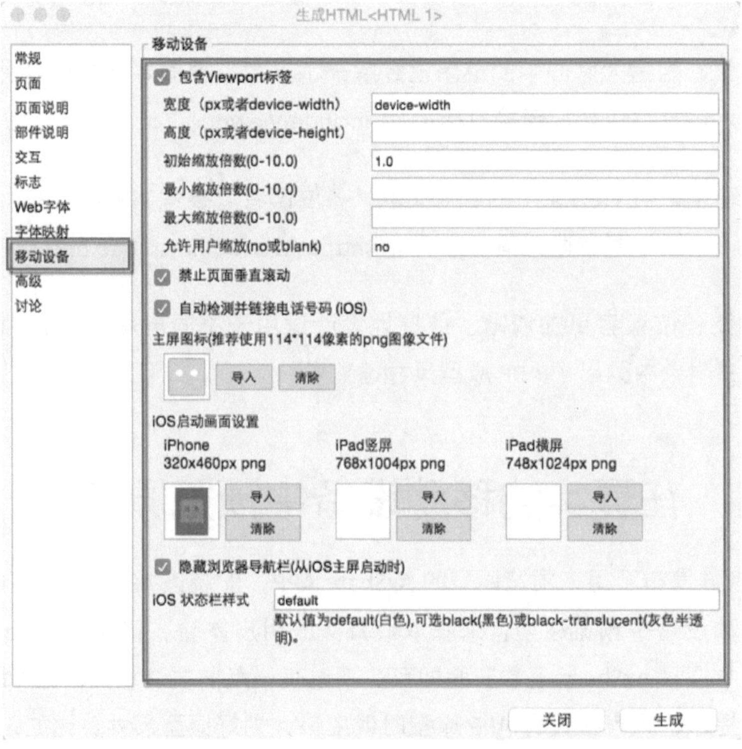

（图 8）

- 设置【宽度】为 device-width。
- 【初始缩放倍数】: 1.0。
- 【允许用户缩放】: no。
- 勾选【禁止垂直页面滚动】。
- 勾选【自动检测并链接电话号码（iOS）】(按需勾选)。
- 勾选【隐藏浏览器导航栏】(按需勾选)。

此外，还可以给 APP 原型添加主屏幕图标和 APP 启动画面，设置完成后单击【关闭】按钮。

第二步：单击菜单栏中的【发布 > 发布到 AxShare】，登录你的 Axure 账户，这里可以选择上传一个新项目并设置项目名称、密码，也可以替换已经存在的项目，见图 9。设置完毕后单击【发布】按钮。

（图 9）

第三步：提示发布成功后，在手机或平板电脑中启动 AxShare 应用，见图 10。输入 Axure 账号和密码后单击【LOGIN】，登录成功后可以看到自己 AxShare 中的项目文件夹，见图 11。笔者在此单击【My Projects】后可以看到该工作区中的所有项目列表，见图 12。

（图 10）



（图 11）

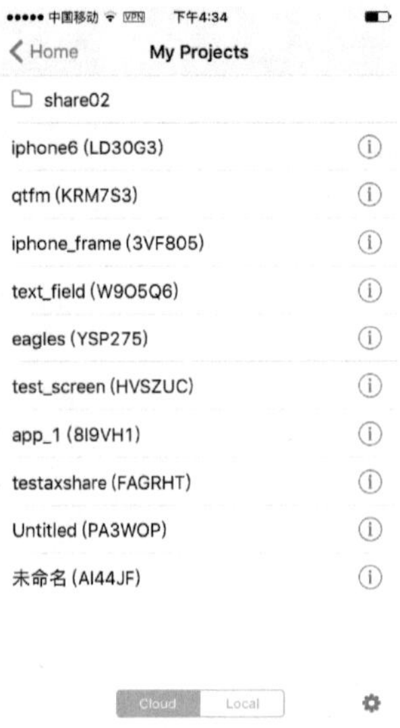

（图 12）

单击项目名称可以直接打开预览该项目，单击右侧的信息图标（iOS）/ 菜单图标（Android），可以对项目设置进行配置，见图 13。

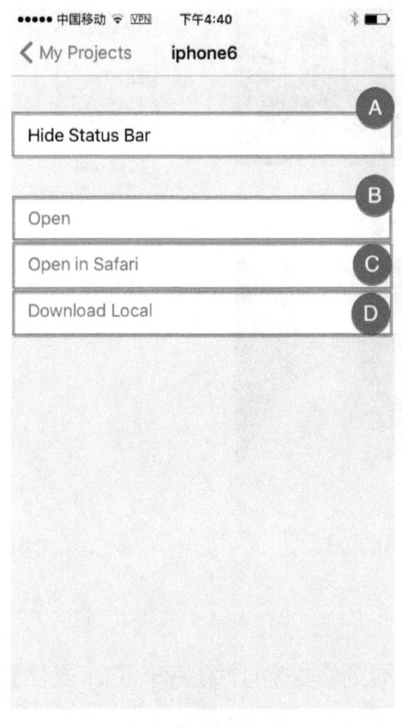


（图 13）

A：隐藏状态栏
B：打开并预览原型
C：在 Safari 浏览器中预览原型
D：下载原型到本地（下载后可以离线预览原型）

在此，笔者选中【隐藏状态栏】，然后打开原型，因为笔者用于演示的原型已经制作了状态栏。如果你绘制的原型中不包含状态栏的话，此处不要勾选。打开原型后见图 14。

第四步：在打开的原型中向右滑动可以展开站点地图，见图 15。

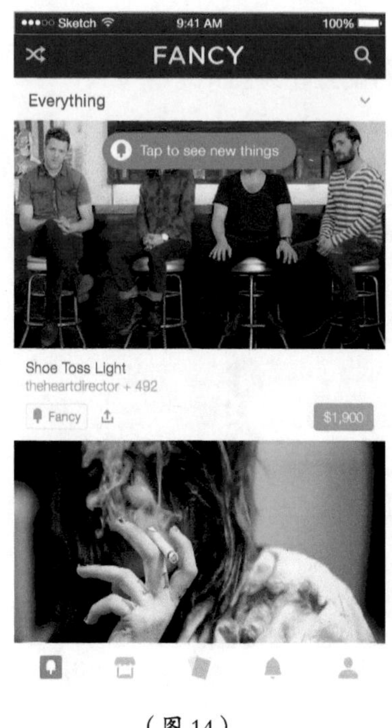


（图 14）

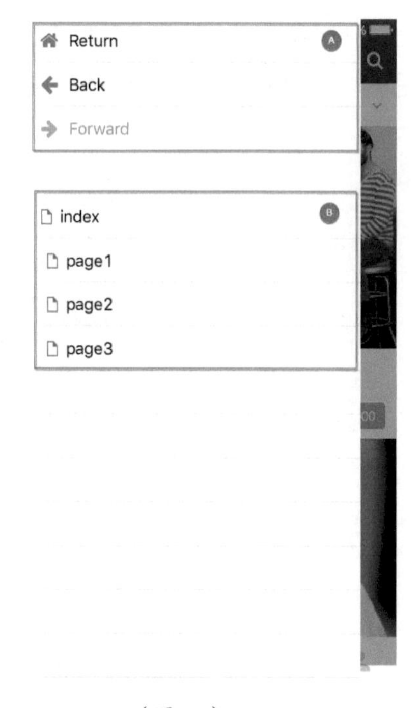


（图 15）

A：应用导航 B：原型的站点地图

至此，在移动设备中预览原型就介绍完毕了，虽然还有其他方法可以实现在真实移动设备中预览原型，但是和使用 AxShare APP 相比操作更加复杂，所以笔者推荐大家使用这种方法。还有一点，如果你的 RP 文件比较大，上传要等待很久，建议使用 VPN 连接后再上传，可以明显提升上传和访问速度。

# 第 12 章
# 用户界面规范文档

该文档以用户界面（UI）设计理念和用户操作习惯为原则，为了保证界面设计的一致性、美观性、扩展性和安全性等，对 Web/APP 界面设计的原则、标准、约束和界面元素内容做出详细要求，便于用户界面原型设计和开发。

# 12.1 规范文档概述

用户界面规范文档是一个非常重要的沟通工具，它是由用户体验设计师根据规范撰写的，用来和开发人员沟通用户界面的交互行为。通常情况下也是在项目中必须交付的资料之一。

一旦确定项目范围，就应该确定你的投资人（客户、老板）需要哪些可递交文件，以及使用什么格式（Word 还是 PDF），越早确定就越有助于你制定工作计划。此外，应该在项目早期与开发团队沟通展示你的文档规范并获得开发团队的批准。与开发团队沟通是项目成功的关键，无论他们对规范文档的制作提出怎样的要求都不要觉得烦躁，因为制作出开发团队认可的规范文档是十分必要的，在开发团队中征求反馈有助于整个项目的成功。不过，在国内很多互联网公司中 Axure 仍然是一个新概念，因此许多开发团队不知道他们需要或者想要的东西。因此，他们不愿意在项目的开始讨论这个话题，也无法确定他们需要一个什么样的用户界面规范文档。如果遇到这种情况，请参考几条建议。

- 一定要在项目早期与开发小组讨论规范文档的标准。
- 询问一下开发小组曾经是否使用过规范文档，如果有，那就恭喜你了，借来参考一下便于顺畅沟通。
- 如果没有，就展示一个使用 Axure 制作的规范文档案例给开发小组浏览，并征询他们的意见。
- 讨论并确认开发小组希望看到的规范文档属性和细节级别，并安排在后续会议中展示在本次达成一致的草案规范。

- 最后在可交付资料的业务规则、日期要求和风格指南等元素上达成一致。

当你（用户体验设计团队）的工作完毕后，开发小组会根据你所提供的线框图、原型和用户界面规范文档制作全功能的网站或者 APP。由此可见，原型和用户界面规范文档是相辅相成的，二者缺一不可。

## 12.2 Axure 规范文档

当你给部件和页面添加完注释，单击【生成规范文档】按钮后，你可能发现，生成的文档并不是开发小组想要的格式。良好的规范文档应该提供贯穿整个网站或 APP 的清晰透彻的描述，包括每个不同页面的结构和交互行为，以及每个不同部件的交互行为。详细来说，规范文档的底层结构由以下内容组成。

- 网站或 APP 规范文档的全局方面，编辑并使用 Axure 生成功能中的 Word 模板。
- 页面描述，使用页面注释。
- 部件描述，使用字段进行注释。

在你设计的网站或 APP 中通常都会有大量交互行为和显示规则，用户界面规范文档应该包含这些内容，这有助于团队成员（开发人员和产品经理等）理解并消化这些信息，也可以确保让团队知道在项目中建立了什么级别的标准和哪些类型的设计模式。下面笔者给出一个列表，并不是每个项目都会用到这个列表中的内容，仅为读者们提供一个参考。

- 介绍：用来传达目的和目标受众，也就是说，这个文档是什么，为团队中的谁而写。
- 参考指南：包含规范文档中的以下项目。
    - 屏幕分辨率。

  - 支持设备。
  - 日期时间的显示规则。
  - 支持浏览器。
  - 性能：指从用户体验角度来看，对各种交互可接受的响应时间。
  - 消息提示：比如，用户错误、系统错误、用户操作数据时（查询和过滤等）返回结果为空、确认、警告等。
  - 用户支持和指导。
  - 处理用户访问、权限和安全。
  - 用户自定义功能。
  - 定位功能。
  - 辅助功能需求（比如为色盲、盲人、残障人士设计使用的功能）。
- 界面布局。
- 表格模式。
- 关键模式：其中包括以下字段的规范。
  - 窗口和对话框。
  - 通知：如错误消息、警告消息、确认消息、信息消息等。
  - 杂项：如日历模式、按钮模式、图标模式等。
- Axure 术语或缩写词语定义表，简单来说就是解释一下什么叫母版、动态面板、中继器部件等。
- 文档控制：如文档版本、相关文档（如视觉设计指南）、评论者及评论列表、同意者列表。简单来说就是该文档的评审内容、评审人员和评审结果等。

在现实工作中，很多项目尤其是中小微型互联网公司的项目中经常会低估或者忽略规范文档的价值。原因也比较多，一方面是时间表比较紧，很多项目都是赶着日程走；另一方面，产品经理或用户体验设计师对专业知识的缺乏也是很重要的因素。尽管在很多公司中产品经理、项目经理和用户体验设计师并没有明确的界限，甚至由一人承担，但当你看过这一章之后，应该明确地认识到规范文档的价值和用途。

# 12.3 生成器和输出文件

在详细讲解之前，我们先来看一下 Axure 生成器与规范文档和原型之间的关系，在菜单栏中单击【发布】，见图 1。

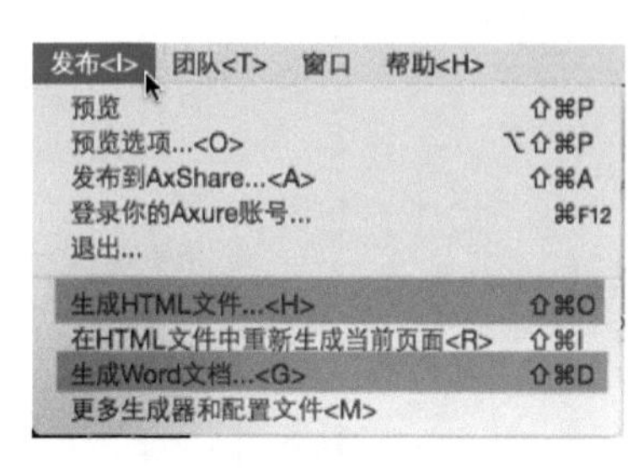


（图 1）

我们通常所说的（可交互）原型就是指生成的 HTML 文件。单击【生成 HTML 文件】，在弹出的【生成 HTML】对话框中，可以配置输出 HTML 原型的相关配置选项，见图 2。

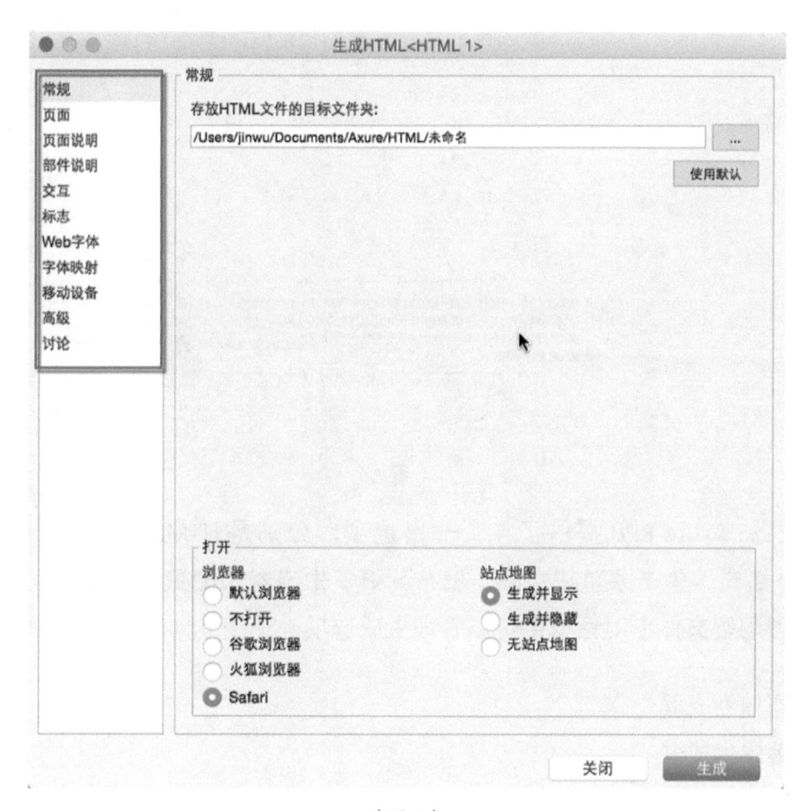


（图 2）

**规范文档：**即格式化的 Word 文档。与生成 HTML 文件类似，点击“生成 Word 文档”，在弹出的对话框中可以对 Word 文档的输出进行详细配置。见图 3。

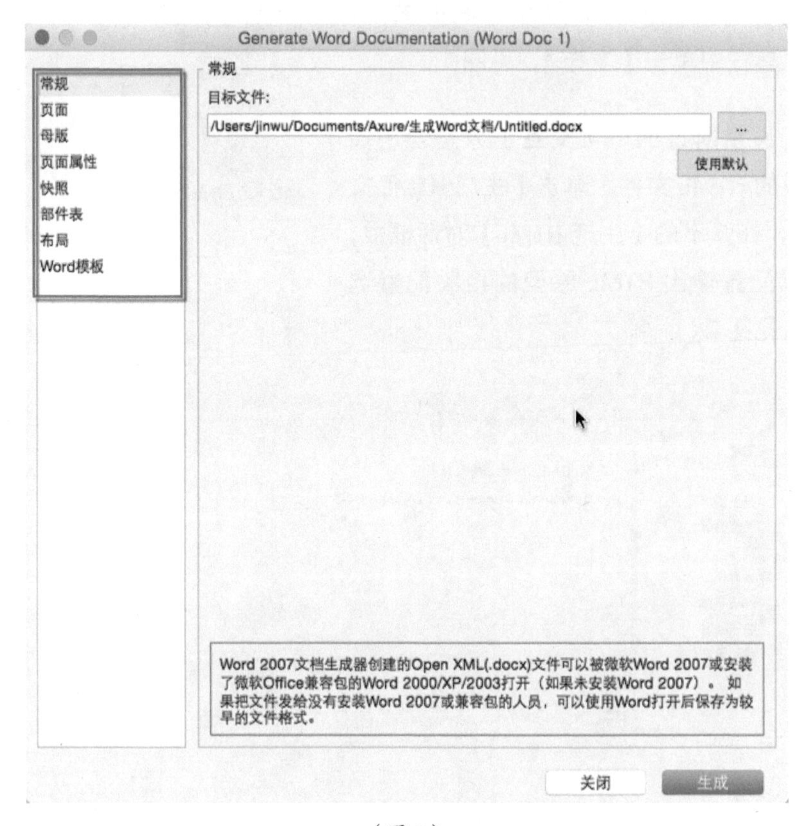


（图 3）

**生成器：**Axure RP8 提供了 4 个输出选项，分别是 HTML、Word 、CSV 和 Print 格式。单击菜单栏中的【发布 > 更多生成器和配置文件】，在弹出的【管理配置文件】对话框中可以管理生成选项，见图 4。在这里你可以：

- 添加生成器
- 编辑生成器
- 复制一个已有生成器

- 删除生成器
- 设置默认生成器

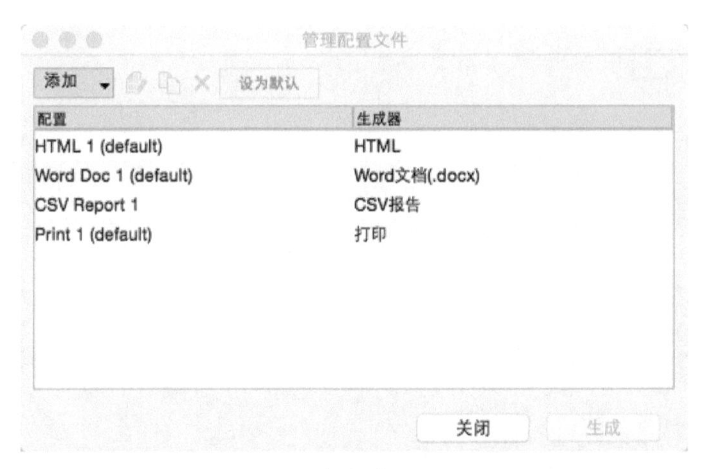


（图 4）

# 12.4 部件注释

在用户界面规范文档中，需要给线框图或原型中的每个部件添加描述性和规范性的信息。在有需求的情况下，开发人员会根据你提供的这些信息将线框图转换为代码。所以就像之前所讲的那样，与开发小组约定俗成的标准描述是十分必要的。但是在用户体验设计领域并没有用户界面规范文档的标准。可交付文档的格式和所包含的范围是由用户体验设计人员、用来制作规范文档的工具、还有开发小组的特殊需求所决定的。部件注释可以用来澄清你的设计功能：有注释或交互的部件有一个黄色的编号脚注在窗口右上角显示，如果要隐藏 Axure 设计区域中的脚注，单击菜单栏中的【视图】，取消勾选【显示脚注】即可，见图 5。要隐藏生成的 HTML 中的脚注，选择【发布 > 生成 HTML】，单击【部件说明】，取消勾选【包含部件说明】，见图 6。

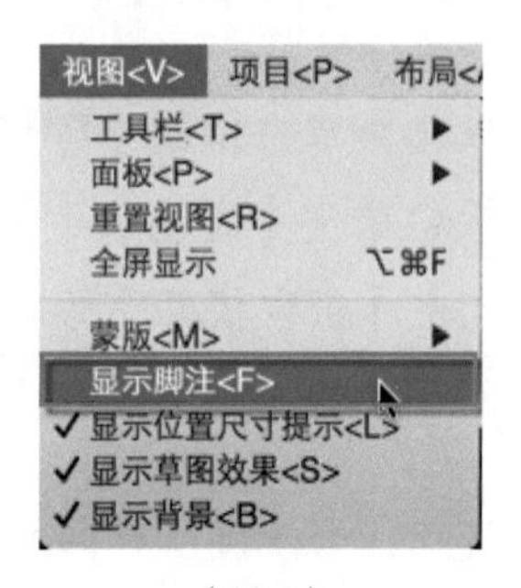


（图 5）

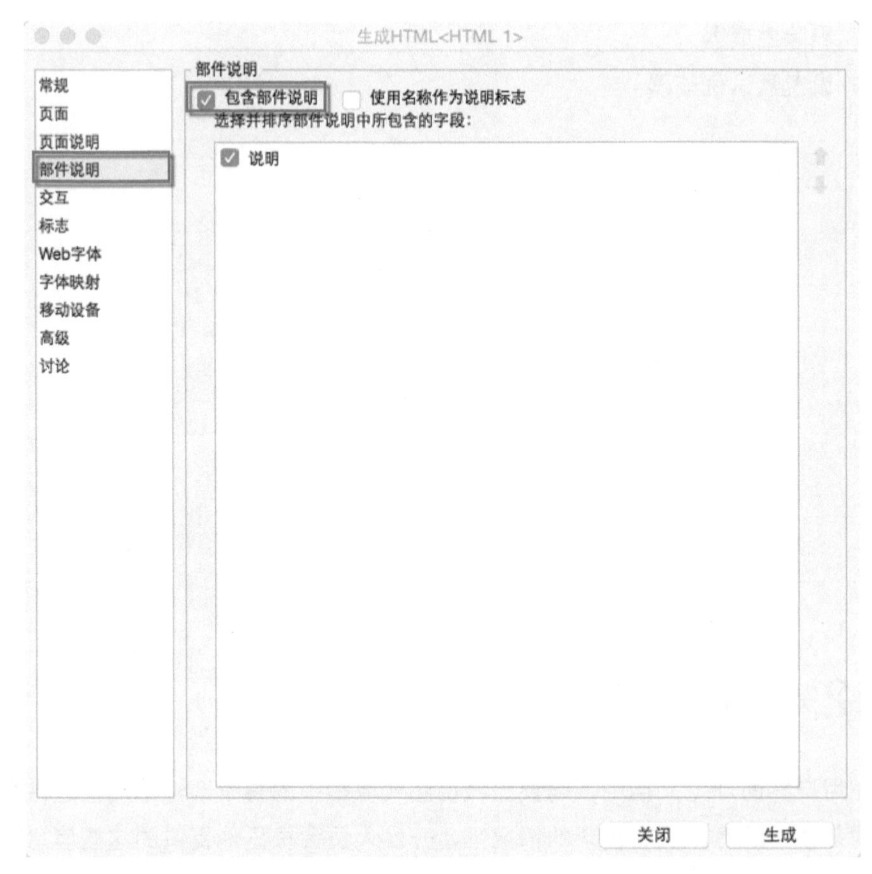


（图 6）

## 12.5 部件说明

单击菜单栏中的【项目 > 部件说明字段与配置】，或者在部件【属性】面板中单击【说明】下方的下拉列表，然后选择【自定义部件字段】。在弹出的【部件说明字段与配置】对话框中进行设置。在这个对话框中你可以对部件的说明字段进行添加、删除和排序，见图 7。

还可以添加新的字段并配置不同说明字段的合集，见图 8 和图 9。

可新增的字段包括：

- Text
- 选项列表
- Number
- 日期

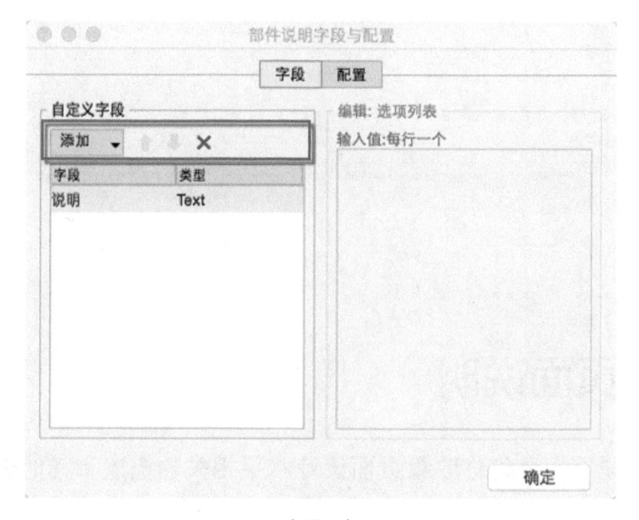


（图 7）

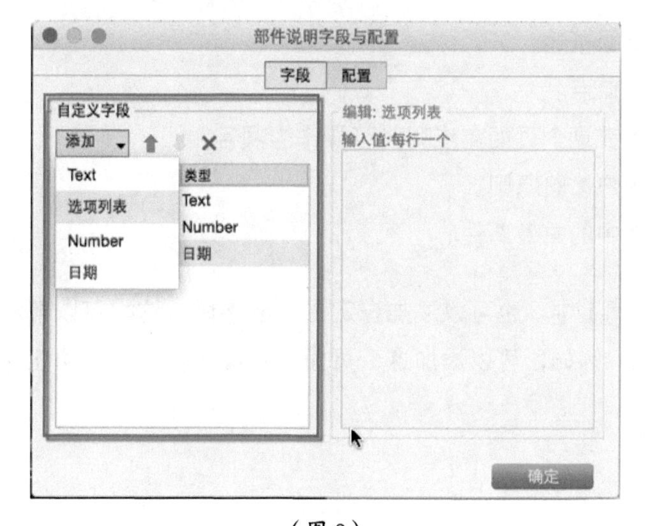


（图 8）

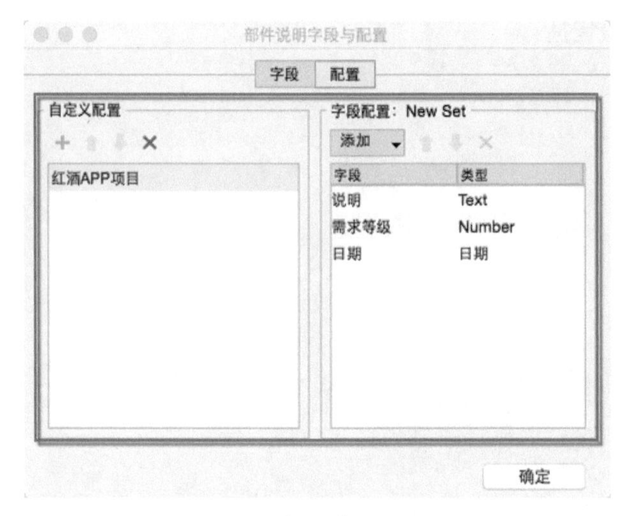


（图 9）

## 12.6 页面说明

Axure【页面说明】允许你收集页面设计水平相关的描述和其他规范，此外还提供以下细节。

- 页面的高级概述。
- 页面的入口点。
- 用户可以在这个页面完成哪些可操作的项目。
- 重要的用户体验原则。
- 用户界面中的关键部件。

在【页面说明】中，也可以添加自定义说明字段，这样可以帮助你组织并结构化说明。例如，可以添加这个页面的关键业务需求和功能规格等，见图 10。

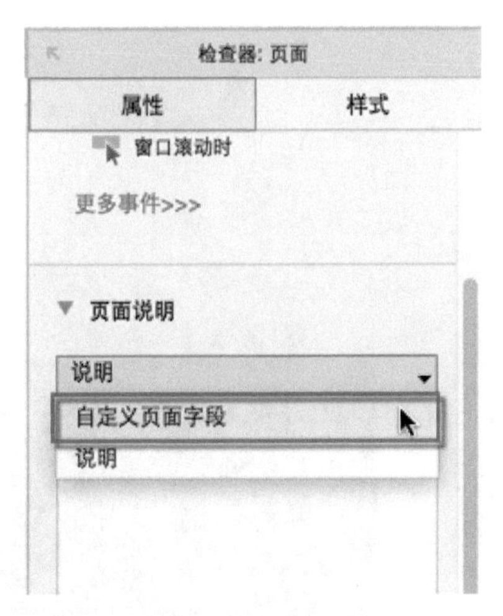


（图 10）

页面说明可以自定义文本样式，如粗体、斜体、字体颜色等，就像处理形状部件一样。还可以使用文本格式的快捷方式，如 Ctrl+B/Command+B、Ctrl+I/Command+I 等。在【页面说明】中所添加的文字样式，在生成的 Word 文档中依然有效。

# 附录 A

# APP 原型尺寸速查表

| 设备名称 | 平台 | 系统版本 | 竖屏宽度 | 横屏宽度 | 发布日期 |
|---|---|---|---|---|---|
| Acer Iconia Tab A1-810 | Android | 4.2.2 | 768 | 1024 | May-13 |
| Acer Iconia Tab A100 | Android | 4.0.3 | 800 | 1280 | Apr-11 |
| Acer Iconia Tab A101 | Android | 3.2.1 | 600 | 1024 | May-11 |
| Acer Iconia Tab A200 | Android | 4.0.3 | 800 | 1280 | Jan-12 |
| Acer Iconia Tab A500 | Android | 4.0.3 | 648 | 1280 | Apr-11 |
| Acer Iconia Tab A501 | Android | 3.2 | 800 | 1280 | Apr-11 |
| ACER Liquid E2 | Android | 4.2.1 | 360 | 640 | May-13 |
| Ainol Novo 7 Elf 2 | Android | 4.0.3 | 496 | 1024 | Jun-12 |
| Alcatel One Touch Idol X | Android | 4.2.2 | 480 | 800 | Jul-13 |
| Alcatel One Touch T10 | Android | 4.0.3 | 480 | 800 | Mar-13 |
| Alcatel One Touch 903 | Android | 2.3.6 | 320 | 427 | Aug-12 |
| Alcatel (Vodafone) Smart Mini 875 | Android | 4.1.1 | 320 | 480 | Jul-13 |
| Amicroe 7 TouchTAB II | Android | 4.0.4 | 480 | 800 | Jan-13 |
| Amicroe 9.7 TouchTAB IV | Android | 4.1.1 | 768 | 1024 | May-13 |
| Archos 70b (it2) | Android | 3.2.1 | 600 | 1024 | Feb-12 |
| Archos 80G9 | Android | 3.2 | 768 | 1024 | Sep-11 |
| Arnova 10b G3 | Android | 4.0.3 | 600 | 1024 | May-12 |
| Arnova 7 G2 | Android | 2.3.1 | 480 | 800 | Sep-11 |
| Arnova 7F G3 | Android | 4.0.3 | 640 | 1067 | Nov-12 |
| Arnova 8C G3 | Android | 4.0.3 | 800 | 1067 | Nov-12 |
| ASUS B1-A71 | Android | 4.1.2 | 600 | 1024 | Jan-13 |
| ASUS Fonepad | Android | 4.1.2 | 601 | 962 | Apr-13 |
| ASUS MeMo Pad ME172V | Android | 4.1.1 | 600 | 1024 | Jan-13 |
| ASUS MeMo Pad FHD10/ ME302C 10.1 | Android | 4.2.2 | 800 | 1280 | Aug-13 |
| ASUS Padfone | Android | 4 | 800 | 1128 | Jun-12 |

续表

| 设备名称 | 平台 | 系统版本 | 竖屏宽度 | 横屏宽度 | 发布日期 |
|---|---|---|---|---|---|
| ASUS Transformer Pad TF300T | Android | 4.0.3 | 800 | 1280 | Apr-12 |
| ASUS Transformer TF101 | Android | 3.1 | 800 | 1280 | Apr-11 |
| ASUS Vivo | Windows RT | 8 | 768 | 1366 | Nov-12 |
| Barnes & Noble Nook HD | Android | 4.0.4 | 600 | 960 | Nov-12 |
| BAUHN AMID-972XS | Android | 4.0.3 | 768 | 1024 | Sep-12 |
| BAUHN AMID-9743G | Android | 4.1.2 | 768 | 1024 | Feb-13 |
| BAUHN ASP-5000H | Android | 4.2 | 360 | 640 | Sep-13 |
| BlackBerry 9520 | BlackBerry OS | 5 | 345 | 691 | Nov-09 |
| BlackBerry Bold 9000 | BlackBerry OS | 4.0.0.223 | 480 | — | Aug-08 |
| BlackBerry Bold 9780 | BlackBerry OS | 6.0.0.110 | 480 | — | Nov-10 |
| BlackBerry Bold 9790 | BlackBerry OS | 7.0.0.528 | 320 | — | Dec-11 |
| BlackBerry Bold 9900 | BlackBerry OS | 7.1.0.342 | 356 | — | Aug-11 |
| BlackBerry Curve 9300 | BlackBerry OS | 5.0.0.716 | 311 | — | Aug-10 |
| BlackBerry Curve 9300 | BlackBerry OS | 6.0.0.448 | 320 | — | Aug-10 |
| BlackBerry Curve 9320 | BlackBerry OS | 7.1.0.569 | 320 | — | May-10 |
| BlackBerry Curve 9360 | BlackBerry OS | 7.0.0.530 | 320 | — | Aug-11 |
| BlackBerry Curve 9380 | BlackBerry OS | 7.0.0.513 | 320 | 406 | Dec-11 |
| BlackBerry PlayBook | Blackberry Tablet OS | 2.1.0 | 600 | 1024 | Apr-11 |
| BlackBerry Torch 9800 | BlackBerry OS | 6.0.0.353 | 360 | 480 | Aug-10 |
| BlackBerry Torch 9810 | BlackBerry OS | 7.0.0.296 | 320 | — | Aug-11 |
| BlackBerry Torch 9860 | BlackBerry OS | 7.0.0.579 | 320 | 505 | Sep-11 |
| BlackBerry Q10 | BlackBerry OS | 10.1.0.1910 | 346 | — | Apr-13 |
| BlackBerry Z10 | BlackBerry OS | 10.0.10.690 | 342 | 570 | Feb-13 |
| Dell Venue 8 | Windows 8 | 8.1 | 800 | 1280 | 10-2013 |
| Galaxy Nexus | Android | 4.1.1 | 360 | 598 | Nov-11 |
| HP Slate 7 2800 | Android | 4.1.1 | 600 | 1024 | Jun-13 |

续表

| 设备名称 | 平台 | 系统版本 | 竖屏宽度 | 横屏宽度 | 发布日期 |
|---|---|---|---|---|---|
| HP Slate 21 | Android | 4.2.2 | 1920 | NA | Oct-13 |
| HP Touchpad | Android | 4.0.3 | 768 | 1024 | Jul-11 |
| HP Touchpad | webOS | 3 | 768 | 1024 | Jul-11 |
| HP Veer | WebOS | 2.1.1 | 320 | 545 | Jun-11 |
| HTC 7 Mozart | WP7 | 7.5 | 320 | 480 | Oct-10 |
| HTC 7 Trophy | WP7 | 7.5 | 320 | 480 | Oct-10 |
| HTC A620b | WP8 | 8 | 320 | 480 | Jan-13 |
| HTC Desire | Android | 2.3.3 | 320 | 533 | Mar-10 |
| HTC Desire C | Android | 4.0.3 | 320 | 480 | Jun-12 |
| HTC Desire HD | Android | 2.3.5 | 320 | 533 | Oct-10 |
| HTC Desire S | Android | 4.0.4 | 320 | 533 | Mar-11 |
| HTC Desire X | Android | 4.1.1 | 320 | 533 | Oct-12 |
| HTC Desire 700 | Android | 4.1.2 | 360 | 640 | Jan-14 |
| HTC Desire Z (Vision) | Android | 2.2 | 480 | 800 | Nov-10 |
| HTC Droid Eris | Android | 2.1 | 320 | 480 | Nov-09 |
| HTC Evo 3D | Android | 4.0.3 | 540 | 960 | Jul-11 |
| HTC Incredible 2 | Android | 2.3.4 | 320 | 533 | Apr-11 |
| HTC Legend | Android | 2.2 | 320 | 480 | Mar-10 |
| HTC MyTouch Slide 4G | Android | 2.3.4 | 320 | 533 | Jul-11 |
| HTC One | Android | 4.1.2 | 360 | 640 | Mar-13 |
| HTC One Mini | Android | 4.2.2 | 360 | 640 | Jul-13 |
| HTC One S | Android | 4.0.3 | 360 | 640 | Apr-12 |
| HTC One SV | Android | 4.0.4 | 320 | 533 | Dec-12 |
| HTC One V | Android | 4.0.3 | 320 | 533 | Apr-12 |
| HTC One X | Android | 4.2.2 | 360 | 640 | May-12 |
| HTC One X+ | Android | 4.3 | 360 | 640 | Nov-12 |

续表

| 设备名称 | 平台 | 系统版本 | 竖屏宽度 | 横屏宽度 | 发布日期 |
|---|---|---|---|---|---|
| HTC One XL | Android | 4.0.3 | 360 | 640 | May-12 |
| HTC Rio 8S | WP8 | 8 | 320 | 480 | Dec-12 |
| HTC Sensation XL | Android | 4.0.3 | 360 | 640 | Nov-11 |
| HTC Titan II/4G | WP7 | 7.5 | 320 | 480 | Apr-12 |
| HTC Velocity 4G | Android | 4.0.3 | 360 | 640 | Nov-12 |
| HTC Wildfire A3333 | Android | 2.2.1 | 267 | 356 | May-10 |
| HTC Wildfire S | Android | 2.3.3 | 320 | 480 | May-11 |
| HTC Windows Phone 8S | WP8 | 8 | 320 | 480 | Nov-12 |
| HTC Windows Phone 8X (C625b) | WP8 | 8 | 320 | 480 | Nov-12 |
| Huawei Ascend G510 | Android | 4.1.1 | 320 | 569 | Apr-13 |
| Huawei Ascend Mate | Android | 4.1.1 | 480 | 813 | Mar-13 |
| Huawei U8650 Sonic | Android | 2.3.3 | 320 | 480 | Jun-11 |
| Huawei U8860 | Android | 4.0.3 | 320 | 544 | Dec-11 |
| Huawei Y300-0151 | Android | 4.1.1 | 320 | 533 | Mar-13 |
| iPad | iOS | 5.0.1 | 768 | 1024 | Mar-10 |
| iPad 2 | iOS | 5.0.1 | 768 | 1024 | Mar-11 |
| iPad 3 | iOS | 5.1.1 | 768 | 1024 | Mar-12 |
| iPad Air | iOS | 7.0.3 | 768 | 1024 | Oct-13 |
| iPad Mini | iOS | 6.0.1 | 768 | 1024 | Nov-12 |
| iPhone | iOS | 3.1.3 | 320 | 480 | Jun-07 |
| iPhone 3G | iOS | 4.2.1 | 320 | 480 | Jul-08 |
| iPhone 3GS | iOS | 6.0a2 | 320 | 480 | Jun-09 |
| iPhone 4 | iOS | 5.1.1 | 320 | 480 | Jun-10 |
| iPhone 4S | iOS | 4.3.5 | 320 | 480 | Oct-11 |
| iPhone 5 | iOS | 6 | 320 | 568 | Sep-12 |
| iPhone 5c | iOS | 7 | 320 | 568 | Sep-13 |

续表

| 设备名称 | 平台 | 系统版本 | 竖屏宽度 | 横屏宽度 | 发布日期 |
|---|---|---|---|---|---|
| iPhone 5s | iOS | 7 | 320 | 568 | Sep-13 |
| iPhone 6 | iOS | 8 | 375 | 667 | Sep-14 |
| iPhone 6 Plus | iOS | 8 | 414 | 736 | Sep-14 |
| iPod Touch 4th Gen | iOS | 5.0.1 | 320 | 480 | Sep-10 |
| iPod Touch 5th Gen | iOS | 6 | 320 | 568 | Oct-12 |
| Kindle 3 | Kindle | 3.3 | 600 | — | Aug-10 |
| Kindle Fire 2 | Android | 4.0.3 | 600 | 963 | Nov-11 |
| Kindle Fire HD | Android | 4 | 533 | 801 | Sep-12 |
| Kindle Fire HD 8.9 | Android | 4.0.3 | 800 | 1220 | Oct-12 |
| Kindle Paperwhite | Kindle | 5 | 758 | — | Oct-12 |
| Kobo eReader Touch | Android | 2.0.0 | 600 | — | Jun-11 |
| Kogan 42" Smart 3D LED TV | Android | 4.1.2 | — | 1280 | Jul-13 |
| Lenovo IdeaTab A1000 | Android | 4.2.2 | 600 | 1024 | May-13 |
| Lenovo IdeaTab S6000 | Android | 4.2.2 | 800 | 1280 | Jun-13 |
| Lenovo Yoga Tablet 8 | Android | 4.2.2 | 602 | 962 | Oct-13 |
| Lenovo Yoga Tablet 10 | Android | 4.2.2 | 800 | 1280 | Nov-13 |
| LG 55LW6500 TV | Proprietary (TV) | 5.00.07 | — | 1280 | Mar-11 |
| LG Ally | Android | 2.2.2 | 320 | 533 | Apr-10 |
| LG G2 | Android | 4.2.2 | 360 | 598 | Sep-13 |
| LG Optimus 2x | Android | 2.3.7 | 320 | 533 | Feb-11 |
| LG Optimus Black P970 | Android | 4.0.4 | 320 | 533 | May-11 |
| LG Optimus G E975 | Android | 4.1.2 | 384 | 640 | Nov-12 |
| LG Optimus L3 E400 | Android | 2.3.6 | 320 | 427 | Feb-12 |
| LG Optimus L3 II E425f | Android | 4.1.2 | 320 | 427 | Apr-13 |
| LG Optimus L7 P700 | Android | 4.0.3 | 320 | 533 | May-12 |
| LG Optimus L9 P760 | Android | 4.0.4 | 360 | 640 | Nov-12 |

续表

| 设备名称 | 平台 | 系统版本 | 竖屏宽度 | 横屏宽度 | 发布日期 |
|---|---|---|---|---|---|
| LG Optimus Pad V900 | Android | 3.0.1 | 768 | 1280 | May-11 |
| LG Viewty KU990 | Proprietary (Java) | 1.2 | 240 | 400 | Oct-08 |
| Microsoft Surface | Windows RT | 8 | 768 | 1366 | Nov-12 |
| Microsoft Surface Pro | Windows 8 | 8 | 720 | 1280 | Nov-12 |
| Motorola Defy | Android | 2.3.4 | 320 | 569 | Oct-10 |
| Motorola Defy Mini | Android | 2.3.6 | 320 | 480 | Jan-12 |
| Motorola Droid Bionic | Android | 4.1.2 | 360 | 640 | Sep-11 |
| Motorola Droid Razr | Android | 2.3.6 | 360 | 640 | Nov-11 |
| Motorola Droid 3 | Android | 2.3 | 360 | 559 | Jul-11 |
| Motorola Electrify 2 | Android | 4.1.2 | 360 | 598 | Jul-12 |
| Motorola Fire XT | Android | 2.3.5 | 320 | 480 | Sep-11 |
| Motorola FlipOut | Android | 2.1 | 320 | 240 | Jun-10 |
| Motorola Milestone | Android | 2.3.7 | 320 | 569 | Nov-09 |
| Motorola Moto G | Android | 4.3 | 360 | 598 | Nov-13 |
| Motorola RAZR HD 4G | Android | 4.0.4 | 360 | 598 | Sep-12 |
| Motorola RAZR M 4G | Android | 4.0.4 | 360 | 598 | Sep-12 |
| Motorola RAZR MAXX | Android | 4 | 360 | 640 | May-12 |
| Motorola Xoom | Android | 4.1 | 800 | 1280 | May-11 |
| Motorola Xoom 2 | Android | 3.2.2 | 800 | 1280 | Dec-11 |
| Motorola Xoom 2 Media Edition | Android | 3.2.2 | 800 | 1280 | Dec-11 |
| Nexus 10 | Android | 4.2.2 | 800 | 1280 | Nov-12 |
| Nexus 4 | Android | 4.2.1 | 384 | 598 | Nov-12 |
| Nexus 5 | Android | 4.4 | 360 | 598 | Oct-13 |
| Nexus 7 | Android | 4.1.1 | 603 | 966 | Jul-12 |
| Nexus 7 | Android | 4.2.1 | 600 | 961 | Jul-12 |
| Nexus 7 | Android | 4.3 | 601 | 962 | Jul-12 |

续表

| 设备名称 | 平台 | 系统版本 | 竖屏宽度 | 横屏宽度 | 发布日期 |
|---|---|---|---|---|---|
| Nexus 7 (LCD Density set to 175PPI) | Android | 4.1.1 | 731 | 1170 | Jul-12 |
| Nexus 7 (2013) | Android | 4.3 | 600 | 960 | Jul-13 |
| Nexus One | Android | 2.3.7 | 320 | 533 | Jan-10 |
| Nexus S | Android | 4.1.1 | 320 | 533 | Oct-10 |
| Nintendo 3DS | 3DS | 4.3.0-10E | 416 | — | Feb-11 |
| Nintendo 3DS XL | 3DS | 1.7455.EU | 416 | — | Jul-12 |
| Nintendo DSi | DSi | 507; U; en-GB | 256 | — | Apr-09 |
| Nintendo DSi XL | DSi | 1.4.4A | 240 | — | Mar-10 |
| Nintendo Wii | Wii | 4.3 | 800 | — | Nov-07 |
| Nintendo Wii U | Wii U | 1.0.0.7494 | 854 | — | Nov-12 |
| Nokia 2700 | S40 | 5th Edition | 240 | — | Jul-09 |
| Nokia Asha 300 | Proprietary (Nokia) | 07.03 29-11-11 RM-781 | 234 | — | Nov-11 |
| Nokia Asha 302 | Proprietary (Nokia) | 14.53 20-03-12 RM-813 | 314 | — | Mar-12 |
| Nokia 500 | Symbian | Belle | 360 | 640 | Sep-11 |
| Nokia 700 (Opera Mobile) | Symbian | Belle FP2 | 240 | 427 | Sep-11 |
| Nokia E61i | S60 | Symbian 9.1 | 320 | — | Apr-07 |
| Nokia E71 | S60 | Symbian 9.2 | 320 | — | Apr-07 |
| Nokia Lumia 520 | WP8 | 8 | 320 | 480 | Apr-13 |
| Nokia Lumia 610 | WP7 | 7.5 | 320 | 480 | Apr-12 |
| Nokia Lumia 710 | WP7 | 7.5 | 320 | 480 | Dec-11 |
| Nokia Lumia 720 | WP7 | 8 | 320 | 480 | Apr-13 |
| Nokia Lumia 800 | WP7 | 7.5 | 320 | 480 | Nov-11 |
| Nokia Lumia 820 | WP8 | 8 | 320 | 480 | Nov-12 |

续表

| 设备名称 | 平台 | 系统版本 | 竖屏宽度 | 横屏宽度 | 发布日期 |
|---|---|---|---|---|---|
| Nokia Lumia 900 | WP7 | 7.5 | 320 | 480 | May-12 |
| Nokia Lumia 920 | WP8 | 8 | 320 | 480 | Nov-12 |
| Nokia Lumia 925 | WP8 | 8 | 320 | 480 | Jun-13 |
| Nokia Lumia 1520 | WP8 | 8 | 320 | 480 | Nov-13 |
| Nokia N9 | MeeGo | 1.2 | 320 | 496 | Sep-11 |
| Nokia N900 | Maemo | 5 | 480 | 800 | Nov-09 |
| Nokia N95 | S60 | Symbian 9.2 | 240 | - | Mar-07 |
| Palm Pixi | WebOS | 1.4.5 | 320 | 480 | Nov-09 |
| Palm Pre | WebOS | 2.2 | 320 | - | Oct-09 |
| Panasonic Toughpad FZ-A1 | Android | 4 | 768 | 1024 | Dec-12 |
| PendoPad 7" | Android | 4.2.2 | 480 | 800 | Nov-13 |
| PendoPad 10" | Android | 4.2.2 | 600 | 1024 | Nov-13 |
| Pioneer Dreambook | Android | 4.0.4 | 768 | 1024 | Jul-10 |
| Samsung Ativ S | WP8 | 8 | 320 | 480 | Dec-12 |
| Samsung E3210 | Proprietary (Java) | - | 128 | - | May-11 |
| Samsung Galaxy 5/Europa I5500 | Android | 2.1-update1 | 320 | 427 | Aug-10 |
| Samsung Galaxy Ace S5830 | Android | 2.3.4 | 320 | 480 | Feb-11 |
| Samsung Galaxy Ace 2 I8160 | Android | 2.3.6 | 320 | 533 | May-12 |
| Samsung Galaxy Ace Plus S7500 | Android | 2.3.6 | 320 | 480 | Feb-12 |
| Samsung Galaxy Beam I8530 | Android | 2.3.6 | 320 | 533 | Jul-12 |
| Samsung Galaxy Camera GC100 | Android | 4.1.2 | 360 | 598 | Nov-12 |
| Samsung Galaxy Mini S5570 | Android | 2.3.4 | 240 | 320 | Feb-11 |
| Samsung Galaxy Mini 2 S6500 | Android | 2.3 | 320 | 480 | Mar-12 |
| Samsung Galaxy Note N700 | Android | 2.3.6 | 400 | 640 | Oct-11 |
| Samsung Galaxy Note 10.1 N8010 | Android | 4.0.4 | 800 | 1280 | Aug-12 |

续表

| 设备名称 | 平台 | 系统版本 | 竖屏宽度 | 横屏宽度 | 发布日期 |
|---|---|---|---|---|---|
| Samsung Galaxy Note 10.1 N8010 (Multiscreen Enabled) | Android | 4.0.4 | 800 | 637 | Aug-12 |
| Samsung Galaxy Note 10.1 (2014 Edition) P600 | Android | 4.3 | 800 | 1280 | Nov-13 |
| Samsung Galaxy Note 2 N7100 | Android | 4.1.1 | 360 | 640 | Sep-12 |
| Samsung Galaxy Note 3 N9005 | Android | 4.3 | 360 | 640 | Sep-13 |
| Samsung Galaxy Note 8.0 N5100 | Android | 4.1.2 | 601 | 962 | Apr-13 |
| Samsung Galaxy Note 8.0 N5110 | Android | 4.1.2 | 601 | 962 | Apr-13 |
| Samsung Galaxy S I9000 | Android | 2.3.6 | 320 | 533 | Jun-10 |
| Samsung Galaxy S Duos S7562 | Android | 4.0.4 | 320 | 533 | Sep-12 |
| Samsung Galaxy S WiFi YPG70CW | Android | 2.2 | 320 | 533 | May-11 |
| Samsung Galaxy S2 I9100 | Android | 2.3.6 | 320 | 533 | Apr-11 |
| Samsung Galaxy S3 I9300 | Android | 4.0.4 | 360 | 640 | May-12 |
| Samsung Galaxy S3 Mini I8190 | Android | 4.1.2 | 320 | 533 | Nov-12 |
| Samsung Galaxy S4 I9500 | Android | 4.2.2 | 360 | 640 | Apr-13 |
| Samsung Galaxy S4 I9505 | Android | 4.2.2 | 360 | 640 | Apr-13 |
| Samsung Galaxy S4 Active I9295 | Android | 4.2.2 | 360 | 640 | Jun-13 |
| Samsung Galaxy S4 Mini I9190 | Android | 4.2.2 | 360 | 640 | Jul-13 |
| Samsung Galaxy S4 Zoom SM-C105 | Android | 4.2.2 | 360 | 640 | Jul-13 |
| Samsung Galaxy Tab 10.1 P7510 | Android | 3.2 | 800 | 1280 | Jul-11 |
| Samsung Galaxy Tab 2 10.1 P5110 | Android | 4.0.4 | 800 | 1280 | May-12 |
| Samsung Galaxy Tab 2 7.0 P3110 | Android | 4.0.3 | 600 | 1024 | May-12 |
| Samsung Galaxy Tab 3 7.0 T210 | Android | 4.1.2 | 600 | 1024 | Jul-13 |
| Samsung Galaxy Tab 3 8.0 T310 | Android | 4.2.2 | 602 | 962 | Jul-13 |
| Samsung Galaxy Tab 3 10.1 P5210 | Android | 4.2.2 | 800 | 1280 | Jul-13 |

续表

| 设备名称 | 平台 | 系统版本 | 竖屏宽度 | 横屏宽度 | 发布日期 |
|---|---|---|---|---|---|
| Samsung Galaxy Tab 3 Kids T2105 | Android | 4.1.2 | 600 | 1024 | Nov-13 |
| Samsung Galaxy Tab 7.7 P6810 | Android | 3.2 | 800 | 1280 | Jan-12 |
| Samsung Galaxy Tab 7.0 Plus P6210 | Android | 3.2 | 600 | 1024 | Jan-12 |
| Samsung Galaxy Tab 8.9 P7310 | Android | 4.0.4 | 800 | 1280 | May-11 |
| Samsung Galaxy Tab 8.9 4G P7320 | Android | 3.2 | 800 | 1280 | Feb-12 |
| Samsung Galaxy Tab P1000 | Android | 2.3.3 | 400 | 683 | Oct-10 |
| Samsung Galaxy X Cover 2 S7710 | Android | 4.1.2 | 320 | 533 | Mar-13 |
| Samsung Galaxy Y S5360 | Android | 2.3.6 | 320 | 427 | Oct-11 |
| Samsung Galaxy Young S6310 | Android | 4.1.2 | 320 | 480 | Feb-13 |
| Samsung Infuse 4G I997 | Android | 2.3 | 320 | 533 | May-11 |
| Samsung Omnia W I8350 | WP7 | 7.5 | 320 | 480 | Oct-11 |
| Samsung Omnia 7 I8700 | WP7 | 7.5 | 320 | 480 | Oct-10 |
| Samsung Wave S8500 | Bada | 1 | 240 | 400 | Apr-10 |
| Samsung Wave S8500 | Bada | 2.0.1 | 320 | 534 | Apr-10 |
| Scroll Excel | Android | 2.3.4 | 480 | 800 | Feb-12 |
| Sony BRAVIA 40 EX520 | Proprietary (TV) | PKG4.012 GAA-0104 | — | 1920 | Jan-11 |
| Sony Ericsson Elm | Proprietary (Java) | 1231-1917 R7CA061 100619 | 240 | — | Mar-10 |
| Sony Ericsson Spiro | Proprietary (Java) | — | 240 | — | Aug-10 |
| Sony Ericsson Xperia Arc | Android | 2.3.4 | 320 | 569 | Mar-11 |
| Sony Ericsson Xperia Mini ST15i | Android | 2.3.4 | 320 | 401 | Aug-11 |
| Sony Ericsson Xperia Neo | Android | 4.0.4 | 480 | 854 | Mar-11 |

续表

| 设备名称 | 平台 | 系统版本 | 竖屏宽度 | 横屏宽度 | 发布日期 |
|---|---|---|---|---|---|
| Sony Ericcson Xperia Play | Android | 2.3.4 | 425 | 974 | Mar-11 |
| Sony Ericsson Xperia X8 | Android | 2.1.1 | 320 | 480 | Sep-10 |
| Sony Ericsson Xperia X10 | Android | 2.3.3 | 320 | 569 | Mar-10 |
| Sony PlayStation 3 | PlayStation 3 | 4.25 | — | 1824 | Nov-06 |
| Sony PlayStation Portable | PlayStation Portable | 4.2 | — | 480 | Mar-05 |
| Sony PlayStation Vita | PlayStation Vita | 1 | — | 896 | Feb-12 |
| Sony Tablet P | Android | 4.0.3 | — | 1024 | Sep-12 |
| Sony Tablet S | Android | 4.0.3 | 800 | 1280 | Sep-11 |
| Sony VAIO Tap 20 | Windows 8 | 8 | 900 | 1600 | Jun-13 |
| Sony Xperia acro S | Android | 4.0.4 | 360 | 640 | Aug-12 |
| Sony Xperia P | Android | 2.3.7 | 360 | 640 | May-12 |
| Sony Xperia S | Android | 2.3.7 | 360 | 640 | Feb-12 |
| Sony Xperia Sola | Android | 2.3.7 | 320 | 569 | May-12 |
| Sony Xperia SP | Android | 4.1.2 | 360 | 598 | Apr-13 |
| Sony Xperia Tablet Z | Android | 4.1.2 | 800 | 1280 | May-13 |
| Sony Xperia Tipo | Android | 4.0.4 | 320 | 480 | Aug-12 |
| Sony Xperia U | Android | 2.3.7 | 320 | 569 | May-12 |
| Sony Xperia V | Android | 4.1.2 | 360 | 598 | Dec-12 |
| Sony Xperia Z | Android | 4.1.2 | 360 | 598 | Feb-13 |
| Sony Xperia Z1 | Android | 4.2.2 | 360 | 598 | Sep-13 |
| Telstra T-Hub 2 | Android | 2.3.7 | 400 | 683 | Jul-12 |
| Tesco Hudl | Android | 4.2 | 600 | 799 | Sep-13 |
| Toshiba AT100 | Android | 4.0.4 | 800 | 1280 | Jul-11 |
| Toshiba AT1S0 | Android | 3.2 | 602 | 961 | Feb-12 |
| Toshiba AT200 | Android | 3.2.1 | 800 | 1280 | Feb-12 |
| Toshiba AT300 | Android | 4.0.3 | 800 | 1280 | Jun-12 |

续表

| 设备名称 | 平台 | 系统版本 | 竖屏宽度 | 横屏宽度 | 发布日期 |
|---|---|---|---|---|---|
| Toshiba AT330 | Android | 4.0.3 | 900 | 1600 | Jul-12 |
| Wiko Cink Slim | Android | 4.1.1 | 320 | 533 | Nov-12 |
| Yarvik Xenta Tab 8c | Android | 4.1.2 | 768 | 1024 | Aug-13 |
| XBOX 360 | XBOX | 2 | — | 1050 | Nov-05 |
| Xiaomi MI-3 | Android | 4.2.1 | 360 | 640 | Sep-13 |
| ZTE Open | FireFox OS | 1.0.0B01 | 320 | 415 | Jul-13 |
| ZTE T22 (Telstra Urbane) | Android | 4.0.4 | 320 | 533 | Aug-12 |
| ZTE T28 (Telstra Active Touch) | Android | 2.3.5 | 320 | 533 | May-11 |
| ZTE T760 (Telstra Smart-Touch 2) | Android | 2.3.5 | 320 | 480 | Feb-12 |
| ZTE T790 (Telstra Pulse) | Android | 4.0.4 | 320 | 480 | May-13 |
| ZTE T81 (Telstra Frontier 4G) | Android | 4.0.4 | 320 | 533 | Nov-12 |
| ZTE T82 (Telstra Easy Touch 4G) | Android | 4.0.4 | 360 | 598 | Nov-12 |
| ZTE T83 (Telstra Dave 4G) | Android | 4.1.2 | 320 | 534 | Oct-13 |

# 附录 B

# Axure RP8 部件操作快捷键

## 移动部件

Shift+ 拖曳：延 x/y 轴移动部件。

Ctrl+ 拖曳：复制并移动部件到鼠标光标位置。

Ctrl+Shift+ 拖曳：延 x/y 轴复制并移动到鼠标光标位置。

Shift+ 箭头：移动部件 10 像素。

箭头：移动部件 1 像素。

均匀分布选中部件：选中多个部件，单击右键，选择【分布 > 水平分布 / 垂直分布粘贴部件到鼠标不标处】。单击右键，选择【粘贴】。

## 选择部件

慢速单击，可选择被压在下一层的部件。

如果有多个部件重叠在一起，鼠标左键慢速单击可选择下一层…下一层。

在设计区域的空白处单击右键，选择【选择上面】/【下面全部】。

## 改变部件大小

Shift+ 部件边角：等比例缩。

Ctrl+ 部件边角：旋转部件。